中国当代地方与基层史料丛刊
第一辑

黄河流域大型水利
工程文献资料选编

1950—1995

华东师范大学当代文献史料中心

刘彦文　主编

中国出版集团
东方出版中心

图书在版编目(CIP)数据

黄河流域大型水利工程文献资料选编 ： 1950~1995 /
华东师范大学当代文献史料中心， 刘彦文主编. -- 上海 ：
东方出版中心， 2024. 10. -- (中国当代地方与基层史料
丛刊). -- ISBN 978-7-5473-2532-2

Ⅰ. TV882. 1

中国国家版本馆 CIP 数据核字第 20249LL379 号

黄河流域大型水利工程文献资料选编(1950—1995)

主　　编　刘彦文
责任编辑　王欢欢
封面设计　Lika

出 版 人　陈义望
出版发行　东方出版中心
地　　址　上海市仙霞路 345 号
邮政编码　200336
电　　话　021-62417400
印 刷 者　上海万卷印刷股份有限公司

开　　本　710mm×1000mm　1/16
印　　张　28
字　　数　450 千字
版　　次　2024 年 10 月第 1 版
印　　次　2024 年 10 月第 1 次印刷
定　　价　150.00 元

编者说明

　　2009 年，华东师范大学中国当代史研究中心编辑出版了"中国当代民间史料集刊"（以下简称"集刊"）第一集。自那以后，又分几批陆续出版数集，迄今已经编辑出版了 23 集。"集刊"陆续出版后，引起学界的关注，得到不少研究者的肯定和好评。为了中国当代史研究的持续推进和深入，我们除了继续编辑出版"集刊"，今年开始还新推出"中国当代地方和基层史料丛刊"和"改革开放史料丛刊"。从今年起，"集刊"主要编辑出版个人和家庭的资料，如工作笔记、日记、家书、家计等。"中国当代地方和基层史料丛刊"主要编辑出版地方或企业、乡村、学校、街道等基层单位的资料，如报告、总结、计划、公函、会议记录、报表、账册等。"改革开放史料丛刊"编辑出版有关改革开放的史料，包括地方、基层单位和有关部门的考察报告、调查汇报、经验总结等。上述资料整理编辑出版过程中，难免存在缺点乃至错误，诚挚欢迎学界和社会各界人士予以批评和指正。

华东师范大学社会主义历史与文献研究院

中国当代史研究中心、当代文献史料中心

2024 年 8 月 1 日

凡　例

1. 本资料选编共计 40 余万字,有原始文献 177 份,反映黄河流域的五大水利工程——人民胜利渠、刘家峡水电站、三门峡水力发电工程、引洮工程、引大入秦工程的建设历史过程。

2. 选编资料主要来源于各地档案馆、图书馆等,已注明来源和出处。时段集中在 1950—1995 年。

3. 文献基本遵照原始文献,原文中没有标题的个别文件,由编者根据内容命名,用〔　〕标出;标题中个别缺少发文单位,由编者根据内容添加,用（　）标出。

4. 文献中部分标点据现行规范修改,错字、别字、异体字径改,不出注。

5. 文献中部分省略内容以（略）或省略号表示。

6. 文献中旧制单位改为现行单位。

7. 文献中个别地方缺乏数据,以括号内"（编者注：原文如此）"文字说明。

8. 文献中个别字无法辨认,以□标示。

编　者

2023 年 12 月

目　录

概　述

　　黄河,是中国第二长河,也被称为中华民族的母亲河,是以我国人民对这条河流有着其他河流难以企及的感情。黄河流域是中华文明的重要发源地,资源丰富,幅员辽阔,养育了一代又一代的中华儿女,河水似甘甜的乳汁哺育着中华民族的成长。但黄河又是世界上著名的多沙河流,极易淤积,历史上又多次改道,故也有人称其为"害河"。比如,以孟津为顶点北到津沽、南至江淮约25万平方公里的广大地区,均有黄河洪水泛滥的遗迹,故被称为"中国之忧患"。[①]

　　黄河的治理与开发,是历朝历代河政之重点,自中华人民共和国成立以来,更是得到了党和国家的高度重视。中国共产党领导人民进行的黄河治理与开发事业自1946年开始,距今已有近80年的历史。在党的领导和人民的共同努力下,黄河流域已经发生了翻天覆地的变化,取得了前所未有的巨大成就。其中,在流域内兴修兴利除害的大型水利工程,就是新中国治黄事业中不同于以往历朝历代的最显著的举措。

　　本资料汇编,共177份,选取在黄河流域兴修的五大水利工程——人民胜利渠、刘家峡、三门峡、引洮、引大入秦,用原始文献展现这些水利工程的建设过程。这五大水利工程是黄河流域非常有代表性的,分别是社会主义建设和改革开放历史阶段重要的水利工程,建设时期从1950年代初期一直到1995年,时间跨度大,流域范围广,涉及人口达2亿多,影响面很大。

---

　　① 　黄河水利委员会黄河志总编辑室编:《黄河大事记》,郑州:河南人民出版社,1991年,第1页。

编者多年来致力于搜集黄河流域水利工程的相关文献史料,兹选取若干重要的最具代表性的原始文献,汇编以飨读者。从这些文献的阅读体验来看,首先是了解到这些工程兴修的基本历程,其中包括如何进行勘测设计;如何选定坝址;如何进行施工前的准备工作,准备工作做到哪种程度才可以开工建设;如何动员人民群众广泛参与;如何对民工、工人、技术人员和干部进行不同形式的组织领导和宣传工作;如何保障粮食与其他物资的供应;如何解决住宿;如何解决工具和机械设备;对待技术人员、普通工人和招收的临时农民工人究竟有何不同;施工中如何保证质量和进度的统一;如何对工程进行检查;如何培训工人尽快赶上工程进度;在工具落后与施工条件艰难的条件下,如何克服客观困难;遇到施工技术难题怎么办;等等。其次,还体现出这些水利工程的兴修特点,在不同的时代即 1950 年代、1960 年代、1980 年代与 1990 年代,既有共性也有个性差异,亦累积了不少经验与教训。归根结底,只有在中国共产党领导下的新中国,这些大型水利工程才有实现建设的可能性。

一、五大水利工程概况

1. 人民胜利渠

人民胜利渠从规模上看,并不能算是大型水利工程,但它却是 1950 年代初百废待兴之时中国共产党在黄河上兴修的第一个相对大规模的水利工程,1952年 4 月 10 日就已建成通水。这一工程的成功兴修,不仅仅惠及当地一方百姓,更重要的是让全国人民看到了中国共产党为人民服务的决心,也增强了黄河流域的人民战胜黄河使其变害为利的信心。

人民胜利渠,也叫引黄灌溉济卫工程,"总干渠由渠首闸起沿京汉路西侧,至平原省会新乡入卫河,全长 52.7 公里"。1949 年秋中央决定兴建,1950 完成规划,1951 年 5 月开始施工,1952 年 4 月正式通水,共完成"近代化的土木工程建筑物 611 座""输水排水渠道 5 241 条"。①

1952 年通水之后就实现了受益。"当年引水 4.05 亿立方米,实灌面积达 1.89万公顷。从 1952—1961 年,灌区农业生产逐步发展,年平均产量:粮食为每亩

---

① 《"人民胜利渠"——引黄灌溉济卫工程》(1952 年 4 月),本书。

135 千克,较开灌前的 89 千克增长了 52%,皮棉为每亩 23.9 千克,较开灌前的 14.5 千克增长 69%。"①

例如,灌溉区内,一个普通的村庄王官营村,一共有 380 多户人家,土地 8 700 余亩,"全是沙质土壤(俗称两合土)",是"十年九旱"之地,全靠老天爷赏饭吃。但人民胜利渠修成之后,王官营的土地上大大小小的渠道将黄河水送来,使得旱田变成了水田。农民们根据需要来种小麦、棉花、豆子等,再也不需要靠天吃饭了。② 村子里一位普通老农郭子臣高兴地说:"我活了 76 岁,对用黄水浇地这件事从来没听说过,也没见谁敢这样想过。""眼前又把害河变成利河,这好太多啦! 过去是旱地,现在都变成了水田。在往年,俺这里收麦后,该种晚秋时就是天旱不雨,干着急,盼雨盼得眼红,还是种不上。今年有水了,再旱也能应时种上"。③

获嘉县的丁村也受益于此。丁村位于人民胜利渠西灌溉区,过去到处都是盐碱地:"最厉害的是 1942 年到 1943 年,庄稼连旱带虫吃,没有颗粒收回家。全村四百来户就有二百多户上千人出外逃荒。留在村里的人,拆房卖地,吃花籽和树叶,村中的榆树皮全啃光了,结果有些人还是饿死了。"1952 年黄河水引来之后,土地得以浇灌,农民们积极购买细肥、豆饼来滋养土地,以更大程度地增加粮食收入。同时,老百姓也不用再喝原来的苦碱水了,而是喝上了甜甜的黄河水,改变了人们的生活。

除了灌溉之外,人民胜利渠还有改善航运的功能,"根本改变了卫河枯水时间不能通航的情况,大大地加强了城乡物资交流,在促进经济繁荣,支援社会主义建设(方面)起了很大作用。"④卫河的航运在 1959 年达到高峰,"货运年周转量达 10 529 万吨每千米,客运年周转量达 527 万人每千米"。⑤

但受"大跃进""左"倾思潮的影响,"大引、大蓄、大灌"之风盛行,卫河严重淤积,到 1962 年 2 月,水利部正式宣布豫北地区停止引黄,引黄济卫遂终止。灌区进入整顿时期,开展次生盐碱化防治工作,灌区的农田重新开始启动井灌。但井

---

① 《人民胜利渠志》编纂委员会编:《人民胜利渠志》,北京:中国水利水电出版社,2022 年,第 50 页。
② 《引黄灌溉区中的一农村——王官营》(1952 年 4 月),本书。
③ 《毛主席领导引黄灌溉给老百姓造下了大福》(1952 年 4 月),本书。
④ 《1956 年到 1962 年引黄灌溉济卫发电工作全面规划》(1956 年 3 月 13 日),本书。
⑤ 《人民胜利渠志》编纂委员会编:《人民胜利渠志》,北京:中国水利水电出版社,2022 年,第 51 页。

灌并不能完全满足用水需求,在群众的迫切要求下,以 1965 年五六月的大旱为契机,灌区开始逐渐恢复渠道,并恢复 1958 年前的管理体制。随着灌溉面积的恢复与发展,灌区也不断加大工程扩建的力度。特别是从 1980 年至 1985 年,以改革开放为契机,对灌区进行第三次改扩建,使灌溉渠系趋于完善,灌溉面积达到 88.6 万亩。①

2. 刘家峡水利枢纽

刘家峡水利枢纽位于甘肃省临夏回族自治州永靖县境内,是黄河干流规划中第七个梯级电站。1956 年 3 月开始由原水利电力部西北勘测设计院负责勘测,北京勘测设计院设计,1958 年 9 月动工兴建,1961 年停工缓建,1964 年复工,1969 年 3 月第一台机组试运行,1974 年 12 月 5 台机组全部投入运行。在当时,这是中国第一座装机容量百万千瓦以上的大型水电站,"完成总工程量,土石方开挖回填 1 895 万立方米,混凝土浇筑 182 万立方米,工程总投资 6.38 亿元,总造价 5.112 亿元"。它代表了 1970 年代中国水电建设和机电制造业的先进水平。②

诚然,刘家峡水利枢纽动工兴建于一个特殊的年代——"大跃进"时期。1952 年 8 月,由染料工业部兰州水力发电勘测处组成的测量队和钻探队在刘家峡及兰州、上下游河段进行查勘和地质勘测,到动工的 1958 年,也只是短短的 6 年时间,这对于一个大型水利工程来说,无疑是极为仓促的。但在这个特殊的时期,也出现了许多特殊的办法,仍然值得我们思考。例如采用"土洋并举"的方式,依靠群众,发挥群众的力量,而非单纯坐等大机器设备。这对于技术密集型的大型水利工程而言,并不能说是完全可取的,因为忽略了客观技术和科学的规律,但对于鼓舞群众精神却起到了重要作用。而且随后的历史将会显示,在这一时期相对失败的试验中,无论是干部还是技术人员都吸取了教训,从而在此后的复工建设阶段稳步向前。

1961 年,工程停止缓建,1964 年复工。在复工建设阶段,无论是领导干部还是工程技术人员,都要务实得多,从而在短短五年后就有第一台机组试运行成功。这个过程中,仍然少不了普通群众的贡献。库区涉及甘肃省永靖县、东乡族

---

① 《人民胜利渠志》编纂委员会编:《人民胜利渠志》,北京:中国水利水电出版社,2022 年,第 51—53 页。
② 《刘家峡水电厂志》编纂委员会:《刘家峡水电厂志》,兰州:甘肃人民出版社,1999 年,第 1—3 页。

自治县、临夏县、临洮县和青海省民和县,共应迁移"居民6 018户32 176人",采用"整队、插队、后靠三种形式,安置在六个县市"。① 老百姓十分配合。最终,因刘家峡工程的修建而搬迁的移民,没有带来大的波动,这与接下来将要介绍的三门峡水库移民所引起的震动,很不一样。

3. 三门峡水利枢纽工程

三门峡水利枢纽是黄河流域上游河段兴建的第一座大型水利枢纽,是苏联援建的156个大型工程项目中唯一的水利建设项目。在其建设的整个过程中,受到国家的高度重视,周恩来总理曾三次造访工地,全国各地都抽调人员、组织物资进行大力支援。施工上,得到苏联的全方位帮助,不仅勘测、设计、施工中都有苏联专家的身影,且苏联给予了大批机械化设备,这在中国同时期水利工程的兴建上是绝无仅有的。工程于1957年4月正式开工,1960年7月实现全部拦洪,1962年基本建成。建成后,由于泥沙淤积,前后经过两次改建,虽然未达到原规划和设计的目标,但改建后的综合效益是巨大的。水库运用方式有所改变,但仍可有效控制黄河中游洪水,并在发电、灌溉方面发挥重要作用。

三门峡水利枢纽工程在新中国的水利建设史上,有着非常独特的地位。其一是由于其兴建受到中央最大程度的重视。其二,兴建之初就有中方以黄万里为代表的专家表示否定,认为黄河之泥沙淤积问题势不可挡,但在当时这个意见没有得到重视,黄万里反倒被打成"右派",随后的历史证明,黄万里的意见的可贵性。在其后来改建的过程中,中央甚至有人提出"不如炸毁"。经两次改建,三门峡工程的确花费了更大的经济代价和人力物力,但从综合效益来考虑,还是发挥了作用的。

4. 引洮工程

引洮工程,是"大跃进"期间,甘肃省委为解决定西、平凉等地区干旱少雨、植被稀疏、苦瘠异常的生存问题而仓促上马的"样板工程"。引洮工程的总干渠渠首设在海拔2 264米的岷县古城,计划在此修建古城水库,把向北奔腾的洮河水拦住,使其转北向东,流向行政区划上的临洮、陇西、定西、榆中、兰州、通渭、会宁、靖远、武山、秦安、天水等21个县市,沿途灌溉农田,全长1 100公里,计划三年修成。"全线需穿隧洞50余孔,共长约70公里,跨越大河流、河道30余处,内

---

① 《甘肃省刘家峡水库移民局关于当前移民安置工作进展情况及今后意见的报告》(1966年9月2日),本书。

有 8 处可修蓄水土坝,其余应修沟水入渠、沟水涵洞或倒虹管等工程,全部工程估计共有石方 2 400 万立方米,土方 554 亿立方米,计划引水 150 米³/秒到 250 米³/秒,可灌定西、平凉、固原等专区旱荒地 1 200 万亩到 2 000 万亩。"①单从这一系列灼目的数据,即可看出当时地方政府的宏大气魄。因此,引洮工程从诞生之日,便被树立为改造自然、征服自然的典型,是"解放了的劳动人民征服自然的大进军,是劳动人民成为自然的主人翁的重要标志"。② 而且,为了表现甘肃人民自力更生、艰苦奋斗的共产主义精神,兴办方针是"民办公助,就地取材"。所谓"民办公助",意味着国家投资为辅,人民群众支援为主,由上述引洮工程灌溉受益区的 21 个县市组成对应工区,如定西工区、临洮工区、通渭工区、榆中工区等,并投入劳动力、资金、粮食、物资等,故被甘肃省委定位为"共产主义的工程,英雄人民的创举"。③ 不过,由于资金和技术的客观限制,1961 年,这项工程以"一无效益"而仓促下马。

但这项工程对于甘肃中西部来说仍至关紧要,随后多年,甘肃方面都未放弃,终于于 2006 年 11 月,在国家的关怀和支持下,引洮工程重新上马。此时,这项工程由九甸峡水利枢纽工程和引洮供水工程两部分组成。九甸峡的确是一个天然的良坝,1958 年上马的引洮工程也是将其作为重点工程建设。在新的历史条件下,九甸峡水利枢纽工程由甘肃省电力投资集团公司建设,于 2008 年初步建成总库容 9.43 亿立方米的九甸峡水库,装机容量 30 万千瓦。引洮供水工程分一期、二期建设。施工中最大的难题是隧洞。一期工程总干渠有 87% 的隧洞,且由于土质不一而呈现出不同的样态。例如,7 号隧洞,采用冻结施工,是为首创。二期工程中总干渠 95% 都是隧洞,亦有许多科学难关被一一克服。最终二期工程于 2023 年 8 月 15 日上午正式通水,可解决约 268 万人的饮用水问题。虽然迟滞了近 70 年,但这项民生工程终于在新时代发挥了效益。

5. 引大入秦工程

引大入秦工程,是将黄河的主要支流大通河跨流域东调至秦王川的一项大型自流灌溉工程。新中国成立后,引大入秦工程最早于 1954 年开始勘测,1956

① 《引洮水利工程在施工准备工作中需要解决的几个问题》(1958 年 3 月 28 日),甘肃省档案馆藏,档案号:231-1-426。
② 《劈开高山大岭 让洮河为人民造福——张建纲在甘肃省第一届人民代表大会第五次会议上的发言》(1958 年 6 月),甘肃省档案馆藏,档案号:231-1-434。
③ 《共产主义的工程,英雄人民的创举——张仲良同志在引洮工程开工典礼上的讲话》,《甘肃日报》1958 年 6 月 18 日第 1 版。

年、1957 年甘肃省水利局又多次勘测，原本预计在 1958 年与引洮工程同时上马，因工程量太大而放弃。此后的近二十年，甘肃省水电部门从未放弃过对这一工程的勘测和设计。1976 年，这项工程终于上马，因资金和技术的限制，于 1981 年停工缓建。1985 年 11 月经国家批准将干渠上最长的咽喉盘道岭隧洞发包给日本熊谷组承建，于 1986 年 9 月开始施工。1987 年 9 月，世界银行签字同意贷款 1.23 亿美元用于工程建设，同时国家配套资金 4.56 亿元，当时两项概算为 10.65 亿元人民币，为工程建设提供了资金保障。在世界银行的要求下，工程采用国际招标的形式进行，将较难的几项工程分别包给日本熊谷组和意大利 CMC 公司。在国内也有多个技术优良的施工单位参与施工。在国内外的共同努力下，引大入秦主体工程总干渠在 1994 年 10 月建成通水，于 2015 年 4 月通过竣工验收。

二、五大工程兴修的特点

1. 规划历史悠久

史料反映出，这些水利工程大多规划比较早，只是到了新中国才实现了兴修的可能性。在引洮工程建设时，有一句口号盛极一时，即"古今早有引洮愿，共产党领导才实现"，用在其他这几个水利工程上也大抵适用。

人民胜利渠的规划，最早可以追溯至 1934 年。资料显示，这一年度，"国民政府河南建设厅曾拟定从距武陟县平汉铁路黄河铁桥 400 米处至新乡县东的骆驼沟止，挖总干渠引黄入卫，可灌武陟、获嘉、修武、新乡、汲县等县农田万顷，并能使新乡天渲间卫河航运畅通"。不过，"渠线勘测完毕转入桥涵闸门设计工作后，由于形势变化而终止"。[①] 施工的进行，最早可追溯至 1943 年。

引洮工程的规划，最早可以追溯至 1935 年。12 月的一份甘肃省参议会决议案显示，建议"省政府转呈行政院，将引洮济渭水利工程列入下年度工程计划，切实勘测，拨款兴修"。1943 年，甘肃省建设厅又根据当年度农会第一次会员代表大会中陇西代表的提议，向甘肃水利林牧公司提出"核议引洮入渭提案"。水利

---

①　《人民胜利渠志》编纂委员会编：《人民胜利渠志》，北京：中国水利水电出版社，2022 年，第 1 页。

林牧公司拿到公函后,指示陆地测量局派员前往测量,但无果而终。1944年陇西县临时参议会第一次大会第六次会议上,乡贤王利仁再次提案"建议引洮入渭,扩充灌溉"。但甘肃水利林牧公司总管理处指出,"现仍限于人力与时间,既难组队施测,又无图表记载堪供研究参考,委难如命办理"。①

三门峡水利工程的规划也要追溯至民国时期。1935年,挪威籍工程师安立森提出在三门峡修建拦洪水库。日本也于1941年查勘三门峡坝址后,提出"三门峡发电计划"。1946年,国民政府聘请美国专家查勘黄河,其中对八里胡同坝址和三门峡坝址的建库方案作了比较。后来,水利专家张含英也提出在这两个地方修建水库。不过,这些提议都未能付诸实施。②

2. 国际力量的帮助

这五大工程基本上都有国际力量的援助。人民胜利渠、刘家峡水利枢纽、引洮工程、三门峡工程,得到的是来自苏联的援助,而引大入秦工程则由于在改革开放时期修建,更是引进世界银行的贷款,有日本、意大利、法国等国际力量的加入。

在人民胜利渠上,苏联专家曾三次到工地上,"对规划设计、处理泥沙、改进灌溉管理、改良农田土壤等工作都提出许多宝贵意见"。例如,"1950年布可夫同志在酷暑中步行二十余里,查勘渠首闸位置";1952年"安得诺夫和沙巴耶夫冒雨勘察南贾新闸";8月,"苏联专家沙巴耶夫和安得诺夫同志曾详尽地介绍了苏联社会主义国家先进的灌区规划、灌溉管理经验及研究试验工作,使我们认识到苏联灌溉方法的优越,如何充分发挥水的潜在力量,使我们加强了对水文泥沙的测验和农作物试验,以及土壤分析等工作的重视,从而打下经济用水的基础。此外,还进一步明确了工程和管理都应对农业丰产起保证作用,比较彻底地纠正了片面的工程观点"。③

刘家峡水利枢纽的设计一开始就得到了苏联专家的帮助。1956年8月,苏联教授谢苗诺夫、桑泽、索科洛夫,讲师雅库舍娃,会同水电建设总局苏联专家斯特阿保夫、卡瓦利列茨、康德拉辛等人,到刘家峡进行了一次全面细致的实际勘察和对以往工作成果的检查研究。通过查勘,"专家们对刘家峡建立大电站提出

---

① 甘肃省档案馆编:《甘肃省引洮上山水利工程档案史料选编》,兰州:甘肃人民出版社,1997年,第481—497页。

② 黄河三门峡水利枢纽志编纂委员会编:《黄河三门峡水利枢纽志》,北京:中国大百科全书出版社,1993年,第4页。

③ 《在引黄灌溉济卫工程上,苏联水利专家给予我们的帮助》(1952年10月),本书。

了很多宝贵的建议,一致认为在刘家峡可以修建高坝,巨型水电站的地质基础是可靠的,并认为初步设计第一阶段勘测资料是足够的"。① 苏联的地质专家,谢苗诺夫博士、桑泽教授、索科洛夫副教授、雅举舍娃副教授等,对刘家峡坝址的选择起了很大作用;还组成了专家组,成员有尤里诺夫顾问专家,斯达尔包夫、葛夫利列茨、聂米洛夫三位水工专家,康德拉辛地质专家,札拉岗、鲍依科二位施工专家等,都是选坝委员会得力的技术顾问。②

　　苏联对三门峡工程的帮助是最为显著的。三门峡工程是苏联援建的156项大型工程中唯一一项水利工程。早在1953年,苏联专家就到黄河流域进行查勘,确认了三门峡是一个良好的坝址,并帮助编制了1955年第一届全国人民代表大会第二次会议通过的"根治黄河水害和开发黄河水利的综合规划"。1955年4月,苏联专家组第二次来中国,"为编制初步设计搜集了各方面的有关资料";以波赫专家为首的辅助企业专家组驻在三门峡工地,进行辅助企业的建设;三门峡工地上的许多重要机械也是来自苏联,如"工地上的'乌拉尔巨人'——三立方电铲在开挖坝基中一分钟就可装满一汽车石碴";苏联国内的许多科研机构,如列宁格勒水电设计分院、维捷涅耶夫水工科学研究院、列宁格勒工业大学、加里宁工业大学等单位,都在研究三门峡水利枢纽设计中的各项问题。③ 除了苏联专家外,三门峡工地上还有来自民主德国的专家。1960年初有两位民主德国专家——克诺布夫和维普凯同志来到工地上帮助安装大型榄式起重机。④ 还有来自捷克斯洛伐克设计的最新式的列车电站。⑤

　　引大入秦工程主要兴修于改革开放时期,且其成功修建可以说是改革开放的成果。它有来自国际力量的帮助,主要表现在四个方面。第一,资金上,有来自世界银行的贷款。主要用于农业上完成引大入秦工程的"甘肃省开发项目的贷款额为一亿一千九百一十个特别提款权,相当于一亿五千万美元的信用贷款和二千万美元的银行贷款"。⑥ 第二,技术上,有来自日本、意大利、澳大利亚等国家的帮助。"在33座引水隧洞中,以最长的盘道岭隧洞工程最为艰巨,其长度为

　　① 《长江规划委员会的苏联专家到刘家峡查勘》(1956年9月),本书。
　　② 《苏联专家对刘家峡水电站设计的帮助》(1957年11月),本书。
　　③ 《为千百万人民除害兴利的工程,是中苏人民友谊的结晶,三门峡水利枢纽建设工程得到苏联全面援助》(1957年11月),本书。
　　④ 《民主德国专家在工地》(1960年2月),本书。
　　⑤ 《捷克斯洛伐克将供给我国四部列车电站,第一部即将开往三门峡》(1957年4月13日),本书。
　　⑥ 《中华人民共和国与国际开发协会开发信贷协定(甘肃省开发项目)》(1987年),本书。

15.72 km,由日本国的熊谷组承包施工;其次为 30 号 A 隧洞,长度为 11.65 km,由意大利的 CMC 公司承建。"其中,盘道岭隧洞是引大入秦工程总干渠的控制性工程,也是总干渠上隧洞工程地质条件最差、施工难度最大和长度最长(15.723 km)的隧洞工程。① 历时六年,于 1992 年 1 月 18 日全线胜利贯通。其负责的日本专家前田恭利先生还因此获得了国家外国专家局颁发的"友谊奖章",国务院总理李鹏也亲自接见了他。② 第三,管理观念国际化,不仅采用了国际招标的形式,还首先引用了保险模式。国际招标工作"第一标由铁道部二十局、十五局和中国大千技术出口公司三家联合体中标,合同价 5 851 万元人民币,其中外汇比例占 27.5%;第二标由意大利 CMC 公司和中国华水公司两家联合体中标,合同价 10 258 万元人民币,其中外汇比例占 49.39%"。③ 还聘请了澳大利亚雪山工程咨询公司作为编写标书阶段的咨询。第四,工程技术考察团到瑞典、挪威等国家考察技术,在其设备配套、生产管理和施工技术等各方面都学到了不少可以借鉴的成功经验。1988 年 12 月 9 日至 12 月 27 日,由中国技术进出口总公司、铁道部工程指挥部、铁道部第十五工程局、铁道部第二十工程局、铁道部工程指挥部研究设计院、甘肃省引大入秦工程管理局等单位组成的引大入秦工程技术考察团,对瑞典、挪威、西德以及中国香港几个使用阿特拉斯·科普柯(ATLAS COPCO)公司设备的工地和该公司所属的几个地下、露天施工设备制造厂进行了实地考察和各种技术座谈,认识到"工人技术全面,是隧道施工组织精干、人员少的重要因素""社会化生产,是提高企业总体效应的有效途径""工人积极性的调动,是多种因素共同作用的结果"等。④

3. 一方修工程,八方来支援,发挥集中力量办大事的社会主义优越性

这些水利工程在兴修的过程中,都不仅仅是施工承建者的事情,而是牵涉工程所在区域的百姓甚至涉及全国人民群众。在集体化时代,这些大型水利工程的兴修体现了集中力量办大事的社会主义优越性。

引洮工程在修建时,其方针是"民办公助",一直得到来自受益区乃至全省、全国人民的多方援助。例如,工程刚开始,"中央有些部门和许多省、市首先以各种器材工具与工程技术人员支援了勘测设计工作,仅由鞍山、沈阳运来的撬杠及

① 《甘肃省引大入秦工程盘道岭隧洞简介》(1991 年 3 月),本书。
② 《陇中六年——记坚韧不拔的隧道专家前田恭利(1991 年 12 月)》,本书。
③ 《引大入秦部分工程进行国际招标的体会》(1990 年 9 月),本书。
④ 《引大入秦工程技术考察团赴瑞典、挪威、西德、香港技术考察报告》(1988 年 12 月),本书。

钢钎就有 5 千多根。西藏工委调来 3 台空气压缩机,科学院地质专家谷德振带领了 7 名技术人员和一批化验土质的仪器开赴工地。水利电力部开发黄河水利学校的教员、学生 70 多人参加了测量工作。中央驻兰机关和省级机关、学校等 30 个单位,据不完全统计从 3 月至 5 月底共支援各种物资 328 种、20 451 件、价值约 44 400 余元,其中有机械、仪器、工具、电信器材及办公用具。仅省人事局支援物资就价值 6 500 余元。解放军驻兰部队支援钢 60 余吨。永登水泥厂调拨高标号水泥 200 吨。中共甘南藏族自治州委与自治州人委代表全州人民支援了 100 立方木材和树种 10 000 斤。兰州市合作社主动免费修理经纬仪 10 部。兰州市城关区打字机仪器修理生产合作社还专程派人前来修理打字机、计算机共 5 部。各单位支援的物资中计有自有自行车 45 辆,行军床 72 个,单人床板 130 块,窄床板 1 453 片,办公桌 215 张,油印机 34 部,电话机 32 部,算盘 168 把,收音机 12 部,电话总机 7 门,鼓风机 2 台,洋镐 233 个,铁锹 289 把,镢头 337 个,抬筐 522 个,大小铁锤 118 个,油布、雨衣 70 件,旧皮大衣 47 件,信纸 1 542 刀,火炉 111 个,还有钢砂钻头 1 149 个,收报机 4 部"。[①]

　　刘家峡工程在兴修过程中,水库所在地的人民群众发挥了"舍小家、为大家"的共产主义精神,有 3 万多人在政府的帮助下,迁移他地,为工程让路。例如临夏市"从库区何堡、莲花、桥寺、先锋等 4 个人民公社,17 个生产大队,88 个生产队中已搬迁安置的移民共 2 749 户 14 768 人,包括城镇居民 12 户 54 人。除了本人意见与外地联系后分散安置在新江、永登、永靖、东乡、临夏县等地的 24 户 93 人,在莲花公社就地后靠安置的 629 户 3 288 人,占安置总人数的 22.93％外,尽安置在北原地区 6 个公社的有 2 076 户 11 270 人,占总人数的 77.07％,其中:先锋公社 740 户 3 907 人,桥专 36 4 户 1 995 人,三角 312 户 1 735 人,北原 424 户 72 298 人,安家坡 166 户 957 人,南原 80 户 466 人"。[②] 三门峡工程更是如此,由于工程规模宏大,移民涉及面非常广泛,按照库区 335 米高程一下淹没搬迁涉及人口来看,山西、陕西、河南三省合计 373 678 人。经中央、水利部、三门峡工程局和三省商议后,决定对这些移民采用远迁和近移两种方式。"远迁至甘肃省敦煌和宁夏的银川两地,以集体安置开垦大片荒地为主;近移的尽可能后靠分散安置在本县或邻近县,插队落户。"例如,移民人口最多的陕西省,多数将其安置在该

---

　　① 《山高沟深不怕它,全国人民支援咱》(1958 年 7 月),本书。
　　② 《临夏市移民委员会关于 1968 年刘家峡水库移民安置工作总结报告》(1969 年 1 月 5 日),本书。

省的蒲城、渭南、澄城、白水、大荔、华阴、潼关等 11 个县 1 150 个村。[①] 接收这么多的移民,对于这些地区来说,也相当于为工程作了贡献。

4. 重视宣传的力量

宣传工作是中国共产党从成立之日起就非常重视的一项工作,在领导中国人民不断革命、建设以及改革的过程中都扮演着重要角色,在这五大工程兴修的过程中亦不例外。特别是在前四大工程的兴修中,面临着百废待兴、物资匮乏的客观现实,要在黄河流域兴建大型水利工程,没有人民群众的支持是不可能的,这就需要借助宣传的力量。

三门峡工程在开工之前,专门召开了宣传工作会议,要求"在开工前后,除通过报纸向全国人民进行宣传外,并且在全体职工群众中大张旗鼓地开展一次宣传工作"。主要强调五个方面:一是向全体职工群众说明三门峡的建设规模、轮廓、远景和重大意义等,引导职工热爱三门峡;二是向全体职工进行艰苦奋斗、克服困难的教育,说明三门峡工程机械化程度高,职工应向苏联专家和工程技术人员虚心学习;三是向全体职工群众进行增产节约的教育,动员全体职工充分发扬工人阶级勤俭朴素,艰苦奋斗的优良传统,积极响应增产节约;四是向全体职工群众进行个人利益和国家利益、眼前利益和长远利益、社会主义建设事业发展和人民生活水平提高的关系的教育;五是向全体职工群众进行团结教育,教育每个职工同志,都应该谦虚谨慎,防止和克服骄傲自满情绪,加强团结,互相帮助。[②]

引洮工程上也非常重视宣传教育工作。1958 年 9 月下旬,引洮工程局党委召开了第一次宣传科长会议,布置和讨论了在全体民工中深入细致地开展社会主义和共产主义思想教育运动的指示。而后,工程局机关和各工区都成立了社会主义、共产主义教育办公室,各级党委书记亲自挂帅、拟定计划、展开宣传教育。为了加强针对性,干部和普通民工的宣传内容不一。针对干部是"以学习'两本书'(斯大林著《苏联社会主义经济问题》《马克思恩格斯列宁斯大林论共产主义社会》)为中心内容的社会主义和共产主义教育运动";针对民工,"着重进行了以'人民公社'为中心内容的宣传教育"。[③] 宣传的目的,要"使广大职工从改造

① 黄河三门峡水利枢纽志编纂委员会编:《黄河三门峡水利枢纽志》,北京:中国大百科全书出版社,1993 年,第 172 页。

② 《中共黄河三门峡工程局委员会召开宣传会议讨论布置开工前后的宣传动员工作》(1957 年 4 月 13 日),本书。

③ 《关于今冬明春在全体职工中深入开展社会主义和共产主义教育运动的指示》(1958 年 11 月 16 日),甘肃省档案馆藏,档案号:231-1-9。

大自然的斗争中体会出充分发挥人的主观能动作用就能按期和提前完成引洮工程建设任务,克服了在改造大自然面前的畏难情绪和自卑感,树立了'人定胜天''力争上游''水不上山,人不下山'的钢铁意志"。① 除此之外,宣教最重要的内容是"时事政治",随各个时期中共中央重大政治事件之不同而有所区别,如庐山会议之后,更注重宣传"八届八中全会的内容和决议"。

各个工区都组织专门的宣传队伍,以干部和识字的积极分子为主,承担宣教任务。宣传工作见缝插针,利用一切机会,如吃饭时、睡觉前甚至施工短暂的休息中。形式各异,如政治课、报告会、工地现场会、文艺演出、黑板报、广播、宣传画册等。有时结合民俗以娱乐的形式表现出来,如以旱塬百姓耳熟能详的"花儿"②为载体,填之以教育的内容如"总路线好比一只船,毛主席拿着船杆,敢说敢想大胆干,一天等于二十年""我们要有破天胆,我们要出几身大汗,我们是开山的英雄,水不上山人不还"。③ "花儿"在施工中唱出来,甚至两相竞赛,既丰富了娱乐,也达到了教育的目的。这种教育方式成效显著,在很大程度上激发了民工的主动性和创造性,至少在官方报告中,民工们"没住处,就自己打窑洞、盖简易宿舍;吃不上蔬菜,就自己找野菜,利用空地自己种菜;没木料,就从柴火中去找;在高线运输上用铁丝代替了钢丝,用竹筐、柳条筐代替了木箱,用木棍代替了弹簧;把废墨水瓶改成煤油灯,采集蓑草编成雨衣……"④群众的热情以种种方式加以调动,面对这样一个高难度的水利工程,群众的满腔热情转化为无穷的智慧来克服种种困难。引洮工程的整个兴修过程,就表现为这样一种对群众热情的大力动员方式。

上述这些特点,只是兴修这几项大型水利工程共同表现出来的特性,当然各个工程的成功修建亦不乏一些独特的经验。例如,引大入秦工程由于在改革开放时期兴修,就引进了市场机制,工地工人的维系主要依靠高工资,而非像其他工程一样,对工人们的精神鼓励是第一位的。

---

① 《贯彻执行省委宣传部"关于加强引洮工程政治思想工作的意见"的情况报告》(1959 年 2 月 3 日),甘肃省档案馆藏,档案号:231-1-176。
② 花儿,是广泛流行于青海、甘肃、宁夏、新疆等西部省区的一种民歌形式,被誉为"大西北之魂",因歌词中将青年女子比喻为花儿而得名。
③ 《掌握思想斗争规律,掀起更大的施工高潮(初稿)》(1959 年 2 月 4 日),甘肃省档案馆藏,档案号:231-1-176。
④ (59)洮党宣字 007 号:《掌握思想斗争规律,掀起更大的施工高潮——引洮工地政治思想工作的基本经验》(1959 年 2 月 25 日),甘肃省档案馆藏,档案号:231-1-176。

三、兴修五大工程累积的经验和教训

在科学技术水平和资金都有限的情况下,中国共产党带领一方百姓在黄河流域兴修这五大水利工程,克服了难以想象的困难,其中累积了不少的经验,亦不乏教训。这些在黄河上的实践,都将成为无形的财富,在其他各个工作方面起到指引的作用。

1. 中国共产党作为组织者,发挥坚强的领导核心作用,而工程建设的基层党组织更是发挥着战斗堡垒的作用

这些大型水利工程之所以能够兴修成功,最基本的一条经验是党的领导。其中基层党支部能否很好地团结广大工人农民群众,能否动员各级干部、技术人员、普通职工、农民工人等各个阶层参与到工程建设中来,是至关重要的。

三门峡工程的建设中,十分重视基层党组织的战斗堡垒作用,为此采取了几项措施。例如,"尽可能地加强对基层骨干的配备,这就要在编制上坚决贯彻精简上层、充实下层的原则,要提倡将优秀的骨干配备到生产队和车间去担任党支部书记和生产队长";"党的基层组织应该有计划,有重点而又全面地将所有党员分配在各个生产小组中去,既不要过分集中,也不要平均使用力量,对自己掌握的重点组,在力量配备上应该适当加强,每个党的基层组织至少要掌握一至两个重点组,以便培养树立旗帜,指导一般。必须明确生产组是党的基层工作的基本对象,生产组长必须配强,并不断培养提高其能力;生产组长兼职不要太多,一般最多不要超过两职,工会、行政、青年团三者在干部上不要相互兼职,以便利各自的工作";等等。这就要求各级干部也要深入基层组、队进行工作,到基层去锻炼和改造,建立各种生产责任负责制度,在发挥基层党组织作用的同时,使领导干部真正走到群众中来。[①]

引洮工程也是这样做的。例如,在 1959 年初,靖远工区在全工地的百方运动中表现优异,其中一条关键的经验就是"充分发挥党的基层堡垒作用",做法是"将九个大队分为三个协作区,由工区党委副书记,工区主任、副主任担任协作区长以深入实际,加强领导,互相支援,密切配合。同时,抽调了大批干部下放到大、中、小队担任领导职务,加强党对基层的领导作用。并要求下放干部做到'两

---

① 《我局干部申请下放高潮正在形成》(1958 年 1 月),本书。

包'(包任务、包时间)、'一交'(交办法),在工作中充分发挥党员的模范作用和支部的核心作用。在大队的领导方法上采用了一竿子插到底的办法,直接抓小队。这样,不但可以及时发现问题,解决问题,总结经验,而且可以直接抓施工活动,帮助小队合理安排劳力和工具,提高领导水平"。[1]

2. 充分发挥人的作用,挖掘人的潜力,但同时尊重技术密集型的大型水利工程建设的一般规律,重视机械设备的利用

引洮工程的规模十分宏大,除了之所以能有如此宏大的气魄,是因为上级相信"人,始终是一个决定性的因素,要改造社会,必先改造人们的思想;要革大自然的命,必先革人们思想的命。没有人的思想解放,没有人的积极性的发挥,要建设社会主义,要正确认识自然和大规模地改造自然,是不可想像的"。[2] 引洮工程历时三年,常年动用民工十万人以上。受益区的几百万百姓积极参与其中,为民工提供粮食、物资等。数十万民工排在长约 180 公里的一期渠道上,开山凿石,开挖平台、渠道。他们需要克服种种困难:没有蔬菜副食品,甚至没有食盐,极少开水,馒头就是全部;没有房子,只能住在潮湿的窑洞里;施工点道路不通,只能靠人力往山上背粮食、物资;没有柴火,只有去深山里捡枯枝;没有机械化施工工具,只能靠人力肩扛背背;施工时间长,甚至"两头不见太阳",时常搞"夜战"……这是大型水利工程建设的基本要素。

重视人的作用,并不意味着兴修这样的大型水利工程要全部依赖人力,实际上这也是不可能的。相反,这些大型水利工程的兴修过程中,十分重视对大型机械设备的使用,只是有时由于客观条件的限制,机械设备无法到位。

人民胜利渠在刚决定要兴修时,所做的备料"这一步工作做得很少,因为工款只拨 500 万斤小米"。尽管非常有限,但还是"先着手定购机器,计:打桩机、抽水机、混凝土拌和机等都已分别定购。抽水机 5 部已运到,水泥和钢板桩已分别订购 1500 吨,已付一部分料价。钢板桩已定购 350 吨,货到交款。钢筋购到 100 吨已运至工地,石料也开始筹备"。[3]

三门峡水利枢纽的兴修中,机械化施工是一个亮点。在 1957 年突击任务时,"工地的机械力量也增加很多。汽车由 62 部增添到 80 多部,每班可出车 30 部;三立方电铲由 2 台增加到 3 台,还购买 1 部三立方电铲备用机件;水利部、黄

①　《靖远工区开展百方运动的经验》(1959 年 3 月),本书。
②　张仲良:《要革自然的命,必先革思想的命》,《人民日报》1958 年 5 月 17 日第 2 版。
③　《1950 年引黄灌溉济卫工程工作总结》(1951 年),本书。

委会新调拨推土机 10 台、钻机 6 部。现有 40 部不同型式的钻机和 40 部风钻,投入了左岸坝基开挖任务,在阜新培训的电铲工人已调回 12 名"。[1]

引大入秦工程在兴修时,既有国内的施工单位,也有来自国际的带着最顶尖大型机械设备的日本熊谷组和意大利 CMC 公司。在总干渠大沙沟渡槽工程中,施工单位是平凉地区水利水电工程局,毫无疑问,相较于同在工地上的国外建设力量,他们所持有的设备是相对落后的。但他们非常认真细致,像做家具一样,严格保证工程质量。1990 年秋天,引大入秦指挥部组织了一次工程质量大赛,平凉地区水利水电工程局施工队在国内承包商中取得第一名,正如当时《黄河报》描述他们:"住的是简易工棚,吃的是开水馍馍,干的却是精彩的活儿。"[2]可见,平凉地区水利水电工程局施工队的职工充分发挥了人的潜力,在工程建设中一丝不苟,保证了工程的质量。

3. 责任到人,干部和民工共同负责

在人民胜利渠兴修时,就首先采取了"工程负责制",具体是指"一个施工所的建筑物尺度、高程等由施工所工程负责人负责,工地负责人则对工程的质量负责;另外工程处组织了一个巡回检查组,作检查核对工作,以保证标准不出错"。[3]

即便是在"大跃进"高潮中兴修的引洮工程,也设置了不间断的检查制度。就时间而言,检查评比既有例行每月一次的月初检查,又有不定时的随机检查。例行检查时间规定"各工区大队与大队之间,每月均应进行一次检查评比;中队与中队之间,应半月进行一次;小队与小队之间,应一周进行一次;工区与工区之间,拟两个月进行一次检查评比"。[4] 工程局、省委则随时会进行巡回检查,时间不一。巡回检查的一般都是每个工区的重点工程,也就是样板工程,比如天水工区的重点工程是黄家岭工段,检查多集中于此。例如,1958 年 11 月,工程局第三次扩大会议决定组织检查团对各个工区进行评比检查。检查团由三位工区领导分别带队分三路进行,检查内容集中在各工区目前完成工程任务的情况、施工计划、利用先进工具和先进操作方法的情况、工地办工厂的成效、当前民工和干部

---

① 《组组订计划、人人表决心、向九万方任务大进军,筑坝分局全体职工投入大生产突击月,领导深入现场,干部深入基层,工地生产新纪录连续出现》(1957 年 10 月),本书。

② 资料来源:https://zhuanlan.zhihu.com/p/144562949。

③ 《引黄灌溉济卫工程施工中采用工程负责制与开挖标准渠段的办法,提高了工作效率,保证了工程质量》(1952 年),本书。

④ 《为争取提前一年完成引洮工程任务而奋斗》(1958 年 7 月 8 日),本书。

的思想情况、红专教育和文化生活的情况等,总之无所不包。[①]

这种检查不仅仅体现在对工程进度上,在生活上也保持了一定的检查频率,以保证工地民工的食宿。例如,在刘家峡工地上,"开工以后由于房子少,条件差,采用千人甚至五千人大食堂的办法,虽然解决了急需,但由于摊子太大,人多,有时有的工人吃不上热菜、热饭、喝不上开水,影响职工情绪",于是党委组织了生活检查评比团,发动群众,自盘火坑,自力办食堂,迅速地把原来5个大食堂改成了130个连、营食堂,群众自己动手,自己管理,自制炊具,自订伙食理制度,创造了切馍机、切菜机等炊具,缩短了做饭时间,增加了饭菜花样,职工吃得好,吃得热,吃得饱,在很短时间内过了生活关。

具有国际背景的引大入秦工程的检查则更加完善,"工程监理分为四个层次:最高层是世界银行选聘的澳大利亚雪山公司专家为总监理,第二层是甘肃省水利厅组建的业主代表引大入秦工程指挥部,第三层是分标段组建的工区监理处,第四层是现场工程师和工地监理员。他们对每一工序和操作过程进行监督检查认证"。正是由于这种全方位的监督,使得引大入秦工程的建设少走了许多弯路。

4. 时代给予的教训

毫无疑问,在科技水平和资金都有限的计划经济时期,前四项大型水利工程的兴修无疑受到各方面的限制,也出现了不少不尊重科学建设规律的事,其中累积了不少教训。归根结底,这种教训主要跟当时的时代有很大关联,其中"大跃进"的负面影响是尤其明显的。

人民胜利渠"1958年,在'左'的思想影响下,加上经济不足,采取了大引、大灌、大蓄、只灌不排、兴渠废井的错误做法,破坏了生态环境。排水系统淤死,地下水位升高,盐碱地面积由开灌时的10万亩,猛增到38万亩;实灌面积由74万亩缩减到24万亩;粮食亩产1961年降到193斤,棉花33斤。党和政府领导灌区人民认真总结经验教训,采取全面疏浚排水渠系,节制引黄水量,打井架电,开发地下水源等措施,逐步扭转局面。1965年灌渠开始恢复,粮食亩产回升到400多斤,棉花70斤"。[②]

三门峡水利枢纽工程在建设一开始就得到来自苏联和国家的高度重视,但

---

① 《关于组织检查团进行第二次大检查评比的联合通知》(1958年11月14日),甘肃省档案馆藏,档案号:231-1-7。

② 《人民胜利渠开灌三十周年纪念碑碑文》(1982年4月),本书。

由于在黄河这样的多泥沙河段上修建水库的经验不足,导致 1960 年 9 月水库蓄水拦沙的方式运用后,不到一年半,库区泥沙淤积严重,在渭河口形成拦门沙,威胁关中平原的安全。① 实际上,本土的专家不是没有提出这个问题,但在 1957 年的"反右派"运动之下,使得敢于说真话的本土专家失去了说话的可能性,在工地上轮番发起的整风运动,也使得敢于说真话的职工、技术人员越来越少,都起了不好的作用。

1958 年上马的引洮工程,本身就是"大跃进"的产物,表现在几个方面:第一,它是"边勘测、边设计、边施工"的"三边"方针的产物,这对于应该讲究科学精神的大型水利工程而言,是一大忌;第二,工程采用了"民办公助"的方针,忽略了这么大型的水利工程所需要的物资、机械设备等的投入远非工区所在地老百姓所能够承受,但在"大跃进"时期,政府可以对百姓物资进行无偿调拨,带来许多问题;第三,有些人缺乏大公无私的共产主义思想,认为引洮工程给他们的受益不大,表现出消极应付,劳动效率不高;第四,有些干部个人主义思想严重,怕吃苦,说"苦战一年坚持不下来",因此号召"充分发动群众,从下而上,从上而下,用大鸣大放、大辩论、大字报、检查评比等各种方法展开一次全面的整风运动"。② 这是时代给予的局限。

四、小　结

中华人民共和国成立后,在水利建设上,取得了举世瞩目的巨大进步。在集体化时代,由于能够发挥社会主义集中力量办大事的优势,中国在这一时期是国际舞台上修建水库大坝活跃度最高的国家,仅"1951—1977 年,世界其他国家平均每年建坝 355 座,中国为 420 座。1982 年国际大坝委员会统计,全世界 15 米以上大坝为 34 798 座,中国为 18 595 座,占总数的 53.4%"。③

本资料汇编聚焦于黄河流域。通过黄河流域上这五大工程的兴修,党和人民的关系更进一步密切了,广大人民都体会到党是在切实履行为人民服务的宗

---

① 韩名显主编:《三门峡水利枢纽简志》,三门峡市印刷厂,1990 年,第 2 页。

② 《关于在引洮工程上展开全面整风运动的通知》(1958 年 8 月 2 日),甘肃省档案馆藏,档案号:231-1-3。

③ 潘家铮、何璟主编:《世界大坝五十年》,北京:中国水利水电出版,2000 年,第 6 页。

旨,从而更进一步加强了跟党走的愿望。同时,黄河作为一条难以驯服的河流,长期以来难以发挥灌田、发电、航运等作用,对于普通老百姓来说,这就是老天爷的安排,从而对黄河保持天然的敬意。在中国共产党的领导下,这样一个个大型水利工程在黄河流域兴起,尽管兴修的过程很艰难,也出现了不少曲折,个别工程的兴修历时二十余年才最终获得收益,但这些工程最终建成后,使一方百姓受益。这就使得老百姓打破旧观念,坚定战胜自然、人定胜天的信心。这也是为什么中国会兴修起世界上超过一半的大型水利工程的主要原因。不过随着时代的发展,人们渐渐认识到过去这种以大自然为战胜对象的思维是不合时宜的。

党的十八大以来,习近平总书记指出的"人与自然生命共同体"理念"自然是生命之母""生态是统一的自然系统,是相互依存、紧密联系的有机链条"等,逐渐在社会上形成共识,全社会对自然环境的重视达到了前所未有的高度。但这与在大江大河上修建水利工程并不矛盾。2021年,在全国水利工作会议上,水利部部长鄂竟平指出:"2021年将高标准推进重大水利工程建设,加快黄河古贤水利枢纽工程等150项重大水利工程建设,争取早开工、多开工。重点推进南水北调东线一期北延应急供水工程及东、中线一期工程配套建设任务。"在黄河流域上,像黄河下游防洪工程安全监督系统、卫河干流治理工程、黄河下游引黄涵闸改建工程等都是跨省的重大水利工程,更是利国利民的大工程。在2022年的水利规划计划工作座谈会上,水利部提出"力争今年水利投资规模超过8 000亿元"。[1]到年底,水利部资料显示,"水利建设完成投资首次迈上1万亿元台阶,是新中国成立以来水利建设完成投资最多的一年"。[2] 水乃农业之本,推进重大水利工程建设,完善水网工程的布局,在中国这样的农业国度尤其重要。相信在中国共产党的领导下,随着科学的进步和中国综合国力的提升,大型水利工程的修建会更加科学化,也必将造福于广大人民群众。

---

[1]　李晓晴:《今年水利投资规模力争超过8000亿元》,《人民日报》2022年3月18日第7版。
[2]　李晓晴:《1至11月我国完成水利建设投资超过1万亿元》,《人民日报》2022年12月15日第2版。

一、人民胜利渠

1. 引黄灌溉济卫工程初步计划报告
（1950 年 1 月）

一、提要

引黄工程目的有两个：一个是为了灌溉，计划灌溉新乡、获嘉、汲县和延津四县的农田约四十万亩；另一个是为了济卫，增加卫河水量，以增进新乡至天津间的航运。引水地点在京汉路黄河铁桥上游北岸，筑闸引水。总干渠从黄河边进水闸起至新乡卫河边止，共长 52 公里，最大输水量为 40 米^3/秒。西干渠自忠义车站南起至永康卫河边，长约 30 公里。东干渠自小冀车站东北起至汲县卫河边，长亦约 30 公里。两区计划最大输水量为 14 米^3/秒。灌溉区域在铁路以西者，南起忠义车站，北抵卫河边，西达获嘉城东，东至铁路边，灌田约计 20 万亩。在铁路以东者，西起田庄，东到汲县城，南抵黄河废堤，北至卫河边，灌田亦约计 20 万亩。

关于济卫航运方面，计划输入卫河水量 17 米^3/秒，使卫河经常保持 20 米^3/秒的水量，希望在河道整理以后，可以航行 200 吨汽船。

全部工程费用据粗略估计需小麦 3 151 万斤，计划于 1950、1951 两年间完成。将来渠成之后，只灌溉一项，每年即可增产粮食小麦 1 440 万斤，及杂粮 992 万斤，两年增益即可抵足工程费用。至于航运利益及渠道上水力与其他间接利益，还未计算在内。

二、缘由

过去几年治理黄河,因为受着环境的限制,只着重在修防方面。自从淮海战役以后,解放战争顺利进行,已经取得基本胜利。为了发展人民经济和配合当前需要,除了防洪除害的工作方针以外,又顾及防旱兴利的工作,首先研究下游的引黄工程,经过分析以后,认为对于灌溉和航运都是大有裨益,很值得兴办的。

这个工程是在 1943 年敌人日本帝国主义为了加强分割封锁我们,与进一步掠夺人民所拟定的,包括三项目的:(一)补给天津附近已有水田所缺少的水量;(二)增强天津和新乡间的航运;(三)发展新乡一带的灌溉,在 1943 年秋季开了工,直到日寇投降的时候,仅把总干渠土渠和黄河大堤上的一道闸与干渠上的 4 个跌水做齐了,抗战胜利以后,因为接管太迟,有一部分工程被损坏。1945 年前河南省水利局进行调查,1946 年更派人测量,把这个工程名称定为"引黄入卫",拟定出修复计划,全部工程分为两期:第 1 期预计把总干渠修复,并先开筑西干渠,灌田 20 万亩;第 2 期开筑东干渠,因为公款没拨,一直到新中国成立的时候,还没有兴工。

在新乡一带的农田,土质还很好,只是给水、排水不好,一般的地都缺水,低洼的地都积水,有很多地方都起碱,影响农业生产很大。为了增加生产,这一带的田地需要灌溉和排水。再有渭河的航运,在水量大的时期从新乡到天津可以航行数万斤到二三十万斤的船,在春夏之间往往水量很小,数万斤的船也难航行。为了城乡互助,内外交流发展经济起见,卫河的航道是需要整理,水量也需要常常维持一个数量。

我们根据以上所说的具体情况和人民迫切的要求,经过详细研究和查勘,明确了这个工程的重要性。在 1949 年 10 月间得到前华北人民政府董主席的同意和 1949 年 11 月间的各解放区水利联席会议的决定,准备在 1950 年起开始举办这个工程,并且在 1949 年 12 月间已经组织测量队实施地形测量,在 1950 年初即拟组织工程处筹划施工。

三、资料

本计划所根据的资料有以下数据:

(1)黄河应急取水工事计划

(2)新乡附近引黄灌溉

（3）取入水闸（进水闸）和通门（筑闸）图

（4）其他零星图表

以上是日本人所编的文件，对于该项工程也只是一个概略的说明，有好多需要的数字都不全。

（5）引黄入卫工程计划书

（6）引黄入卫卷宗两卷

以上是前河南省水利局所编订的文件，工程计划内只把西干渠渠线测定，并将总干渠加以整理补充，对于引水布置，不够详细。

这两类资料内容都不够充实，因为全都没有实测地形，对于工程布置也不免有不合适之处，最主要的引水和沉沙问题都没有完好的解决，渠线的测定还不够准确，还需要我们再加补充。首先要将有关全部工程的范围以内的地形加以测量，包括引水、沉沙和灌溉地区，并把关于计划方面有关的参考资料加以搜集，卫河的河道与运输情况也均需要补充。

四、工程规划

本工程经过详密的研究与查勘，决定灌溉与航运兼顾，共计引水 40 米³/秒。灌田 40 万亩，需水 20 米³/秒，其余水量引入卫河，加强航运，一切计划均以 40 米³/秒水量为标准，并为节约起见，尽量利用旧有渠道与建筑物。第一步先将引水输水工程和有关灌溉和排水工程拟定具体规划，至于卫河河道的测量和航道的整理，留待下一步工作，预备让地方政府做。

……

五、工费估计

因实测工作尚未完成，具体工程数量亦不能确定，仍按意见书所列约略估计数目列下，俟将来地形测量与定线测量及工程设计完成后，再按实际情况详细计算，全部工程费用需要小麦 3 151 万斤。进度估计如下（图表略）：

先施测地形，自 1949 年 12 月中起至 1950 年 6 月中完成，在测量开始两个月，着手进行设计工作，并在地形大部完成后进行定线测量，与设计配合，预计在 1950 年 7 月底完成。

自 1950 年 3 月起开始备料，希望在洪水过后将引水部分及总干渠上建筑物材料大致备齐；西干渠于 1950 年下半年开始备料，秋季大致备齐；东干渠材料于

1950 年冬季开始备料,至 1951 年春末备齐。1950 年冬季开始施工,施工程序为先做渠首引水工程,包括进水闸及护岸,并同时施筑总干渠建筑物。西干渠亦相继着手,东干渠俟西干渠竣工时举办。总干渠期在 1951 年 4 月底完,东西干渠如在 1951 年春季做不完,则期在 1951 年年底前全部完成。

六、效益

甲、直接效益

(一)灌溉方面:以 40 万亩计算,每年可增收小麦 1 440 万斤、杂粮 992 万斤。(见下表)

施工后种植作物增收情况表(编者拟)

种植作物	受益地亩(市亩)	每亩产量(斤)			共计增产(斤)	备　注
		旱地	水田	增产		
小麦	240 000	100	160	60	14 400 000	
杂粮	160 000	95	145	50	8 000 000	
晚秋	48 000			40	1 920 000	即麦后所种之杂粮
合计	400 000				小麦 14 400 000 杂粮 9 920 000	

(二)卫河航运:因缺乏统计资料,具体效益尚难估计,如经常最低限度维持 20 米^3/秒的水量,将来将航道整理,可能行驶 200 吨汽船。

乙、间接效益

(一)跌水上动力:干渠上四个跌水均可利用,估计可能产生动力如下表:

干渠跌水动力情况表(编者拟)

跌水号数	跌差(米)	有效水量(米^3/秒)	动力(马力)	备　注
1	2.5	30.0	750	
2	1.6	20.0	320	
3	2.0	15.0	300	

续　表

跌水号数	跌差(米)	有效水量(米³/秒)	动力(马力)	备　注
4	2.6	15.0	390	
共　计			1 750	

此项动力,配合地方发展小型工业极为有利,每年至少可利用8至10个月,每年可得1 530万马力小时,每马力小时以小麦1斤计,每年可得小麦1 530万斤之利。

根据以上甲乙两项粗略估计,每年收益约略与筑渠工程费用相等;至于航运方面的利益,虽未有一比较数字,但运输量之增加,当亦不少。

1950 年元月拟

耿鸿枢

(资料来源:《新黄河》1950 年第 1 期,第 21—27 页)

2. 1950 年引黄灌溉济卫工程工作总结
(1951 年)

引黄灌溉济卫工程的目的有二:一个是为了灌溉平原省新乡、获嘉、汲县和延津四县的农田;一个是为了输水济卫,增加卫河水量,以增进新乡至天津间的航运,并可附带利用渠水放淤与发生动力。这个工程经中央核定以后,在 1950 年初成立组织,着手查勘、测量和设计。在 10 个月的工作中,已将工程计划拟定,并在购置材料,准备施工。这项工程在黄河下游是个创举,成功失败影响很大。因为是一项新的工作,而工作人员又多没有经验,所以在工作中走了很多的弯路。为了把这一工作做好,还有一些问题须待研究,以便达到只准成功不准失败的要求。现在把这个工程的概要和这一年来的工作,总结如下。

一、工程概要

引水地点在京汉路黄河铁桥上游北岸约 1 500 米。在河岸边筑渠首闸引水,闸五孔,每孔宽 3 米,进水深 2.15 米。全部用钢筋混凝土筑造,闸基下用钢板桩一围。闸口距河边 120 米,闸下接总干渠。总干渠自渠首闸起和京汉铁路平行向东北,至新乡市城东卫河边止。计划流量为 40 米³/秒,用在灌溉和济卫各半。

在灌溉上按照地形分为三个区域:一个在铁路以西;两个在铁路以东。共计灌溉面积 36 万余亩。在铁路西的称为西灌区:从忠义车站以南起,向北到新焦支线(道清铁路)以南为止,灌溉面积 14 万亩,干渠长 16 公里。计划流量为 7 米³/秒。在铁路东的第一个区域:从忠义车站以南起,向东北至黄河废堤止,灌溉面积 8.6 万亩,干渠长 7.3 公里,计划流量 6 米³/秒;另一个区域:从小冀车站东北起,向东北到汲县城以西为止,灌溉面积 13.6 万亩,干渠长 14.5 公里,计划流量 7 米³/秒。

在济卫航运上,计划输入卫河水量 20 米³/秒,使卫河经常保持 20 米³/秒的水量(加上卫河本身的流量),在河道整理以后,可以航行 200 吨汽船和现有的木船。

全部工程费用计需小米 8 764 万斤,计划于 1953 年 6 月底完成全部工程,施行放水。将来工程完成之后:灌溉上年可增产粮食折合小米 3 052 万斤;航运年可增益小米 3 600 万斤;其他水力与放淤改良土地等,可增益小米 945 万斤。只灌溉一项,有 3 年增益,即可抵足全部工程费用。

二、历史情况

这一工程是日本帝国主义在侵华期间建设过的。在 1943 年秋季开工,到 1945 年投降时止,已将总干渠道挖通。在黄河大堤上修筑渠闸一道,并在渠道上修筑跌水 4 座。现在总干渠已有一部分塌淤,渠闸和跌水只有部分损坏,还可利用。在国民党反动派统治时期,虽经查勘过,但未曾复工。新中国成立后,于 1949 年冬进行查勘,1950 年 1 月间拟定初步计划,经中央批准,成立引黄工程处,组织测量队,进行查勘、测量、设计、备料等工作,准备施工。

三、工作情况

为了精确规划全部工程,首先需要地形图,于 1950 年 1 月间开始施测,至 6 月间测完,在 7 月间完成地形图。5 月间接受苏联顾问的建议,进行详细调查全灌区的社经、自然情况和卫河自新乡至龙王庙间的河道情况。7 月初开始设计,至 9 月底将设计做完。现在正在准备工程材料及机器工具,筹措施工。

四、工作成绩和缺点

因为这一工作,在黄河上是创举,从来没有经验,大半是在摸索中进行。在这短短的十个月中,紧张地进行了查勘、测量、设计和备料等工作。经过了多次的调查研究,改进了工作的方法,收获到很好的成绩;并也有很多的缺点,有的已经改正,有的还待改正。现在把成绩和缺点分述如后:

甲、优点和成绩

1. 大部分工作同志的工作情绪高:对这一新的工作,大家都认识到是很艰巨的,必定要兢兢业业把这一工作做好。抱定学习的态度,不怕麻烦,能够深入钻研问题;在测量时不避寒冷,下水施测断面;在设计时不避溽暑,自动加夜班;有病不请假,一切为了工作。

2. 领导上重视此一工作,并请苏联专家们指导,鼓舞、负责工作同志们的情绪,使大家更加强工作。

3. 在设计工作中,分成几组担任不同性质的工程设计。每组有一组长领导设计,使工作效率提高;并开联组会,讨论各组的工作和联系各组间的工作。

4. 经苏联专家提出进行调查研究,从调查中发现在初步计划上有很多的缺点,如:灌区的土地和农业情况,得到更多的认识;对于卫河道情况也更深一步的了解;使得在工程设计上有了更多的帮助。

5. 具体的工作成绩

(1)测量

在6个月中完成地图61张,计1 392平方公里;测卫河断面61个,黄河断面10个。这些工作是由一个队自1950年1月起至6月中和另一个队帮测一个月的期间完成的野外工作。渠道定线测量,分3个小队在28天内完成总干渠和东西干渠的渠线测量。

(2)调查测验

在渠道工程地点附近设立黄河水尺,观测水位并施测含沙量。组织东西灌区和卫河调查组,进行查勘。东西灌区面积1 200平方公里,12日查完;西灌区面积1 240平方公里,13日查完;卫河自新乡至龙王庙长250公里,于13日间查完。

(3)设计

自7月初开始设计,根据地形图并实际定线的记录,加上纸上定线;在8月上旬完成渠道系统的计划;9月底完成全部工程计划与设计。计设计建筑物图56张,计算渠道纵横断面与土方,全部的工程已有了一个体系。

在计划与设计上曾经按重点来研究,计有:渠首引水地点和引水量,泥沙处理问题,输水和排水问题和灌溉区等问题。渠首引水地点经过调查研究,重点在使经常靠溜,并河岸稳固,选定了地址。引水量是从引水为用和维持河槽两方面来考虑的,而引水的泥沙处理也占最重要的因素。从水文资料和灌溉及济卫方面考虑,黄河枯水以 200 米³/秒流量估算,引用 40 米³/秒的流量,使黄河维持 160 米³/秒的水量,以求与已有最枯水的记录相等。

关于泥沙处理问题,是与这一工程成功与失败有密切联系的。黄河泥沙多,如不能适宜地处理,则将淤塞渠道、河道,失去工程效能,曾考虑在渠首加以处理。因为河道坡度坦,利用河水本身水头,不能发挥冲沙之效;只有选定适宜地点沉沙,在总干渠道上穿过黄河大堤和套堤间有一段面积约 1 平方公里,可以沉沙。但容积只有 100 余万立方米,嫌其太小。因此乃计划在套堤以外的东北低洼地带,用作沉沙区。估计可利用面积为 55 平方公里,容积有 16 000 余万立方米。计划泥水的含沙量为 20%,以便于处理。每年沉沙量为 482 万立方米,全部容积可维持 34 年。

输水和排水问题,关系整个灌溉的问题,两个系统必须相结合。灌溉输水渠道以一个区域为一个系统。干渠为主,分为支渠;支渠分为斗渠;斗渠分为农渠。排水系统与灌溉系统相结合,排水干沟为总的排水道,配合支渠修支沟;配合斗渠修分沟;配合农渠修小沟。小沟连于分沟,分沟连于支沟,支沟连于干沟。在灌区以内因为排水道不好,经常积水,起碱地区很多,有个别严重的地区,排水系统配置后,不但在灌溉上解决旱的问题,在涝的问题上也可以根除了。

灌溉区的问题是在进行设计当中发现的。原来只计划分为东西两个灌溉区域,后来经过测量加以研究,认为西干渠新焦支线以北地区地形起伏太甚,工倍效低;而在新乡七里营一带是主要的产棉区,虽系沙土,但是对作物生长很好,符合地方政府和群众的要求。决定放弃西干渠新焦支线以北地区,扩展七里营区域。这一个变更是较切合实际,经济价值也大。

(4) 备料

这一步工作做得很少,因为工款只拨 500 万斤小米。先着手定购机器,计:打桩机、抽水机、混凝土拌和机等都已分别定购。抽水机 5 部已运到,水泥和钢板桩已分别定购,水泥已定购 1 500 吨,已付一部分料价。钢板桩已定购 350 吨,货到交款。钢筋购到 100 吨已运至工地,石料也开始筹备。

乙、缺点

1. 在工程计划和设计方面,因为经验技术差,有的问题还不能够很好地解决。渠首闸的设计,还待很多方面提意见,搜集材料,作最后的决定。灌溉渠道与排水沟道系统的布置,只有总干渠和西干渠是经过实地定线测量决定的,其他都是在纸上定线,与实际情况可能有不相符的地方,还待实地定线,加以改正。

2. 在领导上是存在着任务观点和脱离群众的官僚主义作风。在一般同志来说,老同志对新的建设事业的学习和钻研不感兴趣,狭隘保守,功臣自居,看不起新同志的思想是存在的。新同志对工作讲兴趣,挑工作,缺乏实事求是认真负责的工作作风。

(一)在工作领导上

(1)不能根据实际情况订出比较精确的工作计划,以致测量和设计时间都拖长;加上经验缺乏,又未很好地作调查研究工作,故使初步计划和设计出的结果,和原来所估工料、工费等均相差甚多。

(2)在工作领导上未能把整个工程意义、规模,工程中存在的问题,各部分建筑中的相互关系,以及整个财政经济状况、工业技术条件和当地环境条件等,向全体同志作系统的介绍,以便启发群众适应环境克服困难,发挥每一个同志的积极性和创造性。在设计期间,表现得最为明显。如有的设计出来不合用,有的设计过分理想,以致许多同志感觉工作被动,有的感觉到"领导多变,干不如站","咱是工程师的计算机,叫怎算就怎算吧"。这主要是家长式的个人领导所造成的,而且由于这种领导方式,工作中许多分歧意见,不能及时解决,不但拖延了工作,而且表现了领导不统一,软弱无力。

(二)在思想领导上

在全部工作过程中,对思想领导做得很差,表现了脱离群众的官僚主义作风;因此存在的一些错误的思想和作风未能及时纠正。如设计中愿做建筑物的设计,不愿做土方计算;两个人设计一个建筑物,先问签谁的名;愿做室内工作,不愿做野外工作;对书本研究多,对调查访问不习惯;只完成交给自己的任务,别的事情坏了也不积极想办法;过分扣算细节的形式主义等观点,都没能及时得到解决,而且有许多思想情况一直到总结工作时才暴露出来。

此外,老同志的狭隘保守,不学习新事物,认为新同志太讲求自己的待遇和私生活,缺乏对公负责,为人民服务的观点,因而看不起新同志;但自己对新的工作不会,抱悲观的态度,认为吃不开啦,缺乏学习新事物的精神和帮助新同志提高政治觉悟,共同把事情办好的思想。在新同志方面,除了单纯的技术观点以外,最初对老同志有信仰,是看了新的书籍和报纸的印象;待实际与老同志接触之后,就感到文化程度太低,办事能力太差,小手小脚不大方,行动土气,没有科学常识。再加上生活上的一些事不如己愿，就认为这些同志只能打游击，不能办建设，感到老同志冷酷，不热情，忽视了老同志的艰苦朴素，牺牲个人利益，顾全整体的优良传统。有的同志就产生了"跟着共产党走，跟着毛主席走都对，跟着这些党员走不行"的心情。

以上这些错误的思想作风都未能在批评与自我批评的基础上，结合实际工作及时纠正，以致事情愈积愈多，新老干部关系愈演愈坏，工作受了不少影响。主要是由于处的领导上存在着一个糊涂想法，就是认为工作忙了，突击还完不成任务，解决这些问题太费时间，实际上是严重的官僚主义领导，这需今后认真纠正。

引黄济卫工程处

（资料来源：《新黄河》1951 年第 10 期，第 44—47 页）

3. 黄河水利委员会赵副主任对引黄灌溉济卫工程工作的检查报告(1951 年 9 月 21 日)

前两天到各施工所看了下，并在忠义听取了各施工所的汇报。因时间很短，了解问题不够全面，我把"忠义会议上的发言"报告给大家，供作参考。

首先谈对引黄工程的估计：由于国家建设需要，确定引黄工程提前完成，这对引黄工程是一个很大的变化，同时也带来了许多困难，主要是：任务重、时间短、干部少，经验缺。但我们也有足够的有利条件，就是：地方党政重视、群众大力支持、干部情绪高、有较长时间的准备。如果能充分发挥有利条件，我想困难是可以克服的。从目前情况来看，准备工作基本结束，将要进入大规模施工阶段和紧张的战斗时期。引黄工程能否按期完成，要看今后两个月的努力如何。我们在过去工作中曾克服了种种困难，完成了任务，取得了成绩，是很好的。为了保证新任务的完成，我们必须做好以下几点工作：

一、加强计划性

引黄工程是艰巨而细致的水利建设工作，特别在任务重、时间短的情况下，加强计划性更为重要，这是保证完成任务的关键，也是各级领导同志的首要责任。从过去的情况来看，我们是有计划的，就是掌握不够；主要表现在不能按计划完成任务,如渠首施工所,由于要求高,工作抓得不紧,以致推迟了时间。应很好地接受这个教训。订计划必须根据客观条件(包括干部、工人、料物、气候等)从实际出发,不能从主观愿望出发,但条件不是等待的,还必须克服困难,创造条件,这样的计划才能切实,才能实现。否则就不能实现,甚至遭受失败。

甲、订计划的根据,有三条:1. 干部条件;2. 工人条件;3. 料物准备条件。我们干部虽少,但情绪很高,其他条件都已具备,我们应根据这些条件来订计划。

乙、设计与施工:没有设计,就不能施工,这是大家认识一致的问题,它们的关系怎样?我们还须弄明白。引黄工程的设计,去年已经完成,基本上是正确的,但也不可能完全符合于实际。那么我们应该采取什么态度呢?毛主席在《实践论》中说:"在变革自然的过程中,某一工程计划的实现……都算实现了预期的目的,然而一般地说来,不论在变革自然或变革社会的实践中,人们原定的思想、理论、计划、方案,毫无改变的实现出来的事,是很少的。"但"由于实践中发现前所未料的情况,因而部分地改变思想、理论、计划、方案的事情是常有的,全部地改变的事也是有的。即是说,原定的思想、理论、计划、方案,部分地或全部地不合于实际,部分错了或全部错了的事,都是有的"。我认为设计是固定的,客观是变化的,如果设计不切合实际,应予修改。因为设计是施工的标准,施工是设计的考验。这就是设计与施工的正确关系。同时设计与施工是一致的,并不互相矛盾。从总干渠 2 号跌水的施工是可以看出,按设计位置,翼墙可以完全拆,但从实际去看,则有的可以利用,有的可以不管,有的可以拆除,结果完全炸毁,现拆了 20 日尚未拆完,造成浪费资财,推迟了建设的严重现象,按照设计去做是对的,如不能从实际出发,结果一定造成错误。忠义施工所的检讨缺乏对人民负责的精神,完全是对的,因为设计只有在施工中根据客观情况不断补充和修正,设计才会更切合实际,施工才能更加正确,为了很好地掌握施工,除参加实际工作的同志注意外,领导同志还应亲自动手,深入检查,总结经验。

丙、克服困难创造有利条件,水利建设对我们讲是生疏的,建设的本身就带了许多困难,特别是由于经验少困难更多,我们是向困难低头呢,还是克服呢?低头则失败,克服则胜利!中国革命的成功,就是从不断克服困难取得胜利的。我们不怕有困难,只要虚心学习创造经验,困难是可以克服的,这一次我们说没有经验,可以原谅,再一次说还可以原谅,一再地说没有经验那就不能原谅了,我们应学习先进经验和办法,应团结一致,依靠群众,发挥积极性和创造性。群众有很丰富的经验,有许多创造能力,在治淮和溢洪道工程中发挥了群众的创造和经验,使工作取得了胜利,这是非常重要的。我们有些地方做得不够,表现在单纯依靠钱解决问题,依靠包商解决问题,实际证明结果都失败了。忠义施工所马所长检查了依靠包商,靠钱办事的错误思想和失败教训是很好的,因此只有依靠群众,依靠政府,胜利才有保障。

另外关于基础问题:这是工程成败的基本问题,我们想做好工程是对的,表现了我们对人民负责的精神,但反对患得患失,动摇不定,从个人荣誉利害出发,要求正规,单纯地求保险和过分求安全思想。因为过分求安全本身就是浪费,就是没有从实际出发,南务李所长在这方面检讨的很好,对我们教育很大。我们的工程不怕花钱,而是怕花的不得当,做工程首先须讲经济,因为工程本身就是经济,但也不能为经济而忽视了工程的安全,应掌握既坚固又经济的原则,这是我们唯一的要求。

二、工资问题

从目前来看,引黄的工资情况是混乱的,表现在有高有低,一个处一个所的工资就不一致,甚至一个闸塘内的工资也不一致,浪费国家资财,影响工人情绪,我们应根据技术的条件和当地的工资情况,予以适当的调整,做到"同工同酬",既不违背技术的原则,也不违背地方工资情况,不能高低不一致,石头庄溢洪堰工程在这一问题给了我们一个教训。引黄工程即将全面展开,对工资问题,应引起特别注意。

另外,在工资上求得一致是对的,但反对只要工资高就有人干,就能把工作做好的单纯的经济观点和商人思想,这是资本主义思想,这是资本主义的道路。我们是新民主主义的国家,应走新民主主义的道路,新民主主义的道路就是经济照顾,政治保证。事实证明单纯靠钱是不能完成任务的。因为政治是经济的集中表现,任何问题脱离了政治终必遭失败。

三、如何掌握重点

掌握重点是领导方法问题。引黄工程的安排还好,在工程的进行上分为急要、主要、次要,这样可以使我们分别缓急,有计划地掌握,以保证达到按期放水灌田的目的。但急要、主要、次要是互相结合、互相衔接的关系,而不是互相孤立、互相分离的。就是在完成急要工程的基础上,要进行主要、次要工程的准备工作,不要为急要而急要,要一般与重点相结合,不要顾此失彼,以免浪费时间贻误工程。

我们是任务重、时间短,完成这一任务的中心环节就是掌握时间,时间是考虑一切问题的出发点,时间决定一切,时间不能等待我们。能否完成任务,就是在于这两个多月的时间,目前正是施工良好季节,虽与农民生产还有些矛盾,但农忙时期即将结束,动员面积不大,只要把政治工作,工资政策搞对头,矛盾是可以解决的。特别是在放水前还有冬季,冬季不但不能施工,就是农民对灌田一系列的准备工作也不能进行。因此在今年12月底必须争取基本完成,不能有丝毫怀疑和动摇,只准提前,不准推迟。同志们:犯错误不犯错误,就看我们对时间的掌握如何。引黄工程没有任何理由推迟时间,任何推迟时间的态度都是不对的,须知引黄工程是一细密的组织工作与技术工作,施工还须有很好的计划,根据具体条件,采取轮番与交叉办法进行。这样时间、人工都经济。

四、干部配备问题

目前我们的干部很少,特别是领导干部和技术干部,这是目前最大的困难,现在平原省府、黄委会正在大力调配。但我们决不能因此而采取埋怨、等待的态度,我们应积极想办法去创造条件。有很多所、站做得很好,已超额完成了任务,克服了干部少的困难。在现有干部基础上除充分发挥积极性外,更主要的是依靠群众,把技术交给群众,发挥干部力量、群众力量,这是我们的基本经验,也是我们的思想方法与政治路线。

我们应在工作中培养干部。引黄工作对我们干部来说是一个政治学校,对群众来说是一个技术学校。对技术与群众结合、技术与理论结合,过去我们体会得不够深刻,从溢洪堰和治淮工程中我们体会就更加深刻具体了,从而使我们在工作中提高了政治觉悟,加强了锻炼,完成了任务,群众在工程中扩大了眼界,学会了技术,掌握了工程,加强了对国家建设的观念。经验证明,把技术交给群众,技术服从政治,是完成任务的唯一保证,我们要切实记取。

五、提倡节约,反对浪费

我们国家处于一方面抗美援朝战争,一方面是恢复与发展经济建设的情况下,因之伴随而来的就是财经困难,资本主义的国家它们搞战争就不能搞建设,搞建设就不能搞战争。但我们的国家不但在生产战线上取得了伟大胜利,同时在抗美援朝战争中也取得了伟大胜利,这是人民民主国家的优越性。因此我们在建设中为了节约更多资金,加强国防建设与经济建设和支援抗美援朝战争,必须力求节约,学习苏联在战争中、和平中的建设经验。苏联的先进经验叫作:"社会主义建设在节约。"对我们来说就是"新民主主义国家建设在节约"。只有节约更多的资财,才能兴办更多有益于人民的事情。过去我们在工程建筑中、工程设备中、料物购运中、生活安排中都或多或少地存在着铺张浪费现象。一、二号跌水如此,渠首闸如此,以及运输工资高,购来器材不能应用,施工所房屋建造设备是如此,这主要是因为在工程上存在着所谓"正规化"和过分求安全思想,因此有的只凭热情,不讲经济,有的只怕负责,不管浪费,这是缺乏国家观念和建设观念,严重地违背了目前国家基本建设的原则和人民的利益。我们应当先公而后私,先工程而后设备(指房屋设备),不应先私而后公,先设备后施工。建设就是苦事,我们参加这伟大的建设行列,是光荣的。我们在不违背工程坚固的原则下,应节约的尽量节约。我认为所以产生这样错误的思想,主要是严重存在供给观点教条主义和任务观点。另外,认为在职工中不违背设计就没有责任,在开支中不超过预算就算对了,这主要因为没有认识到设计和预算不是一成不变的,应当根据具体情况办事,不应拘泥于原有设计。须知预算的精神是宽打窄用,应根据现实条件力求节约,不应有丝毫浪费。目前全国农民爱国增产,为了多缴公粮,工人提高生产效率,为了多捐献,而我们为什么不能在国家的建设中来节约,争取办更多的建设呢? 我们提倡节约,反对一毛不拔,也反对大少爷作风。所以如此,主要缺乏从实际出发和主人翁思想,在人民建设中应当引起我们足够的注意。

六、重新订计划

引黄是有计划的,基本上也不错,主要是订得不够实际。因此过去订的计划应重新考虑,不适合的应加以修改,未订计划应很好地来订,以克服心中无数、用啥给啥,来啥办啥,被动挨打的工作作风。订计划要大家订,处、所、科、股都要订。订计划要切合实际,过高和过低都不对,计划在执行中要分清责任,做到任何一个人都有职有权有责任,这才能发挥大家的积极性和责任心。施工要多办主要的事,少办不必要的事,同时防止急于求成、粗制滥造、不问后果的恶劣作风。

引黄是战斗性、群众性、技术性的工作,为完成这艰巨的任务,必须上下一致,密切团结,积极紧张,上级相信下级,下级服从上级,有事大家商量,小事互相忍让,大事展开争论,做到共同语言,共同行为,以完成伟大而艰巨的任务! 同志们:时间在前进,人民在前进! 希望我们前进再前进! 从胜利走向胜利! 光荣永远是我们的。(1951 年 9 月 21 日)

（资料来源:《新黄河》1951 年第 10 期,第 5—7 页）

4. 引黄灌溉济卫工程渠道占地赔偿办法草案
(1951 年 9 月)

（一）引黄灌溉济卫工程为中央人民政府投资兴办、引水、输水及排水主要工程。斗渠、农渠、土地平整由受益群众自理;占地、拆房、移坟、除树、填井……系政府贷款,由受益群众交纳水费中收回。

（二）引黄灌溉济卫工程之进水渠道、闸涵、桥梁、建筑物、工房料场、人、汽马车交通道路、临黄圈堤,将占用群众一部分土地、民房、坟墓、树木或损毁一部分作物。

（三）在下列情况下,尽可能不占地、不占坟、不拆房或少占地、少占坟、少拆房,尽量缩小占地面积:

1. 在不影响进水原则下,建筑物位置可适当移动,尽少占用民坟。

2. 在不影响进水原则下,渠道位置可适当移动,尽少占用民房。

3. 在不影响施工原则下,工房、料场占地应设法缩小至最小范围。

4. 运料、卸车、做工应尽量保护农作物,使车轨人踏作物少受损失。

（四）为减少开支,减轻民负,赔偿面积应尽量缩小。

（五）在下列情况下,无论何种性质的占地或毁损建筑物均不赔偿:

1. 总干渠占地 30 米,渠道两旁每边堤压占地 20 米。此为日伪引黄故道,且1949 年平原省人民政府训令专、县留作公地,以兴办引黄工程。

2. 占地在五分以下者,或占地角横头为数较小。

3. 占地不影响农民生活,经动员说服自愿捐助者。

4. 临黄滩地,无土改后政府颁发之土地证者。

5. 土改时隐瞒之黑地。

6. 群众浇地之砖井、土井。

7. 公共建筑物。

（六）占地赔偿开支，工程费内未预算此项费用，赔偿时由银行贷款解决，放水后由利户水费项下分期归还。

（七）凡占地永远不能耕种者，或建筑物被毁而永远不能建造者，得采取征购办法。依据平原省府规定，发给一定数量之地价或迁移费、修补费，其地权为国家所有。

1. 渠身、堤线、闸涵、闸房所占土地，其位置在较肥沃地区，视其土质好坏，产量高低，每亩发给小米 500 斤至 1 000 斤。如是黄河北岸大堤或临黄堤附近之沙土，每亩发给小米 150 斤至 300 斤。

2. 群众房屋有碍渠道者，可动员其迁移。根据房屋好坏及修建情形，每间补助迁移费小米 200 斤至 300 斤。

3. 凡有碍渠道、闸涵修建之坟墓，可动员其迁移，每座发给迁移费小米 50 斤至 200 斤。

4. 凡有碍渠道之饮水井，可动员移地另掘，砖井每眼补助小米 400 斤至 1 000 斤。

（八）凡占地属临时性质者，得采取赔偿办法。依据平原省府规定，按所占时间对群众之生产损失，发给一定数量之赔偿费，其地权仍归群众所有。

1. 工房、料场占地，耽误一季赔一季，耽误两季赔两季，其每季赔偿应按每亩常年应产粮再加年成计算之；如是收获一季之土地，亦应按全年应产量赔偿。

2. 施工挖塘损毁本季作物者，即按本季应产量赔偿之；如是白地，但因挖土时耽误生产者，亦应按本季产量赔偿。

3. 运料、作工、卸料踏毁群众作物，应按本季产量赔偿；如是白地但由作工而耽误群众生产者，亦应按一季产量赔偿。

（九）处理占地问题，为县、区政府责任，有关县、区政府须派专门干部，深入群众调查处理，务必于动工前处理完毕。引黄指挥部派人协助，掌握占地赔偿办法，协议特殊问题之解决。办法所不能包括之重大问题，须请示指挥部决定。

（十）引黄与县、区政府均应重视占地处理，必须认识引黄工程占地分散，情况复杂（约包括五县十余个区数十个村）。土改后农民生产情绪空前积极，对土地万分重视，且农民存在自私保守思想，应充分估计调查处理中的许多困难。这一问题的处理必须深入细致，确实分析调查各种情况，召开干部会、代表会、群众会，听取意见，搜集反映，进行艰苦深入的思想发动工作（内容参考宣传手册)。在群众自觉自愿基础上协商处理,防止简单草率、包办命令,必须考虑党政威信。

(十一)处理占地问题,应本着国家观念与对群众负责的精神,整体利益与局部利益相结合的精神,既要考虑节省国家财政开支,又要照顾少数失掉土地房屋的群众的经济困难;既要考虑减轻广大人民的负担,又要照顾少数群众的生活;既要考虑党与政府的威信,又要使少数群众安居乐业,心悦诚服。要全面掌握,防止发生片面。

(十二)失掉土地房屋的群众,县、区政府应妥善安置,借种土地,借居房屋,介绍职业,组织生产,或帮助购买土地修建房屋,发动亲帮亲、邻帮邻,发扬阶级友爱,务使其精神愉快,生活有保障。充分发挥人民政府对人民群众的负责精神。

(十三)本办法未尽事宜,或不合政府政策法令者,得提出意见经指挥部批准修正之。

(十四)本办法经引黄指挥部讨论通过施行之。

引黄灌溉济卫工程指挥部印

1951 年 9 月

(资料来源:河南省新乡县水利志编纂办公室编:《新乡县水利志》,
香港新风出版社,2002 年,第 558—562 页)

5. 新乡行政督察专员公署布告
(1951 年 12 月 28 日)

查引黄灌溉工程关系我区农业发展及国计民生至巨,故我区群众均有爱护管理之责。兹为奖励养护有功及处罚破坏分子,特公布以下规定,希我区群众一体遵行为要。

(一)守则

1. 严禁拦河打垱与漫堤放水。

2. 严禁在河堤上开取明口浇地。

3. 严禁在河堤上种植农作物和牧放牲畜;可在河堤上割草,但不能刨根和砍伐树木;可在河堤上行胶轮车,不准行铁轮车。

4. 人人有护河之责,不仅自己不破坏,并有检举捕捉破坏分子的义务;河道在哪一村,由哪一村负责保护。

5. 严禁在河堤上取土(指定批准时例外)。

6. 灌区群众均应按照水利工作人员指定办法用水。

(二)奖则

合乎下列条件之一者,分别给予名誉及物质奖励:

1. 检举和报告偷水者,以所处罚粮的百分之十至五十作为奖励。

2. 在治河用水中表现积极,有相当成绩之集体或个人。

3. 保护河堤,爱护渠道建筑物,著有功绩者。

4. 对用水试验及种植农作物试验著有创造性之成绩或合理建议者。

5. 积极领导群众合理使用水量,而又有新创造的区干部。

(三)罚则

1. 有组织、有计划地破坏渠道及建筑物之集体或个人,按破坏国家生产建设送政府法办。

2. 霸水、偷水之集体或个人,每浇 1 亩罚小米 10 斤至 50 斤;其积极挑动分子,按情节轻重送政府法办。

3. 浇完地不堵水门,或堵没有堵好,以致浪费水量时,该农渠小组长应负责追究责任;如农渠小组长把堵农渠门责任交代利户,而利户没有遵照执行,由该利户负责;如果农渠小组长根本没有交代责任,应归小组长,并按浪费水量大小淹地轻重,酌予处罚。

4. 在河堤上种植季节性之农作物者,任何人均可以制止和监督其彻底铲除;如不铲除应报告政府法办。

5. 在河堤上放牧牲畜,罚小米 10 斤至 50 斤。

6. 凡属破坏渠堤之一切行为,均按情节轻重予以法办。

7.(此条从略,因复印件字迹模糊,原件未查到。)

此布

专员 于健

副专员 耿起昌

1951 年 12 月 28 日

(资料来源:河南省新乡县水利志编纂办公室编:《新乡县水利志》,香港新风出版社,2002 年,第 562—564 页)

6. 引黄灌溉济卫工程施工中采用工程负责制与开挖标准渠段的办法 提高了工作效率，保证了工程质量(1952 年)

引黄灌溉济卫工程，于 1951 年 3 月局部开工，同年 9 月全面开工，至 12 月中旬，完成总干渠及西灌区、东一灌区、斗渠以上建筑物及农渠以上渠道。1952 年 2 月完成毛渠及斗渠节制闸以下建筑物，3 月 12 日第一期工程完工，并进行试水。

这一伟大的工程，能于很短时间内胜利完成，除了黄河水利委员会的正确领导、该工程处全体员工及参加工作的广大群众的积极努力工作等原因外，该工程处在施工中所采用的工程负责制及开挖标准渠段的办法，也起了不小的作用。

现在将这些工作方式，简介如后，供各施工单位参考——编者。

引黄灌溉济卫工程施工时，为了保证按时放水，把建筑物分为急要、主要、次要三类；不论备料、施工、改变设计等都按此顺序去做。所以要分别缓急来依次做，主要是由于人少、工程多，又多是新人新事缺乏经验的原因。事后看起来，这样做是必需的。

在建筑物的施工当中，如何使工程尺度、标准不出错，是工程成败的关键。因此我们采取了"工程负责制"：即一个施工所的建筑物尺度、高程等由施工所工程负责人负责，工地负责人则对工程的质量负责；另外工程处组织了一个巡回检查组，作检查核对工作，以保证标准不出错。由于采取了这样的具体措施，同志们的责任心更加强了，工作中都是小心谨慎、反复检查。施工中并普遍建立由工、材干部，并吸收工人领袖和民工中的积极分子参加的工地管理委员会，把技术、工程标准、做法、要求等交给工人群众，再由工人群众民主讨论，制定工作计划。各种工人相互提出保证条件，大家互相督促、检查。这样不但工人体会到自己当家作了主人，更加提高了工作积极性，并且做到技术与经验相结合，工程师与工人相结合，互相取长补短，既提高了工人，也提高了工程师。凡这样做得好的，工作效率都高，工程质量也好。反之，这样做得不好的，干部自居领导，轻视工人的就效率低、质量不好。

在渠道土工方面，如何使渠道纵横断面尺度、高程不出错，也是整个工程成功、按期放水的关键。要想达到这一目的，就必须把尺寸、标准、要求、作用等都让群众了解、接受。在施工之初，我们很发愁这一件事。我们想到渠道总长有4 000余公里，分布在300平方公里的广阔面积上，需要多少监工人员才能照顾的过来呢？而且如何使这些监工人员彻底弄明白渠道的整个系统、如何学会认识施工桩，也确是一件不容易的事。我们反复研究和试验之后，采用了实地做好"标准渠段"的办法。施工结果证明这是一个比较好的办法。在采用这个办法以前，群众把我们的干部叫作"坡度干部"。因为我们的干部给群众讲得很严格，实做的渠道的断面尺度，不能与工程计划规定尺度相差5厘米；可是在实际做起来时，人们略一用劲即超过了（究竟是否超过了，干部也不知道）。因此干部、群众对工作都不大胆，工作效率很低，工程做的也参差不齐。在采用了"开挖标准渠段"办法之后，群众一致反映："政府只能给咱做到这一步，再也不能给咱多做了，咱若再做不好，只能怨自己。"

这样做的好处是：

（1）群众可以了解渠道的挖法，他的地是否能浇上水。

（2）标准渠段做成后，顺渠一看，标准尺度一望即知，群众可以大胆开挖。

（3）群众了解工程做法之后，可以有计划地使用劳力，时间也容易掌握，可使工程、生产两不误。

（4）大大节省了干部。

（5）不怕施工桩丢失，减少测量人员重复打桩的工作。

具体做法是：

（1）地形简单的地方每100米或200米开挖一个标准渠段，地形复杂处每50至100米挖一个，转弯处每30至50米挖一个。

（2）组织少量人员跟随打施工桩的测量人员，就地组织群众开挖。挖成之后，再由测量队校测一遍。施工中由政府行政干部按段分给群众，此后即可不再需要工程监工人员指导了。

此办法除对水下流沙外，均可采用，地形愈复杂愈可采用。

此外，土工夯实也是一个麻烦事，因为灌区的群众没碾，也不会打碾，而且斗渠以下的小渠道也不能用碾打。我们的办法是：一面挖一面用石滚轧，每1.5至2分米轧三遍，即可达到保水16至25分钟。引黄灌溉济卫第一期工程的土工即如此做成，工程完工后经过检查，并经试水考验，渠道的尺度、高程，差误很少。

（本文根据引黄灌溉济卫工程处韩培诚处长报告改写）

（资料来源：《中国水利》1952年第2期，第50—51页）

7. 人民胜利渠——引黄灌溉济卫工程
(1952 年)

　　黄河水利委员会、平原省人民政府在平原武陟县黄河北岸京汉路铁桥上游约 3 华里的地方,兴办人民胜利渠——引黄灌溉济卫工程已基本上胜利完成,本年 4 月即已放水灌田,今年年底可扩展灌溉农田面积至 72 万余亩。这是有史以来在黄河下游引水灌田的一个创举。

　　黄河是世界上最难治理的一条大河。在我国历史上记载的有七次大迁徙,决口 1 593 次,特别在国民党反动统治时期的 22 年间,决口达 94 次,给亿万人民造成严重的灾害。但自 1946 年,人民控制黄河以后,历年决堤泛滥的黄河下游,就再没有发生过一次严重的水灾。1949 年中央人民政府决定举办引黄灌溉济卫工程,开始了变黄河下游为利河的伟大创举。因为它是人民战胜洪水的成果,所以称为"人民胜利渠"。

　　这个工程主要的目的有二:

　　(一)引水灌溉:黄河北岸获嘉、武陟、新乡、汲县、延津、原阳等六县的农田,是盛产小麦、棉花的地区,但因雨水缺乏限制了农业的发展。这个工程完成后,可以引黄河水来灌溉,借以提高农作物单位面积的产量。

　　(二)接济卫河:卫河从新乡到临清与南运河汇流,是新乡通天津的重要航道,全长 1 750 里。每到春季和夏初的枯水时期,数十吨帆船难以航行。引黄河的 20 米^3/秒的水流入卫河,使卫河经常保持五六尺深的水;可以通行百吨以上的船只,再把卫河加以整理,可以通行 200 吨的轮船。

　　另外,还可以利用这一工程,排水、洗碱、放淤、改良土壤,并可以利用总干渠的 4 个大跌水来进行发电,帮助小型工业的发展。

　　这个工程包括以下各部分:

　　渠首闸是用钢筋混凝土修成的五孔引水闸,每孔宽 2.5 米,高 1.95 米。各孔装置钢板闸门,闸上设有人力启闭机可以随时启闭。闸前距河岸 120 米,挖引水渠一道,闸的前后备有木板闸两道,以防意外。根据需水的情形,可引水 40 至 50 米^3/秒。

　　总干渠由渠首闸起沿京汉路西侧,至新乡入卫河,全长 52.7 公里。在张菜园附近穿过黄河北岸大堤,在堤上设有钢筋混凝土拱形闸 1 座,为防汛第二道防线。接着随地形的变化建有 4 个跌水，为便利交通沿渠建有 28 座石桥。渠首两翼以防御陕州流量 23 000 米³/秒为准，修有石护岸以防黄河的异常洪水。

为了解决黄河的泥沙问题，在临黄堤北张菜园附近利用沙碱洼地作一沉沙池，面积 44 平方公里，结合土壤改良分为四个区域。第一期工程约 10 平方公里，四周围筑圈堤，暂由一号跌水下游设分水坝，经输水道流入沉沙池，使浑水经池沉淀变成清水，再输送到各灌区及卫河里。

沉沙池以下共分四条干渠：

西灌区：西干渠从京汉路忠义车站以南二号跌水分出，沿京汉路西至道清路长 9.3 公里，引水量 7 米³/秒，灌溉获嘉、新乡两县的农田约 13.9 万亩。该干渠又分四个支渠长 39.2 公里，支渠上有斗渠 23 条，田间农渠 239 条，毛渠 2 500 条。西干渠排水干沟利用孟姜女河加以疏浚，排入卫河，长 28.5 公里。

东灌区在京汉路以东，沿总干渠的左岸又分一、二、三灌区：东一灌区的干渠与西干渠相对，长 4.7 公里，干渠下分两个支渠，长 26.8 公里，共有斗渠 24 条，田间农渠 211 道，毛渠 2 000 条。引水 6 米³/秒，灌溉新乡、获嘉、原阳三县农田约 11 万亩。排水系统每支渠配合排水支沟一道，汇东二灌区排水干沟，在汲县附近流入卫河。

东二灌区干渠从京汉路小冀车站东北第三号跌水上游分出，与总干渠并行越过道清路，长 14.5 公里，干渠下分 4 个支渠，引水 7 米³/秒，灌溉新乡、获嘉一带 10 余万亩农田。因该区孟姜女河沿岸盐碱较重，先做排水洗碱工程，暂缓灌溉。关于农田灌溉工程拟于 1952 年度完成计划，1953 年春耕时放水灌田。

东三灌区与东二灌区毗连，东三干渠在孟姜女河以东，原太行堤右侧老黄河滩上，亦在三号跌水上游有岸引水，东经郎公庙、小店到汲县成唐村止，长 33 公里。干渠下分 5 个支渠，长 50 公里，开斗渠 38 条，引水 8.5 米³/秒，来灌溉新乡、延津、汲县 19 万亩农田。排水系统三分之二地区利用孟姜女河的尾闸，其余排入黄河故道。今年 8 月底完成，种麦前放水灌田。

这个工程是 1949 年秋中央决定举办，原计划 1953 年完成。1951 年 7 月中央为了提前放水灌田，来配合 1952 年全国的增产节约运动。指示修订工程计划，将全部工程分为两期进行，除 1951 年上半年重点施工外，1951 年 9 月全部开工。700 余名干部、2 000 余名技工、数万名民工在中央的英明领导下，在抗美援朝爱国主义热情的鼓舞下，全线展开了劳动竞赛和红旗运动，使工程顺利地进行,在 4 个月的短短时间内,完成新型建筑物 611 座、土方 775 581 立方米,保证了工程质量,完成了提前放水的任务。只有在人民民主制度和共产党的领导下才能充分发挥人民的智慧,使千年为患的黄河下游开始为人民造福兴利。

这个工程完成后,在灌溉方面以 36 万亩计,每年农业生产可达 3 053 万斤小米,其他洗碱、放淤、改良土壤和水力发电等年可增益千万斤小米。在航运方面,新乡和天津间,除了隆冬以外,也将常年交驰着大小船只,成为交流物资、发展经济的主要动脉之一。

（资料来源:《中国水利》1952 年第 2 期,第 72—73 页）

8. 人民胜利渠正式放水(1952 年 4 月)

黄河下游"引黄灌溉济卫"工程,业已基本完成,于 4 月 12 日在渠首举行了正式放水典礼。参加典礼的有平原省府罗玉川副主席,有中央水利部、山东省、河南省水利部门及平原省水利局、河务局等机关代表 39 人,新乡、获嘉、汲县、原阳、延津灌区代表 181 人。

在放水典礼大会上,罗玉川副主席在讲话中指出人民胜利渠的重要意义,概括起来有三点:一是巨大的水利,只有在人民革命胜利之后,始有修建的可能。过去日寇为了掠夺人民财产和从天津运送武器,也曾经动手挖过"小黄河",遭到了人民的激烈反对,终未完成。日本投降后,腐败的国民党,根本就没想到为人民办有利的事。只有在中国共产党毛主席领导下,才能够完成这样于人民有利的伟大工程。二是这一工程的成功,是人民变黄河害河为利河的开端,今后将在黄河下游更多的发展水利,使我们沿黄的人民生活一天一天地好起来。三是由于引黄灌溉后,农业生产发生了许多变化,可以用黄水把沙碱地慢慢地变成好地,过去生产靠天下雨,不能适时收种,今后就可以有计划地适时耕种了。同时他又指出:今天正式放水,到浇地还有许多工作。因此,他号召所有灌区农民克服自私保守思想,大家的渠大家来保护。把灌溉区的组织机构迅速建立起来,加强渠道管理工作,召开灌区代表会实行民主管理。

接着有灌区农民代表报告了农民看到引黄灌溉的欢呼、愉快情形和保证爱护管理渠道的决心,会上获嘉县四区亢村代表杨贵仁说:"开始挖渠时群众说,黄河是没良心的水,要是扒开口管不好,啥都淹没了。当看到黄水平稳地流过来后,群众又说,在共产党毛主席领导下,黄河也老实了。我们一定要像照顾父母一样地来照顾渠道。"

是日12时,在渠首闸上举行剪彩礼。罗玉川副主席亲自剪彩后,闸门提起了。滚滚的黄水通过闸门涌入总干渠。这时,所有到场观礼的代表,特别是农民代表们,亲眼看到人民的巨大工程,胜利成功,汹涌澎湃,一向被喻为"洪水猛兽"的黄水,第一次在人民控制下开始驯服起来,都在欢呼不止,一位代表高兴地说:"这真好。黄河的水要多少流多少。回去一定把渠道修好,管理好。"从此广大灌区的人民将逐渐摆脱灾害、贫困,走向美满幸福的道路上来了。

附录：平原日报社论《庆祝〈人民胜利渠〉正式放水》

"引黄灌溉济卫工程——人民胜利渠"正式放水。历史上猖獗的黄河,第一次在人民面前驯服地纳入大小沟渠,开始为人民服务了。这是历史上的伟大创举,它给人民生活开辟了幸福的源泉。

谁都知道:黄河是"败家子",是"洪水猛兽",历史上它给人民带来了无数的灾难。频繁的决口、漫溢,使滚滚的波涛吞噬了无数的生命和财产。历代的反动统治者,不但根本无能制服这多沙的"悬河",反而利用"治黄"为名,大肆搜刮民财,中饱私囊。……但是,这一切历史的渣滓,也正像滚滚东流的河水一样,永远不能回头了。人民胜利了,人民胜利渠正式放水了,"洪水猛"驯服了,害河变成了利河,这是黄河历史的新纪元,是人民治黄从"防害"到"兴利"的新胜利,是毛主席领导下的中国人民的奇迹。人们为此而兴奋、而欢呼!历史上水旱灾荒的痛苦回忆,使他们更加热爱毛主席,热爱新中国。灌区人民兴高采烈地说:"再不逃荒了,再不吃糠菜了","好好搞丰产吧","全中国都享毛主席一个人的福"。

人民胜利渠正式放水之后,首先就有23万亩旱地变成了水田,获得了棉麦丰产的有力保证。这是引黄灌溉济卫工程——人民胜利渠对我省农业产生的巨大贡献。今年年底第二期工程完成后,还可增加灌溉农田到50万亩,全部工程告竣,将使近百万亩农田,永远免除旱灾的威胁。给30多万人民,展开了幸福生活的前程。但是,这一切还仅仅是开始。山东、河南等省的人民,正关心地倾听着我们引黄灌溉的捷音。因为"引黄灌溉济卫工程——人民胜利渠"的完成,不仅仅有着它本身的意义,而且给整个黄河下游,典型地创造了经验,开辟了更多利用黄水造福人民的道路。

正式放水之后,黄河与卫河打通了,它将给卫河送去流量 40 米³/秒的流水。不但增加了卫河沿岸的农田灌溉之利,而且提高了水位,便利了天津和我省的通航。不久我们将看到载重 200 吨的汽轮,骄傲地航行于天津和新乡之间。为今后城乡物资交流工作,开辟了远大的前程。

面对这一空前的有利条件的形成,我们应该以实际行动来庆祝人民胜利渠放水的成功:首先,我们应该将我省"引黄灌溉济卫工程——人民胜利渠"正式放水这一重大事件,向人民群众反复宣传它的重要意义,宣传它在我省经济建设与爱国丰产运动中的重大作用。这是一堂生动的爱国主义课程,我们要通过这一重大事件,使广大群众进一步认识新民主主义制度的优越性,进一步提高群众热爱新中国积极参加爱国丰产运动与各项经济建设事业的热情,把这一重大事件的本身,变成动员群众的政治力量。其次,我们应该按照预定计划,完成未竣的工程,继续扩大灌溉面积;已竣工的灌区,应继续修整渠道、桥梁,平整土地,民主制订管理渠道和合理用水的公约,学习灌溉技术,提高耕作方法,为充分利用这一有利条件而努力。再次,所有获嘉、新乡、武陟等灌区政府及党的组织,应进一步领导群众贯彻爱国丰产运动。在这一空前有利的条件下,必须大力克服保守思想,重新修订爱国增产计划。这一方面因为充足水量的及时供应,可以保证按照计划生产,适时种植农民所要种的作物,增强了农业生产的计划性;另一方面旱田变水田之后,给提高单位面积产量准备了有利的条件。在这种情况之下,群众的情绪是异常高涨的,只要我们好好领导,一切必要的经济支持及时供应,可以想象,其结果一定是非常卓著的。最后,正式放水之后,由于各斗渠、农渠、毛渠放水时的同一动作,由于水田灌溉之需要提高技术与加强管理,由于同一农渠、毛渠之间种植同一作物的必要性,……这一切都将引起灌区农村生产力与生产关系的变化,农民进一步增强着合作互助的要求,我们必须重视和研究这些变化,进一步领导群众组织起来,以适应灌区农民日益增长着的生产力的发展。

伟大的引黄灌溉济卫工程——人民胜利渠首先在我省创办成功了,这不但是灌区人民的喜事,也是我全省人民的光荣。我们伟大的祖国,在共产党和毛主席英明领导下,给我们创造了奇迹,我们感到骄傲,感到自豪。我们是"没有文化不懂科学"的国家吗?让帝国主义分子在伟大的有创造性的中国人民面前颤抖吧!让我们为这可爱的祖国而贡献我们的一切吧!

(资料来源:《新黄河》1952 年第 4 期,第 42—43 页)

9. "人民胜利渠"——引黄灌溉济卫工程
(1952 年 4 月)

　　黄河水利委员会、平原省人民政府在武陟县黄河北岸京汉铁桥上游(距铁桥约三华里)兴办的"人民胜利渠"——引黄灌溉济卫工程已基本上胜利完成,本年4月10日举行放水典礼,今春可灌溉23万亩,年底可灌溉40余万亩,现已拟出灌溉86万亩的灌溉计划,这是有史以来第一次在黄河下游引水灌田,是黄河下游变为利河的开端,是我祖国水利建设的一个大胜利。

　　黄河过去是世界上最难治理的一条大害河,在我国历史上记载的有7次大迁徙,决口1 593次,特别是在国民党反动派统治时期22年间就决口94次,给亿万人民制造了严重的灾害。但自1946年人民治黄以来,在共产党毛主席的英明领导下,依靠了群众展开大规模的治黄工作,历年决堤泛滥的黄河下游(豫、平、鲁三省)就没有发生过严重的水灾。不但基本上保证了没有溃决,而且开始兴办了水利。尤以1949年中央人民政府成立以后,除在中上游进行了测验查勘为根治黄河创造了有利条件,并在下游举办了引黄灌溉济卫工程,开始了变黄河下游为利河的伟大创举,这是我国人民的大喜事,因为它是人民战胜洪水的成果,所以叫它"人民胜利渠"。

　　日寇侵入中国后,于1943年至1945年间为了挽救它的死亡命运,分割我根据地,加强战争的掠夺,在此曾做这个工程,但由于计划不周,即贸然放水,结果失败了。给黄河北岸人民造成极大的灾害。日寇投降后国民党反动派接着以兴修水利为名来敲诈人民财产并吞占人民的救济物资,又作了引黄空头计划,黄河北岸人民最痛恨的"小黄河"就是指此而说的。这说明帝国主义和国民党反动派根本就不可能做出什么结果,不可能为人民来办任何的好事,这证明"引黄灌溉济卫工程"在半封建半殖民地的中国绝对不可能办到,只有共产党的领导和人民民主专政的优越制度才能把这一伟大造福于人民的工程胜利地实现。

　　这个工程主要的目的有二:

　　一是引水灌溉:黄河北岸获嘉、武陟、新乡、汲县、延津、原阳等六县的农田,这一带是盛产棉花和麦子的地区,因雨水缺乏限制农业的发展,这个工程的完成就可以引黄河的水40米^3/秒至50米^3/秒来灌溉大量的田地,与农业上提高单位产量有着极其重大的关系。

二是接济卫河：卫河从平原新乡市到临清和南运河汇流，是新乡通天津的重要航道，全长 1 750 华里，每到春季和夏初的枯水时期，数十吨帆船难以通行，用引黄的 20 米³/秒的水流到卫水，使卫河经常保持 1.7 米至 2 米深的水，可以通行百吨以上的船只，再把卫河加以整理，即可通行 200 吨的轮船。另外，山东、河北还可利用济卫的水沿着卫河南岸灌溉一部分农田，对于南北物资交流与发展生产的作用是很大的。

另外，还可以利用这一工程，排水、洗碱、放淤、改良土壤使壤田变为好地，并可以利用总干渠的四个大跌水来进行发电帮助地方性的小型工业的发展，通过水利合作社的形式，把全灌区的农民组织起来，使分散的个体农业经济逐渐地走向集体。

这个工程是用钢筋水泥修成的五孔引水闸（渠首闸），每孔空宽 2.5 米，高 1.95 米，各孔装置钢板闸门，闸上设有人力启闭机可以随时启闭，闸前距河岸 120 米，挖引渠一道，闸的前后备有木板闸两道以防意外，根据需水的情形可引水 40 至 50 米³/秒，该处河槽稳定，南有邙山作屏壁；东有铁桥平抑洪水，据调查近 40 年来，闸前河岸经常着溜，平均海拔高程 93 米以上（放水时 94.47），水源十分充足。

总干渠由渠首湖起沿京汉路西侧，至平原省会新乡入卫河，全长 52.7 公里。在张菜园附近穿过黄河北岸大堤，在大堤上设有钢筋混凝土拱形闸一座，为防汛第二道防线，接以随着地形的变化建有四个跌水，为便利交通沿渠建有 28 座石桥，渠首两翼以防陕州流量 23 000 米³/秒为准，修有石护岸以防黄河的异常洪水。

为了解决黄河的泥沙问题，在临黄堤北张菜园附近利用沙碱洼地做一沉沙池，面积 44 平方公里，结合改良土壤分为四个区域，第一期约 10 平方公里，四周围筑圈堤，暂由一号跌水下游设分水坝，经输水渠进入沉沙池，使浑水经过沉沙池的沉淀变成清水再输送到各灌区及卫河里，沉沙池以下共分出四条干渠。

西灌区：从京汉铁路忠义东站以南二号跌水分出，沿京汉路西至道清路长 9.3 公里，引水量 7 米³/秒，来灌溉获嘉、新乡两县的农田，约 13.9 千亩。该干渠又分四个支渠长 39.2 公里，支渠上有斗渠 23 条。田间渠道计农渠 239 条，毛渠 2 500 条，干支建筑物 65 座，斗渠节制闸 37 座，农渠进水门 239 座，排水系统随斗渠各有平排汇入支排，排水干支的桥梁、涵洞共 34 座，西干渠排水干沟利用孟姜女河加以疏浚，排入卫河，长 28.5 公里。

东灌区在京汉铁路以东，沿总干渠的左岸又分一、二、三灌区：东一灌区的干渠与西干渠紧紧相对，长 4.7 公里，干渠下分两个支渠，长 26.8 公里。一支渠有斗渠 16 条，二支渠有斗渠 8 条，田间农渠 211 道，毛渠约 2 000 条，干支渠建筑物 47 座，排水干支桥梁 22 座，斗渠节制闸 24 座，农渠进水门 211 座，共引水 6 米^3/秒，来灌溉新乡、获嘉、原阳三县农田约 11 万亩，排水系统每支渠配合排水支沟一道，曾合斗渠排水沟，注入排水支沟，汇东二灌渠排水干沟，在汲县附近流入卫河。

东二灌区干渠从京汉路小冀车站东北第三号跌水上游分出，与总干渠并行越过道清路长 14.5 公里，干渠下计分四个支渠引水 7 米^3/秒，来灌溉新乡、汲县一带 10 余万亩农田，该区孟姜女河沿岸盐碱重，先做排水洗碱工程，暂缓灌溉，沿道清路及卫河沿岸地区的七万亩农田灌溉工程拟于 1952 年夏完成计划，1953 年春耕时放水灌田。

东三灌区与东二灌区毗连，在孟姜女河以东，原太行堤右侧老黄河滩上，亦在三号跌水上游右岸引水，东经郎公庙、小店到汲县城唐村止，长 33 公里。干渠下分五个支渠，长 50 公里，开斗渠 38 条，干支渠建筑 125 座（不包括斗农渠的）排水沟桥梁 20 座共引水 8.5 米^3/秒，来灌海新乡、延津、汲县三县 19 万亩农田，排水系统三分之二地区利用孟姜女河的尾闾，其余排入黄河故道，今年 8 月底完成，种麦前放水灌田。

这个工程全部工程费约需 8 000 余万斤小米，灌溉方面以 36 万亩计，每年农业生产最低可折合 3 053 万斤小米，其他洗碱、放淤、改良土壤和水力发电一年可增益千万斤小米，仅灌溉一项 3 年的增益，即可抵全部的工程费，收益之大实难预计。

这个工程是 1949 年秋中央决定举办，1950 完成规划，1951 年 5 月开始施工，原计划 1951 年完成。1951 年 7 月上旬奉中央的指示，为了提前放水灌田，来配合 1952 年全国的增产节约运动重新修订引黄工程计制，将全部工程分为两期进行。除 1951 年上半年重点施工完成引水闸、防洪堤及渠首闸基土工、打桩工程和总干渠的一小部分土工外，经过一个月的组织准备于 1951 年 9 月上旬全部开工，全体职工和群众在中央的英明领导下，在抗美援朝爱国主义热情的鼓舞下，全线展开了劳动竞赛和红旗运动，使工程顺利地进行，原定 1951 年底完成放水前之主要建筑物 69 座。由于普遍地发扬了民主修工及运用工地管理委员会的组织力量，超额完成了 49 座，如忠义施工所工地管理委员会成立后，洋灰拌浆效率由每天 3 盘提高到 14 盘，王官营施工所修建斗门，由 15 天至 18 天完成一个，提高到 8 天完成一个。土工方面由红旗运动的开展各区村纷纷挑战，使工作效率普遍的提高,总平均效率每人每天达 3.5 立方米,鸿门桥谢段 10 天的任务 4 天完成,在这样的旺盛情绪下 9 月至 12 月仅 4 个月来的短短时间,700 余名干部、2 000 余名技工、数万名民工、3 500 辆火车皮、80 000 辆马车、100 000 吨料物完成近代化的土木工程建筑物 611 座,计渠首闸 1 座,石护岸 1 道,分水闸 4 道,翻水涵洞 1 座,节制闸 3 座,进水闸 3 座,退水闸 1 座,跌水 4 座,节制闸桥梁 18 座,斗门 48 座,桥梁 34 座,斗农渠节制闸 492 座,在土工方面完成输水排水渠道 5 241 条,土方 775 581 立方米长达 4 099 公里,保证了工程质量,完成了提前放水的任务,使千年为害的黄河下游开始为人民造福兴利,只有人民民主专政制度和共产党的领导才能充分发挥人民的智慧,出现这样伟大的创举。

为了执行中央政务院防旱、抗旱保证农产的指示和满足灌区人民的要求,全国关怀的引黄工程,经过一个月来的试行放水,于本年 4 月 10 日上午 12 时正式放水,各级负责首长及灌区人民代表在喜悦、愉快的气氛中举行了放水剪彩典礼,此时黄河水位海拔 49.47 高程,流量在 2 437 米³/秒,渠首闸上下游附近水位 91.39,水流畅顺,水峰到哪里,狂欢就到哪里,远道的群众坐着船、火车、牛车赶来参观,灌区群众像迎接自己的亲人一样来迎接田间开渠道的"水",不约而同地说:"今天看水就等于看见毛主席。"灌区数十万农民,看到黄水流到自己的田地,这些土地再也不会因天旱而减收成灾,而今后将要按照人民的意志适时地种收,人人都怀着内心的喜悦,在感谢共产党,"没有毛主席的英明领导,是不会有今天的",同时感谢苏联专家布可夫和古来以且夫对我们的帮助,他们知道伟大的引黄工程是在国际主义的苏联专家直接帮助下来完成的。下午 6 时总干渠水峰入卫河,笑声充满新乡市,水手们好像疯了一样连夜收拾被搁浅的大船,准备随水流至天津,来赶一趟好生意,并说:"只有毛主席的领导才能消灭了从来不能解决的卫河的水源问题。"

放水前几天河北省水利局就向引黄工程处打电报,上写着"南运河两岸的群众听说你们黄河放水就扒开了运堤等着水来灌田,希望能经常给我们二十个水"。天津市的人民自在华北展览会上看见引黄的模型就不断地打听引黄工程何时放水的消息。大家对引黄工程是多关心啊!引黄工程的完成不仅给黄河下游兴利开辟了新的道路,而且大大增强了人民战胜黄河的信心,这将会使富庶的卫河流域更加繁荣美丽。

张国维

(资料来源:《新黄河》1952 年第 4 期,第 44—46 页)

10. 引黄灌溉区中的一农村——王官营
（1952 年 4 月）

引黄灌溉的人民胜利渠 4 月 10 日放水了。王官营就是灌溉区内的一个村庄，被新开闸的纵横的渠道所围绕着。这村的农民当看到黄河的水稳稳当当地流过来的时候，真是喜欢极了。

王官营村是一个 380 多户的村庄，有土地 8 700 余亩，全是沙质壤土（俗称两合土），农民们称这种土地为"气死龙王地（不怕水淹光怕旱）"，但每年的雨水偏偏十分稀少，所以又有"十年九旱"的说法。新中国成立以前的历史上，曾经发生过无数次的大旱灾，对这样的年代，农民们永远也不会忘记，在这里，至今仍普遍地流传着描写那种悲惨情景的一首快板：

> 一年不收二年旱，
> 一连三年不收田，
> 七月初三下场雨，
> 家家户户把荞麦安（播种），
> 七月十几一场雨，
> 荞麦长的如手巅。
> 这个说荞麦打石五，
> 那个说荞麦打石三，
> 庄稼老汉地里看，
> 他说也不过打个石二三，
> 八月十五下白露，
> 又坏啦，把荞麦打得格奄奄，
> 庄稼人下地看，
> 守着荞麦哭黄天。

王官营在 1948 年解放后，一方面，农民在土地改革中获得了土地，又经过生产运动，农民已经步入了新的生活。每一亩土地的产量，由解放前的每亩产量棉花 60 斤（该地是产棉区）提高到每亩产量 100 斤以上。土地改革以后，全村增添骡、马 100 多头,去年一个春季,全村修建新房屋 200 余间。但农民还不能征服自然,还不得不靠天下雨;现在不同了,人民政府举办的引黄灌溉工程,把王官营的农民拖到一条幸福的道路上来了,王官营的 8 700 余亩土地已经可以得到黄河水的灌溉。农民们说:"我们再不受旱症了,永不怕棉花开花不结桃,谷子出穗不结粒了!"

引黄灌溉的成功,改变了农民历来恐惧黄河的心理,并相信了人民政府领导群众用科学方法战胜自然以发展农业生产的雄伟力量。"黄河百害""洪水猛兽""没良心的水",从前人们都这样称呼或咒骂黄河。在引黄工程动工以后,有的农民一方面积极修建工程,一方面还怀疑浇不成地,他们说:"满地挖了河(渠),浇不浇地在两可。""马营(在武陟县境内)开口时,咱这里跑大河,树枝上挂的都是草,淹死的人无数,谁曾敢使上黄河的水浇地呢?"但在 3 月 20 日试行放水以后,他们看到黄河水稳稳当当地流过渠道时才欢呼:"毛主席不仅能把二流子改造好,还能把黄河改造好!"他们跑到渠道闸门上参观,看到坚固的闸门可以自由地开放和关闭时说:"叫水大就大,叫水小就小,黄河也受人管教了。"也有的农民拿着碗跑到渠道上,偷偷地舀一碗水,端回到自己家里,仔细地尝尝水是苦味还是甜味,看看水中沉淀下的是泥还是沙。当他们尝出是甜水,沉淀下的是泥不是沙的时候,他们就在大街上跳起来,他们说:"黄河水浇地比井水强,壮得很。我看那水中的黄色泡沫,就是从山上冲下来的'老虎粪'。"

全村组、户,都根据今年旱田变成了水田的新情况,制订了增产计划,展开了丰产竞赛运动。全村播种 4 500 多亩棉花,他们保证一般棉田每亩产量达到 250 斤以上(去年每亩产棉 120 斤),丰产地每亩达到 500 斤以上。为了达到这一目标,他们进行深耕细作。去年棉田犁一遍,今年都犁了两遍,都增施了肥料。今年每亩棉田上圈肥 4 000 斤,另上细肥(豆饼、豆子)七八十斤,比去年增加一倍。此外要选用优良品种、密植、加强管理、严防虫害、轻浇勤浇等。目前全村展开了丰产竞赛运动,组、户之间掀起了提高单位面积产量的增产比赛。参加创造棉花提高产量比赛的土地,已达 57 亩。

在旱田变为水田的情况下,农民要求进一步把劳、畜力组织起来。农民们感到如果各条渠同时放水灌溉,各户的土地太分散,不互助起来,便无法同时照顾分散在各条渠道上的数块土地。另外在耕作上,水地比旱地也需要更多的加工。因此,去冬和今春,该村农业生产互助组发展到全村总户数的 70%以上,其中长期的比较巩固的互助组有 12 个,临时性的互功组发展到 52 个。妇女们也都参加了农业生产;农民们要求提高耕作技术,使用新式农具和施更多的肥料。如何提高水田的单位面积产量,对此地的农民是个新的问题。他们说:"在过去都是说,庄稼活不用学,人家怎着咱怎着。今后却必须好好地学。"他们对全国著名的棉花丰产模范曲耀离的植棉经验极其重视,有些互助组,随时随地都带着人民政府发给他们的关于曲耀离植棉经验的书,一有空就学习。农民们感到水田必须深耕才能增产,因此要求购买新式农具。现已有些互助组提出要买 10 张 1 寸步犁,曾经到天津参观过物资交流展览会的劳动模范李文清互助组的组员们,提出好好生产以积累资金,好购买新式农具;在施肥方面,新中国成立前,农民们没余钱买肥料,新中国成立后,有了余钱,又因常天旱,怕上的肥料太多不保险,所以也不敢上更多的肥料。现只今年一个春季,他们就购买豆饼、豆子肥料 24 万多斤。为了积肥,他们今年还购买了 200 多头小猪喂养着。过去猪都没有圈,现在都圈了起来;大家都感到土地太分散,不好耕种,有些人提出要调换土地。在灌溉渠道方面,分为干渠、支渠、斗渠、农渠、毛渠,农民要求按渠道划分经济区域,如凡在一条渠道灌溉下的土地,播种的作物最好一致,不然,你种谷子,我种棉花,作物不同,就会发生你需要水,我不需要水的矛盾现象,便无法同时放水。王官营的农民,今年大体上按照各个灌溉区域播种了相同的作物,如村边上相毗邻的一部分土地,全是小麦,距村较远的相毗邻的一部分土地全是棉花。

引黄灌溉济卫工程,给农民们开辟了幸福的大道,农民们说:"要用它提高我们的生产,加强抗美援朝的力量,建设一个民富国强的新中国。"农民们热爱渠道,极其负责地管理着它,他们说:"这是祖国的宝贵财产,任何的破坏都是违犯国法。"他们注意把渠道修理得更好。

定曼

(资料来源:《新黄河》1952 年第 4 期,第 46—47 页)

11. 毛主席领导引黄灌溉给老百姓造下了大福
(1952 年 4 月)

俺村上正在用黄河水浇着棉花地。我活了 76 岁,对用黄水浇地这件事从来没听说过,也没见谁敢这样想过。从前都好说神仙万能,可也没谁传说过神仙能用黄水浇地。还是毛主席领导得好,给老百姓造上了大福。

这村上的碱地多,过去不旱就淹。1939 年到 1944 年,连年是旱、水、虫灾,秋苗不见,粮食不收。那时都是喝点稀糊粥养饥。老百姓上山逃荒的很多,人饿死的也不少。可是,国民党的军队在这里,这样大的旱、水、虫灾,不光不管不问,还给老百姓要东西,你来啦,我走啦,天天不断,闹的全村房倒屋塌,人逃四方。这两年在人民政府的领导下,你看! 老百姓又盖上了新房子,逃荒的也回家了。

眼前又把害河变成利河,这好处太多啦! 过去是旱地,现在都变成了水田。在往年,俺这里收麦后,该种晚秋时就是天旱不雨,干着急,盼雨盼得眼红,还是种不上。今年有水了,再旱也能应时种上,这能说不会多收粮食? 俺这碱地用黄水浇上几年也能慢慢变成了良田,老百姓的时光越过越好。可是,这好时光不是天上掉下来的,是因为有了新中国,有了共产党和人民政府的领导才得来的。往后一定得听政府的话,国家号召干什么,我们就一定干什么。在政府的领导下,国家富了,老百姓也富了,真能使用上拖拉机哩! 我有两个儿子,叫他兄弟俩好好上学,学了本事,为国家办事情。

76 岁老农郭子臣

(资料来源:《新黄河》1952 年第 7 期,第 47 页)

12. 人民胜利渠第一次灌溉工作总结报告
(1952 年 7 月)

甲、工作概况

一、浇地前的准备工作

为了做好浇地前的准备工作,5 月 28 日,我们于新乡专署召开了紧急会议,新乡、获嘉、原阳三县指挥部的负责同志和灌区内五个区的区长同志(15 人)都参加了这次紧急会议。会上主要讨论放水前的准备工作,及如何加强统一领导等重大问题,会后各县于 6 月 2 日前,都召开了区干部扩大会和各村村干部动员大会,统一地进行了布置与动员工作,当日各村干部连夜返村召开全村群众动员大会,进行了爱国丰产的思想发动,及整顿了浇地的组织,各村都提出了打场、浇地两不误的口号。6 月 3 日,全灌区内约有 29 000 余人组成了修渠队扒畦组等,进行平地扒畦,开挖毛渠,整修农渠,保证了 6 月 4 日正式灌溉。

二、开始浇地发现的问题

首先由于我们在浇地前准备工作做得不好,群众的思想发动又差,再加领导上对这一工作的艰苦性与复杂性认识不足,开始浇地发生了很多问题,如获嘉五区丁村五斗,50余人浇了一天只浇了一亩,同时又淹了十亩,群众有悲观失望情绪,黄河百害,在群众思想上是一个很大的顾虑,不少群众感到他村的地还不能变成水田;有一部分群众说:"黄河水不是好惹的?干脆算了吧,闹不好把村庄还给冲跑了。"有的说:"不要引狼入室,连老本儿伤了。"对人定胜天向自然作斗争的信心不大。其次是渠道决口影响浇地,及护渠堵口用的劳力多浇的地少,使部分群众感到不合算,不愿用河水浇,如辛章村群众说:"俺村有砖井200多眼,不开渠俺村的人也能活。"

三、召开各村村干部党团员研究讨论如何浇好地打通群众思想

发现以上问题之后,我们就立即召集了各村干部党团员和生产中的积极分子进行讨论研究紧急措施,辛章村支书张锦广说:"我们干部党员首先必须向群众进行检讨,去年挖渠时,我们未认真地领导这一工作,农毛渠都不够规定尺寸,影响流水。第二个必须用典型示范办法,找扒好畦、平好地的先浇,组织群众参观,然后再用具体算账对比的办法去教育群众,打通群众的思想。"经过示范之后,一条毛渠一个钟头五个人可浇地十余亩,一个砖井用一个人一个牲口一天只能浇五亩地。同时又提出了毛主席领导我们把黄河水引到我们地边来,我们就必须把它引到地里,让它为咱服务,保证爱国丰产任务的完成。这样经过群众讨论,又提出了组织起来看好渠、扒好畦、浇好地的口号,因此广大的群众都体会到三好合一好才能把旱地变成水田。

四、浇地后期发生的问题

在群众爱国丰产热情下,由于解决了群众在浇地中的思想顾虑,由不愿浇地到愿浇,从生疏到熟悉,从消极到积极,同时再加上天旱不雨,影响晚秋适时下种的情况下,在上游普遍地发生抢水、霸水、偷水浇地等紊乱现象,造成个别村庄的打架吵嘴。因为这次浇地我们是山下往上浇,所以造成了上下游矛盾,发生了以上情况,影响了个别村的团结,如新乡罗滩与春杨村的武装争水,两村民兵带枪相对,三小时后才经支书调解,双方撤退(但应注意坏分子的破坏活动)。获嘉羊乐屯一个群众说:"渠里有水请浇啦!政府号召抗旱下种,用水浇地也犯不了罪。"新安屯和尹塞争水,形成两村对立,决口之处两村都不堵口(半天时间),新安屯群众便乘机利用跑水浇地。类似以上问题共发生20余起,开始我们对这些

问题都未有足够的估计,经过这次浇地之后,领导思想上才明确了解决上下游群众的问题与纠纷是一个非常重要的工作。

五、经过浇地提高了群众向自然作斗争的胜利信心和决心

在灌区内群众普遍地要求加渠道,扩大灌溉面积,修好农、毛渠加修渠道浇好地,保证1952年生产任务完成来感谢毛主席的英明领导,在东面干渠上游西北等地,大多是非灌区,群众亲眼看到了河水浇地的好处,特别是在天旱不雨的情况下,不少村庄群众说:"开始是怕渠道从地里通过,现在知道了没有渠道不能浇地。"如王官营一个60岁的老汉说:"去年一见测量队在地里打橛就想骂他;这次我的二亩地浇了,我现在真想给人家测量队送点吃的谢谢人家。"东西干渠附近由于群众浇地的迫切要求,在6天当中,有十余个村庄新开斗农渠8条,可浇地50 000余亩(已浇14 000余亩),渠道测量定线,完全是由群众在生产劳动中的实际经验和土办法完成的。如张庄村木匠把水平放在板凳上,把板凳放在渠道中间,两头用五尺测量渠道高低,贺庄、府庄群众创造了随挖、随放、随浇的办法;他们的口号是:一边挖一边放水,流到哪儿浇到哪儿,流不到就不挖。这些情况都显示了群众由浇地所涌现出来的生产热情和"人定胜天"的胜利信心。

六、水文情况

从这次放水浇地中,我们体会到要想浇好地,必须把水文资料弄准确,这样才能掌握水量,分配、掌握闸门开关及用水时间,才能更进一步分析研究含沙量的大小与冲淤情况;以便确定含沙量在超过多少时停止放水;在何种情况下有冲刷淤淀及对建筑物、渠道有妨碍。今将此次记载摘要略述如下:

(一)渠首:开始时黄河流量为1 329米³/秒,放水后为595米³/秒,黄河主流绕闸前直冲门口上游南岸。闸门提高至0.38米,流量为25米³/秒,6月份含沙量最大的为2.4%,最小的0.5%。

(二)二号跌水:1. 总干渠——含沙量过去小,现在渐大,5月份最大的1%,一般的为0.7%。6月份最大的2.59%,一般的为1.27%。其泥沙成分多为两合土,淤土、沙土很少,二号跌水全关时发生淤淀,深约1米。2. 东干渠——6月5日流量最大——8.53米³/秒,流速0.93米/秒,水深1.7米,计划流量6米³/秒,超过2.55米³/秒,计划流速0.619米/秒,超过0.331米/秒。计划水深1.6米,超过0.1米。含沙量1.32%,最小含沙量0.51%,此时流量7.52米³/秒,流速0.86米/秒,水深1.66米。3. 西干渠——6月20日流量最大——9.77米³/秒,流速1.09米/秒,水深2.055米。计划流量7米³/秒,超过2.77米³/秒。计划流速0.741

米/秒(ОИ5＋130 段),超过 0.149 米/秒。计划水深 1.8 米,超过 0.265 米,6 月 11 日含沙量最大为 1.32％,此时流量 80.8 米³/秒,流速 1.03 米/秒,水深 1.84 米。计划水深 1.8 米,超过 0.04 米;最小含沙量 1.12％,此时流量 8.03 米³/秒,流速 0.99 米/秒,水深 1.841 米,超过计划水深 0.01 米。

由上记载可知,东西干渠流量均超过计划流量甚多,就渠道情况来说,东干渠渡槽下游堤岸冲刷 50 米长,西干渠二支节制闸下游堤岸在新加 20 米长以下冲刷 30 米长,翻水涵洞下游也冲刷 20 米长,支渠建筑物冲刷更为普遍与严重,显然这是超过计划流量所引起的后果,再就西干二支节制闸上游来说,当一、二支闸门未开时,闸上游水深最大达 1.95 米,上游几乎平槽,再高即水漫堤顶,渠道显然不能容纳这个量的水量。

根据以上所谈,为确保建筑物安全和渠道安全计,特规定各干支渠水位流量如下:

1. 西干渠:水深 18 米—1.9 米;
　　　　　流量 7 米³/秒—9 米³/秒。
　一支渠:水深 0.8 米—1.0 米;
　　　　　流量 1.0 米³/秒—1.7 米³/秒。
　二支渠:水深 0.8 米—1.0 米;
　　　　　流量 1.2 米³/秒—2.0 米³/秒。
　三支渠:水深 1.0 米—1.2 米;
　　　　　流量 1.9 米³/秒—2.7 米³/秒。
　四支渠:水深 1.2 米—1.4 米;
　　　　　流量 3.0 米³/秒—4.0 米³/秒。

2. 东干渠:水深 1.5 米—1.6 米;
　　　　　流量 6 米³/秒—8 米³/秒。
　一支渠:水深 1.2 米—1.4 米;
　　　　　流量 3.0 米³/秒—4.5 米³/秒。
　二支渠:水深 0.8 米—1.0 米;
　　　　　流量 1.5 米³/秒—2.0 米³/秒。

除了以上对干支渠流量水位的规定外,关于掌握流量大小或增减流量,必须根据需要由指挥部(放水总机关)掌握决定,任何人不能随意增减,不能随意开关干支渠闸门,以免造成决口淹没田苗和村庄。

就干支渠淤淀情况来说不甚显著,这可能由于渠道流远一般均超过设计流速之故,但建筑物下游冲刷较为严重,这也可能是流速超过计划流速所致。

乙、成绩与收获

经过浇地之后,党与人民的关系更进一步地密切了,在广大劳动人民中,都深深地体会到共产党的伟大,毛主席的英明,把千万年的害河变成了利河,使黄水为人民服务,这是在历史上任何朝代所不能办到的事情;只有在今天人民的天下和毛主席的英明领导下,才能实现的。同时劳动人民因之也教育了自己,坚定了战胜自然,人定胜天的胜利信心,打破了靠天吃饭、等天下雨的旧有思想,对1952年爱国丰产运动打下了有利的基础与保证。

一、在爱国丰产的基础上,更进一步地发动了群众,组织了群众。在农忙中群众一面打场收麦,一面浇地,从 6 月 4 日起,到 27 日止,共完成浇地面积112 990 亩,占麦茬地总数 75%,保证了晚秋适时下种与打下 1952 年丰产运动的基础,每亩按增加产量 50%计,共增加粮食 5 549 500 斤。

附各支渠浇地亩数统计表:

各支渠浇地亩数统计表(编者拟)

渠　别	麦茬亩数(单位:亩)	浇地亩数(单位:亩)	未浇亩数(单位:亩)	浇地数占麦茬地百分比	备　考
西干一支	8 224	6 124	2 100	74.4%	
西干二支	10 350	8 350	2 000	80.6%	
西干三支	11 350.5	8 934	2 416.5	78.7%	
西干四支	45 900	30 800	9 100	80%	
东干一支	28 674	2□ 182	5 492	80%	
东干二支	17 000	15 000	2 000	88%	
新开渠	3 000	14 600	15 400	48%	
合　计	151 498.5	112 990	38 508.5	75%	

二、通过浇地进一步地密切了党与广大人民的关系。浇地后各村都普遍用回想过去对比现在的方法来提高群众的阶级觉悟和爱国丰产的积极性。有的村

提出了国民党反动派政府在花园口扒口成灾,造成千万人民无家可归,妻离子散;在今天的新中国把黄河水引来为人民服务,这是两种天下两种事实的鲜明对比,如在亢村五街有一位 80 岁的翻身农民杜老太太,见了我们的管理员先问:"你是共产党员不是?"(曲化军是一个青年团员)他告诉老太太说:"我是个团员。"杜老太太便把他拉到院里,让他看看自己在毛主席领导下又新盖的东瓦房三间,和家中存余的粮食 1.6 石。她说:去年种棉花每亩产了 120 斤,今年又种了 20 亩棉花,现在地又变成了水田,每亩就可以产 200 斤。最后老太太提出他儿子是个互助组长,一定要让他领导好互助组,搞好生产浇好地:保证爱国丰产计划完成,回报毛主席的恩情。

三、提高了广大人民和干部的积极性,人民胜利渠第一次放水灌田,在群众和我们的干部中已树立下良好的威信与希望,广大群众普遍认识到了大家事大家办,人民的渠人民管的道理,如经过浇地之后群众普遍地提出:看好渠道浇好地、组织起来浇好地、平好土地浇好地等响亮口号,来表达自己对灌田增产爱国丰收的劳动热情。于是就出现了董庄群众自动提出加修四支渠(500 余方土工)、冯庄男女 100 余人连夜抢修斗渠的事迹;他们的口号是:"修不好渠不回家。"浇地后各村群众在干部的领导下都进行了总结,检查了浇地当中的缺点,对领导浇地不负责任的斗渠管理员也进行了批评与改选,健全了村级水利组织机构,为下次浇棉花打下有利基础。在干部方面也解除了管水干部吃不开的错误思想,同时干群中间建立了深厚的友情,鼓舞了干部的工作情绪。如天刮大风群众给干部送大衣,有的群众跑十余里路给干部送饭、送水等。(现在灌区内的情形是群众到处找干部要求领导浇好地)在干部方面如西干一支渠管理员翟同智也自觉进行检查过去不愿干的错误思想,并在干部会上表示态度,下定决心一定要搞好工作,为保证爱国丰产任务而努力。因此我们也感觉这是一个不可估价的收获,同时带给我们无限的胜利信心。

丙、经验与缺点

一、必须在爱国丰产的基础上,充分地进行发动群众与组织群众的工作,实行民主管理,发挥广大人民的积极性与创造性。经验证明,凡是发动群众好的地方就是浇好地的村庄。

二、在管理方面必须统一领导,健全村的水利委员会组织,成立斗渠联合委员会,加强斗渠领导,做到"领导入斗""干部到群",这是保证放水灌田秩序良好的基础。

三、必须做好浇地前的准备工作：1. 发动群众,提高群众的爱国主义思想觉悟,贯彻政策,加强统一领导,树立整体观念,打破自私本位思想,因此就必须开好各种会议(代表会、扩大干部会、村干会、动员大会),从上到下地贯彻执行；2. 修好渠道、平好地、登记好与分配好水量；3. 组织起来,以农渠以利地组成浇地小组和护渠队。以上三点,必须做好。否则,就会影响浇地,造成严重的损失。

四、必须加强干支斗渠的修护工作,保证不决口。经验证明,护渠堵口所用劳力往往超过了浇地劳力,如东西营决口 19 个,浪费民力 2 000 余个便是教训。因此我们应该提出"修重于防"的口号,以避免可以避免的损失。

五、重点示范,组织参观,召开有经验和热心水利的人员座谈会,交流经验,是克服困难、启发群众创造的最好方法。如我们先后在辛庄、王官营、丁村等,组织了重点示范和互助参观,群众十分满意,收效甚大。

缺点：

一、由于领导思想上的预见性不大,对这一工作的艰苦性与复杂性认识不足,再加上任务观点的存在,使工作中发生了不少的错误与缺点。

二、领导思想上缺乏明确的阶级路钱与群众观点,为了单纯的完成浇地,对劳力组合问题,和阶级路线问题重视不够,形成大动员、大互助,违反了劳动政策(如原阳李寨村一户中农,地多而劳力只有一个；另一户是劳力两个,地只有三亩),使新翻身农民吃了亏,后虽经纠正,但也造成了严重的错误。

三、劳力组织不合理,造成浪费民力多、浇地少。如某村农民说："人家(中农)看渠,吃的是鸡蛋白馍,我看渠连黑的也吃不上。"浇地多的应多出工,浇地少的应少出工,这是十分正确的,大部分村庄都未以利地而以劳力计工算账,造成劳力上不合理,影响农民生产积极性,我们已布置各村进行纠正。

四、缺乏统一的领导与严密制度,造成各霸一方,使群众感到头绪过多,不知听谁指挥,以致造成个别村的矛盾,影响了按计划完成浇地工作。

五、准备工作做得不够,6 月 4 日浇地,三日才挖毛渠,有的村连渠道也找不见,这样就给浇地带来了很大的困难,同时在领导上事前也缺乏深入的检查。

丁、我们对今后工作上的几点意见

1. 我们的渠道是比较现代化的,但当前的农村是分散的小农经济,这样就在管理上有着很大的困难,以当前的工作情况,急需成立专门的管理机构,来进一步地做好浇地增产工作。

2. 为加强行政上、业务上的领导,并希望调配一些负责干部,充实现有的组织机构,以应当前的工作。

3. 我们计划下一次浇棉田 12 万亩到 15 万亩,现已组成 5 个工作队,分赴各支渠进行准备工作,原计划在 8 日开始放水,但目前下雨还可推延一步。

引黄灌溉济卫放水指挥部

(资料来源:《新黄河》1952 年第 7 期,第 10—14 页)

13. 引黄灌溉济卫第一期工程总结及初步灌溉情况——摘自《引黄第一期工程总结》及《1952 年 6 至 9 月份灌溉工作总结》(1952 年 10 月)

壹、第一期工程总结

一、简单情况及几个基本问题的处理

引黄灌溉济卫工程于 1950 年 3 月着手调查、测量,10 月规划、设计;1951 年 3 月第一期工程开始施工,10 月全面展开,年底完成引水、输水基本工程及两个灌区的灌溉工程;1952 年 4 月正式放水。全部过程紧张、热烈。第一期工程结束,共修土木工程建筑物 611 座,其中支渠以上的 119 座、内整修 5 座、计渠首闸及护岸各 1、张荣园渠闸 1、分水闸 4、翻水涵洞 1、节制闸 3、进水闸 3、退水闸 1、跌水 4、桥带节制闸 18、斗门 48、桥梁 34、余为农渠门及斗门节制闸 492。输水排水渠道(包括农渠、毛渠)5 241 条,长约 4 099 公里,土方 7 755 581 立方米。完成以上建筑物共用干部 700 余人、铁、木、石等工人 2 000 余,土工动员最多达 50 000 余,钢板桩、木板桩、洋灰、钢筋、木料、石料等料物 100 000 吨,运输车皮 3 500 辆,群众支援马车 80 000 辆。不仅使工程与放水均提前一年完成,并较原计划节省工程 2 500 余万斤粮食。这证明新民主主义制度的优越性,证明科学、技术与先进政治结合起来的无穷无尽的力量,证明共产党领导下的工人、农民及一切劳动人民战胜自然、创造幸福的伟大力量和伟大智慧,兹将引黄工程几个基本问题的处理简述如下:

1. 引水口问题：黄河下游河床宽阔，修建拦河坝很不经济，同时牵连问题过多，非短时间所能解决，所以只能就河岸自然引水，但又苦于岸槽不定，无法控制，引黄工程在选择引水口时，针对上述情形，采取了三个原则：第一要河岸固定；第二要经常靠溜，尤其低水时期靠溜；第三要含沙量较小。经过群众性的调查，并会同熟悉黄河问题的专家共同研究，选定了目前的引水口位置。该处位于沁河口与铁桥中间，这一带过去为保护铁桥安全曾经抛护大批片石，河岸相当固定，又由于南岸邙山岭的挟持自洛河口以下黄河河势无大的变化，水流经常靠北岸，小水季节虽偶有嫩滩出现，但水势稍涨即被冲去，引黄放水后，事实证明渠道引溜作用颇为显著，更保证了引水的可靠性。至于含沙量情形，因为这一带河槽，比较平顺，没有显著的差别，因此一般说来是符合了上述的原则，但就黄河下游普通情形而言，如果符合第一、二两项要求，多半是险工地段应该根据含沙量的分布和险工的具体情况来决定适宜的引水位置。

2. 泥沙问题：黄水泥沙丰富，为其主要特征，在引入渠道送进农田及卫河的过程中，就跟着发生一系列的泥沙问题；引水口泥沙如何控制，进入渠道淤淀情形如何，泥水对于农田的影响如何？济卫用水含沙量最大限度如何等问题，都需要得出答案，寻觅处理的办法。但在引黄工程中迄今还没有获得充分的经验和办法，仅就体验所及提出以下几点：（一）在低水位许可范围内，为达到引入足够水量，并防止杂物质滚入渠道起见，引水渠及闸底应使尽量提高，断面采用宽浅型、闸门两层(引黄闸仅一层)，以调节在各级水位时引入上层水；（二）经验证明含有浮游质的黄河水，对于农作物有施肥作用，故农田灌溉宜尽量采用浑水，引黄干、支渠道坡降约为 1/3 500 至 1/4 000，斗农渠 1/3 000 至 1/5 000，在今春放水期间黄河含沙量自 0.7% 至 2.0%，干支渠无显著淤积，斗农渠淤积较普遍，但清理尚无困难，故 1.5% 含沙量用于本灌区应无问题，2% 左右亦尚可引用，2.5% 以上则应慎重从事。尚待试验后决定；（三）济卫用水必需澄清，其许可之含沙量，估计不应大于 0.5%，引黄工程系采用沉淀区处理，唯效果如何，尚未得出可靠的资料。

3. 基础问题：黄河冲积层细沙淤泥相间，颗粒直径从 0.001 毫米至 0.3 毫米，土层极不规律，含水时具弹性，群众呼为"扯皮泥"。周围水头较高时即呈流沙状，岸壁塌陷，随挖随涨，如践踏震动，流动现象更为显著，造成建筑物基础及渠道深挖的困难，尤以接近黄河岸边一带为甚，开始拟用渗井抽水以降低周围水位，但以设备限制，未能实行。经过施工中的摸索，获得以下几点经验：（一）挖槽时岸坡不能过陡，视土质情形自 1：3 至 1：6，不要震动过甚，破坏土层组织。

进入水下层后必须抢时间一气呵成,槽之下游应保持排水通畅,防止积水成潭。(二)施工用的临时挡土设备,以能起过滤作用为佳,使其透水而不漏泥。曾经采用过木板桩、圆桩、石笼、小木桩柳把及麻包装黄沙等办法,效果均有局限性,而以木板桩最不经济,效果也未见优越,施打稍有参差,更引起拥泥现象。其他三种办法可以配合适当岸坡酌量使用,唯石笼后仍应备较细之过滤层。(三)基础处理一律不用基桩。在较小建筑物遇有烂泥,采取换土夯实办法,其深度视烂泥厚度而定,一般细沙加铺1—2分米石碴夯实,良好之黏土或两合土,仅夯实而已,效果尚属良好,施工亦较打桩省力。渠首闸基础用钢板桩围筑、基础下层为细沙,经填片石及石子一层,处理颇为满意。唯钢板桩价格高昂,又需自国外购买,如能有其他方法今后应尽量避免采用。我们认为像引黄渠首闸这样大小的闸,在黄河滩冲积层上、用钢筋混凝土沉箱,可以解决基础问题。唯事前在基础范围内,应作详尽的钻探研究,以免中途遭遇阻碍影响全局。渠首闸结构采用板梁闸墙,以横柱传递对称的横压力、减轻闸的重量,解决流沙基础承重不足的问题,又建闸地点应避开过去决口堵复地段,因情况复杂不易处理。

4. 关于地形问题:本灌区为黄河故道区,废堤交错横贯其间,由于临背河高程悬殊,每过一堤地形骤然降落,而一般地势则颇为平坦,自然坡度从1/2 500到1/5 000。因此在渠道布置上,跌水既不可避免,又须尽量保存水头。在分配渠道坡度时,大致以毛渠顺等高线方向,俾农田进水较顺利,灌地时间亦可缩短。其上各级渠道视地形及水位之要求,逐级配合,到最后一级由跌水上下高差作适当调整,但干渠填方以不超过水深的二分之一为原则,渠道之闸门桥涵过水面积宁可略大,以免损失水头,支渠、斗渠在坡降允许范围内,充分运用节制闸。如水入农田时仍略低于地面,在1—3分米范围内,可倡用沟灌法以适应之。

5. 落后思想的克服:由于几千年来黄河的灾害,使群众保存了一个"黄河碰不得"的想法。当提出这一工程时,部分群众产生了"搞不好,决了口咋办""离黄河这样远,能引来水吗""谁知道水里是啥,碱了地,沙了地,还不如不浇"等顾虑,因此对于工程的效果半信半疑,支援上带有应差性质,总不放心。在第一期工程进行期间,始终没有得到彻底解决,以致多少影响了群众积极性的发挥,阻碍了工程的迅速进展,尤其他们对于农毛渠的不重视态度,充分说明了这一点。在试水中间,发动群众到渠首闸参观,到灌区试浇的地方参观,当群众自己看到水流进地里,亲手试出水里是淤泥不是粗沙,水味是甜的不咸不苦,用事实加上说明道理,才扭转了几千年的传统看法,真正相信黄河水是可以替人民工作的了。灌区情况,跟着也大为改观。如有的农民说:"我以前看见测量队在自己地里打木橛就想骂他,现在浇了地念念不忘感激人家""以前做农毛渠马马虎虎,现在,则一是一,二是二,谁也不含糊",因而对于第二期工程的进行起了巨大的推动作用。干部中间在一开始时也有顾虑,缺乏信心,尤其对于泥沙问题最感头痛,认为泥沙问题不解决,工程就不能做。经过领导的具体分析,肃清了干部的犹豫思想,才大胆地放手进行,决心从自己的工作中发掘解决问题的道路。事实证明,这一决策是完全正确的。

二、施工中的具体经验

引黄第一期工程施工的特点是任务重、时间短、干部缺、经验少,因此在完成任务保证质量上存在着不少困难。但在重视群众热烈支援和全体职工努力工作的条件下,终于克服了困难,完成了任务,并取得了一些初步经验,为下一期工作打下了有利基础:

1. 施工计划采取齐头并进、交叉进行、摆开摊子、放手施工的方针,短期内在50多公里的战线上,约250平方公里的范围内全面展开施工。反对开始阶段的缩手缩脚、据点主义作风,形成一个施工的高潮。土工与建筑物同时进行。建筑物则分开缓急划为工区。各工区同时并进,工区内几个工地或同一工地几种工程视工作情形交叉进行,做到充分发挥力量,经济使用时间。这一方针宣布动员后,干工思想豁然开朗,大胆前进,在全面开工的初期一个月内仅完成急要、主要工程的30%,纠正后在20天内即完成60%,而且提高了质量,取得了经验,终于在三个月内,完成全部急要、主要工程和次要工程的50%,保证了1952年4月的放水任务。

2. 施工中间采取依靠政府,依靠群众的路线,批判了纯经济观点和依靠包商等资产阶级思想。如早期备料期间,对运输大□采取雇佣办法,不宣传,不动员,单纯用金钱来维系着雇佣关系,结果群众不愿干了,就加几个钱,一到了农忙季节,还是雇不到车,工作陷于停顿。后政府研究与当时几种中心任务的配合,并大力进行宣传动员,使群众了解工程的目的,作为一种农产任务交代给群众,结果群众情绪高涨了,按期或超额地完成了任务,保证了材料的供给。在工程方面开始存在着严重地依靠包商思想,如忠义施工所两次到新乡找包商,都没有找到,后又登报招标,结果有7家领标,仅1家投标,又归失败,延误了工程的进行,在经过这些教训以后,才决定自己动手,通过政府就地动员工人。同时干部也鲜明地认识了依靠政府、依靠当地群众是我们做好工程唯一的正确路线,从而奠定了这一阶段完成任务的基础。

3. 密切技术与群众的联系,依靠工人,克服困难。广大劳动群众的智慧是无穷尽的,只要把任务、要求交代明白,他们会找出多种多样的办法,克服技术上的困难,进而提出合理化建议,改进工作。例如渠首闸打钢板桩,由于桩架构造不良,桩垂与桩顶重心偏移,桩架前后移动困难,经工人研究,在左右移动滚轮钢轨下安置废钢板桩,敷以润滑剂,解决前后移动的问题,大大提高了工作效率。又如水下挖方,一般采用先挖龙沟、排水,逐渐向两旁开展,同时继续挖深龙沟轮番进行以达计划高程,但在带淤流沙地区,这样做法将因来往践踏使流动性加大,愈向下愈难挖,最严重时,随挖随涨,两岸坍陷,无法收拾,而且渠道过长,上下段不易取得统一进度,龙沟也不容易发挥效能,挖得愈快愈深的段落积水愈多。后经土方工人不断试验研究,根据淤沙流动的特性,采用了划分小格、集中突破的办法,估计每天每组可以挖多少方,先在本组地段中线附近划出小格,集中力量一气挖到计划高,第二天再划出范围向两旁退缩。由于掌握了时间与进度,同时尽量避免扰动泥层,减少流动性,所以进展很快,基本上克服了这一带水下挖方的困难。在执行工作计划方面,开始阶段,干部存在着单纯技术观点,忽视工人的积极性,发号施令,单纯布置任务,工人对于全盘工作既不了解,技术要求也不明确,只好做哪儿算哪儿,加以工资办法不够健全,效率很低。嗣经检讨纠正,在工程末期组织工地管理委员会,有工人代表参加,任务布置以后,说明技术上要求,各工程小组分别酝酿办法,订出计划,自下而上提出保障,不仅提高了效率,而且大大加强了计划性,如相同的桥前后所费时间相差几达一倍,即充分说明了这一点。

4. 技术与实际相结合才能发挥工程更大的效果。由于旧思想意识的影响,我们的规划设计,存在着不少的缺点。在开始期间,施工不管实际情况,照图办事,造成一些浪费和不合实际的情形。发现后,提出技术必须与实际相结合,号召开动脑筋,从实际施工中改进规划设计。如原来设计的桥梁,一律采用石拱,费工费料,在填方渠道上桥身高仰,赶车不便,颇为群众所反对;发现后改为石墩木面桥,节省了工料约一半以上,并未减低其效能,日后情况发展,须要较强桥面时,亦可拆去木面改为混凝土板桥。又如渠系规划到斗渠为止,经上级领导指示及具体研究后,补做了农、毛渠的设计与施工,保证灌区 80% 以上的面积在今春浇地时顺利进水,提前并提高了工程效果;否则按照以往经验,斗渠以下的小渠放任自流开挖,约需三年始能就绪。这些情况,说明了技术必须从实际出发,才能发挥最大的效果。

三、主要错误和缺点

1. 规划设计不够完全切合实际。对实际情况缺乏深入的、认真负责的调查研究,对资产阶级的书本理论及英美帝国主义国家的经验公式,不加分析批判,盲目相信,机械搬理论。工程总的规划并没有跳出日伪现成一套的圈子,由于40个水的限制,发展灌区不能不重开渠道,另建新闸,不向群众调查,不根据交通性质,路口大小,主观地规划桥梁,以致有些不需要,有些过于浪费,小斗门和总干渠进水闸设计,使用同样的料物,脱离就地取材的原则,表现在规划设计上严重的资产阶级观点和官僚主义作风。在技术上表现出严重保守思想,不求改进,不接受新事物,不吸收新经验,对苏联水利专家先进的技术理论与经验,采取拒绝的态度,不作深入研究,以致渠首闸打钢板桩即发生严重浪费。此外,砌石用洋灰勾凸缝,料石精打细钻的爱美观点,工程未动先盖新式的漂亮的工作房、办公室,即先设备后工程的思想,以及无限制的求安全思想,拖延了工程,浪费了国家的财产。

2. 任务观点,急于求成,施工缺乏科学管理方法。工人、料物、工具三者互相脱节,没有全盘的、准备的具体计划,有工无料或有料无工,窝工、停工现象不断发生。具体施工计划脱离客观情况。组织上不够严密,工、财两股有分工无配合,步调不一致,强调系统不明确方向。各科制度不够健全,工作混乱无秩序,工程计划多变,料物心中无数,有的工人被动、消极、效率不高。领导上急于求成,未作认真负责的研究,积极地有效地改进施工管理方法,这也是严重浪费的原因之一。

3. 落后保守的供给制思想。"预算充足",强调施工紧急,不愿遵守各种财经制度,对经济核算等新的方法不多钻研。料物、现款都是宽备、宽用或备而不用,片面地只要求保证供给,不研究如何节省开支,形成严重的料物囤积、货币积压。去年半年积压78亿;油类采购1 000桶,只使用80桶。浪费国家资财,减少资金周转。工资是里工制度,先进的按件计资,多劳多得,也未贯彻执行。

贰、灌溉情况

一、三个月的灌溉情况与收获

自6月4日开始浇地,至9月6日止,共三个月,中间放水四次。第一次为6月4日至26日是突击抗旱下种时期,第二、三次自7月21日到8月24日,第四次自8月25日到9月6日落雨止,为抗旱保苗时期。

在抗旱下种时期，由于渠道新修，只有短期试水，未经长期考验，故在放水时，渠道开口跑水现象甚为普遍。同时正值麦收，群众边收麦、边打场、边浇田，组织较差，没有浇地经验，不习惯夜间浇地，加之土地未经很好平整，领导不统一，浪费了民力和水量，群众有悲观失望情绪。嗣后天旱不雨，群众需水迫切，临近非灌区要求开斗，造成用水混乱现象。

在抗旱保苗初期，为了保证丰收，实行勤浇、浅浇，不但群众不习惯，有种种顾虑，部分行政干部在思想上也不通，当了群众尾巴，浇地成绩不大，嗣后旱象已成，群众浇地情绪逐渐高涨，由不愿浇到愿浇，由消极到积极。但在这个时期，黄河含沙量稍大，普遍发生淤淀现象，影响水流，加之行政与水利干部，没有密切结合，对于发动群众、组织群众和贯彻用水制度较差，形成抢水、偷水现象。根据这些情况和旱象的严重，研究采取了有效措施，使群众认识组织起来浇好地和用水制度的重要性，发挥了水量大的潜在力，普遍地昼夜不停突击抗旱保苗工作，比前期浇地效率大大提高，共浇地 284 000 亩，估计增产收益 570 多亿元，完成灌区内的丰产和部分非灌区的增产任务。按灌区一般丰产村为增产标准，计算如下：

东灌区棉花增产代表村王贵楼共浇棉花地 1 100.4 四亩。每亩产 300 斤的有 80 亩，产 180 斤的有 880 亩，产 120 斤的有 140.4 亩。

每亩平均实产：（310 斤×80 亩＋180 斤×880 亩＋120 斤×140.4 亩）÷1 100.4 亩＝181 斤

每亩增产：181 斤（浇的地）－85 斤（旱地棉）＝96 斤

西灌区棉花增产代表村尹寨村，共浇棉花地 726 亩。每亩产 200 斤的有 300 亩，产 120 斤的有 284 亩，产 150 斤的有 142 亩。

每亩平均实产：（200 斤×300 亩＋120 斤×284 亩＋150 斤×142 亩）÷726 亩＝158.9 斤

每亩增产：158.9 斤（浇的地）－80 斤（旱地棉）＝78.9 斤

全灌区玉籽、谷子增产代表村南务，共浇玉籽地 370 亩。每亩产 270 斤的有 6 亩，产 180 斤的有 250 亩，产 144 斤的有 114 亩。

平均每亩实产：（270 斤×6 亩＋180 斤×250 亩＋144 斤×114 亩）÷370 亩＝170 斤

每亩增产：170 斤（浇的地）－20 斤（旱地）＝150 斤

共浇谷子地 280 亩。每亩产 374 斤的有 20 亩，产 221 斤的有 260 亩。

每亩平均实产：（374 斤×20 亩＋221 斤×260 亩）÷280 亩＝231.9 斤

每亩增产:231.9斤(浇的地)－80斤(旱地)＝151.9斤

以上三个村的每亩平均数字,虽然不够十分精确,但在全灌区说来最为普遍。所以根据这个数字,计算全灌区的总增产量,列表如下:

人民胜利源灌区农作物增产效益计算表

灌区	农物名称	灌溉亩数	每亩平均实产	旱地平均实产	每增量亩产(斤)	总增产量	单价	增产金额
东一灌区	棉花	117 600 亩	181 斤	85 斤	96 斤	11 289 600 斤	3 000 元	33 868 800 000 元
西一灌区	棉花	52 200 亩	158.9 斤	80 斤	78.9 斤	4 118 □80 斤	3 000 元	12 355 500 000 元
东西一灌区	玉籽	9 160 亩	170 斤	20 斤	150 斤	1 037 400 斤	700 元	7 261 800 000 元
东西一灌区	谷子	45 040 亩	231.9 斤	80 斤	151.5 斤	6 823 560 斤	600 元	4 094 136 000 元
合计		284 000 亩						57 580 236 000 元

1. 浇地以后,党和政府与人民关系更密切了。经过这段浇地,广大劳动人民,都深深体会到共产党的伟大、毛主席的英明领导,把千万年的害河变成了利河,使黄水来为人民服务,这是做梦也想不到的。如获嘉丁村农民王保山,因受了黄河百害的深刻影响,开始挖渠时他说:"黄河堵还堵不住,现在想引来浇地,这真是做梦。"经过放水浇地,王老汉不但解除了怕黄水的顾虑,更认识了黄水的好处,他说:"黄水不光只能浇地,连俺村的苦水井也变成了甜水,毛主席的恩情真感谢不尽。"天旱不雨之中,田苗竟长得非常茂盛,群众都是满脸带笑,如东干一支小张庄村一个农民说:"共产党毛主席真是为国为民,以后谁要靠天等雨就是龟孙。"不但党和政府与人民更密切了关系,坚定了群众人定胜天的信心,且在阶级觉悟上,爱国丰产上,起了相当的作用。如获嘉孟营村群众说:"政府领导开了引黄,不但不出外逃荒,并将俺村三年来未还清的贷款1 400万元,今年计划全部还清。"获嘉亢村五街一位80岁翻身农民杜老太太,见了我们的管理人员引到他院里,让看看她在毛主席领导下分的房子和翻身后新盖的房子,她说:"去年俺种的棉花1亩地摘120斤,今年种了20亩棉花,每亩能摘200斤,这是河水浇的好处,俺儿是互助组组长,一定叫他领导好互助组、浇好地,回报毛主

席的恩情。"

2. 广大人民和干部的积极性大大提高！广大群众认识到大家事,大家办,人民的渠人民管,对人民胜利渠的威信与希望大大地提高,群众普遍提出:"看好渠道浇好地,组织起来浇好地,平整土地浇好地"的响亮口号。如小张庄、王官营两村,为了保护渠道经济用水,自动地购买砖料,修毛渠闸门 90 余个,渠道经常修理地整齐坚固,土地均浇了 90% 以上。董庄群众自动提出加修四支渠(500 余方土工)。各村群众浇罢地以后,干部领导作了总结,检查了浇地中的缺点,找出了今后灌溉的正确方向。在干部方面,解决了行水干部吃不开的错误思想,在天刮大风群众给干部送大衣,有的群众跑十余里给干部送饭、送水,过去是干部找群众,现在是群众找干部。西干一支管理员翟同智,自动地进行检讨过去不愿干的错误思想,申子英、房燕洲二人,也在干部会上进行检讨脱离群众怕吃苦的作风。由于这样,群众和干部的积极性逐步提高,我们今后的工作会更有新的发展。

二、经验与缺点

1. 经验

(1) 必须在爱国丰产的基础上充分地进行发动群众、组织群众,实行民主管理,发挥群众的积极性和创造性。经验证明,凡是发动好的地方,就是浇好地的村庄。

(2) 必须做好浇地前的准备工作:(甲)以爱国丰产教育、发动群众,贯彻政策,说明用水制度,加强统一领导,树立整体观念和人民的渠道人民管,以主人翁的态度保护渠道和建筑物,必须开好各种会议,从上到下地贯彻执行。(乙)修好渠道,平好地、登记好利地,分配好水量,扒好畦,冲好沟(间沟浇、冲沟浇、扒小畦较宜)。(丙)按农渠为单位,自愿结合组织浇地组(哪一农利地多参加哪一农),实行包干制。按劳评分记工,以利地算账,出资还工;为了省工省水,打破自私本位、树立整体观念,解决插花地问题,减少纠纷,逐步走向专业化浇地队。(丁)渠道组织专人修护,干支渠按村划分责任段,由护渠队负责看护,斗渠看护,由各农村浇地组抽人负责。(戊)节制闸与斗门,在浇地中,必须有专人负责掌握。

(3) 加强统一领导,健全村级水利组织,成立斗渠联合委员会,加强斗渠领导,必须做到领导入斗,干部入群。

(4) 重点示范,组织参观,结合召开有经验和热心水利的人进行座谈,交流经验。

（5）行政干部必须与水利干部密切结合,统一布置,统一领导。

（6）实行边挖边浇,克服渠道淤淀。

（7）解决上下游群众用水问题和纠纷,是极其重要的工作。

（8）工作多布置,勤检查,发现问题及时解决,有典型经验教训及时通报,以利推动工作。

2. 缺点

（1）由于指导思想上的预见性不大,对这一工作的艰苦性、复杂性认识不足,再加上任务观点,对工作布置多,检查少,发现问题不能及时解决,在工作中发生了不少的错误(如冲毁陡坡)。

（2）水利与行政密切结合不够,互相矛盾,有时形成双方有意见。

（3）发动群众不够深入,贯彻制度不普遍,基层组织不健全,形成浇地紊乱,酿成渠道决口和淤淀,随便拦河打堰,抬高水位,冲坏建筑物。

（4）群众要求开挖渠道,很少亲自检查测量,容易造成浪费民力或渠道发挥作用不大。

（5）汇报不经常,总结不及时,不能及时表扬,推动一般。

三、几个问题的初步调查研究

1. 地下水位的升降,对土壤的变化、作物的影响,也没有可靠的测验记载,仅在未放水前测量干支渠附近水井 20 余眼(在放水中间未再测量)。最近于 9 月 26 日、27 日两日,复测西干渠支渠普遍降低 0.2 到 0.5 米,东干渠普遍下降 0.3 到 0.4 米。据群众谈:正在放水时,由水车斗湿水情况看,西干渠普遍升高 0.3 米以上,东干渠普遍上升 0.3 到 0.5 米,但为什么现在又下降呢? 这主要是因为今年连旱 50 多天没雨,地下水降低了,虽放水渗入些,但抵不过大旱损失。

地下水位升降对土壤起了什么变化? 对作物有什么影响? 我们没详细地调查与研究。不过据初步了解,一般均认为今年大旱,地下水对土壤的影响不大。

2. 放水对碱土地有什么变化? 碱土地的作物变化如何? 细致的分析研究工作,限于条件,都不曾做过,但由部分村的调查,有些碱土地浇后,起了增产的好现象。如获嘉四区东碑村村主席王文瑞有块碱地约 7 亩,常年种棉花每亩能收籽棉 40 斤,今年浇后收籽棉 200 斤,多收 160 斤。获嘉四区刘固堤白碱地甚多,群众说:往年碱地玉米籽不收,今年浇后每亩能收 170 斤,获嘉五区北务村 68 岁的老汉范学荣有块碱地,种棉花缺苗甚多,后来犁去种成玉米籽,此时种玉米籽已很晚了,但浇后(河水一次)每亩就收 60 斤,地上碱不见了,上边淤黄泥土约半寸厚。他高兴地说："别看我的地赖(坏),以后可要当好地种哩!"要说明黄水浇后,洗了碱,而又增产,但每次灌溉水深多少? 什么时候灌溉? 共浇几次,上什么肥料,耕作如何? 这些均与碱土变化有很大的关系。我们尚没有很好地详细统计,须要进一步了解。

获嘉四区刘固堤村农民刘礼先,有沙地种玉米籽二亩,浇三水,每亩施豆饼肥料 100 斤,每亩能收玉米 300 斤。他说:"从我记事,每亩只收二三斗(四五十斤)。"在开始浇地时,他不信说:"沙地能浇,老沙坂地,浇浇顶啥事?"现在他不同了说:"黄河水我真服气!"这个主要是因为黄河水所含泥土比较多,有肥料浇后地上即淤上一层。

放水对一般土壤怎么样? 渗透如何? 起碱情况如何? 这方面了解也甚差,但一般群众说:"不会起碱。"

我们初步了解,也没有什么特殊变化,不过在西干渠一支渠堤内坡,堤顶上发现有白碱现象。经研究,可能是原来地下碱土挖出后,堆置堤上之故。

3. 井浇、河浇对土壤作物各有何不同? 其收获量如何? 据一般群众反映,都热爱黄河水,说:"河水浇比井水浇强。河水性温发苗,井水性凉拔地(即地过硬)。井水寡(没肥料),河水壮(有肥料)。井水凉,容易顶掉花蕾;河水熟,容易坐稳花蕾。"但具体地表现在土壤与作物生长上有什么不同,我们很难找出,然而收获量的增加是可以看出其效果显然不同的,如下表:

获嘉县村民种植作物增收情况(编者拟)

县别	区别	村名	姓名	作物	种植面积(亩)	耕作施肥用水情况	每亩收获量(斤) 井浇	每亩收获量(斤) 河浇	每亩差额(斤)	备 考
获嘉	五	辛章	李照普	谷子	3.5	每亩土豆饼 70 斤,油饼 50 斤		220	50	河浇 2 水
□	□	□	□	□	3.5	耕作相同,施肥如上一样	170			土质相同,井浇 1 水
□	□	南务	李进才	玉米籽	4	锄三遍楼□一遍,中沟一遍,4 亩施肥 6 车,浇水三次	120	200	80	井浇系去年浇的 1 水

续 表

县别	区别	村名	姓名	作物	种植面积(亩)	耕作施肥用水情况	每亩收获量(斤) 井浇	每亩收获量(斤) 河浇	每亩差额(斤)	备 考
□	□	□	□	□	1	上草肥4车,井浇1水	80			
□	□	王官营	王五中	棉花	6	犁2遍,锄8遍,耙6遍,上底肥2车,上追肥麻饼150斤,井浇2遍	120		160	
□	□	□	□	□	8	耕作施肥都相同,河水浇2水,井水浇2水		280		

4. 灌溉水深对不同作物的影响,不同作物的需水量如何呢?我们缺乏这方面的常识,也缺乏这方面的经验。但就初步统计,将灌溉次数与此时间降雨量列入下表,以供研究指导:

灌溉次数对作物产量影响情况表(编者拟)

县别	区别	村名	姓名	作物种类	种植面积(亩)	浇水次数	每次水深(毫米)	井灌水深(毫米)	降雨量(毫米)	总计雨量水深(毫米)	每亩收获量(斤)	备 考
获嘉	5	南务	李进才	玉籽	4	3	100	300	160	460	200	锄3遍,上草肥6车,河浇3遍
□	□	□	王凤先	□	5	3	100	300	160	460	200	锄4遍,上草肥10车,河浇3水
□	4	刘固堤	刘礼先	□	2	3	100	300	160	430	300	土豆饼200斤
新乡	3	大送佛	黄天印	□	6	5	100	500	160	660	470	每亩土豆饼150斤
获嘉	4	王官营	王九中	棉花	8	井2 河2	75 100	350	130	510	230	□2遍,锄8遍,耙6遍,上底肥2车,上麻饼150斤,河井各2水
□	5	南务	王永安	□	1.6	3	100	300	160	460	□00	割麦后下种,土豆饼200斤,草肥2车
□	□	□	□	□	3.4	2	100	200	160	360	100	6月4日—28日的第一次水未浇受旱

续　表

县别	区别	村名	姓名	作物种类	种植面积(亩)	浇水次数	每次水深(毫米)	井灌水深(毫米)	降雨量(毫米)	总计雨量水深(毫米)	每亩收获量(斤)	备　考
□	□	□	王凤仙	□	3	1	100	100	160	260	50	结桃时才浇1水,不及时
□	□	辛章	张景勋	□	10	1	100	100	160	260	120	只在6月4日—28日这次放水中浇1水
□	□	南务	进才	晚谷	1	3	100	300	160	460	255	花籽饼30斤,豆饼25斤
□	□	□	王凤仙	早谷	1	2	100	200	160	360	272	此地是去年的菜莛地,今年没上肥
□	4	尹寨	宋贤温	晚谷	0.8	2	100	200	160	360	325	豆饼50斤
□			宋温祥	□	1.8	2	100	200	160	360	361	上粪12 000斤

5. 灌溉与耕作、气候、土壤等的关系,也没详细统计测验。

总之,作物的丰产条件甚多,我们必须精确记载,详细试验,多方面收集经验,以期改进耕作方法、灌溉方法。但是我们没有农业技术人员,设备又很差,进行比较困难,故拟成立灌区试验场。请求领导配备农业技术人员,增加设备,以便从事这种复杂艰巨的科学研究工作。

四、小麦丰产灌溉计划

根据平原省小麦丰产灌溉计划的精神及播种的面积,灌区约可灌溉小麦306 000亩,要求每亩平均增产32斤,共可增产9 792 000斤小麦。但因群众尚缺乏灌溉小麦的习惯,我们又没有灌溉小麦的经验,所以我们必须用最大决心,做好小麦灌溉准备工作,根据不同情况,不同时间,制定具体计划,保证小麦丰产。

1. 保证灌区27万亩小麦适时下种。今年雨水缺乏,地下墒水不足,而小麦下种又须雨水充足。若不能适时灌溉保墒,保证灌区27万亩小麦适时下种,这就会减少小麦产量。故拟于西灌区10月4日放水,东一灌区因挖淤任务较大,故于上月5日放水;各干、支分别按输灌开始下种灌溉,故必须:(1)平整土地,准备灌溉下种：在9月25日以前把平整土地工作布置到村,各分局必须抓紧时间,制定平整土地计划,通过行政配合、行政动员群众,把群众组织起来。根据小麦密植行窄,种后不能扒畦,不能再行平整,而漫灌水大,又会有害于作物,说明利害,参照平整土地须知,先平整容易的小块地,后平整较难的大块地,分段、分期平整。要求于9月26日到10月5日以前,晒旱地、早秋地应该平整的,能够平整的,平整完毕;10月5日以后,开始平整晚秋地,随收,随平整,随灌溉。(2)整修渠道、挖淤淀泥沙,准备灌溉下种:黄河泥沙特多,而汛期更甚。今年最大含沙量会达4%,渠道含沙量最大时曾达3.39%,因而渠道普遍淤淀影响水流。这一工作,务于10月2日、3日以前全部挖好。10月3日、4日各分局分别普遍将渠道检查一遍。

2. 保证灌区306 000亩小麦冬浇、春浇。(1)小麦盘根冬灌(第二水):11月25日起到12月15日止(即小雪后三日,大雪后九日),当小麦盘根时,浅浇一遍,结合施冬季追肥和碾耙锄麦工作(浇后地易裂缝,用铁爪抓破地皮),不仅做到适时灌溉,还要使施肥和耕作与灌溉密切配合起来。(2)小麦返青灌溉(第三水):明春3月初至3月15日,当小麦返青时,浅浇一遍,结合施春追肥,春锄工作,促进小麦发育。同时注意下湿碱地洗碱、压碱,改良土壤性质,提高土壤的肥沃性。(3)小麦拔节灌溉(第四水):明春4月1日至4月15日(即清明、谷雨中间时间),当小麦拔节时,浅浇一遍,并发动群众,再浅锄一遍,松土保墒,促使小麦秀穗开花结籽。(4)小麦灌浆灌溉(第五水):明年5月15日至5月30日(立夏后10日左右),小麦灌浆时,浅浇一遍,促进颗粒饱满,但应注意小麦开花时,不敢灌溉,具体施水时间,届时酌情变更。

3. 掌握水量合理分水浅浇:劳模们的经验,小麦浅浇为佳。根据陕西泾惠渠经验,小麦由种到收,须要380毫米的雨量。故我们原则上决定,第一水下种时可以灌溉80—100毫米水深,其余第二、三、四、五水,各60毫米水深,共计320—340毫米。

4. 具体任务:东一灌区小麦灌溉面积以灌区面积的40%计算。东三灌区小麦地多,以灌区面积的60%计算。西一灌区小麦灌溉面积以灌区面积70%计算。共计下种冬灌、春灌面积为27万亩。新磁东二灌区,由于渠道至今尚无挖通,未作试水、放水工作,故以计划灌溉面积的30%计算,即36 000亩,附表:

各灌区灌溉面积与种植情况表(编者拟)

灌　区	原计划灌溉面积(亩)	小麦种植面积(百分数)	计划灌溉面积(亩)	浇水次数	灌溉水深(毫米)	备　考
东一灌区	130 000	40％	52 000	5	320—340	
西一灌区	140 000	70％	98 000	5	320—340	
东三灌区	200 000	60％	120 000	5	320—340	
东二灌区	40 000	30％	12 000	4	240	灌溉面积待时可再根据详细情况增减之
新磁灌区	80 000	30％	24 000	4	240	同上
合　计	590 000		30□ 900			

引黄灌溉济卫工程,尤其是放水以后的情况和效益是大家很关心的一个问题。这个工程今年由于在边灌溉、边整理、边施工中进行,全面性的材料尚待整理。为了使读者了解一些初步情况,特节录《引黄工程第一期总结》及《人民胜利渠管理局 6 至 9 月份的灌溉总结》各一部供作参考。

至于济卫的情况和渠道、水文等项材料,正在调查、统计、收集,今后另作专文发表。

（资料来源：《新黄河》1952 年第 10 期,第 9—16 页、29 页）

14. 在引黄灌溉济卫工程上,苏联水利专家给予我们的帮助(1952 年 11 月)

引黄灌溉济卫工程,在苏联专家真诚无私的帮助下,经过三年来的努力,现已基本完成工程任务。这一工程分六个灌区,共修斗门以上土木石建筑物 360 余座,开挖支渠以上渠道 600 公里,引水 50 米³/秒,除济卫通航外,可浇 70 万亩土地。第一期工程结束后,今年 4 月开始放水,新乡、获嘉浇地 30 万亩,东、西灌区农民普遍获得丰收。今冬明春可再增加灌溉面积 40 万亩。在输水济卫发展航运方面,仅据新乡、道口、元村 3 处统计,4 月至 7 月份运输量共为 2 736 万余吨每公里,一般比去年增加 27％。这说明引黄济卫工程的完成,已经改变了"黄河百害,唯富一套"的旧情况,下游的黄河亦开始为祖国的生产建设服务了。

这一工程的胜利完成,和具有高度国际主义精神的苏联水利专家的帮助是分不开的。三年当中,苏联专家曾三次到引黄工地帮助勘察,对规划设计、处理泥沙、改进灌溉管理、改良农田土壤等工作都提出许多宝贵意见。同时苏联专家的工作态度、科学的工作方法,特别是以马列主义为基础的技术理论和先进经验,对我们的工作人员起了很大的教育作用。1950 年 5 月,苏联农田水利专家古拉耶切夫同志曾对我们沿用陈旧历史资料引水 40 米³/秒的计划提出批评。这就促使我们深入实际,加强调查研究,了解群众的具体要求,从而改进了渠首闸及总干渠的规划,增加了 10 米³/秒的水量,扩充了东一、东三、小冀、新磁四个灌区 40 万亩面积,也使这些灌区的规划设计取得较充足的资料。同年 7 月,苏联水利专家布可夫到达引黄工地,建议各级建筑物的基础不打基桩,并阐明先进的技术理论。这使整个工程提前完成,节省了国家财富,保证了今年 4 月按期放水及灌区的丰产。半年来的放水,这些建筑物安全如故而未发生大的变化。布可夫同志也建议渠首闸基础不打钢板桩,因中国钢铁尚缺少,埋于地下可惜,用其他方法同样可解决基础问题,但由于部分工作人员保守思想作祟,坚持原来做法,致使渠首闸工程拖延完成时间,形成巨大浪费。经他研究并同意使用沉淀区,增强了我们的信心,虽然设计上仍有缺点,但事实已经证明沉淀区确实能起到应有作用。这即初步解决了渠道泥沙淤积问题,保证了卫河航运。他一再强调调查研究工作的重要,使我们更加明确这是正确的规划设计的关键,从而加强了这一工作的领导和力量,使规划设计更切合实际。今年 8 月,苏联专家沙巴耶夫和安得诺夫同志曾详尽地介绍了苏联社会主义国家先进的灌区规划、灌溉管理经验及研究试验工作,使我们认识到苏联灌溉方法的优越,如何充分发挥水的潜在力量,使我们加强了对水文泥沙的测验和农作物试验,以及土壤分析等工作的重视,从而打下经济用水的基础。此外,还进一步明确了工程和管理都应对农业丰产起保证作用,比较彻底地纠正了片面的工程观点。总之,苏联水利专家的友谊和帮助,对于引黄工程的规划设计上、灌溉管理上及干部技术水平的提高上都起了很大作用。

苏联专家的工作方法和工作态度,也直接影响和教育了我们。他们十分重视从实际出发,重视科学的调查研究,不论哪位专家到来,首先是深入工地,查勘实际,了解现场,然后听报告、看资料。他们不厌其烦地用各种方法寻求多方面的材料,并不时提出许多疑问,为彻底了解情况,很细地研究原始记载或图表、照片。有些问题因资料不足,使他们不能立刻提出肯定意见,这就指导我们如何进行调查与分析研究工作。他们的工作态度是严肃的、认真的,从不轻易放过一个问题,也不主观草率决定一个问题,对工程的坚固耐久慎重考虑,同时也想尽办法节省国家财富。布可夫同志批评我们"用钢板桩筑基础等于用黄金筑基础"。安得诺夫同志耐心地讲解苏联防止土壤碱化的各种方法,如种树、轮作、经济用水等。他们十分关心引黄工程和灌溉管理,经常询问对他们的意见研究和执行情况。他们具有高度的热情,不怕任何艰难困苦。1950年,布可夫同志在酷暑中步行20余里,查勘渠首闸位置。今年,安得诺夫和沙巴耶夫冒雨勘察南贾新闸。这种高度负责的国际主义精神,实在值得我们敬佩和学习。

苏联专家们提出的意见,大部分都已研究采纳,但严格检查起来,由于我们思想保守和技术水平不高,精心研究不够,贯彻执行也有缺点。"三反"后期思想建设中,做了较深刻的检查与批判,明确肯定了苏联社会主义建设的先进经验及其科学技术的优越。今后决心努力学习,在技术上坚决贯彻一边倒的精神,以做好祖国的水利建设事业。

引黄灌溉济卫工程处

（资料来源：《新黄河》1952年第11期,第5页）

15. 引黄灌溉济卫工程基本总结
（1952 年 12 月）

一、基本情况

引黄灌溉济卫工程的目的有二：一个是引水灌溉河南省新乡专区京汉铁路两侧的农田;另一个是分水送入卫河,加强天津新乡间的航运,并将余水分配山东、河北、卫运河沿岸一带进行灌溉。水源取自黄河,于1949年冬由黄河水利委员会提出方案,经中央同意举办,随即进行勘查;于1950年1月拟订初步计划,并派队施测地形,3月组织工程处筹划文件、施工,7月地形测量完竣开始技术设计,10月完成,确定了引黄工程的基本内容,经呈请中央批准后,即着手准备开工;自1951年3月起正式进入施工。

施工可分为三期：第一期工程自 1951 年 3 月起至 1951 年 12 月底基本完成，包括引水工程总干渠工程和东一、西灌区的全部工程。在 1952 年 1 至 6 月"三反"运动期间，抽出一部分力量，扫清残余工程，于 1952 年 4 月正式放水。第二期工程包括沉淀区及东三灌区全部，于 1952 年 6 月开始，9 月完成，并于 10 月试水，准备冬浇。第三期工程包括东二、新磁两灌区，于 1952 年 10 月开始，11 月底完成，至 1953 年 2 月底全部结束。此外小冀灌区工程系委托新乡县政府办理，于 1952 年 6 月完成，当即放水保秋。

在施工期间，对原来的技术设计进行了必需的补充与修正，1951 年 7 月根据实际定线结果，首先对东一及西灌区设计作了局部修正。11 月勘查东三灌区，12 月提出扩充灌区初步设计，请求提前举办，核准后于 1952 年 4 月底完成技术设计，列入第二期施工计划。与此同时，群众提出小冀及新磁两区的灌溉要求，经调查研究，随即拟定计划，除小冀灌区委托新乡县政府进行施工外，新磁工程列入第三期施工计划。东二灌区设计，因与新乡市区发展矛盾，曾数经修改，最后决定缩小范围，作为盐碱地灌溉试验区域，列入第三期施工计划。此外，沉淀区的技术设计，由于对泥沙知识了解不足，亦曾数度修改，最后形成一面设计，一面施工，于 1952 年 9 月间始与东二、新磁技术设计同时呈核。

由于上级的正确领导、群众和地方政府的热烈支援、苏联专家的热情帮助，原计划引水 40 米^3/秒，三个灌区灌地 360 000 亩，济卫 20 米^3/秒，预定 1953 年 6 月完成的任务，经过两年的紧张施工已提前并超额地完成了。总计灌溉方面完成 6 个灌区，灌溉农田 720 000 亩，较原计划超出一倍（原计划水量略有富裕，扩充后如经济用水尚可敷用）。济卫流量仍维持 20 米^3/秒，完成时间提前半年，工程质量经过放水考验，基本上符合要求。第二期工程较差，具体工程数量计斗门以上建筑物 328 座，斗渠以下配水小建筑物 1 206 座，支渠以上的输水渠、排水沟及沉淀区围堤等土工 6 400 000 万立方米，斗渠以下田间渠沟土工由群众自作，约计 8 200 000 立方米，全部工程使用料物约 130 700 吨，利用了从铁路、汽车、到牛车、木船等所有的交通工具，仅建筑物施工动员人工 244 000 个（工日），全体干部 800 余人。

这一工程的完成，基本保证了灌区农业的丰收和卫河航运的畅通，根据 1952 年秋季东一及西灌区放水后的统计，秋收增产显著。如贺庄马应选农业合作社丰产地棉花每亩约 800 斤、玉菱 855 斤，刘固堤秦法武互助组谷子 470 斤，一般平均也在一倍以上。总计两灌区增产总额为 57 580 000 000 元。按此比例计算，全灌区增产将达 138 000 000 000 元以上，若再加入夏收增产和济卫的收益，更不止此数。又据 1952 年枯水季节卫河航运统计，较往年增加运输量 27%（因第一年放水，且为浑水，时时中断，故对航运的作用尚未充分发挥），卫运河下游的灌溉利益尚未计在内。除了这些经济上的效益之外，引黄还有它重要的政治意义，它开辟了黄河下游引水兴利的道路，打破几千年来"黄河百害，唯富一套"的定论，使我们在"变害河为利河"的途径上跨出了第一步，证明新民主主义社会制度的优越性，也说明共产党毛主席领导下的劳动人民是无坚不摧的力量。灌区 77 岁老农王宝山说："我活了七八十岁，也没听说过谁敢把黄水引进来。如今咱们吃水、浇地，万不能忘了毛主席。"这正好反映了群众的普遍心情。另外，在这一工程的施工和使用之中，将取得一些有关黄河问题的基本资料，并训练了干部，在将来黄河的大规模建设事业中，也将起到一定的作用。

在肯定这些成绩的同时，检查出的我们的缺点也是很严重的。首先是调查研究做得不好，思想保守，使规划设计有的不够切合实际。如建筑物采用系数大、渠道角度不合理等；其次是施工计划不周，时常变更，违反基建原则，工作形成被动。

二、引黄工程中几个特殊问题的处理

甲、引水口的选择

黄河下游河床宽阔、岸槽不定，引水口的选择遂成为引黄工程的第一个困难。经研究提出三项原则：（一）河岸必须固定；（二）经常靠溜，特别是低水靠溜；（三）含沙量较小。通过群众性的调查和测验比校，并会同熟悉黄河问题的专家共同讨论，选定目前的引水口位置。该处位于沁河口与铁桥之间，河岸曾经抛护大量片石，相当固定，又由于南岸邙山的挟持，及北岸沁河的清水冲刷，自洛河口以下，河势无特殊变化，水流多年靠北岸，小水季节偶有嫩滩出现，水势稍涨即被冲去，引黄放水后，渠道引溜作用颇为明显，更提高了引水的可靠性。至于含沙量情形，因这一带河槽比较平顺，没有显著差别，因此，一般说来，是符合了上述的原则。但就黄河下游普通情形看，如果符合第一、二两项要求，多系险工地段，应该根据含沙量的分布和险工的具体情况来决定适宜的引水位置。

乙、泥沙问题

黄河泥沙丰富，为其主要特质，因而在引水、输水、配水及送入卫河等过程中，跟着就产生一系列的泥沙问题。尤其渠口防沙、渠道和卫河淤淀的了解与防止更属重要。但在引黄工程中，迄今尚未得到充分的资料，从而研究出适当的解决办法。仅就试验所及提出以下几点:(一)在低水位许可范围内,为达到引入足够水量并防止推移质滚入渠道起见,引水渠及闸底应使尽量提高,断面采用宽浅型、闸门两层(引黄渠首闸门仅一层),以调节在各级水位时引用上层水。(二)经验证明,含有浮游质的黄河水对于农作物有施肥作用,故晨田灌溉宜尽量采用浑水。引黄干支渠道除东三干渠外,清水一般坡降约为 1/3 500—1/4 000,个别段有 1/5 000 者,斗、农渠 1/1 000—1/5 000。在今年春季放水时,黄河含沙量自 0.7%—2.4%,一般 1.0%,干支渠无显著淤积,斗、农渠闸门下的一段淤积较普遍,厚度 0.3—0.5 米,清除尚易。夏季放水,黄河含沙量一般在 2.5% 以上,最高达 4%,干支渠均淤淀,厚度自 0.5 米至 1 米左右,斗、农渠更显著,停水后须普遍清除。总干渠冲刷淤积相间,问题不大。据此推估,1.5% 以下含沙量的水用于本灌区应无问题,2% 左右亦尚可引用,2.5% 以上则应慎重并做及时清理的准备。(三)济卫用水必须澄清,其许可之含沙量不应大于 0.5%—0.8%,引黄工程系采用沉淀区处理之。总之,泥沙对于引黄工程确是一个急需解决的问题,但并不能说是致命的问题,我们还有信心来克服它。

丙、沉淀区

沉淀区工程对于我们也是一个陌生的工作。由于对于黄河泥沙的沉淀规律掌握得不好,沉淀区的设计曾一再修正,最后采用了划分小区试办的方针,用临时工程做控制设备。经过放水试验,获得以下几点初步经验:(一)沉淀效果超过预定的要求,黄水几乎完全澄清了。为了使灌溉水中仍保持一定数量的浮游质,并延长沉淀区的使用年限,应该将沉淀分区范围再加以适当缩小。(二)进水和出水的控制设备采用临时性工程是正确的。因为可以根据不同情况随时修改拆除,这在我们的具体条件下是必要的。(三)沉淀区周围地下水位显著提高,特别是低洼地区水已渗出地面,必须进行适当的排水工作。(四)应立即配合放水进行测验研究,以取得改进工作的必要资料。

丁、地形与地层

本灌区为黄河故道区,废堤交错横贯其间。由于临背河高程悬殊,每过一堤,地形即骤然降落 2 至 3 米,两落差之间则颇为平坦,自然坡度从 1/2 500 到 1/5 000。因此,在渠道布置上,跌水既不可避免,又须尽量保存水头。在分配渠道坡度时,大致以毛渠顺等高线,俾农田进水较顺利,缩短灌地时间,其上各级渠道视地形及水位要求,逐级配合,到最后一级由跌水上下高差做适当调整,但干渠填方以不超过水深的 1/2 为度。

地层属黄河冲积层,细沙淤泥相间,颗粒直径 0.001—0.3 毫米,土层极不规律,含水时具有弹性,群众呼为"扯皮泥"。周围水位较高时,即呈流沙状,岸壁坍塌,随挖随流;如践踏震动,流动现象更为显著,造成深挖工程的困难。处理办法,原拟用渗井抽水,但以设备限制,未能实施。经施工中的摸索,获得以下几点经验:(一)挖槽时岸坡不能过陡,视土质情形自 1∶3 至 1∶6,不要震动过甚,破坏土层组织;进入水下层后,必须抢时间一气呵成,槽之下游应保持排水畅通。(二)施工用的临时挡土设备,以能起过滤作用为佳,使其透水而不漏泥。(三)基础处理,根据苏联专家的建议采取适当扩大基础办法一律不用基桩。较小建筑物遇有烂泥,换土夯实,酌加碎石,其深度视烂泥厚度而定。渠首闸基础用钢版桩围筑,下层为细沙,径填片石及石子一层处理尚称满意。唯钢版桩价格高昂,又需由国外购置,如能有其他方法,今后应尽量避免采用。渠首闸的结构,采用版梁围墙,以横柱传递,对称的横向土压力减轻的重量,解决了流沙基础承重不足的问题。

戊、落后思想的克服

几千年来黄河的灾害,使群众保存了一个"黄河碰不得"的思想。当提出这一工程时,群众有怀疑与顾虑是不可避免的,因而影响了初期工程的支援与进行。经过大力动员、宣传,特别在第一期工程放水后,用参观试浇的实际教育,才彻底扭转了群众的传统怀疑的观念,而毫无顾虑地热烈响应灌区的一切号召。投入增产运动,并大大推动了第二、三期工程的开展。干部中间在开始阶段也有顾虑,对于泥沙问题尤感棘手,产生动摇思想,失掉信心。经过领导的具体分析,批判了片面的不求进步的观点,肃清了犹豫思想,才大胆放手进行,决心从工作实践中发掘解决问题的道路。事实证明,这一决策是完全正确的。

三、主要经验

甲、规划设计方面

1. 调查研究结合先进的科学理论是做好规划设计的先决条件。灌溉工程牵涉的方面很广,从农业土壤到气象、水文、地下水等都有复杂的联系,如果没有充分的调查研究和先进科学理论的指导,就很难作出切合实际的规划设计。在开始阶段,我们对调查研究不够重视,因而在总的规划上无力批判日本帝国主义的引黄工程方案,跳不出那个圈子,限制了工程规模的发展。经过苏联专家的建议,才逐渐批判了主观主义的做法,开始代之以实事求是的科学工作方法。如在基础设计上,吸取苏联经验,根据地质情况,摒弃了用基桩的老办法,节约大量木材,并为提前完成任务创造了条件。在后期的灌溉区发展方面,不再受先入为主的错误思想的束缚,学会从群众的要求出发,结合自然条件,考虑技术的可能性,研究扩充,以配合全国性的爱国增产运动。但我们做的究竟还很差,从沉淀区设计的粗糙和新灌区设计仍沿用陈旧的资料上可以看出来,需要进一步地加强调查,努力学习。

2. 灌区规划设计要结合国家经济建设需要贯彻农业丰产目的,从头到尾做出完整的工程计划。在1950年设计时,我们的渠系按照以往惯例,只做到斗渠,忽略了斗渠以下的田间渠沟和小建筑物。而这一部分工作,却是直接与农业联系的更重要的基本工作。没有这些,就谈不上灌溉效率和充分发挥灌溉水的作用。经过上级的指示和事实的教育,从1951年冬开始扭转这种保守思想,摸索前进,最近在苏联专家的指导下,这一点是更明确了,同时对于不联系农业片面的工程观点也予以坚决的清算。

3. 吸取先进经验、改进规划设计方法提高设计质量,才能适应大规模经济建设的要求,批判了过去灌溉工程的规划多凭主观经验做法。在设计工作中,中水部粟宗嵩介绍了"灌溉规划的水位分析法"解决了以上的困难,使我们前进了一大步。如建筑物的设计上,以前采用单线工做法。一个人从计算、制图一直到估价,拉长了时间,浪费了力量,还不能保证工作质量的一致,而且往往助长了个人杰作思想的发展,妨碍集体精神的发扬。后根据流水作业法的原理,试验"划分业务、分工合作"的办法,已取得一定的成绩,值得进一步研究推广。另外,工程设计的标准化,我们也试图建立起来,但由于我们的力量有限,还仅在开始。我们认为,以上这些工作方法,是迎接大规模经济建设所必需的。因此,希望引起各方面的注意,大家努力来做好它。

乙、施工方面

1. 做好准备工作是顺利施工的重要保证。我们的工制:建筑物全系自营,第一期大部为日工制,从第二期以后改为按件计资,分区包做。这样的情况,使我们的准备工作内容十分复杂,包括设计、备料、人力组织、施工计划、工地布置、划分段落、工人食宿和施工测量等,其中任何一项做得不好,都会影响工程的进行。在第一期施工时,由于料物分配不及时,施工计划欠周密,人力组织不严密,会造成料物的极大混乱和浪费。工程中产生一方面停工待料,而另一处积压料物没有工人的现象,严重影响了初期工程的顺利开展。经过大力纠正,开始渐入正轨。而第一期工程的工料核算，却因此而无法获得正确数据，工程完成半年以后，账目还未结清。这些严重的教训，使我们注意到准备工作的重要性。因而在第二、三期施工时就做得比较周到，工程得以循序推进，按期完成任务，而且在施工所一级初步做到了工完账结。

2. 依靠当地政府和广大群众的支援，是做好工程的胜利保证。引黄工作一开始就和当地政府及广大群众结合在一起的。在勘查调查中，他们是主要的资料来源；测量施工中，帮助我们解决生活上的具体困难，动员大量车辆协助运输料物，计前后动用牛车达 260 000 辆，动员人力参加建筑物施工及开挖土方，如由群众做的各级渠道土方工程总计约达 40 000 000 立方米。在整个过程中动员了上千的干部参加工作，处理占地赔偿，更非当地政府解决不可。这许多事实都说明没有政府和群众的支援，我们就会寸步难行。

3. 如何保证质量，争取效率。我们认为，这一问题的关键在于充分发动群众、依靠群众，把技术交给群众和实现正确的工资政策，首先讲明工程的目的，结合爱国主义宣传，提高阶级觉悟；同时，把技术交给工人群众和监工人员，要求深刻了解确实掌握各种工程标准和做法，然后放手民主，组织工地管理委员会，让群众自己讨论定计划，提出保证条件，互相检查。生活、福利也通过讨论，共同解决。工资办法亮明摸底，消除顾虑。对于工人合理化建议，大胆采纳鼓励，使他们真正体验到是在当家作主，工作中的积极性、自动性，就会强烈地发挥出来，质量、效率就都取得了保证。第一期施工的后期有几个工地找到了这个方向，工程质量和效率均有显著提高。反之，第二期施工中，由于工资制度改为按件给资，部分干部错误地认为这是包工包做，放弃了发动工作和技术教育，处所领导检查不够，结果工人忙于赶效率，工程质量普遍降低。在第三期施工中，我们又特别注意纠正了这一偏向，提出工程鉴定和负责制的办法，从而在质量效率上都达到所要求的水平，同时也证明了按件给资制度的优越性。

关于把技术交给群众的办法，我们是以示范的方式为主，辅以讲解说明。如土工中的标准断面，建筑物工程的简单模型和材料试验，推广先进经验时的实地表演，拿具体事物摆在面前，印象既生动活泼，讲解也容易明白，收效很大。

为了争取时间完成任务，在工地部署上，我们根据建筑物情形，采取两种不同方式：较大的建筑物，划分工区，固定管理人员，用齐头并进、交叉进行办法使各部分工程密切衔接，一气呵成。较小而分散的建筑物，采用专业小组，轮流进行，各专业组互相衔接，而工程则为重叠进行，不仅缩短了工期，而且由于工作专业化,也提高了质量,同时解决了工地分散,工干不足的困难。土工任务一般仍用分段包做的方式同时并进。

4. 发动找窍门,推广先进经验,是进一步提前完成任务降低成本的基本动力。在工人群众发动起来以后,一般的质量和效率是可以保证了,但为了进一步地提高技术定额,降低成本,还必须从找窍门和推广先进经验着手。第一期施工中我们在这方面注意得很不够,不仅没有发动,有了窍门也未加以总结提高。第二期施工比较重视,但仅是一般的号召,没有做具体的深入帮助,因此成绩也不大。第三期施工中,更明确提出了这一问题,在干部工人中进行了宣传,所以收获较多。比较重要的有分格水下挖方法、砌砖勾缝的新工具、推广双手挤浆法、木工流水作业法和前面提到的专业组轮流作业法等,效率分别提高 30%—108%。同时提高了工程的质量,降低了成本。以砌砖斗门为例,第一期施工用工 149 个,工费(1:3白灰沙浆砌)6 360 000 元,时间 14 天。第三期用工 141 个,工费 6 180 000元(13:6 水泥白灰沙浆砌),时间 5 天。

丙、政治工作

1. 加强政治思想领导,保持干部认识一致,情绪饱满,是顺利推进工作的基本保证。引黄干部来自各方,情况复杂,思想水平极不一致,特别在 1951 年以前,个人主义各种形式的不良倾向,如宗派、本位、闹地位、待遇、消极、埋怨、单纯技术观点、雇佣观点等十分严重,在工作中就产生了贪污、浪费、不负责任等现象,大大影响工作的推进。经过"三反"运动,基本上都得到教育改造,认识趋于一致。在 1952 年,两期施工中,一般是情绪饱满,团结负责,保证了工程的按期完成。但我们经常的政治思想领导,仍然不够坚强,部分干部的思想问题,未能及时解决,闹情绪,影响工作,还需要进一步的努力。

2. 严密组织工作,严格组织生活,开展批评和自我批评,是改进工作的动力。每个同志都应该过一定的组织生活,消灭游离现象,正确开展思想斗争,检查工作,树立正气和原则性,使全体干工在为同一目标而奋斗的事业中,形成群众性的监督,党团工会起到带头作用。我们在"三反"运动以前,做得较差,使工作遭受到一定损失;"三反"后严格了组织生活,开展批评与自我批评,在思想领导、政治觉悟上有了显著的提高。

3. 如何做好工人群众的思想发动工作? 我们的体会是:在思想上要明确树立工人是主人翁和依靠工人做好工程的观念;作风上要放手民主、艰苦深入和群众生活在一起,坚决消除自居领导的错误观点;工作内容要密切结合工人的实际生活和生产业务,注意推广先进经验,总结工人的创造,帮助提高技术,改善劳动组织,注意生活福利,解决困难,力求切合实际、生动有力,切忌不分对象,不管时间、总是喊几个空口号,使人感觉空洞乏力,起不到丝毫作用。办法是讲道理,交技术,亮明工资政策,组织民主定计划,然后开展竞赛,结合评模奖励,互相观摩学习,以达到普遍提高的目的。在组织上应该充分搞好工地管理委员会和评比小组、技术研究小组,但工作方法则应在不同情形下采用各式各样的方法,如谈话、读报、黑板报、标示工作进度的图画、标语、表格、表扬批评、组织文娱活动等,要求活泼生动。一般说来,我们的工地工作虽然逐渐摸索出这条道路,但做得不够好和方法的一般化、老一套。做好这一点必须先从干部方面加强教育。

丁、财务器材方面

1. 保证供给减少浪费的几个环节。首先要克服"供给制"思想,指出保证经费料物都够用并不等于万事大吉,更重要的是保证花钱用料合理得当,以便节约资金,更多地进行建设;其次是精打细算详密计划,做到准确,及时主动;再是物料心中有数,以充分发挥经济调拨,使用器材;最后在采购、运输、保管、调拨中,各部门密切联系,并时时注意钻研业务,掌握规格、动脑筋、想办法,尽量减少损失浪费。我们在第一期施工中,由于这几方面都有缺点,形成货币料物的大量积压、器材调拨的混乱、料物旅行,严重影响了工程的成本计算,浪费了大量人力物力,对于整个国家的计划经济也起了一定的不良影响。第二、三期施工有了改善,大致做到有计划,有准备,初步控制了料物,减少了浪费,但计划仍不够精确,时多时少,料物潜在力的发挥也不够充分,不当的损失还不断发生,说明我们的财务器材工作仍待进一步提高。

2. 一定要做到工完账结。工完账结包括施工所、材料仓库、采购站和工程处的财务科、器材科等部门全部在内。过去我们受了片面的工程任务观点的支持,对于清结账目很不注意,以致造成从 1950 年起到 1951 年 10 月器材账目的浪费,迄 1952 年 10 月始结算清楚。其间,对工程财务等有关方面的牵扯和影响之大,实在是一个严重的教训。因此,我们对于工完账结的体会就特别深刻。工完账结,不单是为了结清手续,更重要的是根据结账的结果计算成本、定额,发现问题,指导下一阶段的工作,并为做好单位计划经济奠定基础。要做到这一点首先应该领导重视,干部负责,树立全面观点,克服游击作风,认识结账的重要意义,养成有始有终的习惯;其次是根据各种具体情况订立制度,严格手续,加强数字教育,便人人心中有数,随时做好准备,为工完账结提供物质保证。1952 年施工初步做到了施工所的工完账结,不过还不够细,各单位总数对头,细目不符,须再接再厉,做到完美无缺。

戊、基本建设制度

1. 加强计划性,按照基建程序进行工作,是争取主动做好基本建设工程的首要条件。总的说来,我们的工作计划是相当零乱的,工作量时常变更,工作程序也有推前挪后的情形,不是根据一个总的计划按部就班地进行。每当一次变更,就把已经布置好了的步伐搞乱,重新调整。这月的要车计划,下月可能全退或要求增加到一倍以上。货币计划也跟着左右摇摆,积压或不敷。大部分工程设计最快也是在施工前三个月送核,边设计边施工的例子也不是没有;可以说我们在执行基建制度方面是做得很差的。这主要由于我们还存在着游击作风和供给制思想,不重视正规化的工作方法,未深刻领会基建制度的重要性。在计划或设计中调查研究不够,考虑不细致,对于各方面的有机联系体会不深入,因而作出的计划不切实际,形成被动和工作上的一连串的突击、疲于奔命。为了今后工作能在全国经建的整体计划中按计划有节奏地进行,一定要抓着这个先进的管理方法迎头赶上去。

2. 执行基建报告的几项经验:

(一)要做好基建报告必须充分调动领导的重视,加强数字教育,消灭为表报而表报的思想。

(二)专人负责。

(三)拟定简单明确的基本资料表格训练干部,从工地起做到原始记录。

(四)工程、财务、器材、人事密切结合,制定工资材料的收支制度,并贯彻执行。

四、总的体会

在完成引黄工程伟大任务的过程中,我们有以下几点总的体会:

甲、推进一件创造性的工作,领导的决心占有极重要的地位,从阐明工作内容、分析其可能性与必要性、廓清干部的顾虑、鼓励克服困难的精神到热心的关怀、大力支持,这对于执行任务的工作同志是一个无比的推动力量。引黄工程是一个生动的例子。

乙、发动群众,依靠群众做好工程,已经是一个铁定不移的经验。在引黄工程中,又一次得到证明。无论在土工或建筑物的施工、巨额料物的运输,一直到测量定线、察勘调查,离开群众的力量和智慧将一事无成。

丙、吸取先进经验特别是学习苏联的先进科学知识,是提高工作和干部技术水平、思想水平的唯一正确道路。在引黄工程中,苏联专家的帮助,对于工程本身的提高和在工作方法、工作态度上,对于我们的启发都是很显著的,使我们更体会到技术上一边倒的意义。

丁、必须先有正确的设计才能进行施工,这一正确的工作程序以及它所包含的指导思想,是完成任务的决定条件。在这以前,计划搞不好,只不过吃些苦头受些指摘,工作还能推动下去。今后在大规模的经济建设中必须记取这些经验。

引黄灌溉济卫工程处

(资料来源:《新黄河》1952 年第 12 期,第 1—6 页)

16. 黄河水灌溉着丁村的土地(1952 年 12 月)

渠道宽,渠道长,

黄水流来多打粮;

旱地变水田,碱地能丰产,

毛主席领导开渠引黄水,

丁村从此变了样。

丁村是平原省获嘉县的一个村子,在"人民胜利渠"(即"引黄灌溉济卫渠")的西灌溉区。这村万多亩旱地被新开辟的纵横渠道围绕着,黄河的水缓缓地流进广阔的田野,累累棉桃开始吐絮。农民们一边在地里干着活,一边愉快地唱着歌。

丁村确实变样了!你听农民们谈谈这村的过去吧:丁村到处是碱地,从前年年不是荒旱就是水害,全村除了几户地主外,家家不得温饱。最厉害的是 1942年到 1943 年,庄稼连旱带虫吃,没有颗粒收回家。全村四百来户就有二百多户上千人出外逃荒。留在村里的人,拆房卖地,吃花籽和树叶,村中的榆树皮全啃光了,结果有些人还是饿死了。李兆珍老汉活活饿死后,他的老伴越想日子越没法过,夜间也悬梁自尽了,他儿子逃荒到徐州,全家算剩下一条活命。

1948 年获嘉县解放,第二年又完成了土地改革。贫苦农民虽然有了土地,但苦碱地仍不给农民多长庄稼。前年人民政府修筑"引黄灌溉济卫渠"工程,这苦难的日子才算到头了。

今年 6 月 4 日,黄河水规规矩矩流进了丁村的渠道,丁村的土地开始灌溉了。

黄河水的来到,对于丁村人民简直是一个天大的喜讯。这一带今年夏季又是大旱,从 6 月到 9 月,足足三个月没落一滴雨。黄河水湿润了干燥的土地,浇灌了每一棵禾苗,庄稼茂盛地长起来了。农民们欢天喜地说:"今年要没有毛主席送来的黄河水,咱们早就准备逃荒了!"为了合理地用水浇地,全村 394 户按 27 道农渠组成了 27 个浇地互助组,连明彻夜地浇起来,白天渠道边站满了人,深更半夜,地里也是一片灯笼火把。农民李树殿今年种了 20 亩玉米,现已浇过三次水,玉米穗像棒槌一样,估计每亩最低能收 200 多斤,比去年增产 1 倍。他笑容满面地说:"有了黄河水浇地,天旱也能丰产,这是咱分享了毛主席的福。"据居民群众估计,全村今年黄河水浇过的四千来亩秋田,可增产 20 多万斤粮食。

说起引黄灌溉来,丁村农民觉得好像做梦一样,原来谁也不相信的事,现在竟然成为现实了。去年冬天丁村开渠时,人们老觉着黄河离村 90 多里,怎会引水来浇地呢?有些人还惧怕引来黄河水闹乱子。77 岁的老农王宝山,想起老辈人常说过的话。马营口黄河决口 12 年没堵上,一淹十几个县。又记起 1937 年河水淹了丁村,他逃荒到山西潞城才没饿死。现在听说要引黄河水进来,老头子无论如何也想不通。他儿子去挖渠,他总是百般阻拦。但是老头子想不通的"怪事",终于在新中国出现了,今年 3 月人民胜利渠开始试水,黄河水稳稳当当地流到丁村,全村男女老少纷纷跑到渠道上来看黄河水。王宝山老汉也扶着拐棍来了。他看到支渠、斗渠都有坚固的闸门能自由开关,黄河水是那样规规矩矩地流着,他心里一块大石头可放下了。他双手捧起渠里的黄河水,尝了又尝,他笑着说:"我活了七八十岁,也没听说过谁敢把黄水引进来,如今,咱们吃水、浇地万不能忘了毛主席。"

引黄灌溉改变了丁村农民的思想和耕作习惯。丁村供销合作社主任熊庆世告诉我说:过去因没水浇地,谁家也不敢上细肥,都怕将苗烧死。去年合作社经过三番五次动员贷给全村 2 万多斤豆饼,结果还是一点也没下到地里,都喂了牲口。今年黄河水一来就不同啦,大家争着购买细肥,合作社已贷给全村 7 万多斤豆饼,500 斤肥田粉,还不能满足要求,有些人又从私商那里买进一些籽饼。为了积肥,买猪、筑圈、挖茅坑在村里形成了热潮。劳动模范李兆勤说:"国家修筑引黄灌溉工程用这么大的劲,都是为了咱们老百姓过好时光,要没有人民的国家,哪有我们的幸福生活?"

更使丁村人民颂扬不止的,是黄河水不仅浇了地,还改换了人们的口味。原来丁村水井都是苦碱水,每当人们喝了生水时,没有不泻肚的。现在村里人尝着黄河的甜水了! 老农王宝山已经一连吃了三个多月的黄河水,他见人就说:"黄河水又甜又保肚,这样我都要多活几年。"

引来的黄河水激发了人们建设的心劲。丁村人民正计划秋后在村中修筑个大型蓄水池,蓄存黄河水供应全村人使用。他们还要继续挖农渠、毛渠,使黄河水浇到每一块田地里去。

新华社记者 孙世恺

(资料来源:《新黄河》1952年第12期,第41—42页)

17. 引黄灌溉济卫工程全部完成 新乡、获嘉等县 七十二万亩农田可以受到灌溉利益 (1953年12月)

引黄灌溉济卫工程,从1951年3月中旬开工兴修,到今年8月施工两年多,整个工程已按预订计划全部修建完成。计建成渠首闸、总干渠、西灌区、东一灌区、东二灌区、东三灌区、小冀灌区、新磁灌区和沉沙池等大小建筑物1999座,修筑斗渠以上渠道长达4945公里。灌溉渠将可引入巨大流量的黄水,灌溉黄河北岸新乡、获嘉、汲县、延津等县72万亩田。

引黄灌溉济卫工程是变黄河为利河的一个伟大创举。工程的设计,是在河南省黄河北岸京汉铁路铁桥附近开一总干渠,由新乡附近流入卫河。然后,再在总干渠东西两侧开干渠、支渠、斗渠。这样,既可利用黄水灌溉黄河北岸河南省的产麦区和产棉区;又可引出黄水接济卫河,便利新乡到天津间的航运。引黄灌溉济卫工程在黄河水利委员会领导下,设立了引黄灌溉济卫工程处组织施工。1950年着手勘查、测量、规划和设计工作。1951年3月第一期工程开工,同年年底便建成总干渠、西干渠、东一干渠、渠首闸、分水闸、进水闸和主要跌水、桥梁等主要工程和主要建筑物。1952年4月间便开始放水,灌溉了新乡等县23万亩农田。1952年进行的第二期工程,计完成东二灌区、东三灌区、新磁灌区、小冀灌区和沉沙池等工程。1953年2月又开工,除加固了以上全部工程外,又完成了沉沙池建筑物和二灌区、新磁灌区试水后的整修工程。至此,整个工程便全部修成。

今年 8 月中旬,黄河水利委员会已撤销了引黄灌溉济卫工程处,将引黄灌溉济卫工程全部工程移交河南省人民政府管理领导。

新华社

(资料来源:《新黄河》1953 年第 12 期,第 6 页)

18. 五年来的治黄成就(1954 年 9 月)

自 1949 年建立统一治黄机构,统一治理黄河以来,已经 5 年了。5 年来,我们在中央和毛主席关怀下,在中央水利部和各级党委、政府领导下,依靠群众及全体职工不懈的努力,贯彻了以防洪工作为中心,加强了堤防,保卫了生产。同时为治本工程积极准备条件,创造黄河下游灌溉经验,又大规模地进行了勘测、规划、设计工作和引黄灌溉济卫工程,以及西北水土保持推广工作。由于以上工作的胜利完成,不仅防止了黄河灾害,而且把治黄工作推向新的阶段。

5 年来,我们在治黄工作中,第一是巩固了堤防,胜利地渡过了 5 次大汛。我们在"修守并重"的方针下,以防御陕州 1933 年 23 000 米^3/秒式的洪水为目标,共修黄沁河大堤 1 822 公里、改建与新修坝埽 4 820 段、修筑溢洪堰 1 座,共用土方 7 200 万立方米,使黄河两岸临黄大堤一般超过 1933 年洪水最高水位 1.5 至 3.0 米。1950 年,我们为消灭隐患,进一步巩固堤防,采用了黄河工人靳剑锥探大堤方法,逐步开展了全线锥探工作,共锥 58 530 226 眼,发现洞穴 80 000 余处。从今年洪水考验中证明,堤防已得到大大巩固。整险工程,黄河险工坝埽,新中国成立前大部为秸料坝,每遇汛期,常因抗洪能力薄弱而发生危险,为强化坝埽抗洪能力,实行了改秸料坝为石坝的政策。现全河改石坝的工程已基本完成,已用石料 200 余万立方米。堤防管理工作是一件极其重要的工作,自废除国民党时期汛兵制后,我们在发动群众护堤工作中,由于贯彻了"公私两利"和"看守一致"的政策,已取得很大成绩。除随时进行修补水沟浪窝外,共植树 1 433 万株、种草 5 841 万丛,基本上完成了绿化大堤,为护堤取材创造了条件。为防御 1933 年陕州 23 000 米^3/秒洪水不生溃决、改道,缩小灾害,顾全大局,于 1951 年在河南省长垣县石头庄修筑了溢洪堰工程。此一工程,在遇到 1933 年洪水时可溢洪 5 100 米^3/秒,以减轻下游大堤威胁。另外,防汛工作是与洪水直接决斗的阶段,我们一直是十分重视的。5 年来,我们在中央防汛总指挥部及各级党委、政府领导下与千百万人民在一起,由于加强了统一领导,贯彻了生产、防汛两不误政策和加强有备无患,提高警惕,反对麻痹的教育,把沿河千百万人民组成了有领导、有觉悟的长期防汛队、抢险队、预备队。这是战胜洪水的重要因素,也是我们取得胜利的关键。

修防工作,基本上是动员与组织群众的工作。为了使群众长期地参加治黄工作,必须照顾群众长远利益与目前利益,解决治黄与生产的矛盾,不能忽视任何一面。为此,我们在以上各项工作中,首先,贯彻了不违农时与治黄、生产两不误的政策,有计划地动员劳力,妥善安排群众生产与治黄工作。近年来,由于农村互助合作运动的发展,依靠互助合作组织,已基本解决了生产与治黄的矛盾。其次,加强政治教育与组织工作,改进劳动组织,生产工具与操作技术,并注意了施工安全卫生工作。最后,改战时征工制为按劳取酬工资政策,实行了包工包做、多做多得、按劳评分、按分分红的办法。因此,群众热情与积极性有了空前提高,工程质量就得到迅速增长。修堤土方自1949年以来,已由全河总平均效率2立方米增至5立方米以上,部分县区单位平均效率达10立方米以上,个人模范有的一日推土53立方米。质量方面,由于硪工不断改进,一般做到了坯头4公寸、硪实3公寸或坯头3公寸、硪实2公寸的标准。据1952年试验结果,新堤质量均较老堤为高。其他整险、防汛、锥探等工作,也不断涌现大批英雄模范,效率、质量均有改进和提高。

第二是胜利地完成了引黄灌溉济卫工程,为黄河下游大规模开发灌溉创造了经验。黄河下游广大平原是我国主要农产区之一,盛产棉花和小麦,由于雨量不足和不匀,经常遭受旱灾的袭击。中华人民共和国成立后,1950年我们为了在黄河下游创造灌溉经验,解决卫河航运给水问题,根据发展国民经济、水利为农业增产服务的原则及黄河多变多泥沙的特点,进行了勘测、规划、设计和施工。当时为了提前完成引黄工程,一方面进行规划、设计和施工准备工作,一方面分期施工。在设计工作中,由于采取了自渠首引水工程到田间配水渠道"全面设计协同并进"的方法,不但克服了只设计输水工程,不设计田间配水渠道,脱离实际的资本主义设计观点,而且达到了随完工随灌溉的要求。于1952年第一期工程完成后,28万亩农田全部得到灌溉,战胜了旱灾,获得了丰收。关于对泥沙处理问题,主要依靠沉沙池沉沙。当时因缺乏经验,设计为"静水湖"式。放水后虽然能够达到沉沙要求,但因浸水面积过大及地下水上升影响附近农田。乃于1953年在苏联专家指导下,改"静水池"式为"条形"。自改用"条形"后,就使浸水面积缩小到原来的 1/10,降低地下水 1 米左右。施工工作分四期进行,自 1951 年冬季开始至 1953 年春季完成。在短短的两年中,共投资 7 300 亿元,开辟灌区 6个,灌溉农田面积 72 万亩。渠首引水 50 米³/秒,以 27 米³/秒灌溉新乡一带农田,以 23 米³/秒济卫。灌溉管理工作,实行了灌区水利代表会议制与民主管理原则。两年来,不但发挥了群众积极性,改进了管理工作,而且大大促进了农业互助合作运动的发展。据最近调查,在灌区内组织起来的农户已达 70% 以上。灌溉工作随着互助合作的发展,已由一家一户分散用水改为组织起来浇地,因而改进了灌溉方法,提高浇地效率达 4 倍以上。此外,在灌溉管理上还进行了定额试验与渠道防淤试验。根据西干二支三斗渠利用"波达波夫引向板"造成人工环流试验结果,可减少 15% 的"悬移质"泥沙进入渠道。这一试验,如果得到成功,对于下游利用黄水灌溉作用是很大的。

第三是大规模地开展基本工作,为黄河治本创造了条件。为研究黄河问题寻找治黄道路,自 1950 年以来,我们在大力进行修防工程与引黄灌溉工程的同时,有计划地、大规模地进行流域性的勘测、规划、设计工作。在水文方面根据全面控制主要干支流与提高质量的要求,整理与增设了水文站、雨量站,加强了领导,充实了设备,改进了测验工作,并调查了历史上所发生的洪水情况,整编了黄河自设站以来的水文资料,使我们对黄河水文有了进一步的认识。勘察工作,五年来共勘察黄河干支流 8 000 公里,流域面积 35 万平方公里,选择干支流库坝址178 处,并部分进行了地质勘测工作和艰巨的黄河源的查勘。基本上完成了主要干支流与水土保持区查勘。测量工作:共完成地形测量 27 207 平方公里,精密水准 2 979 公里及进行大规模三角控制测量工作。泥沙研究工作,自 1950 年成立泥沙研究所,从事研究黄河泥沙问题以来,根据野外观测与室内试验相结合的方针,一方面设立泥沙精密控制站,加强野外观测,一方面进行科学试验。经过几年来的努力,目前基本弄清了黄河泥沙来源、数量和河道、渠道泥沙冲刷、淤积的情况。至于河道、渠道、水库内泥沙运行规律,还须继续观测和研究。规划设计工作,整编了黄河资料,进行了主要干支流水库、水土保持比较研究与规划工作;今年又在苏联专家帮助下,中央各有关部门进行了流域察勘与流域规划工作。此次黄河流域规划完成后,不仅为根治黄河奠定了百年大计,也是根治黄河、变害河为利河的伟大开端。

第四是水土保持工作有了较大的进展。我们知道,黄河问题是泥沙问题,解决泥沙问题是治黄的根本问题,同时也是改造西北自然,发展农业生产的关键问题。黄河泥沙问题不解决，就谈不上黄河的根治，而解决黄河问题的根本办法，就是水土保持工作。因此，我们为了实现这一理想，自 1950 年开始，在西北黄土高原的陇东、陇南、陕北不同的水土流失区域中，进行了重点试办与群众推广工作。几年来，经过摸索试验，对防止水土流失，拦截泥沙，增加农业生产等已经取得一些成效与成熟经验。我们相信，今后在这一工作基础上，紧紧依靠农业互助合作运动，根据综合开发原则，密切结合农、林、水、牧，以农业增产为中心，配合各种行之有效的措施，大力开展水土保持工作，是可以取得成效的。同时，我们为了全面了解水土流失情况，进行规划治理，于 1953 年在中国科学院、农业、林业两部与陕、晋两省的支援下，在陕、甘、晋三省 20 万平方公里的水土流失区进行普遍查勘，收集了有关各项资料与群众经验。由于以上工作的完成，就为制订综合性的全面水土保持规划与大规模开发水土保持工作创造了条件。

　　黄河是我国一条伟大的河流，也是四千多年没有解决的问题。根据目前国家工农业建设需要，根治黄河，除害兴利，已成为我国目前重要的水利建设之一。我们治黄工作在过去胜利的基础上，不但为黄河治本创造了极为有利的条件，把治黄工作推向由修防到治本的过渡阶段；同时我们也进一步认识了黄河为害的原因和它的自然规律。黄河为害原因虽极复杂，但总的说来，不外政治和自然两个方面。在政治方面，主要由于统治阶级不对人民负责，因而堤防废弛，灾害频仍，甚至把黄河当作维护统治阶级利益和统治人民的工具。中华人民共和国成立后，黄河已掌握在人民手里，这个问题已经根本解决了。在自然方面，黄河的灾害问题基本是"上冲下淤"问题。具体说来，由于黄河中上游大部处于千沟万壑的黄土高原，因坡陡、流急形成大量水土流失与旱灾威胁。河出邙山，由于坡平流缓，上游携带泥沙大量沉淀，河床逐年抬高，以致造成下游周期性的溃决和改道，给中下游人民带来了历史性的严重灾害。因此，我们认为过去所以不能根本解决黄河问题，除了受历史的一定限制外，不了解黄河全面情况，局限于"以堤束水，以水攻沙"的治河方策，违背了黄河规律，也是一个重要原因。因此，我们为根治黄河，除害兴利，必须接受历史教训，总结前人经验，根据我们实践来制订合乎黄河实际的计划。黄河如何根治呢？我们认为根治黄河应该以"除害兴利，综合开发，为国民经济服务"为总的方针。用"梯级开发、蓄水拦沙"的方法，利用干流水库、支流水库及水土保持的办法，把黄河的洪水和泥沙分节、分段地拦蓄起来，以根除河患，发展水利，这是我们治理黄河的方略和政策。

　　1954 年是我国进入国家经济建设第一个五年计划的第二年，全国人民在总路线灯塔照耀下,在各个战线均取得了伟大胜利。我们治黄工作,在国家建设前进中,在过去工作基础上,我们相信,今后根据国家社会主义工业化和社会主义改造的要求及黄河综合开发的规划原则,黄河灾害不仅可以基本解除,而且在灌溉、发电、航运、给水等方面均能得到发展和利用。这是我们治黄新的历史任务,也是由胜利走向胜利的开端。我们除积极工作,大力进行治本准备工作外,并以坚强的信心和愉快的心情,来迎接黄河伟大的开端。

赵明甫

(资料来源:《新黄河》1954 年第 9 期,第 2—5 页)

19. 从引黄灌溉济卫工程的作用看根治黄河水害、开发黄河水利的重大意义
(1955 年 9 月)

第一届全国人民代表大会第二次会议通过的《关于根治黄河水害和开发黄河水利的综合规划的决议》,是我国在社会主义建设和社会主义改造的道路上又一件振奋人心的大事情。这个计划实现后,将永远结束黄河泛滥成灾的历史,也将从根本上改变黄河流域的自然面貌,给千百万人民带来无限的幸福。这个计划中未来的理想,随着引黄灌溉济卫工程的举办,在新乡专区约 30 万人口的地区已成为事实了。

引黄灌溉济卫工程于 1950 年春季开始兴建,到 1953 年春季即已完成。全部工程都是在中央直接领导和苏联专家直接指导下进行的,总共投资 740 余万元。从工程完成之后短短三年的情况来看,我们在利用黄水上已经有卓著成效。不仅保证了新乡、获嘉、汲县、武陟、原阳、延津等 6 个县的 65 万亩土地的灌溉,而且保证了新乡至天津一段卫河枯水时期百吨以上大船通行无阻,并在一部分地区开始利用灌渠进行排水、洗碱,以改良土质等工作。这些都对增加农业生产、发展物资交流、支援工业建设、改善人民生活起了一定作用,并为编制整个黄河下游灌溉规划和进行大规模的灌溉管理初步提供了一些典型经验。这样,就打破了几千年来"黄河百害,唯富一套"的定论,使我们在"变害河为利河"的途径上跨出了第一步。

现在灌区以内 6 个县中 16 个区的 121 个乡 427 个村,原是豫北平原上土地

肥沃、物产丰富的地区(盛产小麦和棉花)。但是,多少年来这些地区一直是不旱就涝不涝就旱,或者是旱涝交替,或者是此旱彼涝。旱了无水浇地,涝了无处排水,粮棉产量是很低的。加上这个地区的人民长期受着国民党反动派的血腥统治和地主、恶霸的敲诈剥夺,劳力与牲口大大减少了。不少土地荒芜,房屋倒塌。部分村庄(如获嘉县的丁村营)会造成"家家没粮吃,人人没衣穿,妻离子散逃四方,小孩饿得哭爹娘,日子苦似黄连汤"的凄惨状态。自从新中国成立以后,灌区人民在共产党和人民政府领导下,实行了土地改革,兴修了水利,把黄河水通过总干渠送到了村边地头,并顺着干、支、斗、农渠又挑了不少排水渠。旱了可以浇地,涝了可以排水。加上农民生产积极性的提高、互助合作的发展和农业技术上的改进,粮棉产量一年比一年增加。全灌区 1952 年灌田 28 万亩。浇过的棉花,平均每亩比不浇的多收 101 斤,谷子每亩多收 151 斤。这一年的增产总值约为 570 多万元,等于修建工程投资的一半多。1953 年小麦因雨量较充足,一般都获得丰收。但灌区内浇过的小麦,比未浇过的每亩还多收了好多斤,最多的每亩多收到 62 斤。秋季多雨,灌渠未进行灌溉。但有一部分秋苗却利用渠道进行了排水保苗,使受淹的秋苗未被淹死或减产。1954 年,灌区的 35 万亩小麦是抗旱下种的,春季又进行了春灌。经过评比计算,较常年产量增加 2 000 多万斤。1955 年小麦是个平常年景,但经过春灌的 132 696 亩小麦,要比不灌的每亩平均约增产 28 斤,共增产 370 万斤。有些农业生产合作社由于充分发挥了本身的优越条件,把灌溉管理与农业技术密切地结合了起来,使小麦产量更有了显著的增加。随着农业生产的发展与产量的增加,灌区农民的购买力逐渐提高了,物质和文化生活也逐步得到改善。没牲口的喂上了牲口,没农具的有了农具,穿新衣、盖新房已为农村一种平常现象。新乡县的石碑村两三年中就增加牲口 18 头、盖新房 201 间;过去上学的只有 80 个学生,现在已增至 190 个。农民看到组织起来和引黄灌溉的好处后,农业生产合作社便逐步地得到了发展与巩固。全灌区的农业生产合作社,在 1954 年上半年只有 66 个,入社农户占总农户的 3％;到 1955 年春季,即已发展到 734 个,入社农户占总农户的 31％,并有 9 个乡已经合作化了。这就说明,我们有了引黄灌溉济卫工程,有了农业合作社,我们就可以逐步战胜来自各方面的自然灾害,达到更大的丰收与增产,也可使多少年一直在旱涝交替中深受旱之苦的引黄灌溉区人民得到更大的幸福。

卫河是新乡到天津一条很重要的水上交通,它担负着由豫北平原到天津直至海口的运输任务。但从前因水量不足,平时一般木船只能装载五成到七成,枯水季节即完全停航。自1952年黄河水开始济卫后,这种情况就大大改变了。现在河内不仅可以行走装载130吨的大木船,而且可以行走装载500吨到740吨拖着木船的小火轮。根据新乡航运办事处的统计,若以1951年未引黄济卫时全年运货量为100吨,则1952年(引黄济卫后)为146.6吨,1953年为210吨,1954年为219吨。这条水上交通畅通以来,对活跃城乡物资交流、促进工农联盟和工农业生产的发展,都发挥了很大的作用。

现在,引黄灌溉济卫工程的水量还没有引够,用水上的浪费现象仍然存在,灌溉上有好多有利因素尚未充分发挥;总干渠上有四个地方可以举办水力发电,帮助发展地方小型工业和提水灌溉以及照明用电,现在也尚未被利用;灌区内外还有大片沙滩地和盐碱地可以引水淤灌和排水洗碱,所以灌区的潜在能力还是很大的。据最近数月来勘测的结果表明,如将潜在力充分发挥和利用起来,灌溉面积可以扩大到380多万亩,除河北、山东、天津市以及沿卫河两岸河南省境内灌溉253万亩外,现有的灌区也可以扩大到130多万亩。同时,由于济卫的水量增大,还可以完全满足卫河航运的需要。此外,计划进行中的总干渠一号和三号跌水上的水力发电站,建成后最少可发电700基罗瓦特左右,除用来提水灌溉十多万亩土地外,还可以使数十个乡镇得到生产和照明用电,也可以用来提高新乡拖拉机站的机耕效能。这两项工程我们正在着手进行,争取今明两年完成任务。这两项工程完成以后,引黄灌区和卫河航运,以及山东、河北、天津市附近一部分农村,便要发生巨大的变化,并为根治黄河水害和开发黄河水利进一步培养一部分干部,提供一些有益的资料和经验。这就是我们支援根治黄河水害和开发黄河水利的实际行动。

任务是艰巨的,也是光荣的。我们决心在党和政府的领导下,沿着社会主义建设道路,为彻底征服黄河,实现根治黄河水害和开发黄河水利的伟大计划,为给千百万劳动人民创造美满幸福的生活而努力前进!

引黄灌溉济卫管理局牛立峰、马诚谦

(资料来源:《新黄河》1955年第9期,第27—29页)

20. 人民胜利渠(1956年2月)

从北京坐上到汉口去的火车,在进入河南省经过新乡以后,从窗口向外望,就可以看见一条很整齐的人工挖成的渠道,和铁路平行地一直向前延伸。当火车将要跨过黄河铁桥的时候,就看见它的水原来是从滚滚的黄河引过来的。这就是著名的"人民胜利渠"。在黄河铁桥边上向西望,在那总干渠的口上,可以看到一个巍然矗立的建筑物,这就是渠首进水闸。

人民胜利渠是引用黄河的水来灌溉农田和接济卫河水量便利航运的,所以它又叫作"引黄灌溉济卫工程"。

人 民 在 盼 望

一提起黄河,人们往往习惯地把它与灾害联系在一起。这也难怪,生活在黄河流域的人们,都不能忘记在旧中国,黄河给人们带来的数不尽的灾害。从3 000 多年以前起到 1946 年黄河归人民掌握为止,黄河下游一共发生泛滥、决口1 500 次,重要改道 26 次,其中大的改道 9 次。在那苦难的年代里,黄河一方面像一头疯狂残暴的野兽,淹没了数以万顷计的肥沃土地,吞噬着人民的辛勤劳动的果实,危害着千百万人的生命安全。但是,另一方面,靠近黄河两岸的农民,在长期不雨的苦旱时节却眼看着黄河的水,日以继夜地向大海奔流,而两岸广阔的农田上的庄稼却干枯下去。就拿现在人民胜利渠灌溉区来说吧,过去在这一带就是黄河下游的干旱地区,平均年雨量仅有 400 毫米,而且大多数雨量集中在 7、8、9 三个月。从 1937 年到 1942 年,这里一连 6 年都遭受着旱灾。那时候,黄河决口堵还堵不及呢,谁又敢去开渠! 这是一个矛盾啊! 多少年来,人民在盼望:假如黄河不再泛滥害人,并且又能灌溉田地,不再闹旱灾,那多么好啊!

矛盾就要全盘解决了

在人民政权的年代里,这个矛盾就要全盘解决了。多少年的梦想就要实现了。振奋人心的宏伟的黄河规划出现了。

早在三年以前,人民政府就完成了引黄灌溉济卫工程。多少年来民间流传着"黄河百害,唯富一套"的一句话,就是说黄河除内蒙古、甘肃外,其他地方只能为害而不能兴利,这句话已经不符合事实了。1950 年,中华人民共和国成立后不久,为了开辟在黄河下游利用黄河水灌溉农田、增加农业生产的道路,为将来大规模利用黄河灌溉创造经验,中央水利部决定举办引黄灌溉济卫工程。经过查勘、测量、规划、设计和紧张的备料工作,于 1951 年 3 月开始施工,到 1953 年初就胜利完成了。所开挖的总干渠、干渠、支渠和直接送水到农田的斗渠、农渠、毛渠,还有各级的排水渠等,总长度一共有 5 726 千米,包括渠道 11 000 多条和大小建筑物 1 499 座,一共挖了 1 600 多万土方,用了 130 700 多吨物料。1952 年 4月,部分主要工程完工,这条新开辟的水道——人民胜利渠就开始放水灌溉田地和接济卫河了。

灌溉系统的咽喉

人民胜利渠的渠首闸,建筑在河南省武陟县秦厂村附近的黄河北岸。它是个用钢筋混凝土建筑成的五孔进水闸。每孔宽 2.5 米,高 1.9 米。每孔都装置着钢板闸门,闸上安装着启闭机。人们凭着启闭机的操纵,就可以控制进入总干渠的水量。从进水闸可以引进 50 米³/秒的水量。其中 27 米³/秒米的水就驯顺地沿着我们给它指定的道路——各级渠道,灌溉河南省的获嘉、武陟、新乡、汲县、延津、原阳等 6 个县的 72 万多亩农田。还有 23 米³/秒的水就穿过总干渠到新乡市的东郊流入卫河,接济枯水期的卫河,改善新乡到天津间 900 多千米的航运。

这座被叫作灌溉系统的咽喉的渠首闸,是整个工程最艰巨的部分。它的困难是由四方面造成的:第一,黄河的河道不固定,时常左右摆动,而引水地点必须要经常临水,才能保证经常有足量的水被引进渠道里来,因此那儿的河道必须是固定的。第二,黄河的河床也是高低不定的,今年淤浅了,明年又可能冲深,而进水闸闸基是固定的。如果设计不周密,在河床刷深后的枯水期水就进不来,而在河床淤高后的高水位期,又有漫过闸顶酿成灾害的危险。第三,黄河是一个含泥沙量很大的河道,引水口的位置和方向都影响着泥沙进入渠道的多少。如果选择不当,可能有较多泥沙进入渠道,影响了灌溉并且增加了卫河的含泥沙量。第四,河岸淤沙很多,建闸的基础很难奠定。解决这些问题的关键是缜密地选择进水闸的位置和方向。这些问题,由于访问了当地的渔民,吸取群众的经验,又经过我国水利工作者自己的研究和苏联专家的调查分析,最后都得到了适当的解决。现在建闸的地方,是在沁河口与黄河铁桥的中间。这一段过去为了保护铁桥的安全,曾抛下大量片石,河岸比较稳定,加之上游对岸有邙山起着天然的挑水作用[①],因此这里经常临水,这样就不愁进不来水了。黄河在这里又略有弯曲,引入口正处在弯道凹岸上,对减少泥沙入渠也是个有利的条件。

---

① 挑水作用——改变河水主流的方向。

像蜘蛛网一样的灌溉渠道

起着输水作用的总干渠紧紧衔接着进水闸。总干渠长度达到 52.7 千米,一直通到新乡市同卫河相交。在总干渠上随着地形起伏的变化而建造的跌水工程,①一共有四座。水经过第一号跌水以后,穿过一条差不多同总干渠垂直的输水渠向东流去,那边有六条并排着的沉沙渠。水到了沉沙渠里,经过沉淀,变成了比较清的水以后,再由沉沙渠的另一端,穿过那边另一条输水渠回到总干渠里来。黄水绕了这么一个小弯弯,灌溉用水和济卫用水就不再是那么泥糊糊的了。总干渠两侧又分出了新磁支渠、西干渠、东一干渠、东二支渠、东三干渠五条渠道,每条从总干渠引水的渠道都有着控制水量的设备,安装着闸门和启闭机,根据各个渠道所担负的灌溉面积和作物的需水量,有计划地分配水量。水分配到干渠以后,在干渠两侧一定的地方又分出若干支渠,水也要穿过闸门流入支渠。各个支渠又分出若干斗渠,斗渠又分出若干农渠、毛渠……最后流进了晨田里,滋润土壤,灌溉庄稼。这些像蜘蛛网一样密布的灌溉渠道,就好像有树干、有支干,还有树枝一样,黄河水就通过这些断面大小不同、长短各异的水路,驯服地听从我们的指挥,灌溉着新磁、东一、东二、东三灌溉区和西灌溉区的大片土地。

灌溉要求适时适量

灌溉不只是为了防止旱灾,更重要的是通过灌溉来改良土壤,增加单位面积产量。灌溉要求适时适量,就是说,作物什么时候需要水就在什么时候浇水,需要多少水就浇多少水。要达到这个目的,牵连许多方面,同当地的气候、雨量、土质、地下水情况以及作物种类、耕作技术都有关系。要得到这些资料,除了应当吸取群众的经验以外,还必须进行科学的试验。引黄灌溉济卫工程管理局,从1953 年 1 月开始在获嘉县设立了"引黄灌溉试验场"。在试验场里,分布着一块块整齐的畦田和一条条纵横交错的灌溉渠道,空地上竖立着风向仪和风速仪,还设置着雨量计、蒸发皿以及装置着湿度计、温度计等仪器的百叶箱等观察气象的设备。试验场的工作人员,经过各种详细的观测记载、周密的分析研究,找出在

① 跌水工程——灌溉渠道经过地形起伏变化很大的地段,为了保持渠道有一定的坡度和流速,使水流平稳,以免渠道遭水冲击,需要修建跌水工程。水从较高的地方像瀑布似的突然下跌,就可以利用水能来发电。

同样的气候、土壤、耕作等条件下,只是灌溉时间、灌溉次数和灌溉水量的多少有所不同会产生什么样的后果,分析比较哪一种制度最适合某一种作物的生长、哪一种制度下作物产量最高,就可以在全灌溉区采用这种制度。

但是,如何才能够保证把适合作物需要的水量适时地而又准确地灌溉到地里去呢?人民胜利渠实行了"计划用水"的办法,这是苏联先进的灌溉经验。计划用水的内容,包括各种作物在生长过程中灌几次水、每次在什么时候灌、每次灌多少水和用什么方法灌等等。这不仅需要经过试验得出水的可靠的研究成果,吸取丰产地区的灌溉经验,还要考虑到各级渠道和建筑物的性能、引水量多少和农民灌溉效率等情况。制定与执行这样科学的计划,在我国灌溉史上是一个创举。人民胜利渠灌溉区的计划用水工作,是在 1954 年选择东三干渠东三支渠试行的,成绩很好,所取得的经验已经在全国重点推广。

巨大的贡献和伟大的前程

年轻的人民胜利渠,对发展灌溉区的农业生产,改善灌溉区人民生活和便利卫河航运,促进城乡物资交流,起了巨大的作用。

人民胜利渠从 1952 年到 1955 年,已经为附近的农民们服务了四年。1952 年灌溉田地 28 万亩,得到灌溉的棉花、玉米、谷子比没有灌溉的年份多收 1 倍到 4 倍,增产总值大约 570 多万元(这个数字相当于工程投资的一半以上)。到 1953 年,凡是经过灌溉的小麦,一般每亩比常年产量增加 60—70 斤。1955 年全灌溉区的小麦又获得了丰收,比 1954 年平均每亩提高了 15 斤。

卫河从前水量不定,平时一般木船只能装载五成到七成,特别是新乡到临清之间,水浅河窄,枯水时节航运停顿。自从黄河的水接济卫河以后,100 吨的木船可以满载。1953 年载运将近 200 吨的"河丰"号汽轮,有史以来第一次在卫河上从临清顺利地航行到达新乡。卫河的航运量显著地增加了:如果以 1952 年为 100 吨,1953 年就为 193.8 吨,1954 年已经增长了一倍以上。

不但如此,引黄灌溉济卫工程的前程还很大,它还有丰富的潜力等待着我们去挖掘。经过有关部门的调查研究,已经决定将这个工程进行扩建,全部工程将在 1958 年完成。到那时候,渠首引水量已经不是 50 米^3/秒,而是 70 米^3/秒,灌溉区可以扩展到 130 多万亩,还可以在卫河沿岸山东、河北、天津等省市,发展水稻田 29 多万亩、麦田 100 多万亩、棉田 60 多万亩。这样,每年将给国家增产 1 亿斤以上的粮食。到那时候,接济卫河的水量也大大增加了,可以使卫河水量经常维持在 24 米^3/秒到 70 米^3/秒之间,小型轮船可以畅行无阻。到那时候,总干渠附近的农民将得到利用跌水发出的电力,来照明和进行农产品的加工。目前灌溉区的农民都已经参加了农业生产合作社。不难想象,在若干年之后的人民胜利渠灌溉区,在广阔的机耕的高级农业生产合作社的土地上,将进行有着高度科学技术性的灌溉,让土地的生产能力充分地发挥出来。

水利部农田水利局 董其林

[资料来源:《科学大众》(中学生版)1956 年第 2 期,第 65—68 页]

21. 1956 年到 1962 年引黄灌溉济卫发电工作全面规划(1956 年 3 月 13 日)

引黄灌溉济卫工程,是我国第一次引用黄河的水在黄河下游灌溉农田保证粮棉增产,发展航运促进物资交流的首创工程。目前已有 58 万亩土地得到灌溉。粮食、棉花及油料作物单位面积产量都有显著的提高,一般农作物每亩均提高 100 斤左右,特别是东三灌区第三支渠增产更为显著,比旱地每亩增长 127%。利用黄水济卫后也根本改变了卫河枯水时间不能通航的情况,大大地加强了城乡物资交流,在促进经济繁荣、支援社会主义建设方面起了很大作用。

引黄灌区的农民,已有 99.5% 的农户加入了集体农庄。在基本上完成全社会主义的农业合作化以后,又掀起了热火朝天的生产建设高潮。继续扩大机耕面积,兴修水利,改良土壤举办水力发电,已成为广大农民的迫切要求。所以在农业合作化和农业增产高潮的形势下,为了满足广大农民的需要,引黄灌溉济卫工作也必须全面规划,加强领导,把引黄灌溉、济卫、发电等工作做得又多、又快、又好、又省、又安全。根据上级党委和政府的指示与灌区内外情况,作出 1956 年到 1962 年全面规划。

一、扩大灌溉面积

在 1955 年灌溉 586 538 亩的基础上,1956 年扩大到 939 585 亩,1962 年达到 1 925 630 亩,争取到 200 万亩。

1. 在新建方面:继续完成 1956 年春季第一期扩建工程,扩大灌溉面积 211 859 亩(包括三号跌水发电灌溉 55 000 亩);1956 年 6 月以前,完成圈楼淤灌工程 15 000 亩;1956 年完成新开武嘉灌区扩大灌溉面积 65 万亩,1956 年到 1957 年上半年完成一号跌水发电灌溉 7 万亩;四项共计 946 859 亩。

2. 在改建方面:通过整修和增加渠道、渠系调整、倒开门、安装虹吸管和木龙水车、平整土地、改良盐碱地和荒地等方法,扩大灌溉面积 192 233 亩。

3. 在淤灌方面:除完成圈楼淤灌以外,配合省、县于 1957 年完成原阳大面积淤灌 20 万亩。

以上可扩大灌溉面积 1 339 092 亩,加上 1955 年已灌溉的 586 538 亩,共计 1 925 630 亩。这将在黄河以北、卫河以南、修武以东、汲县以西的大平原内,基本上可以消灭旱灾。

此外,渠首引水潜力发挥后,在不灌溉期,济卫流量可以增到 50 米³/秒—70 米³/秒。根据作物需水时间的不同、灌水性质的差异,以及流程时间等条件,卫河下游天津市、河北、山东可以发展水稻作物,提前放水或进行冬季及早春储水灌溉 220 多万亩。在河南的卫河两岸可灌溉 30 多万亩,共计 250 多万亩。

这样,从渠首引进来的水,通过两条总干渠和卫河,总共可以灌溉农田 450 多万亩。

二、加强灌溉管理,稳定高额增产,完成并超额完成增产指标

到 1962 年灌区内要求在粮食方面平均每亩年产量为 1955 年的 3 倍,棉花平均每亩年产量为 1955 年的 6 倍多。具体要求:

粮食平均每亩产量:1955 年 302 斤

1956 年 400 斤

1962 年 900 斤

棉花平均每亩年产量:1955 年 145 斤

1956 年 310 斤

1962 年 910 斤

新乡、获嘉两县在灌区内的棉花单位面积产量,到 1962 年必须超过 1 千斤。为完成以上增产指标:

1. 合理的灌溉能够改良土壤,使作物稳定的高额增产;不合理的灌溉,就会破坏土壤结构,造成盐碱化,使作物减产。因而,必须加强灌溉技术指导,改变旧的灌溉方法,推广沟灌、畦灌和其他先进的灌溉经验。

2. 加强工程养护工作,保证渠系及建筑物的完整,以便适时适量引水、输水

和给水。在建筑物方面要及时整修养护,特别是闸门启闭机要经常涂油、防锈、防腐、冬季打冰防冻,使闸门启闭灵活,在渠道方面要注意防冲、防决口、防淤、防渗漏。旧有渠道要及时用柳护、灰土护、种草皮或用片石护,以防止冲刷。新修渠道有鼠洞、险工、土质不好的渠道,要堵塞鼠洞、换好土、包淤、加固等,以防止决口。1956 年要求所有渠道做到干、支、斗渠不决口,1957 年做到农渠以上渠道不决口。1956 年安装导流系统,加强沉沙条渠的管理使用,可以大大减少或防止渠道淤淀,淤淀的泥沙要及时清除,使输水畅通。在渠道的闸门上要安装防漏袋,改善渠道的尾闸防止漏水。

3. 1954 年灌区有 13 万多亩土地遭受水灾,有 23 万亩碱地产量很低,还有 2 万多亩盐碱荒地,造成农业减产,必须从工程上及农业技术上采取有效措施,实行计划用水,按作物需水量引水、灌水,制止地下水上升,以保证涝区免淹增产,盐碱地区产量提高。

4. 旱地变水地后,农业技术也要赶上。管理工作要结合农业部门,改善灌区耕作技术,增施肥料,推广优良品种,消灭病虫害等。扩大复播面积,多种高产作物,有计划地扩大棉田。

5. 渠系布置必须适应机耕要求,扩大机耕面积。1955 年机耕 8 万亩,1956 年机耕 24 万亩,1957 年机耕 40 多万亩,1962 年机耕面积约为 170 多万亩。有的农渠弯道多,弯度急,妨碍机耕,农渠面积过大或过小,与机耕每一班次定额不相符等,均须加调整,结合机耕道路规划和加固、改建桥梁。

三、增大济卫流量,保持卫河的航运和下游灌溉

根据历年情况,除封冻期、汛期不济卫外,一般均须保证卫河内有 20 米^3/秒流量(给卫河下游灌溉增加的水不在内)。在卫河航运和下游灌溉需要时,我们不在灌溉期间,济卫 50 米^3/秒—70 米^3/秒。这个要求在 1956 年年底就可逐步实现。

四、关于发展水力发电

根据黄河水利委员会的初步计划,1956 年 5 月,完成三号跌水发电 350—400 千瓦,1957 年春季完成一号跌水发电 500—800 千瓦,1957 年下半年完成二号跌水 400—600 千瓦。另外,要在沉沙池入口处,建立小型木质水电站 1 处,发电 10 多千瓦。这样到 1957 年年底,全灌区 3 个中型电站和 1 个小型电站,共可发电 1350 到 2000 千瓦。除供应 10 余万亩高地电动抽水灌溉以外,还可以用于

19 个乡镇照明和农产品加工,输送一部分电力供给拖拉机站用以发展修配厂,带动拖拉机站建设。灌区内部分盐碱地也可以用电力深井排水,改良土壤,用电力操纵机器发展农村广播事业。到 1962 年,北至新乡市,南至黄河岸,沿京汉铁路两侧,将会出现很多集体化、机械化、电气化的新农村。

五、做好防汛排涝,消灭水涝灾害

结合黄河防汛,进行秦厂大坝钻探加固,组织人力、料物向洪水作斗争,保证渠首闸安全和渠首到张菜园段不发生溃决;并在 1956 年内消灭灌区普通涝灾,两年内(即到 1957 年)消灭大小涝灾。

为此,1956 年要疏通灌区所有排水渠。凡排水渠因淤积坍塌,群众平毁或部分斗渠未修通者,一律整修疏通,并结合盐碱地的改良,开挖排水渠排水。在 1957 年前,需要疏通的排水渠,有斗排 134 条、支排 12 条,共长 464 公里,新开排水渠有支排 2 条、干排 2 条,长 45 公里。两项土方共 71.2 万方。

六、盐碱地的改良与防止

灌区内共有盐碱地 254 982 亩(包括武嘉灌区),严重地影响着灌区的生产。初步计划 1956 年以收集资料为主,并进行冲洗、排水等试验,在西灌区大力推广曹庄盐碱地改良经验,发动群众通过疏通、加深、加大排水渠,进行 3 万亩的冲洗、排水工作。东二灌区在贾屯附近,结合新乡农场进行冲洗、抽水、排水和化学处理试验以及地下水平衡等观测试验工作。1957 年全面大力进行勘测设计施工,争取全部盐碱地在 1957 年 10 月冲洗一半,1958 年冲洗一半,基本上消灭盐渍地。东二和武嘉灌区部分盐碱地,在 1959 年冲洗改良完成。

在进行以上工程的同时,在灌溉方面,要采取适宜的灌水定额,防止地下水上涨,使未盐碱化的不盐碱化,已盐碱化的土地不再继续扩大。

进行盐碱地改良,还必须同时采取农业措施,注意秋耕、春播、增施有机肥料,中耕保墒松土,种植苜蓿实行轮作制,并大量植树,生物排水,这也是改良盐碱地的重要措施。

七、普遍实行计划用水

计划用水是苏联的先进经验。要求在 1955 年 135 000 多亩计划用水的基础上,1956 年扩大为 470 608 亩,其他地区也要做到节约用水,向计划用水方向发展。争取 1957 年,除盐碱地外,全部实行计划用水。

1. 配合农庄划分耕作区,经过调整,使生产队的耕作区能以斗、农渠为单位,一庄或几庄一个斗渠或一个农渠,以便以生产队实行渠道包浇、包耕、包产、包护、包修五包制。

2. 继续实行分级管理制度,争取在一两年之内将全部斗渠以下渠道,交农庄或乡水利委员会管理。

3. 学习苏联先进经验,逐步实行灌溉用水合同制度。做到农庄按规定修好渠,冲沟扒畦修垄沟,提高灌水技术,按定额用水。管理部门定时、定量送水,并给以技术指导,水费可逐渐试行按用水方数多少征收。

4. 安装量水设备。斗、农渠打标桩,做标准断面,以便于群众掌握挖淤、加固等标准。

5. 训练农庄及乡的水利技术员和量水员掌握技术,把农庄或乡水利工作做好。

在实行计划用水的基础上,灌水定额可逐渐减少,用水效率可逐渐提高。1956 年灌水定额为 47 至 62 方(包括田面损失,净定额满浇为 30 到 35 方、畦浇为 35 到 40 方),一日夜一个净流量(农渠尾)可浇 1 400 至 1 840 亩。1957 年,用水定额为 45 至 60 方,效率由 1 440 至 1 920 亩。

八、绿化渠道

大量植树,可以吸取地下水,降低地下水位,加固渠道,防风、防沙,调剂气候,美化环境与风景,并可为国家增产木材,为庄员增加副业收入。

目前原有灌区的渠道,除已植 410 000 多株(内有果树 11 000 多株)外,要求总干渠 1956 年春全部植好,干、支渠及干、支排水渠 1956 年冬全部植完,斗渠以下渠道、斗排及道路两旁发动群众于 1957 年全部植好,武嘉灌区的植树和施工同时进行。

种植防风林和护田林带,除渠首已植 60 000 多株外,沉沙区和小型沉沙区也要种植防护林带,争取 1957 年完成。

九、观测试验

做好对水文、地下水、气象等观测工作和土壤分析、盐碱地改良、灌溉等试验工作,以便积累资料,为灌区增产及盐碱地改良提供材料。

水文测验应加强武嘉及四号跌水济卫处含沙量、流量观测,指导济卫工作的及时和准确。计划新成立水文观测组,新增 2 个测水站,扩大现有 4 个测水站及分水点,并增购仪器。气象观测现有 4 个站,除增添仪器,灌区普遍观测降雨量外,并增加武嘉灌区观测站 2 个。

扩大盐碱地改良试验组织、范围,增加试验项目,如深井抽水、深沟抽水、排水试验等。

土壤分析化验从 1956 年到 1957 年上半年作出全灌区土壤调查分析,了解土壤结构组成、化学成分,以指导灌溉施肥。

1956 年配合东二盐碱地改良工作,进行东二灌区地下水平衡计算。1957 年开始整个灌区地下水来源与去向分析。

加强试验研究工作,以便进一步修正和提高灌溉制度,总结水利和农业结合达到高额丰产的经验,做好大力推广与指导全灌区用水和农业技术,达到高额增产的目的。

为了实现上述规划,完成与超额完成规划中所提出的各项指标,关键问题在于认真学习毛主席和上级党委、政府的各项指示,克服右倾保守思想和骄傲自满情绪,发扬革命的积极性、创造性,深入地发动群众、依靠群众,把社会主义生产的高潮持续地发展下去,争取把各项工作提前或超额完成。

引黄灌溉济卫管理局

1956 年 3 月 13 日

（资料来源：《新黄河》1955 年第 6 期,第 38—41 页）

22. 引黄灌溉济卫扩建工程"五一"放水
(1958 年 5 月)

在万众欢腾的"五一"国际劳动节日里,河南引黄灌溉济卫扩建工程基本竣工了。这天,在渠首闸隆重地举行了放水典礼。

这一大型水利工程是在河南、河北两省协作之下完成的。为了早日实现水利化,两省 20 万民工在施工中战胜了流沙、地下水、冰雹和严寒,苦战 20 余天,完成了 2 600 余万土方、混凝土 19 000 方、石方 32 000 方等巨大工程。这一工程的最大流量是 280 米³/秒。这一工程的完成,可使豫北新乡专区及河北天津、沧县二专区 17 个县市 1 000 余万亩旱地、盐碱地实现水利化、水稻化；如果配合上农业技术措施，这些土地每年可为国家增产 14 亿斤粮食；还可利用总干渠一号跌水和三号跌水发电 11 000 多千瓦，供地方工业和农村用电。卫河新乡至天津间还可畅通 50 吨轮船。

这项工程，在过去，从设计到施工需三年的时间，现在采用边设计、边施工，六个月即基本完成。在施工中推广了米岛式开挖法，变肩挑为车运，运用木滑车爬坡运土等先进经验，保证了提前竣工，并节约了 1 400 多万元。

（资料来源：《新黄河》1958 年第 5 期，第 70—71 页）

23. 河南省新乡专员公署关于为确定引黄灌溉济卫总干渠及原延封总干渠武嘉总干渠永久性征用土地范围的通知
（1958 年 5 月 18 日）

专水字第 4 号

民行字第 2 号

武陟、修武、获嘉、新乡、汲、浚、汤阴等七个县人民委员会：

在全国掀起之水利化高潮中，中央在我区举办了限额以上规模巨大的现代化的引黄灌溉济卫扩建工程。经过短短几个月近 20 万员工的忘我劳动，该项工程已经竣工，并实现了中央"五一"放水的指示，这是我区水利化方面的又一大胜利。这一工程的竣工，并不等于该项工程全部结束。相反的，正由于该项工程规模巨大且涉及国际友人参观等问题，给我们今后巩固与绿化堤岸、加强管理，带来了繁重的任务。据引黄扩建指挥部报告，该部关于永久征用土地范围问题，前后曾下达了两次通知，前一通知没有从管理方面打算，确定范围过窄；二次通知下达后，个别县反映又有些宽。根据"既照顾管理方面的实际需要，又照顾农业方面的少征土地"的原则，确定了如下界线。为此，特作如下通知：

除河堤、河床、排水沟等仍按原规定为永久性征用土地外，自河口以外的永久性征用土地范围是：

（一）济卫总干渠：

1. 自引水渠至周家湾段，不论有堤无堤，一律从河口算起，右岸（以前进方向看,下同)向右 30 米、左岸向左 25 米为永久征用。其中获嘉境内与西二干渠、支渠平行部分到干渠、支渠原本界止,汲县境内右岸到堤背水坡脚止,为永久征用。

2. 周家湾至淇门新开渠道,从河口算起,左岸向左、右岸向右各 20 米为永久征用。

3. 沉沙池南堤向右到排水沟为永久征用。

(二)原延封总干渠左右两岸自河口以外各 15 米,武嘉总干渠左右两岸自河口以外各 10 米,为永久征用。

凡在上述永久征用范围内的土地,其所有权及使用权归国家。但在国家未统一植树及作其他用途前,除河堤一律不准种农作物外,其余平地原属之农业社还可继续种植农作物。所收获之农产品,全部归农业社所有。

其原已确定为临时占用,现经改为永久征用后所需要多支出之土地补偿费,仍按专署前下达之《赔偿方案》标准计算,由各县原经办人于 5 月 20 日前到引黄扩建指挥部领取。如果为数不多,农业社自愿不再向国家索取补偿费时,也可以不发。

前通知与此有不符合的地方,按此通知执行。

特此通知,希即转知所属为要。

河南省新乡专员公署

1958 年 5 月 18 日

(资料来源:河南省新乡县水利志编纂办公室编:《新乡县水利志》,香港新风出版社,2002 年,第 564—566 页)

24. 人民胜利渠开灌三十周年纪念碑碑文
(1982 年 4 月)

人民胜利渠,是中华人民共和国诞生后,在黄河下游兴修的有历史以来第一个大型灌溉工程。从此,揭开了开发利用黄河中下游水利资源的序幕,结束了"黄河百害,唯富一套"的历史,标志着人民革命和治黄事业的胜利,显示了人民群众的智慧和力量,故命名为"人民胜利渠"。

人民胜利渠,是在中国共产党和人民政府的领导下,由黄河水利委员会规划设计,于 1951 年 3 月破土兴建,1952 年初第一期工程竣工,同年 4 月 12 日启闸放水,10月31日毛泽东主席亲临渠首视察,鼓舞了灌区人民。经过30年的努力,使此项灌溉工程日臻完善。现已初步形成灌排并举、渠井结合、工程配套、旱涝保收的大型灌渠。渠首位于武陟县境内秦厂大坝上,东邻黄河铁桥,南对巍巍邙山,绿树成荫,花果满园。初设计引水40米³/秒,由于闸后加固,闸前淤高,总干渠部分桥闸扩建,最大引水量增至90米³/秒。总干渠自渠首而北,至新乡市入卫河,全长52.7公里,担负灌溉、排涝、发电和济卫多重任务。渠越黄河大堤处建五孔防洪闸一座,以下设跌水三处。一号跌水建发电站一座,装机625千瓦。灌溉渠系由总干渠和干、支、斗、农、毛渠组成。排水渠系以卫河为总干排,东西孟姜女河为干排,田间有支、斗、农、排。总干渠下有干渠5条,支渠38条,加上斗、农渠总长1 430余公里。灌区建沉沙池三处,打机井11 000多眼。现已是渠道纵横交织、机井星罗棋布,灌溉着武陟、获嘉、新乡、原阳、延津、汲县和新乡市郊区88万亩农田。

忆往昔、灾害连年,岁月艰辛;看今朝,林茂粮丰,仓廪盈盈。灌渠开灌前,高滩地十年九旱,大旱年赤地千里,低洼地盐碱沙荒,多雨期一片汪洋。1950年粮食亩产仅177斤,棉花29斤,开灌后粮食产量逐年提高,人民生活不断改善。特别是党的十一届三中全会以来,制定了正确的农业政策,推广了科学技术,充分发挥了灌区旱浇涝排沉沙改土的作用,再加其他农业措施,从1979年起,粮食超千斤、棉过百,至今有增无减,保持稳产高产,灌区呈现一派欣欣向荣、富庶昌盛的新景象。同时,在供应新乡市、天津市用水上也发挥了应有作用。

三十年道路曲折,经验教训俱存。开灌后,加强灌溉管理,由点到面,实行计划用水,农业生产形势很好。1957年粮食亩产达到279斤,棉花53斤。1958年,在"左"的思想影响下,加上经济不足,采取了大引、大灌、大蓄、只灌不排、兴渠废井的错误做法,破坏了生态环境。排水系统淤死,地下水位升高,盐碱地面积由开灌时的10万亩,猛增到38万亩;实灌面积由74万亩缩减到24万亩;粮食亩产1961年降到193斤,棉花33斤。党和政府领导灌区人民认真总结经验教训,采取全面疏浚排水渠系、节制引黄水量、打井架电、开发地下水源等措施,逐步扭转局面。1965年灌渠开始恢复,粮食亩产回升到400多斤、棉花70斤。在实践中总结一套"灌排并举,渠井结合,沉沙改土,科学配水"的成功经验,并提出了"处理泥沙、防治盐碱"的攻关科学项目。

展望未来,任重道远,前程似锦。今后,在党的十二次代表大会精神的指引下,需要继续完善灌排渠系,合理运用渠井,加强科学管理和技术改造,以扩大灌溉面积,保证稳产高产,为城市提供水源;并要努力向普遍实现工程规格化、大地园田化、渠道林网化、运用自动化、管理企业化的现代化灌区高标准进军。望沿黄为振兴中华的广大干部群众,续此大业,永远造福人民。

中共河南省新乡地区委员会

河南省新乡地区行政公署

1982 年 4 月立

[资料来源：武陟县水利局编志组：《武陟县水利志》

(内部发行),第 99—101 页]

二、刘家峡水电站

1. 黄河第一期开发两大工程之一——刘家峡水电站(1955 年 9 月)

在治理开发黄河的第一期工程中有两个强大的水力枢纽——三门峡水电站和刘家峡水电站。这两个水电站不论在规模上还是对国民经济的巨大意义上都是国内首屈一指的。三门峡水电站已有专文介绍,本文主要介绍刘家峡水电站,包括刘家峡水电站的综合开发任务、自然经济条件以及被选择为第一期工程的经过。

兰州是我国西北的一个政治和工业中心。它面临着黄河。这里是兰新铁路的起点,往东南有陇海铁路通至西安及其他大城市,将来兰宁、宁包铁路修建后又可与银川、包头等城市相连接,同时它又是青海省物资输出输入的集中地。在重工业方面,因甘肃北部的玉门油矿蕴藏着丰富的石油资源,兰州市的炼油工业有着极大的发展的前途,兰州附近又有丰富的铜矿可以开采。轻工业方面有毛纺织、食品及制革业等。随着工业的蓬勃发展,电力的需要将急剧增加,现有的火电站将远不能满足日益增长的动力要求。因为西北的煤蕴藏量比较少,而且还需要供给一些必需用煤的工业,而黄河则蕴蓄着巨大的水力未予利用,因此提出了在兰州工业区附近开发水力来供应这一地区电力的迫切要求。

随着工业的发展,要求粮食和原料增产。兰州下游的宁夏平原和后套平原,在二千多年以前即已发展了灌溉,但由于灌溉水源不能保证,灌区排水不良和管理不善,使这些地区的农业得不到应有的发展。如在上游建筑水库调节流量来保证灌溉用水、改善排水系统和管理制度,而这些地区的灌溉面积尚可大量扩充,增产的粮食和原料除供当地消费外,还可输送至兰州及下游包头等工业基地。

兰州以下中宁、中卫段以及银川至包头的黄河河道目前有木船通航。这一段航道围绕着石嘴山和包头工业基地,将来煤及粮食等的运输量很大,如果要行驶汽船以增加运输量,那就要求在上游建筑调节水库来保证通航季节所需要的水量。

兰州市面临黄河,两岸为山岭所束,形成一个狭长的盆地(即皋兰盆地),在兰州市区下游十余公里处黄河两岸山势突然收束,造成一个很窄的狭谷,即桑园峡(又名小峡),峡内河谷宽仅百余米。兰州每逢黄河涨水及附近支沟山洪暴发,由于下游受桑园峡卡水顶托影响,宣泄不畅,也可能造成淹没灾害。如1904年的大水,雁滩等地全部被淹,兰州市区也有一部分被波及。所以兰州的洪水灾害虽不如黄河下游那样严重,但随着本区工农业的飞速发展,防洪问题也逐渐被提到重要的地位而必须予以适当的解决。

根据上述情况,需要在兰州附近黄河上建设一个强大的水力枢纽。这个水力枢纽的任务为:

(1)利用水力发电来供应兰州工业基地所需的动力;

(2)调节流量,保证下游的灌溉和航运用水;

(3)拦蓄洪水,解除兰州市的洪水灾害。

黄河自上游青海省的龙羊峡至宁夏平原上端的青铜峡,河道形势都是一束一放,狭谷与盆地相间。在兰州上下游的许多狭谷地段,适于开发的水力坝址很多。经过研究后,兰州下游的许多水力坝址,有的水库太小不能有效调节流量,有的交通不便,而且都在兰州市的下游,不能解决兰州的防洪问题,所以没有考虑作为第一期工程的对象。兰州上游优良的水力坝址也很多,其中以刘家峡、牛鼻子峡和茅笼峡三处距离兰州较近,且都具有相当大的水库库容,可以调节流量,因此考虑作为第一期工程研究对象。

刘家峡坝址在黄河干流上洮河汇入口的附近,距离兰州约60公里。坝址河面宽50米,两岸为峭壁陡崖,崖壁峻立齐整,形势雄伟,高达150米,上有黄土覆盖层;由崖顶下望黄河河道,犹如一条长带蜿蜒于山谷中。在峡口下游有一平坦的川地,坝址岩层为变质片岩和片麻岩,岩质坚硬致密,适于建造高坝,河床覆盖厚约5米。如在刘家峡筑坝抬高水位107米,将形成回水长达53公里、面积117

平方公里的水库，总库容达 49 亿立方米。水库调节后，可以将黄河最小流量由 200 米³/秒提高到 465 米³/秒，能满足发电和下游灌溉、航运用水的要求，并能拦蓄黄河干流洪水，解除兰州的洪水灾害。刘家峡水电站的设备容量将达 100 万千瓦，年发电量约 52 亿度。由于地形地质条件优越，拦河坝的工程量较小，而水电站的出力则极为巨大，所以不论从工程总造价，每千瓦设备容量的单位投资或发电成本来说，都是非常低廉和有利的。

牛鼻子峡坝址在刘家峡坝址下游约 16 公里，坝址河面宽 140 米，中有三个小岛，称为"三弟兄"，两岸也都是陡崖，但没有像刘家峡坝址那样峻削。坝址岩层为正长岩，表面有相当深的破碎带。如在牛鼻子峡筑坝抬高水位 101 米，将形成长约 60 公里、面积 120 平方公里的水库，水库总容积达 45 亿立方米，其调节性能和刘家峡水库相似。牛鼻子峡水电站的估计设备容量约 100 万千瓦，年发电量约 50 亿度。总起来说，牛鼻子峡除掉河面较宽和坝址地质较差外，其他条件都和刘家峡相似。

茅笼峡在黄河支流洮河的下口段，峡全长约 20 公里，拟定的坝址在峡的上口，距离兰州约 50 公里。坝址河面宽仅 40 余米，两岸都是险峻的陡崖。坝址岩层为斑状花岗岩，岩质坚密，河床覆盖层很深，达 20 余米。如在茅笼峡筑坝抬高水位 83 米，将形成面积约 100 平方公里、容积达 32 亿立方米的水库，因洮河的流量较小，可进行多年调节，并能拦蓄洮河的全部洪水流量。但对兰州的洪水来说，因茅笼峡控制的流域面积太小，只能起到很小一部分的防洪作用。茅笼峡水电站的估计设备容量约 16 万千瓦，年发电量约 8 亿度。

在规划报告编制过程中对于刘家峡、牛鼻子峡和茅笼峡三个水力地址曾进行分析比较。苏联水力水利专家综合组曾到三个坝址实地查勘，并在兰州座谈会上具体分析了这三个水力地址的优缺点，指示我们如何正确地选择第一期工程。现在将这三个水力地址的比较结果介绍于后。

刘家峡坝址和牛鼻子峡坝址的比较

刘家峡坝址和牛鼻子峡坝址都在黄河干流上，相距只有 16 公里，中间并无大支流流入。原计划如在这两个坝址建造 100 米左右的高坝，都可得到相当大的库容，用以调节流量，能充分满足发电和下游防洪、灌溉、航运等要求，所以从解决综合开发任务这一点来说，这两个坝址基本上是相同的。

刘家峡坝址地质良好，河谷极为狭窄陡峻。牛鼻子峡坝址的河谷较宽，地质条件也较差,左岸破碎层很深。原先提出牛鼻子峡作为比较坝址的原因是考虑到刘家峡坝址附近地形过于陡峻狭窄,可能会增加水工布置和施工方面的困难。苏联专家综合组在查勘了这两个坝址以后,即指出刘家峡坝址的施工条件和牛鼻子峡比较区别不大,而牛鼻子峡因河谷较宽,拦河坝工程量较大,造价不会比刘家峡便宜。苏联专家更强调指出牛鼻子峡坝址地质条件不好,岩石破碎,而对建筑高坝来说,地质条件的好坏起着决定性的作用。因此很显然地可以得出这样的结论,即牛鼻子峡的自然条件远不如刘家峡,不适宜作为开发对象。

刘家峡坝址和茅笼峡坝址的比较

刘家峡坝址在黄河干流上,控制了兰州以上黄河流域大部分流域面积。而茅笼峡在支流洮河上,它控制的流域面积和流量只有刘家峡的六分之一,发电规模要小得多;同时对于调节黄河水量供给下游灌溉、航运用水,以及拦蓄上游洪水解除兰州洪水威胁,都不能起决定性作用。所以从河流开发规模和解决综合利用任务来衡量,茅笼峡根本不能与刘家峡相比。

茅笼峡坝址的地形虽然也很陡峻,但由于河床覆盖层很深,按原计划筑坝抬高水位 83 米,拦河坝的工程量和刘家峡比较,相差得不多,而水电站的出力只有刘家峡的六分之一,所以每千瓦设备容量的单位投资和发电成本都要比刘家峡高得多。

茅笼峡之所以被提出作为第一期工程对象的比较方案是因为它的发电规模比较适合兰州工业区初期用电需要,对于这一点苏联专家组曾指出兰州用电要求的估计可能是偏低的。茅笼峡的工程量相当大,又不能彻底解决所有的问题,目前我们的技术条件和施工力量都是很有限的,必须将它用在最迫切的和效益最大的工程上,所以首先开发茅笼峡是不适宜的。

由于茅笼峡水电站不能满足综合利用任务的要求,而且单位投资和发电成本都很高,因此被否定了作为第一期工程的对象。

刘家峡水电站地理位置优越,控制了兰州以上黄河流域的大部分面积,水电站完成后能生产大量电力,供给兰州工业基地及其附近地区的需要;水库调节后,水量可满足下游灌溉和航运用水要求,并能拦蓄洪水,解除兰州市的洪水灾害。由于地形地质条件的优越,此处适宜于建造高坝,拦河坝工程量较小,工程造价较低,所以水站的每千瓦设备容量投资和发电成本与本区其他电源比较都是十分有利的。目前刘家峡水电站的主要问题是出力较大,初期不能全部利用,积压一部分资金。对于这个问题可以从两方面来解决。一方面可采取分期装机的办法，即在初期电力负荷较低时只安装一部分机器，这样可以减少初期的投资。初步估计如刘家峡水电站初期约安装全部容量的40％，由于工程条件优越，其发电成本和其他电源比较仍是有利的。另一方面，刘家峡水电站完成后所生产的大量廉价电力，将大大地促进附近地区工业的发展。以往电力负荷的估计只考虑了兰州区已有的和计划的工业用电，将来还可考虑采用调整地区工业、远距离送电和附近地区铁道电气化等种种措施来充分利用刘家峡的电力。

总的说来，刘家峡水电站具有优良的地形地质等自然条件，能满足兰州区水力水利开发综合任务的要求，电力生产成本低廉，因此在规划报告中被选择为第一期工程。

刘家峡水电站和三门峡水电站的建设是治理开发黄河的第一声。它们将驾驭为害千年的黄河使其为人民服务。它们将成为我国社会主义经济建设强大支柱。它们的规模是非常宏大的，需要的技术是头等的，它们将吸引为数众多的工人、工程技术人员、科学工作者和各种专家参加。这只有在中国共产党和毛主席的正确领导下，在伟大苏联的无私援助和全国劳动人民的积极支持下才能实现。无疑的，全国人民将怀着热烈兴奋的精神来支援三门峡和刘家峡水电站的建设。

水力发电建设总局勘测设计局工程师 顾文书

（资料来源：《水力发电》1955年第9期，第15—18页）

2. 访刘家峡（1955年10月）

从兰州乘汽车西行约80公里就到了黄河中游的刘家峡。根据国家根治黄河水害和开发黄河水利的综合规划，要在这里修筑一个规模宏大的水力枢纽工程。现在，勘测人员正在这里进行地质勘探，为水力枢纽工程的初步设计搜集资料。

到了甘肃省永靖县绿树葱茏的小川村，就可听到一片咆哮的水声。这里就是刘家峡峡谷的出口处。黄河从姬家川入峡到小川村出峡，虽然才流了11.9公里，但水头却下跌了近23米，滚滚河水从峡谷内猛冲出来，特别湍急。

勘探队的负责人郭有华和工程师贾宗淮引导我参观了刘家峡的地势。我们坐船到峡谷出口处向峡内窥望，只见峡谷两侧都是高山峭壁。壁高40米，而河道却很窄。贾宗淮给我介绍说：刘家峡内河道最宽的地方只不过 60 米，峡谷两侧和底部全是黑色变质岩构成的。这种岩石的特性是坚硬细密，加上峡谷窄狭，非常适宜建筑很高的单拱坝。我们上岸后，沿着蜿蜒在高山上新修的道路向峡谷上游前进。山坳里已支起了白色的帐篷，钻探工人正繁忙地向工地运送器材。路越走越陡，走了约一小时到达洮河口坝址，这是刘家峡河岸最高的地方，峭壁高达 150 米。洮河从峡谷右岸峭壁中冲出，同黄河汇合在一起。站在岸边陡崖上，俯瞰河谷，但见滚滚河水咆哮奔腾，响声震撼山谷。这里是刘家峡已选定的四个比较坝址之一，如果在这附近修筑一座高达 120 多米的单拱坝，就可拦蓄 49 亿立方米的河水，把刘家峡上游变成一个人工湖。虽然这个水库的容积不到三门峡水库的七分之一，但是它的水头高，冲击力强，修建在这里的水电站仍可和三门峡一样，发电能力可达到 100 万千瓦，而且发电成本很低，这就可以促使甘肃地区的工业发展。

刘家峡水库不但可以发电，还将促进甘肃省和内蒙古自治区的灌溉事业的发展。甘肃北部黄河平原(即原宁夏平原)利用黄河灌溉，已有两千多年的历史，有名的秦渠、汉渠，现在仍是主要灌溉干渠。但是，灌溉事业却受着黄河自然条件的限制，黄河每年在枯水季节，水位很低，很多渠道因而缺水，有很多良田得不到灌溉。刘家峡水库建成后，就可把黄河的最小流量提高一倍半多，那时甘肃北部黄河平原的灌溉渠道就可经常保持足够的水量。

工程师贾宗淮说，在刘家峡建筑水力枢纽是很经济的。因为刘家峡水库的面积小，附近居民稀少，兴建时只需要淹没 9 万多亩耕地，迁移 27 000 多人。刘家峡附近有极多河卵石和沙子等建筑材料；黄河支流大夏河、洮河流域有茂密的森林，将来建筑枢纽工程所需的大量木材，可以顺流漂到刘家峡工地。

刘家峡水力枢纽工程的建设，激动着每一个人。钻探工人们在河岸陡崖上安装好钻机，日日夜夜向岩石钻进。地质人员每天清早背上仪器和水壶出发，直到黄昏才回来。他们常常一天要爬几十里的山路，有时遇见倾盆大雨也不停止工作。为了要了解岩石情况，还常常在很高的峭壁上爬行，而峭壁下面就是汹涌吼叫的黄河。地质人员常常这样说："只要羊能通过的路，我们也能通过。"可是在刘家峡连羊也不能通过的地方，地质人员却必须前往。今年他们将利用软梯在一百四五十米高的峭壁上进行工作；钻探人员也要在黄河上面用钢丝绳架起桥来做河心钻探。

在勘探人员中有很多来自南方的青年学生，初到刘家峡，尽管生活不习惯，尽管要受日晒雨淋,但他们丝毫不叫苦。他们表示:要一直工作到水力枢纽工程建成。

(新华社兰州电)新华社记者 姚秉鉴

(资料来源:《新黄河》1955 年第 10 期,第 75—76 页)

3. 长江规划委员会的苏联专家到刘家峡查勘
(1956 年 9 月)

　　刘家峡水电站初步设计第一阶段勘测任务,截至 7 月底基本完成。为了进一步研究刘家峡的地质情况,电力工业部呈请国务院聘请长江规划委员会的苏联教授谢苗诺夫、桑泽、索科洛夫,讲师雅库舍娃,会同水电建设总局苏联专家斯特阿保夫、卡瓦利列茨、康德拉辛等人,到刘家峡进行一次全面细致的实际勘察和对以往工作成果的检查研究。专家们于 8 月 10 日到达工地,并分赴洮河口、红柳沟等地查勘。通过查勘,专家们对刘家峡建立大电站提出了很多宝贵的建议,一致认为在刘家峡可以修建高坝,巨型水电站的地质基础是可靠的,并认为初步设计第一阶段勘测资料是足够的。专家们在工作中表现了认真负责不怕艰苦困难的国际主义的精神。

沙万堂

(资料来源:《黄河建设》1956 年第 9 期,第 39 页)

4. 刘家峡水电站坝址选择委员会选定了
刘家峡水电站坝址(1956 年 10 月)

　　为了最后确定黄河刘家峡水电站坝址区,中华人民共和国电力工业部、国家建设委员会、北京地质学院、清华大学及甘肃省人民委员会等单位组成刘家峡水电站坝址选择委员会,由电力工业部设计司陈志远副司长、水电总局王鲁南副局长、黄育贤总工程师、甘肃省人民委员会计划委员会葛士英同志为正副主任委员,同时甘肃省民政厅、苏联专家组(7 人)、当地专、县及工地负责同志等 40 余人均参加了坝址的选择工作。委员会自 9 月 10 日由北京出发,13 日到达工地,先后听取了工地负责同志的报告。专家们及各部门负责同志在现场反复地做研究比较,经过一个星期的紧张工作,最后选定了红柳沟为刘家峡水电站坝址区,并于 9 月 19 日下午在刘家峡工地召开了选坝总结会。

刘家峡坝址约 7 里,在初步设计和地质勘验工作中曾做了红柳沟、马六沟、苏州崖、洮河口等四个比较方案,经近几年的地质勘探及此次坝址的选择证明红柳沟是四个比较坝址区最好的一处。红柳沟位于刘家峡的下口,水面宽 40—60米,两岸是八九十米的峭壁,河底及两岸不仅富有适于修建高坝的变页岩,同时崖上及附近有较宽广的施工场地。因而在选坝总结会议上,中、苏专家和各部门负责同志都一致拥护这个意见,地方党政及参加地质探验工作的全体职工,纷纷表示为提前完成红柳沟坝址的一切工作而努力。

张国维

(资料来源:《黄河建设》1956 年第 10 期,第 67 页)

5. 苏联专家对刘家峡水电站设计的帮助
(1957 年 11 月)

刘家峡水电站,是我国开发黄河第一期工程的一个巨型的水力枢纽。在1955 年 5 月开始设计之前,苏联葛夫利列茨水工专家和康德拉辛地质专家在我国的工程技术人员的陪同下,到刘家峡进行了详细的查勘,在各个可能修筑高坝的河段上,选出了四个比较坝址区。指导我们拟定了勘测任务书和详细的勘测计划,展开了大规模的水力地址勘探工作,并具体帮助我们完成选定坝址区所需要的各项设计和勘探任务。又明确地给我们指出,巨型水电站初步设计工作开始之前应解决各项问题的原则和步骤,帮助我们拟订了设计任务书草案和设计总体计划,传授给我们一套编制像刘家峡水电站这样规模巨大的综合利用水力枢纽初步设计的方法。这使我们的工作进行得很顺利,在 1956 年 9 月,即向国家选坝委员会提出勘测与设计资料。

在 1956 年 8 月选择坝址区前,曾请应聘来我国帮助长江规划工作的谢苗诺夫博士、桑泽教授、索科洛夫副教授、雅举舍娃副教授等四位苏联地质专家,到刘家峡审查两个主要坝址区的地质条件。经过查勘后,专家们认为两个坝址区都可以修筑高坝,这给予了我们很大的鼓励,坚定了我们的信心。同年 9 月,选坝委员会在工地工作期间，由尤里诺夫顾问专家，斯达尔包夫、葛夫利列茨、聂米洛夫三位水工专家，康德拉辛地质专家，札拉岗、鲍依科二位施工专家等组成的专家组，是选坝委员会得力的技术顾问。他们和选坝委员们一起进行了各个比较坝址的查勘，研究各项资料，参加选坝会议的热烈讨论。最后，专家组提出了与选坝委员会相同的意见：建议选定红柳沟坝址为刘家峡水力枢纽地址。

1956 年至 1957 年 2 月，在斯达尔包夫、聂米洛夫二位专家具体的帮助下，我们拟定了 13 个水力枢纽布置比较方案。其中有几个方案涉及在刘家峡具体条件下，拱坝坝顶能否宣泄较大洪水流量，以及黄土基础修筑黄土坝等十分复杂的技术问题，我们很难决定取舍。1957 年 3 月，苏联电站部水电设计总院工程师瓦西连柯专家来到我国。为了刘家峡工程布置方案的选定，这位经验丰富，头发已经皓白的老专家，与苏联水电设计总院副总工程师捷尔曼专家，特地来北京辛勤地工作了三天，详细地审查了资料与设计纸，最后帮助我们确定了地下式电站与坝顶不溢洪方案。二位专家还细致地解答了我们在工作中遇到的几个特殊问题。瓦西连柯专家渊博的知识、精辟的见解、诚恳热情的风范，给每一个参加会议的同志以极深刻的印象。

刘家峡水电站设计中遇到了一个特殊问题，水库洮河部分泥沙淤积，究竟应用什么方案来处理？自 1956 年 9 月起，我们曾研究了几个方案，难于最后确定。1957 年 4 月苏联泥沙专家列维教授来我国讲学，为我们研究了这个问题。建议我们采用洮河修筑水库拦蓄沙泥，否定了在水力枢纽附近用输沙隧洞的冲沙方案。

1957 年 5 月，斯达尔包夫、康德拉辛、聂米洛夫三位专家再次到刘家峡工地，指导我们在红柳沟坝址区内选定了坝轴线，确定采用岸边溢洪道方案和初步选定坝型为混凝土拱坝。

我们在进行各项设计工作中，曾经先后得到尤里也夫、沙金二位地质专家，拉比雪夫动能专家，卡普兰、克拉列娃二位水力机械专家，杜德里金属结构专家，叶尼塞耶夫水文专家，亚尔马尔金、贝尔格二位电工专家，达拉洛夫、鲍依科二位施工专家，沙赫巴果夫地下结构专家和其他很多位专家的帮助和指导。来我国指导长江规划的沙赫巴果夫和克拉列娃二位专家，听到我们在进行刘家峡水电站设计，先后特地亲自来北京找我们，帮助我们解决专业问题。克拉列娃专家并且赠给我们很多宝贵的资料。

刘家峡水电站初步设计，正在进行最后阶段的工作。明年即将开始技术设计。我们能顺利地进行这样一个巨型水电站的各项设计工作,解决了一系列复杂的技术问题,是与苏联专家的大力支援分不开的。苏联专家在工作中表现的刻苦耐劳的精神和对于培养提高我国技术人员的高度热忱,都给我们以深刻的教育和永不磨灭的印象。

陈益焜

(资料来源:《水力发电》1957 年第 21 期,第 3—4 页)

6. 甘肃省人民委员会关于同意迁移永靖县县址
给临夏回族自治州人民委员会的批复
(1958 年 2 月 26 日)

甘民沈字第 0207 号

1957 年 10 月 22 日(57)临州办字第 068 号报告收悉。根据中央电力工业部北京水力发电设计院和省城市建设局关于修建刘家峡水电站规划的要求,并为了便于与水库互相支援,利于领导生产,同意将永靖县县址迁至该县所属的大川。至于迁移县址的时间和有关接交等问题,请你会后联系永靖县人民委员会办理。

(资料来源:《甘肃政报》1958 年第 14 期,第 400—401 页)

7. 关于考古调查工作的一些经验和体会
(1958 年 2 月)

为了配合"根治黄河水害和开发黄河水利的综合规划",中国科学院和中华人民共和国文化部联合组织了黄河水库考古工作队,从全国各地文化局博物馆文管会等单位抽调了 40 余名干部,自 1955 年 10 月到 1956 年 6 月完成了三门峡和刘家峡两个水库区的考古普查工作,共发现古代遗址 387 处,总面积约达8 000 万平方米,不仅数量丰富,而且包括前所未有的一些重要文化遗存[1][2]。我

---

① 安志敏:《黄河三门峡水库调查简报》,《考古通讯》1956 年第 5 期 1—11 页。
② 安志敏:《甘肃古文化及其有关的几个问题》,《考古通讯》1956 年第 6 期第 9—19 页。

从 1956 年起参加工作队的队部工作,通过三门峡水库区复查和刘家峡水库区的普查,在实际工作中积累了一些经验,同时也发现了不少的缺点有待于纠正。现在准备把这些综合地提出来,供给考古调查工作参考。

一

在进行考古调查以前,必须有充分的准备,特别是大规模的普查工作更为重要,准备工作是调查工作成功的一个主要因素。

首先是参加调查工作的同志必须有思想上的准备。未接触实际工作的同志往往认为考古调查是"游山玩水,访古探胜"。抱着这种想法来参加调查,就会遭到失望,甚至于不能够坚持下去。夏鼐先生曾经讲过:"考古调查当然是一种引人入胜的工作,但是,这仍是一个艰苦的科学工作。"[①]因此必须有吃苦耐劳的心理准备和坚决完成任务的信心。

其次,必须掌握文献资料,即摘抄古代地理文献如《水经注》《元和郡县志》《太平寰宇记》《大明一统志》《大清一统志》以及《读史方舆纪要》等书中的有关材料,特别是各地县志有关材料。此外对于前人的调查、发掘报告,或发现古物的消息、简讯等都应该加以摘录,以备实际调查工作中的参考。我们在三门峡水库区普查时便因摘录文献资料不够,因而有一些遗漏。

调查队出发前应向队员说明以下几个问题:(一)调查地区的概况。尽量就目前的所知说明该地区的古文化遗存的状况以及前人工作的成果,有哪些问题还没有解决;并应该介绍这个地区古文化的性质及其特点,可能时应先使大家参观一下该地区的实物标本。例如甘肃省的远古文化遗存是比较复杂的,当刘家峡水库调查出发以前,大家对这个地区的遗物并不熟悉,但通过参观甘肃省文管会的实物,初步掌握了各种文化的特点,顺利地展开了调查工作。(二)强调调查目标及要求重点解决的问题。一般普查的目标是十分清楚的,凡是古代的遗迹、遗物都在我们调查范围之内,但当复查或为了解决某些问题时就必须指出重点。例如三门峡水库区的复查,我们便指出重点勘查陕西朝邑、大荔沙丘地带的细石器遗址。结果普查中由 1 处增加到 15 处,由十几件标本增加到 3 000 余件,最后选出典型的石器、石片等 519 件,并确定它们可能是一种新的文化遗存,而暂定名为"沙苑文化"。刘家峡水库区调查时曾强调注意地层关系,结果发现辛

---

① 夏鼐:《考古调查的目标和方法》,《考古通讯》1956 年第 1 期 1 页。

店文化层叠在齐家文化层的上面,而齐家文化层又叠在甘肃仰韶文化的上面,对甘肃远古文化的相对年代提出了新的证据,不仅明确了它们的发展顺序,也纠正了几十年以来的错误观念。因此适当地指出重点,是会解决一些关键性的问题的,但应该注意不要顾此失彼、因小失大,一定要全面介绍、重点突出,才会收到更好的效果。(三)解释记录表格的填法以及订立汇报制度。记录表格的填写务必统一,以便于日后的整理。调查记录最好采用固定的表格,不够的地方再用空白的记录补充(我们的调查记录簿便一半是表格,一半是空白记录,复写两份,扯下一份寄回队部)。汇报制度是将田野工作简报表、调查记录、采集标本等定期寄回队部,以便掌握各组的工作进行情况,及时布置下一步工作。(四)其他关于联系群众,携带粮票及必要用具、报销制度等,都应不厌其烦地加以说明。

在出发以前或到达某个地区以后,最好请省、专署或县文教部门的负责同志介绍地方情况及农村的中心工作,特别是关于少数民族地区的风俗习惯,以便大家能很好地遵守。如果能邀请地方上的人士开座谈会,除了可以了解上述的情况以外,并会获得许多宝贵的线索。

开始调查以前必须拟定详密的计划,大致可以包括下列三点:(一)总的目标与要求。调查的目标及范围都需要事先确定。(二)分组及人事配备。根据调查范围来分组,人员的配备应考虑到政治思想、业务能力和工作经验等各方面;如果能配备上一个地方同志,会给调查工作带来很大的好处。(三)调查路线及日程。队部应先有一个大体轮廓,各组再根据具体情况详细拟订(一般是到达当地了解情况以后,才能开始拟订)汇报队部。

二

大规模的考古调查必须有健全的队部,它是整个调查工作的核心。所谓队部是该队的行政与业务领导,负责队部工作的同志必须熟悉业务,能够及时解决各组在调查中所发现的一些问题,并随时指出工作过程中存在的缺点。队部驻在的地点要适中,即位于或靠近调查地区,以便联系、交通方便亦为其先决条件。如三门峡水库区普查时,队部设在洛阳,复查时队部设在西安,都收到了较好的效果。至于刘家峡水库区的普查,队部设在兰州,因地点不甚适中,而交通也不够方便,结果在联系上曾发生过一些小的障碍,如果当时能把队部设在临夏或永靖,就会更好一些。

队部主要有下列各项任务:(一)听取汇报。根据简报表掌握各组的工作情况。（二）检查调查记录及所采集的标本。如果发现问题或有不够明确的地方，随时要求复查或补充。在刘家峡水库区调查时曾用这种方式纠正了确定文化性质及明确了地层关系。（三）答复调查中所遇到的一些问题，加强与各组的联系。（四）编印内部通报。根据各组汇报，刊载工作中的收获，以便互通消息交流经验，还可以刊载各组最近的通讯处，以加强各组之间的互相联系。

除上述各项任务以外，最重要的是要掌握全面工作的情况。当调查工作刚一结束，便能提出一个大体的总结，包括工作中的优缺点，指出总的收获，说明新发现的重要性，这样不但可以提高工作同志业务水平，同时也是一个莫大的鼓舞。

无论大规模或一般的考古调查，最好采用小组的形式进行。小组的组织通常是两个人为一单元，较大的组可以包括二到三个单元，调查时各单元应分开，这样行动方便，而且避免浪费人力。由两个人所构成的单元是比较理想的，遇到问题可以共同商量，同时两个人所看到的总比一个人更全面，可以充分发挥调查的作用。

根据小组人数的多少，要有一个或两个小组长。除小组长外，组内的同志也应做适当地分工，同时还应该随时开会商谈计划，检查工作、生活等问题。当小组结束调查后，应进行个人总结和小组总结，指出个人或小组在工作中的优缺点、工作收获以及对队部的建议，这样不仅可以看出参加工作同志业务水平的提高程度，同时还可以作为改进今后工作的依据。我们在调查工作上的一些改进措施，主要是靠着个人或小组总结中所提出的具体材料。

三

考古调查收获的大小，与工作同志的工作经验及细心程度有着密切的关系，在调查中一定要走到、看到、想到才能够发现和解决问题。更重要的是在调查地点多逗留，除做详细记录和采集标本以外，并要考虑到一切有关的问题，才能使调查工作做得比较完善。现在把应该注意的主要事项加以综合并总结如下：

首先应该注意遗址的位置，不仅要记录它的小地名，并要记录与最近的村落（或比较显著的目标）的距离，同时还要在地图上注明。最重要的应该把遗址的地形以及与附近村落、建筑、道路黄河流的关系画成草图，附到记录中去。如果缺乏上述的详细记录与位置草图，其他同志进行复查时往往不容易顺利地找到正确的地点。在三门峡水库区复查及刘家峡水库区普查时，都绘制了草图，即使比例不甚正确，但对后来的工作还是很有帮助。另外，关于遗址的照相，不能只摄照局部的地面,弄得各遗址千篇一律,很难区别。对灰层、灰坑的露头以及地层交叠关系是可以进行局部照相的,但总的要求是应该表现遗址的全貌以及附近的地理环境,这样才能发挥照相的作用。

遗址范围的大小也是调查时所必需弄清楚的问题。主要应该根据断崖的露头,求确定遗址的范围及其灰层的厚度。一定先要把各处的露头都看清楚,然后联系起来便可以搞清楚遗址的大体范围,千万不要把一处露头当作一处遗址,要仔细考虑研究它们是否属于一处较大的遗址。至于没有露头的遗址,可根据地面遗物的分布范围来估计。搞清遗址范围以后,便要记录其大小,一般是采用步测的方法,虽然有一些误差,但较用皮尺来实测,既方便又迅速。

除了搞清遗址范围、堆积厚度及其内部包含以外,对是否有交叠层次的存在,也是应该予以注意的。如果在采集中遇到两个以上的文化或不同时代的遗物,应注意观察在露头的层次上有无交叠或打破关系,这样往往可以解决过去所未能肯定的问题。前面所说在刘家峡水库发现仰韶、齐家、辛店三个文化的交叠层就是很好的例子。

另外,三门峡水库区如河南陕县三里桥、七里堡,陕西华阴横陈村等地都发现龙山层叠在仰韶层的上面,说明仰韶、龙山的交叠,不仅限于河南,在陕西境内也有同样的情况。对交叠层次的发现,要在露头附近多观察,可将灰层刮平以辨别有无交界的痕迹,并注意各层的出土物,但千万不能为了多获得标本而进行滥掘,这样是会破坏堆积层次的。

在调查中,群众常常会提供我们一些宝贵的线索,这些遗址往往是在我们的调查区域或路线以外,在原则上仍应予以调查,最低也应该尽可能地详细记录以备日后查考,否则便要失去一次可贵的机会,例如我们在刘家峡水库区内从群众中征集到大批完整的陶器,其中有的出土地点高出我们的调查海拔,有的组就未去调查。当时即使向高处多跑一些路,所花的劳力与时间还是有限,远比再去特意勘察要节省得多,不去调查可能会遗漏一些重要地点,以至无法补救。另外,当我们事先知道了一定的遗址,而去专门做调查时,除了调查的对象外,对它的附近也应该予以详细调查,因为许多遗址或古迹往往是密集的,如果能同时予以调查,可以有更多的收获。有的同志常把目标只放在已发现或已知线索的遗址上,这种现象还是比较普遍的,应该注意克服。

为了鉴别遗址的性质,并准备今后写报告及进行研究,应该从遗址中采集标本。关于采集的数量,虽然夏鼐先生曾经说过:"调查时对于陶片,只能于各种不同的陶质(包括胎质、颜色、制法、表面处理各方面)的陶片,每种选取一两片作为代表。"①但这只是指有经验的同志,一般同志特别是对调查地区材料不甚熟悉的同志,应尽可能地多采一些标本带回。这样不仅可以鉴别遗址的年代,更可以确定这个遗址是否重要。有的遗址因采集标本过少或无代表性,在鉴定年代或文化性质上常发生困难,有时还会遗漏不同时代的遗存。例如河南陕县七里堡遗址,在普调、复查中仅发现有仰韶和龙山的遗存,1957 年春天再次复查才发现有殷代的遗存,甚至它的分布范围比仰韶、龙山还大,只是由于露头少,遗物不多,以前调查的同志根本没有注意到,在采集的标本中也没有一件殷代的陶片。因此,我们要求在调查中还是应该采集适量的标本。一般只从地表面进行采集就够了,不要在灰层中滥掘,以免有所破坏。

　　从遗址中采集到的标本应尽快地洗刷、编号,以免日后混乱。根据我们的经验,最好是在采集以后,拿到附近的河流或溪水中去洗刷,这样既可以适当地减轻调查中的疲劳,又可以避免增加晚间工作量,占去学习时间。洗刷标本时把选剩下的标本随便扔在河滩上,曾给后来复查的同志增添麻烦,最好是把不要的陶片仍旧带回遗址中去,或在采集以后即就地把标本选好。

　　密切联系群众是每个调查工作者所必具的条件。根据我们的经验,许多重要的线索常常是群众告诉我们的。在调查中应随时向群众解释我们工作的目的和意义,并向他们探听附近有无遗址或古迹的存在,如果能把陶片等标本拿给他们看,可以收到更好的效果。在群众的手中常有挖出来的完整标本,如在刘家峡水库区调查时曾征集到完整的陶器 283 件,其中有的过去曾有人用钱买他们都不肯卖,但听到可以作科学研究,便很高兴地捐献出来。这固然由于群众的政治觉悟大大提高,同时也是与工作同志的积极宣传分不开的。如果主要的标本不可能征集到,可利用照相、绘图等办法记录下来,对我们还是有参考价值的。

　　以上只是根据我们的经验提出来的一些看法,至于各地区应按具体情况进行安排,不能强求一致。我国古代遗迹的分布是非常广泛的,全国范围内的遗存真是多得不可胜数,加强普查从而予以妥善保护,是我们考古工作者的职责,希望全国的文物机构为共同搞好普查工作而努力。

安志敏

（资料来源:《文物参考资料》1958 年第 2 期,第 43—45 页）

---

　　①　夏鼐:《考古调查的目标和方法》,《考古通讯》1956 年第 1 期 1 页。

8. 根治、开发黄河的巨大工程 刘家峡、盐锅峡水利枢纽工程提前开工
(1958 年 9 月)

为根治黄河水害、开发黄河水利而建设的刘家峡和盐锅峡两大水利枢纽工程,在 9 月 27 日同时提前开工。这两大工程建成后,不但使西北地区和甘肃境内得到强大的电力供应,而且一直威胁沿岸人民安全的黄河水,将被大量利用来灌溉农田。

刘家峡位于兰州市西南 80 公里。这个水利枢纽工程是在苏联专家指导下,由我国工程技术人员自行设计的,全部水力发电设备也将由国内制造。电站装机总容量为 105 万千瓦,建成后每年可以发电 50 亿度。

盐锅峡在刘家峡下游附近。盐锅峡水利枢纽装机容量为 595 000 千瓦,水库容量为两亿多立方米。电站从勘测设计到正式施工,前后只用了四个月。

这两大水利枢纽工程在施工中都将贯彻"土法先上马、方法多样化、土洋相结合、逐步机械化"的方针。目前,在机械不足的情况下,工地上的 6 000 多名职工正在采取半机械的方法进行施工。他们决心用最快的速度建成两大水利枢纽工程。

新华社

(资料来源:《黄河建设》1958 年第 10 期,第 67 页)

9. 刘家峡水电站在设计中降低造价与缩短工期的措施(1959 年 1 月)

刘家峡水电站是我国正在进行建设中的一个大型综合性水力枢纽,位于黄河中游兰州以上,直线距离约 50 公里处。选定坝址位于峡谷下段红柳沟口下游,约 100 米处,河面宽约 55 米,两岸基岩高出水面约 90—100 米。水库正常高水位选定为 1 735 米,死水位为 1 694 米,水库总库容为 57 亿立方米,有效库容为 41.5 亿立方米。电站装机容量为 105 万千瓦,保证出力为 41.5 万千瓦,多年年平均发电量为 56.8 亿度。

在党的多、快、好、省建设社会主义总路线的光辉照耀下,在党的领导下,充

分发动群众,大鸣大放,打破设计上的保守思想,大闹技术革命,因此,水电站的总造价由初设计要点报告的 5.4 亿元,减少为初设指标 2.64 亿元,而在目前的技施阶段中,造价又由 2.64 亿元减为 2.10 亿元。在施工进度计划上也取得跃进,初设要点报告原提出第一台机组于 1962 年第三季度发电,初步设计拟定第一台机组于 1961 年年底投入运转,1962 年第二季度完成全部土建工程。但是这个方案仍不能满足目前国家"大跃进"的要求。在 7 月初由刘家峡水电工程局召开的专门会议在详细地讨论了施工进度后,确定第一台机组于 1961 年第二季度投入运转;并提出在 1960 年年底以发电为争取的目标,工期提前了一年半,成绩是巨大的。

兹将降低造价和缩短工期的具体措施简要介绍如下:

(一)改进布置方案和建筑物型式

(1)采用坝后与地下混合式厂房:在初设要点报告中,水力枢纽布置采用厚拱坝、岸边溢洪道、地下式厂房的方案,由于发现河床中顺河断层错动了第三纪地层层面,经过初步设计阶段的研究,改变了坝型。采用目前选定的宽缝重力坝、坝后与地下混合式厂房、岸边溢洪道的方案。由于新方案采用了大机组、混合式厂房以及各项措施,总造价比原方案省 5%—10%。溢洪道的布置有利于混合式厂房的采用,将原方案的地下厂房的一部分改为坝后厂房,减少了复杂的地下石方开挖量,又可争取提前发电。刘家峡拦河坝目前受峡谷地形的限制,坝块浇捣每月升高的速度将对发电日期起控制的因素。在工程布置上采用了岸边溢洪道和混合式厂房,因此有条件在主坝未浇筑至完全高度时即提前发电。

(2)采用露天式厂房:露天厂房的优点是由于取消了屋梁,变压器可直接推进厂房检修,厂房宽度亦可缩 1—2 米,使石方开挖及混凝土量各减少约 15 000 方,计节省造价 50 万元。采用露天式厂房尚有利于土建和安装的提前完成。

(3)地下厂房采用无压尾水隧洞:原设计的尾水结构包括尾水调压井及有压隧洞。新方案采用无压尾水隧洞,不但结构简单,工程量减少,造价便宜 200 万元,而且在水力条件上,无压尾水隧洞显然有利。由于水头损失比原方案少 1.5 米,可以增加出力约 15 000—20 000 千瓦。

(4)右岸输水道采用与坝体相结合的坝前进水口:原方案需在地质构造复杂地段开挖进水隧洞及闸门井,施工条件复杂。采用坝前进水口,除了施工较为便利外,尚可减少水道长度,因而水头损失亦较小。又考虑到上游各梯级电站的投入运转,可使水库死水位相应提高,因此右岸机组进水口的底栏高程亦提高 5 米,共计节省造价 30 万元。

（5）简化右岸土坝接头布置：在枢纽布置中，右岸副坝接头原方案采用护岸工程，保护黄土岸坡，并防止浇坝渗漏。经过初设阶段的地质勘测工作，证明该部分黄土底部的砾石层及红砂岩透水性较小，因此取消护岸工程，而将土坝接头直接插入砾石层上，这样使造价减少 500 万元。

（6）利用施工出碴线作为对外交通线：由于坝址两岸河谷狭窄，为加速坝基出碴，因此必须在河谷两岸修建施工出碴线。考虑这一施工特点，利用出碴线作为对外永久交通线，取消原设计要点中 700 米长的交通隧洞，节省造价 100 万元。

（7）取消拦污栅的清理设备及其框架结构：在研究了丰满水电站十余年的运转经验后，证明坝前深式进水口被淤物堵塞的可能性很少，丰满电站从运转以来，情况良好，进口未曾清理过一次。又经过对刘家峡水库库区的调查，认为在水库建成后不致有大量污物涌向坝前，因此决定取消水电站拦污栅的清理设备及其框架结构，计节省造价 50 万—70 万元。

（二）采用先进的设计数据和修改现行的设计标准

（1）合理地降低地震烈度：原设计地震基本烈度为八级，并在设计中按规范规定，对于一级建筑物将地震提高一级，则按九级进行设计。在初设阶段中对坝址区地质又作了进一步的历史地震调查，经建委确定刘家峡地区地震基本烈度为七级。在初步设计中，除河床中主坝，因有顺河断层穿过，而将地震提高一级设计外，其他永久建筑物均按七级设计，这样使工程量减少约 5%。

（2）降低建筑物的设计列级及结构强度要求：溢洪道首部溢洪堰按规范规定应列为一级建筑物，但考虑到溢洪道在枢纽中的重要性及其位置，除泄洪能力应满足一级建筑物的要求外，在结构强度上可以按二级建筑物设计。此外，考虑到混凝土副坝溢洪堰及溢洪道与土坝连接部分的挡土墙，均建筑在良好坚硬的基岩上，因此降低其抗滑稳定安全系数如下表。

建筑物规定抗滑稳定安全系数情况表（编者拟）

建 筑 物	规定抗滑稳定安全系数			
	按 规 范 规 定		目 前 采 用	
	正常运用情况	非常运用情况	正常运用情况	非常运用情况
混凝土副坝及溢洪堰 挡土墙	1.05—1.10 1.05—1.10	1.00—1.05 1.00—1.05	1.05—1.10 1.00	1.00

（3）合理地确定下游最高设计尾水位的标准：下游尾水水位对峡谷电站的布置影响甚为显著。在设计要点报告中，下游最高尾水位按 0.01% 频率洪水设计，因此在考虑用无压尾水隧洞方案时，洞高达 22 米，且为了保护地面厂房必须修建高达 7 米的挡水墙。在初设阶段，经过研究，认为下游尾水位按 0.01% 频率洪水设计标准过高，改按 1% 频率洪水位设计，并考虑溢洪道泄洪时，有降低电站下游水位的作用，这样就取消挡水墙，且使原无压尾水隧洞洞顶高程降低 7 米。

（4）改变规范中关于设计荷重组合的规定：按规范规定控制主坝稳定的荷重组合为非常洪水加设计地震的校核条件。像这种情况是非常稀少的，显然标准过高。因此，改为正常高水位遇设计地震，或正常高水位宣泄 20% 洪水时遇设计地震。由于这一变更使坝体工程量减少 10%—15%。

（5）修正对上游坝体应力的要求：混凝土重力坝设计时除由稳定要求控制外，尚受上游坝体应力的控制，按规范规定及国外一些大坝的设计标准，均规定迎水面坝基不允许出现拉应力。其实，只要基础处理妥善，混凝土本身是可以与坝基紧密结合而能承受一定的拉应力。因此，在刘家峡右岸混凝土副坝及溢洪堰等建筑物的设计中均规定在非常运用情况下迎水面坝基可允许出现 2—3 公斤/平方厘米的拉应力。这样使该部分坝体减少工程量约 3%。

（6）降低坝顶高程：按规范规定七坝坝顶高程应比非常洪水位高出 1 米。拦河坝共长 900 余米，大部分为混凝土重力坝，土坝仅长 200 米。为了降低造价，将坝顶高程降低与非常洪水位齐平，而在上游面筑低挡水墙，这样减少混凝土 10 000 方，碾压土 50 000 方计节约造价 35 万元。

（7）提高溢洪道单宽泄量：溢洪道单宽泄量由原设计 75 米³/秒提高到 110 米³/秒，又考虑到上游水库建成后洪水流量将要削减的因素，将溢洪陡槽的宽度由 85 米缩窄为 66 米，这样使土石方开挖减少 30 万方。此外，并拟对溢洪陡槽的岩石地基加以处理，取消底部的钢筋混凝土衬砌，又可减少混凝土及钢筋混凝土方 8 万—10 万方。

（三）在结构设计与施工方法上的改进

（1）采用钢板与钢筋混凝土联合承受水压的蜗壳设计：刘家峡水电站水轮机蜗壳按目前一般方法设计，则蜗壳钢钣需厚 6 厘米。这样不但钢钣制造困难，且钢钣滚压及焊接技术亦难以解决。经与厂家及有关研究单位讨论研究，决定采用蜗壳钢钣及其周围的钢筋混凝土联合承受水压，这样钢钣厚度即可减至

4 厘米以下,并可降低造价。

(2)采用掺块石混凝土:在重力坝的混凝土中考虑加 25％的大块石,混凝土自重就可由原设计的 2.4 吨/立方米提高至 2.5 吨/立方米。这样不但使坝体体积减少约 5％,而且减少了单位体积的水泥用量。

(3)用加固岩石的方法代替隧洞衬砌:为加快导流隧洞的开挖及提前合龙,采用基本不加衬砌的方案。根据现在地质资料,岩石不致形成侧压力,因此洞的边墙和底板可不予衬砌,仅做喷浆以满足水力要求,顶拱部分则采用锚筋加固石层的方法,代替顶拱衬砌。这样将使导流洞提前一二月打通,且能减少钢筋混凝土衬砌 15 000 方,计节约 60 万—70 万元。为加快导流隧洞施工进度,设计与施工单位曾共同研究,确定缩短导流隧洞的长度,减少隧洞开挖量。同时增加三个施工支洞,增加了六个开挖工作面,提前了开挖完成时间。

(4)加大主坝混凝土块每次浇捣的高度:为使主坝混凝土提前浇到初期发电水位所需要的高度,在刘家峡因受峡谷地形的限制,仅靠提高混凝土生产量并不能达到目的,而必须研究加大坝块每次浇捣高度。古田水电站工程正在进行一次浇捣高达 22 米的试验,并已得初步结果。拟根据试验成果再进一步研究在刘家峡施行。

(四)降低机电设备的造价

(1)进水口采用工作闸门代替快速闸门:根据国外水电站的运转经验水轮机导水翼失去控制的事故机会极少,并可采取措施防止发电机不正常运转,决定取消机组进水口的快速闸门及其油压起闭装置,而用一般的工作闸门代替。这样节省造价 100 万元。

(2)采用大型水轮发电机组:原设计要点报告中采用 8 台 12.5 万千瓦机组,经与厂家研究,采用 5 台 21 万千瓦的机组,有显著的优点。5 台机组将比 8 台机组减少土建费用 300 万—400 万元;在设备方面减少钢材 600 吨,金属加工工作量相应减少。有苏联布拉茨克电站设计资料作为借鉴,水输发电机组设计工作量亦可减少。

(3)简化电气主结构:在详细研究西北电力系统后,缩减电站输电线回路数,由原设计 6—8 回减为 4—6 回,并将双母线带旁母线结构图,简化为单元式输电线加均压母线结构,估计可减少 220 千伏遮断器 5 台,计节省 150 万元。

(4)采用大容量三相变压器:设计中改用三相 220 千伏 240 兆伏安变压器代替原设计中 80 兆伏安单相变压器。此外,又将 220 千伏遮断器由压缩空气式改为多油式。估计能节约 300 万元。

现在技术设计正在进行，对于上述技术措施中一些专门问题还须继续研究，争取有关研究与制造单位的协助并学习苏联先进经验，以便进一步贯彻党的多、快、好、省建设社会主义的总路线。

水利电力部北京勘测设计院

（资料来源：《水利与电力》1959 年第 1 期，第 33—36 页）

10. 刘家峡导流隧洞快速打通
（1959 年 11 月）

我国水利建设工程中目前最大的导流隧洞——刘家峡水电站工程导流隧洞，石方开挖工程已在 9 月 26 日全部完成。在截流以后，明年洪水期以前，暴烈的黄河就被逼进导流隧洞，腾出坝址一段河床，将在上面修筑大坝。在洪水期，洪水就将由导流隧洞和大坝底孔泄出。

这个导流隧洞工程浩大，它的直径是 15.2 米，长度是 784 米，成马蹄形状，在里面可以盖四层楼房，可以并行三列火车。全部工程的石方开挖量共计 19 万余方，能装满 19 万辆解放牌汽车。在施工的过程中，职工们以"让高山低头，令黄河让路！"的英雄气魄，战胜了重重困难，使这条巨大隧洞的开挖工程只用了十一个多月的时间，建设速度是"大跃进"的速度。

刘家峡水力发电工程局党委坚持政治挂帅，大搞群众运动，使全体职工一直保持旺盛的干劲。8 月初《人民日报》发表了关于《反右倾、鼓干劲》的社论以后，局党委立即组织职工进行深入地学习，并向全体职工发出"反右倾，鼓干劲，大战五十天，完成导流隧洞的开挖工程，向新中国十周年献礼"的号召。接着，一个轰轰烈烈的增产节约新高潮便形成了，生产水平直线上升。在施工的过程中，局党委还根据整个水利枢纽工程的建设计划，用缩短战线突击重点的方法，把人力、物力集中到导流隧洞工程中去，并给予全力保证。施工紧张的时候，党委书记、局长和各领导干部都到现场指挥部办公。

导流隧洞开挖工程完工，对将在 11 月份开始的截流工程是一个有力的保证。现在，刘家峡水力发电工程局正在积极准备截流。在堆石场上，已准备了 4 万余方截流用的块石，占计划用量的 80％ 以上。20 吨重和 15 吨重的四面体，已做了 200 多个。左岸下坝公路正在拓宽,即将参加截流的汽车可以并行通过。截流用的钢筋混凝土临时泄水道,已经屹立在导流隧洞上面的黄河中。

承建导流隧洞石方开挖工程的,是中央建筑工程部机械施工总公司石方工程公司第一石方大队。这个施工单位曾开凿过官厅水库的输水隧洞和丰沙铁路上的隧道。

健华

(资料来源:《黄河建设》1959 年第 11 期,第 61 页)

11. 刘家峡水利枢纽工程在元旦胜利截流
(1960 年 1 月)

根治黄河水害和开发黄河水利第一期规划中的巨大工程之一——刘家峡水利枢纽工程,已经战胜黄河天险,在今年元旦胜利截流。至此,这个大型水利枢纽工程的建设,就进入主体工程——大坝的基坑开挖和浇筑的新阶段。

从 1 日凌晨 2:50 分开始,建设刘家峡水利枢纽工程的 1 万多名职工,在截流总指挥部的号召下,土洋并举,左右开弓,以每小时 50 车次的速度,把大批石料倾斜倒入黄河,筑起戗堤,高速进占,英勇地同惊涛骇浪和锋利如刀的冰凌搏斗,先后在黄河身上抛投了几千立方米石料,把 60 米宽的河道逐步逼窄,最后使戗堤合龙。在 7 小时之内,迫使汹涌的黄河水全部进入导流隧洞下泄。

刘家峡水利枢纽的截流工程,根据黄河河床狭窄、基坑工作面小等自然条件,采用了开挖隧洞导流的方法,在枯水期一次把黄河拦腰截断,使全部流量由导流隧洞宣泄。导流隧洞在河的左岸,洞高宽各 14 米、长 683 米,足以宣泄这一段黄河枯水期最大流量的河水。从 1958 年 9 月底刘家峡水利枢纽动工兴建以来,工人们就集中力量开挖这个巨大的隧洞。在现代化施工机械设备较少的情况下,他们发挥了集体智慧和冲天的干劲,土洋并举,克服困难,高速前进,终于在一年零三个月的时间内(包括衬砌灌浆工程)凿好这个隧洞,为胜利截流开辟了道路。

1959 年黄河的枯水年,为截流提供了客观的有利条件;而党的总路线的贯彻执行,则是这次截流工程进行得异常顺利的最根本的保证。

(资料来源:《水利与电力》1960 年第 1 期,第 6 页)

12. 土法施工如何保证工程质量
（1960 年 3 月）

　　土法施工如何保证工程质量，这是很多人非常关心的问题。要弄清土法施工能不能保证工程质量这个问题，首先必须解决一个思想认识问题，即工程施工质量的好坏是由施工机械设备来决定，或是由参加施工的人来决定。这个问题正和战争的胜负是决定于武器装备或是决定于掌握武器的人的问题一样。在抗美援朝的战争中，我们志愿军的武器装备比起美帝国主义的武器装备那是要差得多的，但是战争的最后胜利仍然在我们中朝人民这一边，这是举世皆知的事实。水利建设施工是人们同大自然的斗争，工地就是战场，这个和自然斗争的胜负同样是决定于人，而不是决定于施工机械设备。今天，我们新中国的人民在党和毛主席的领导下，已经破除了迷信，解放了思想，并且具有敢想、敢说、敢干的共产主义风格，这对于我们今天的社会主义建设和今后的共产主义建设，就更加具备了战胜自然的无限优越的条件。

　　刘家峡水利枢纽工程是在党的"鼓足干劲，力争上游，多快好省"地建设社会主义总路线的光辉照耀下，及全国"大跃进"的形势下，于 1958 年 9 月 27 日正式开工的。当时，全国开工的基建项目很多，而国家现有的施工机械设备暂时还不能满足全国"大跃进"后的各个基建部门的需要，这是完全可以理解的。像黄河刘家峡这样大的水利建设工程在没有施工机械设备的情况下开工，在当时是大有人怀疑的。但是工程局党委在开工的同时，就及时正确地向全体职工提出了"土法先上马，方法多样化，土洋相结合，逐步机械化"的施工方针，大大地鼓舞了群众的干劲，增强了群众的信心。

　　开工以后，工程局党委就立即发动了群众，树立了自力更生、千方百计克服困难的思想，并且展开了优质高产的快速施工运动。事实有力地说明，土法施工是完至可以保证工程质量的。本文仅就导流隧洞的混凝土衬砌工程，如何以土法施工基本保证了工程质量的有关问题作一简要介绍。

　　刘家峡导流隧洞位于黄河左岸，开挖断面为 14 米宽、14 米高的马蹄形。衬砌以后的断面为 13 米宽、18.5 米高的马蹄形。在桩号 0+091.2 处设有一闸门井，井高 107 米，闸门孔高 13 米，宽 10 米。桩号 0+175.0 至 0+205.0 为将来水库蓄水时的永久堵塞段。隧洞沿线的岩石为石英云母片岩，石质坚硬，而且断层裂隙很多,通过隧洞的主要断层有 16 条,较大的裂隙有 29 条。为了缩短工期和节省建筑材料,隧洞不全部衬砌,只是将岩石不好的地段和进出口及闸门井前后的渐变段、闸墩段等各处用钢筋混凝土衬砌共 450 米。工程量为洞挖石方约 14 万立方米,明挖石方约 5 万立方米,钢筋混凝土衬砌约 2 万立方米。

导流隧洞于 1958 年 9 月 27 日正式用土法破土开工,到 1959 年 9 月 26 日全隧洞的开挖工作基本结束,在一年之内打通了目前国内第一个大直径隧洞。钢筋混凝土衬砌工作从 1959 年 2 月中旬开始到同年 11 月底止,其中 3 月和 5 月中旬到 6 月中旬基本上未进行洞内混凝土衬砌工程的施工,实际施工时间只有 8 个月,并且工程质量基本上是好的。这是党的社会主义建设总路线的胜利。

衬砌工程是随着开挖工作面的进展而进展的。隧洞顶拱部分扩大开挖到设计断面时,立即进行顶拱的衬砌,待下部扩大开挖后再衬砌边墙和底板。由于黄河在刘家峡峡谷地区非常狭窄,施工场地受到自然地形的限制,所以混凝土拌和系统,布设在离隧洞约 2 公里的黄河下游刘家峡村台地上。沙石料全用人工在附近四级台地上开采,利用自然地形将开采的砂卵石从山上溜放到刘家峡村台地上,经人工筛分后运至拌和机附近堆存利用。衬砌工程除混凝土用拌和机搅拌及 2 公里运输利用汽车外,其他全用人工操作。

工程局在保证工程质量方面所采取的几点措施是:

1. 坚持政治挂帅,加强党的领导。党的领导是一切工作取得胜利的根本保证。导流隧洞是刘家峡枢纽的重点工程。开工后不但施工机械设备少,而且施工技术力量也很薄弱。特别是技术工人非常缺乏。担任混凝土衬砌工程的是工程局土建局的衬砌队。这个队的主要力量是由黄河三门峡工程局房建分局调来的,另外配备了很多本地的民工。在工程开始阶段,绝大部分民工,对于隧洞衬砌工程是怎么一回事都搞不清,就连少部分干部对于混凝土衬砌工程同样也是不很明确的。加以当时建筑材料和施工设备均很困难,如何保证施工及如何保证工程质量,工程局党委特别重视,一方面加强了党的领导作用,一方面向全体职工开展了政治思想教育,并自始至终没有放松对全体职工的教育。同时,工程局党委提出“人人管生产,人人管生活,人人管质量安全”的口号。局各单位在具体工作中贯彻执行了党委的这一指示,这就在全体职工同志中为确保工程质量打下了很好的思想基础。

2. 大搞群众运动,解决具体问题。面对着这样一支施工队伍和艰巨的工程任务,材料设备的供应又很紧张,要保证工程的质量和进度是有不少困难的。但是党经常教导我们:千难万难,依靠群众就不难。这就给我们指出了解决困难的办法和正确的方向。施工过程中,土建团衬砌队坚决执行了党的这个指示,从而胜利地完成了任务。

土建团衬砌队的领导同志和技术干部不断地向工人同志们进行思想教育、技术交底和施工技术指导,解决具体问题。经常地发动工人群众以主人翁的态度高度自觉地贯彻执行旨在保证工程质量的一切施工技术措施。并学习了盐锅峡水电站工地的先进经验,把控制混凝土质量的有关规定,从沙石料开采、混凝土拌和、运输、浇注到振捣、养护以及清基凿毛、钢筋绑扎、电焊、木模制作等全部编成了通俗易懂的顺口溜,交给全体工人群众讨论并念熟,同时通过工地的广播向工人群众进行质量安全的宣传教育。这样,控制质量的有关施工操作方法就容易为全体工人同志所掌握。当工人群众掌握了控制工程质量的操作方法以后,就变成了保证工程质量的巨大力量。

3. 建立指挥部,领导深入施工现场,发现问题,随时解决。导流隧洞是截流以前的关键工程。为了确保截流能按预定的时间进行,工程局党委采取了领导集中、人力集中、物力集中、坚持政治挂帅、加强政治工作、集中精力打歼灭战的办法,很早就成立了导流隧洞指挥部,统一指挥领导隧洞的施工工作。在导流隧洞的整个施工过程中,工程局党委书记、局长、总工程师、技术处和有关单位的处长、科长等负责同志都是经常深入施工现场,参加具体的领导和指挥施工工作,及时抓住关键问题,及时给予解决。并且通过高度集中和灵活的调度指挥,及时地解决了施工当中互相协调和互相配合的有关问题。

4. 争取驻工地的设计代表组对施工工作的领导和施工质量的监督检查。设计人员对自己设计的工程建筑物,在施工上的质量要求比起施工人员来要了解得更为明确具体。同时,设计人员和施工人员由于具体工作不同、任务不同,在工程施工的质量问题上,比施工人员要看得更加敏锐一些,而有时设计人员对于施工当中的具体困难又没有施工人员体会得深。因此,设计人员和施工人员必须很好地结合起来,一方面施工人员要了解建筑物的设计意图,熟悉设计图纸和有关设计要求及规定;另一方面设计人员也要体谅施工人员在实际施工中的具体困难,理论联系实际,共同想办法,出主意克服困难,才能把工程建设得多快好省。

5. 建立质量检查机构,制订工程质量检查制度。为了确保工程质量,工程局在导流隧洞开工后不久,便成立了质量检查科,负责工程质量的监督检查,制订工程质量检查制度,经常和忽视工程质量的现象作斗争,并表扬重视工程质量的先进事迹。当质量检查科成立时,刘家峡工地内重点工程只有导流隧洞一项,因此在全局性的质量检查制度尚未制定以前,首先就拟订了导流隧洞混凝土衬砌工程质量检查制度(试行草案)和职责分工(暂行办法),送各有关单位征求意见,修改后报请局领导批准颁发执行。

1959年7月下旬,遵照局党委的指示,工程局又成立了导流隧洞混凝土衬砌工程质量检查组,日夜三班在施工现场值班检查(在这以前,因为质量检查科人力不够,在施工现场没有值班检查员,只是进行重点抽查,但土建团衬砌队有一专职质量检查员负责导流隧洞经常性的工程质量的监督检查)。这就更好加强了检查工作。

质量检查工作,既关系着设计工作又关系着施工工作,因此检查人员必须全面了解设计和施工,才能把工作做好。同时,工程的质量牵涉的工种复杂、面广,因此质量检查工作是比较复杂困难的。但是只要检查人员虚心诚恳,工作主动,经常和设计人员取得联系,发现质量事故时,耐心地和施工人员一起共同找出原因,共同想办法对质量事故加以补救,并且促使改进施工方法,力求避免类似的质量事故的再次出现,在党的领导下是完至可以把工作做好的。

6. 加强试验鉴定工作。钢筋混凝工程对于沙石骨料内的质量、级配和水及水泥质量的鉴定,混凝土配合比的选定等都必须通过试验鉴定工作来加以评定。此外,钢筋和电焊的抗拉强度是否符合设计要求,也必须通过试验鉴定才能知道。因此,试验鉴定工作在控制工程质量方面是非常重要的一项工作,不可忽视。刘家峡工地在开工后即成立了试验室,对于导流隧洞钢筋混凝土衬砌的质量控制起了一定的作用,今后还要继续加强这一方面的工作。

由于我们对于巨型水电站的建设目前还没有经验,特别是用土法施工建设巨型水电站的建设更是缺乏经验。因此,我们在施工的质量方面还有不够完善的地方。但是我们坚决相信在党的英明、正确领导下,在今后继续的施工工作中,将会不断地克服在我们开始摸索阶段中存在的个别缺点,胜利地大踏步前进。

孙怀骞

(资料来源:《人民黄河》1960年第3期,第73—74页)

13. 设计、施工、科研共同革命 多快好省地 建设刘家峡水电站(1965 年 11 月)

编者按：刘家峡水电站工地,在工程局党委的统一领导下,在设计革命运动的推动下,设计、施工、科研单位紧密团结,在多快好省地建设刘家峡水电站的总目标下,统一思想,统一行动,共同革命,大搞"三结合",大搞现场调查研究,大搞技术革命,在生产上收到了立竿见影的效果。他们的经验,值得所有的设计、施工单位学习。为此,本刊本期特将刘家峡工程局党委和北京勘测设计院党委的"设计、施工、科研共同革命,多快好省地建设刘家峡水电站"一文发表,请有关单位结合自己的情况加以研究,以推动设计、施工、科研革命的进一步深入开展,并希望刘家峡工地在已经取得的成绩的基础上,不断发扬革命精神,继续前进,继续提高,作出更大的成绩。

自从党中央和毛主席提出设计革命和水利电力部指示重点试行设计、施工、科研的现场统一领导以后,设计、科研单位立即下楼出院,到现场设计、搞科研,施工单位大力支持,密切协作,一齐行动。为了更好地贯彻中央和水利电力部的指示精神,我们提出了"设计、施工、科研共同革命"的战斗口号。半年多来,无论是设计、施工或者是科研,都出现了一片欣欣向荣的景象,获得了立竿见影的效果。据初步统计,由于共同革命,突出了政治,解放了思想,简化了施工,与设计、施工革命化以前的设计比较,可减少混凝土 22.9 万立方米、石方 23.8 万立方米、土方 18.8 万立方米,节省钢材 1 348 吨,减少占地面积 172 亩,为国家节约资金 1 147 万元。

由于开展设计、施工革命化,在人们的思想上和行动上出现了一个崭新的面貌,集中表现为"三紧三通"(团结紧、配合紧、工作抓得紧,彼此之间消息灵通、决定问题思想通、拟定措施行得通)、"三多三少"(深入实际的多了,搬教条、套"框框"的少了;精打细算的多了,贪大求洋的少了;整体观念多了,各顾各的现象少了)、"三准三省"(第一性资料摸得准,设计做得准,措施提得准;省时间、省人力、省投资)。

在"三紧三通"方面,通过设计、施工革命化,各方面的力量集中起来,在共同建设刘家峡工程的一致目标下,已经形成"团结紧、配合紧、工作抓得紧"的新局面。这个新局面的明显标志,是设计与施工之间,由相互依赖变成了相互促进,相互找借口变成了相互支持,相互埋怨变成了相互谅解。早在设计下现场之前,设计、施工相距千里之遥,尽管公文纷纷,仍然有打不清的"官司",扯不清的皮,要定下一个问题,总得来上几个回合。而现在,设计、施工双双跃进,彼此之间的工作情况和存在的问题,能够及时地相互了解;对存在的问题,双方经过协商和充分讨论,达到思想一致、认识一致,然后作出决定,拟订措施。这样的决定和措施,讲起来思想通,用起来行得通,从生产中反映出来的结果,体现了多快好省。

如果要了解那些技术上的重大改进是谁家的劳动成果,无论设计人员或施工人员都将只有一个回答:"一块儿干的。"的确是这样,许多重大的技术改进都是一块儿现场查勘、一块儿商量、一块儿拟方案、一块儿定方案。例如,右岸导流隧洞施工,重大的技术改进有 8 项,节省了混凝土 4 800 立方米、钢材 1 184 吨,减少石方开挖 5 000 立方米,节约投资 147.6 万元。可是,谁也说不清这些成果是应该记在施工的账上还是应该记在设计的账上。更可贵的是,在这个问题上大家都愿当"说不清",而不愿当"谁是谁非"的证明人。

在"三多三少"方面,下工地、到现场已形成风气,从实际出发解决问题,已成为行动的准则,丢掉"框框",跳出"本本"已成为群众的自觉要求,并已初步解脱了"框框""本本"的束缚,从而使设计、施工更加符合了工程实际,既保证了质量又节省了大量资金。例如,一级水泵房的冰压力计算,按外国"框框"是每平方米 19 吨,因而需作挡冰墙。但在施工过程中,同志们发现甘肃省永靖县古城有一座没有挡冰墙的抽水泵房,并已经过冰压力的考验。为了吸取经验,设计、施工同志七下永靖县水利局,终于取消了挡冰墙,经过去冬今春考验,毫无问题,从而节省了混凝土 400 立方米。

通过设计、施工革命化,广大设计、施工人员进一步树立了勤俭办企业的思想,处处精打细算,千方百计节约国家急需的钢材,尽量减少占用耕地,并按照确保主体、固本简末、把钱花在刀刃上的精神,尽量缩小了辅助企业的规模。例如综合加工厂经过 6 次反复研究布置,占地面积从 13.6 万平方米减至 6 万平方米,少占农田 110 亩。

通过设计、施工革命化,使一部分设计、施工人员进一步克服了埋头单干、拒闻毗邻,只管技术、不管经济和不顾整体、各显神通的做法,各个部门以至每个人的工作中,都能从多、快、好省的全面要求出发,照顾到"左邻右舍""前前后后"的实际联系。这样,不仅能做到锣鼓齐鸣,有条不紊,而且避免了重复和脱节现象,大大有利于生产。例如设计右岸隧洞出口闸门时,设计的同志主动了解出口铁路桥的布置后,发现有可能采用拱形闸门,于是来个"见异思迁",将原设计的平板闸门改为拱形闸门,并将设计水头进行了实事求是地分析,从而减少钢材35吨。

在"三准三省"方面,弄准第一性资料是根子,只有原始资料摸清了,才能做出准确的设计,也才能提出准确的措施。为了摸清原始资料,设计、施工人员根据不同时期的不同任务,带着问题有目的地进行实地踏勘。关于带着什么问题达到什么目的,一般来说,带着四个方面的问题,达到四个目的,即:带着技术与经济的矛盾,落实地质情况;带着进度与质量的矛盾,落实进度;带着这项工程与那项工程的矛盾,落实施工条件;带着主观与客观的矛盾,落实设计、施工意图。实践证明,通过"四带、四落实",就能够获得比较准确的原始资料,因而设计出来的成果能够反映客观现实,提出来的措施能够与实际条件对口,其结果必然是"三省",即省时间、省人力、省投资。例如主坝左岸削坡,根据原有的地质资料,要削去石方约10万立方米。单从技术上来看,多削一些,要求得到的新鲜岩石就有保证;但从经济上来看,多削一方就要多付出一方的人力、物力和资金。当时,无论设计或施工,谁都希望少削一点,就是没有把握。于是设计、施工和地质人员带着这个技术与经济的矛盾去到现场研究解决,地质人员挂起软梯,爬上悬崖陡壁,详尽地查清了地质构造,并进行了挤压破碎带的灌浆试验,再经设计、施工和地质三方面在现场反复研究,落实了地质情况和相应的处理措施,结果减少石方开挖5万立方米。由于落实了左岸边坡地质情况和左岸顺河断层F69的处理措施,重新考虑了摩擦系数,在保证大坝绝对安全的条件下,合理地缩小了坝体断面,从而减少混凝土约8万立方米。又如缆机右岸基础梁原认为基岩埋藏太深,因而将基础梁设计在黄土上。后来,设计的同志为了探明基岩,主动到那里去挖坑,查明了再深挖2—3米即到基岩面。因此,决定将基础梁放在基岩上,并将钢筋混凝土改为素混凝土,从而减少钢材、钢筋80吨。

更重要的是,我们所有的省都是落脚在"好"字的基础上,因为实践经验告诉我们,只有好中求省,才能真省;好中求快,才能真快。为了全面贯彻多、快、好省,无论设计或施工人员对于确保工程质量都给予了充分的重视。在具体工作中,以至于处理每一个技术问题的时候,都认真贯彻了"好"字当头、好中求快、好中求省的原则。例如右岸导流隧洞进出口削坡,虽然是控制右洞工期的关键,但没有因为抢进度而马虎过关。为了保证洞脸岩坡稳定,不遗后患,彻底、干净地清除了破碎岩石,不留尾巴,虽然较原设计增加劈坡石方达6 000余立方米,但重要的是确保了工程质量。又如左岸坝肩削坡,在开挖过程中,凡是发现了以往未被查明的裂隙,设计、施工和地质人员均抱着积极慎重的科学分析态度,常常一起在现场边查勘、边商议、边决定、边行动,将影响坝肩稳定的不利地质构造予以妥善处理。在共同保证坝体稳定的前提下,施工单位十分重视设计、地质提出的意见,多次修改作业计划,改变了以往强调施工进度、要求一次定案、按图施工的老做法。

通过设计、施工革命化,还酌情减少了图纸。我们本着"能免就免,能简就简,主体工程少减,辅助工程多减"的原则,对于附属厂房的图纸已经大为简化。例如综合加工厂图纸由计划 126 张减至 40 张,削掉 2/3;汽车修配厂施工图由 75 张减至 25 张,也削掉了 2/3;等等。减少了图纸,就腾出了时间深入实际,既有利于设计,又有利于生产。

设计、施工革命化之所以能够取得上述巨大成绩,最根本的原因是上级党委的正确领导。在具体工作中,我们有以下几点体会:

第一,高举毛泽东思想红旗,认真学习毛主席著作,是实现设计、施工革命化的根本所在。

我们深深地体会到,革命化思想就是毛泽东思想,要实现革命化就必须认真学习毛主席著作。而要学好毛主席著作,首先必须启发自觉,无论领导干部或一般干部都必须从改造思想、改进工作入手,为革命而学,在斗争中学,才能学得深,收到实效。我们采取的学习方法是:开办短期学习班,轮换脱产集体学习,坚持在职学习。同时,要求做到"三结合",即:正常学习、早晚自学和脱产学习相结合;自己阅读、集体学习和辅导相结合;一般号召与具体组织相结合。鉴于搞好学习的关键在于领导带头学,因此,局党委主要负责干部带领工作组在基层单位,解剖"麻雀",半日工作,半日学习,针对存在的问题选读毛主席著作。

通过学习毛主席著作,使广大职工进一步懂得为革命而工作的道理,从而鼓舞了革命干劲,坚定了事业心,加强了对革命负责的责任心,树立了吃大苦、耐大劳的思想。正因为有了先进的思想,才出现了单位与单位之间团结一致,密切合作;才出现了工作中的主动性、积极性;才出现了革命的战斗精神,敢于负责,敢于创造,敢于前进;才出现了生产上的技术改进,节节胜利。实践一再证明,巨大的成绩必定来源于艰苦的劳动,先进的行动必定来源于先进的思想,而先进的思想只能来自毛主席著作。

第二,设计、施工、科研共同革命,思想一致,步调一致,是做好工作、推动生产的基础。

我们所有的人员来自四面八方,但大家只有一个思想、一个目标,那就是共同革命,共同为胜利完成刘家峡工程而奋斗。由于思想一致,目标一致,因而也就能够团结一致,行动一致。各方面的力量之所以能够团结一致,也在于工作上相互支持,相互谅解。例如施工单位体谅到设计任务紧,于是提出:有图交图,没有正式图交草图,没有草图先到现场用手指一指,然后边施工,边出图。而设计的同志则深受感动,为了给施工创造良好的条件,即便是不睡觉也要把施工用图赶出来,尽早尽快地送到施工同志手里。描图或晒图的同志也是这样,接到图纸就描、就晒,流水作业,毫不耽搁。为了利用中午太阳光强的良好晒图时机,晒图同志还利用中午休息时间,把图纸晒出来。这种心情、这种表现在设计、施工革命化以前是听不见、看不到的。各方面的力量之所以能够团结一致,还在于生活上相互关心。设计、科研人员从城市来工地为施工服务,施工单位主动给予生活上的方便,一视同仁,不分你我。这样做,就能够有利于团结,有利于革命工作。

经验证明,只要设计、施工、科研团结一致,共同革命,一起革命,都站在革命之中,而不站在革命之外,对革命有利的事就多做、快做、早做、做好,对革命不利的事就坚决不做,共同对工程质量负责、对施工进度负责,我们的工作就能够立于不败之地。

第三,从生产需要出发,逐步健全企业的组织形式和管理体系,是巩固成果、继续前进的关键。

自从设计、施工革命化以来,通过贯彻全国设计会议和部党组的指示精神,我们从实践中逐步认识到,设计、施工、科研在一个工地上,在党的统一领导下,共同革命,大搞"三结合",是一种好的工作形式。采取这样的工作形式可以消除单位之间的界限,减少许多不必要的纠缠,从而使设计、施工、科研更好地统一认识,步调一致。为了巩固这种工作形式,并使之更好地为生产服务,必须有一套相适应的管理制度。从目前的情况来看,我们已建立的制度有:(1)每周一次的局长、总工程师联席会议制度;(2)设计会审制度;(3)专题专议制度,即对于一个时期的中心任务(如施工总进度、年计划、急待开工的关键工程项目等)或临时发生的重大问题,召开专门会议,由各方面的人员参加,共同研究;(4)定题研究制度,它是根据下一步生产需要解决的主要问题而拟定题目,由设计、施工科研各指派专人,组成临时小组,共同研究。但是,我们认为,这个制度还不够完善,也不很具体,有待今后逐步改进。

第四,开展科学试验,大搞技术革命,是实现设计、施工革命化的必由之路。

对一项工程来说,施工是否先进,集中地表现在是否采用先进的管理组织形式、先进的技术和先进的施工方法,在工程质量上和建设速度上是否赶上国内先进水平,达到国际水平。然而,一切先进的东西都不可能凭空实现,只能是来自科学实验和生产斗争。因此,要求我们一方面从生产实践中总结经验,大胆发明创造;另一方面既要反对脱离实际的老框框、洋教条,又要注重科学,吸取国内外的先进成果。

我们的队伍是一支与大自然作斗争的战斗部队,我们的使命是要变水害为水利,让它造福于人民。自然界的规律是客观存在的,要征服自然就不能采取主观臆断,而必须是以科学的态度去对待。科学的态度要求我们脚踏实地掌握自然规律,开展科学试验,为下一步工作创造条件。只有这样,才能坚定信心,作出决策,打好主动仗。例如为了在刘家峡大坝工程中浇筑高质量混凝土,拟引进先进水平的低流态混凝土,然而我们没有这方面的经验,于是在红柳沟小拱坝搞了个试验田,采用0—3厘米坍落度,从中获得了极为宝贵的经验和资料,使我们了解到浇筑低流态混凝土无论是在混凝土制造工艺上或者是在施工工艺上都是可能的,从而坚定了我们的信心。科学的态度还要求我们敢想、敢干、敢于革命,而决不是那种谨小慎微、不敢动弹、为科学所束缚的表现。实践证明,只有敢于革命,才能获得科学的成果。例如右岸导流隧洞钢模台车的设计,起初认为这样大跨度的钢模台车,书本上查不到,实际例子未见到,因而不敢动手。通过设计、施工革命化,解放了思想,做出了设计,制成了台车。经过实践考验,证明钢模台车是完全成功的,对于加速隧洞衬砌起到了一定的作用。

第五,实现设计、施工革命化,还必须发扬技术民主,坚持两个"三结合"。

设计、施工、科研三结合与领导人员、技术人员、工人群众三结合,两个"三结合"的本质都是贯彻群众路线,都是从组织上保证发扬技术民主。实践经验告诉我们,越是开展技术研究、技术讨论、技术交底,就越能够使拟订的技术措施符合实际情况,就越能够使执行这些技术措施具有更加广泛的群众基础,也就越能够见之于生产实效。任何技术上的尖端、施工中的难题,只要积极领导,相信群众,依靠群众,就能够无坚不摧,无攻不克,无往不胜。例如右岸副坝接头方案的选择,原来认为本地区是大孔性土,黏土含量仅10%左右,不宜于筑坝,因此拟采用混凝土坝方案。后来经过设计、施工、科研三结合,科学院派专人来到工地,共同到现场查勘,发现红柳台的黄土含黏土20%左右,很适宜筑坝,并经过反复研究讨论,最终落实采用一半混凝土坝,一半黄土坝方案,从而以当地材料代替了13万立方米混凝土,并减少开挖红砂岩7万立方米,节约资金约300万元。

自从开展设计、施工革命化以来，虽然取得了上述巨大成绩，但在我们的工作中仍然存在一些缺点和问题，主要的是：（一）两个"三结合"还做得不够，特别是技术交底做得不够，同时，有些技术人员的本本主义、个人主义仍未得到彻底克服；（二）有些工程项目的第一性资料掌握不够，以致战术抉择不准，造成被动；（三）少数辅助工程的规模大了一点，有些辅助工程布置的不尽合理。这些问题，都有待今后继续改进，为加速实现设计、施工革命化而努力，为胜利完成刘家峡工程建设而奋斗。

中共刘家峡水力发电工程局委员会、中共北京勘测设计院委员会

（资料来源：《水利水电技术》1965 年第 11 期，第 18—22 页）

14. 中共甘肃省刘家峡水库移民局委员会关于移民安置工作宣传要点（1966 年 3 月）

国际国内都是一派大好形势

目前，国际国内都是一派大好的革命形势。国际上，东风继续压倒西风。我们和全世界革命人民一起，对美帝国主义、现代修正主义和各国反动派进行了坚决的斗争，取得了伟大的胜利。帝国主义阵营四分五裂，它们的日子越来越不好过。帝国主义的头子美帝国主义越来越陷入全世界人民的重重包围之中，它在越南的罪恶的侵略战争，已经彻底失败。越南人民的反美爱国斗争形势很好，越南人民的抗美救国斗争取得了一个又一个的重大胜利。越南解放军，由小到大，由弱到强，现在已经成为一支强大的人民武装力量。越南解放区迅速扩大，建成一片，现在解放区已占越南面积的五分之四，人口 1 000 多万（越南人口共 1 400万）。越南北方人民，面对着美国的侵略，万众一心，同仇敌忾，努力生产，英勇战斗，保卫北方，解放南方，给了美国侵略者以沉重的打击。越南人民完全有力量打败美帝国主义，把侵略者赶出越南，取得保卫北方，解放南方，统一祖国的伟大胜利。现代修正主义也是四分五裂。赫鲁晓夫修正主义者的路线同我们的路线是根本对立的，他们背叛马克思列宁主义和无产阶级国际主义，把美帝国主义当作最亲密的朋友，梦想实现苏美合作主宰世界，千方百计地要出卖世界各国人民的革命利益。我们必须把反对赫鲁晓夫修正主义的斗争进行到底。赫鲁晓夫的垮台是修

正主义的大失败,是毛泽东思想的伟大胜利。中国的威望越来越高,中国的革命影响越来越大。我们的朋友遍于全世界,全世界人民的心都向往着北京。全世界各国人民反对美帝国主义及其走狗的伟大斗争,正以排山倒海之势向前发展。

国内方面,社会主义革命和社会主义建设是蓬勃发展、全面高涨的形势。由于城市和农村开展了社会主义教育运动,由于贯彻执行了党中央和毛主席一系列的方针政策,由于人民群众、广大党员和干部的积极努力,不论在政治战线上、经济战线上、思想文化战线和军事战线上,都出现了中华人民共和国成立以来从未有过的大好形势。农业生产有了极大发展,农村人民公社制度更加巩固,农田水利建设卓有成效。在农业战线上出现了大寨大队这面光辉的旗帜。全国农村大学大寨,出现了许大寨式的先进单位。工业生产有了新的发展,交通运输也取得了很大成绩。在工业交通战线上出现了大庆油田这面光辉旗帜。全国各地大学大庆,出现了许多大庆式的先进企业。随着工农业生产的发展,市场商品供应量不断增加,物价继续稳定,市场一片兴旺。几年来,我国财政收支平衡,对外贸易计划完成得很好。我国所有外债已经全部还清,已经成为世界上一个没有外债的国家。文化、教育、卫生、体育等事业都有很大成绩,特别是科学技术的研究工作有了突飞猛进的发展。两颗原子弹的爆炸成功,集中的表现了我国在争取赶上和超过世界先进科学技术水平的斗争中,大大地跃进了一步,也集中地显示了我国经济建设和国防建设的巨大成就。

我们临夏地区,同全国一样,无论在政治经济、思想文化战线方面,也是一片大好形势。国民经济已经全面好转,各族人民生活有所改善,民族团结进一步巩固和加强,广大干部和群众的阶级觉悟和社会主义觉悟大大提高,各族群众的生产积极性空前高涨,社会主义革命高潮和社会主义建设高潮,正在一浪高一浪地向前发展,到处呈现出一片欣欣向荣、生气蓬勃的革命气象。

刘家峡水电站具有建设战略后方的重大意义

我国宏伟的第三个五年计划,今年开始执行。整个国民经济进入了一个新的发展时期。胜利实现第三个五年计划,将为我国农业、工业、国防和科学技术的现代化打下更巩固的基础,为彻底粉碎美帝国主义的侵略提供更强大的物质保证。这是摆在全党和全国人民面前的光荣任务。甘肃,是祖国的战略后方,刘家峡水电站又是我国战略后方的重点建设工程。建设巩固的战略后方,是一个有关全局的问题,也是关系到世界革命的大问题。我们的国家建设,我们的第三个五年计划,要立足于战争,准备打仗,准备早打,准备大打,准备对付美帝国主义、现代修正主义、各国反动派的联合进攻。现在美帝国主义企图把侵略越南的战争扩大到整个印度支那,已把战火烧到我国的大门口。中国和越南是唇齿相依的邻居,中国人民和越南人民是情同手足的兄弟。美帝国主义对越南的侵略,就是对中国的侵略,支援越南人民抗美救国,是我们义不容辞的国际主义义务,是保卫中国革命和世界革命的正义斗争。因此,我们要集中一切力量,千方百计地、尽快地把战略后方建设搞好,把基础打牢固。刘家峡水电站的建成,不仅对保卫祖国加速社会主义建设有重大意义,而且对支援越南人民打败美帝侵略者和支援世界的革命斗争,具有极其深远的意义。

刘家峡水电站,是我国自己勘测、设计、施工的,也是世界上最大的水利电力工程之一。西北地区的工业建设,都等待着这个水电站的供电。水电站建成后,每年发出的电量相当于 1 700 多万个劳动工日,可以保证大中型工矿企业的生产,每天可以给国家多创造 30 万元的财富,从而大大加速了西北地区的工业建设,巩固了祖国的战略后方。水电站建成后,由于调剂和控制黄河水量,不仅可以减轻下游的洪水灾害,避免下游人民生命财产受到的威胁,而且可以保证黄河两岸每年干旱季节的农田用水,还可以使灌溉面积增加到 1 400 余万亩。这样,根治了黄河,变水害为水利,进一步促进了农业生产的发展。同时,可以使黄河下游 840 余公里的河道和上游的永靖、临洮、东乡、临夏等县及青海省之间,在非灌溉季节和非冰冻期间,有了通航条件,发展了西北地区的交通运输事业。

做好移民安置工作,以实际行动支援国家工业建设

刘家峡水电站,由于具有建设战略后方的重大意义,适应国际国内形势发展的要求,根据毛主席关于"备战、备荒、为人民"的指示,全国人民对它抱有很大希望,在人力、物力、财力方面,给予了大力支援,加速了工程进展,由原计划 1970 年蓄水发电,提前到 1967 年完成。为了保证刘家峡水电工程按时蓄水发电,库区居民要在蓄水前,分期分批进行迁移和安置,这是艰巨复杂的光荣任务,我们必须积极行动起来,共同做好移民安置工作,支援国家社会主义建设。

这次移民安置工作,是以生产为中心,边生产、边建设、边安置,本着有利于生产,有利于团结,有利于发展集体经济的原则,采取分散插队安置与集中安置相结合的方法,大体分四批进行。计划 1966 年 7 月前,将迁移徐马家、白塔寺、扎木池等地和高程相当于这些村庄的居民,大约有 6 000 人;1967 年春耕后,将

迁移姬家川、潘家寨、祁杨家、莲花城等地和高程相当于这些村庄的居民,大约有19 000人;1967年秋收后,将迁移魏家坡、康家湾等地和高程相当于这些村庄的居民,大约有4 000人;1968年7月前,将迁移汪胡家、果园魏家、苏孟家等地和高程相当于这些村庄的居民,大约有2 000人。这些居民迁到哪里去?我们计划除了一部分近迁在库区两岸外,大部分将安置在临夏市的北原地区,永靖县的西河、黑台、岘原、王台、杨塔、陈井等地,东乡县的河滩、喇嘛川等地。不论是分散插队安置,或者是集中安置,都要首先在安置区每户打一份庄窠,盖好房屋,然后再搬运物资,把集体的和个人的生产资料、生活资料,全部搬到安置的地方去。

这次迁移,不仅是村庄人口的迁移,也是整个生产的全面搬家,它会给库区居民带来暂时的困难和造成一些损失。如淹没一部分水浇地,要砍伐一些经济树和用材树,要拆掉一些水磨、油房,在搬运过程中不可避免地损失一些财产,程度不同地影响到当前生产。同时,淹没区大部是稳产、高产农田,也是经济作物的主要产区,群众生活比较富裕,把这些地区的居民迁移到一些干旱山原地区,有些水利建设暂时还赶不上去,粮食产量比较低,经济收入也比较少,加之到新的地区安家落户后,人地生疏,生活不习惯,因此,在生产、生活上会带来一些暂时困难。但是,要必须看到我们有许多充分的有利条件。第一,我们有党中央和毛主席的英明领导,有战无不胜的毛泽东思想,这是做好移民安置工作的根本保证。第二,国家在经济上给了大力扶持。为了帮助移民安置区尽快恢复和发展生产,在有条件的地区,计划分期整修、扩建和兴修拥宪渠、永乐东干渠、永乐西干渠、北原西二支干渠和北原上石家、岘原、黑台电灌及护田围堤等建设工程,这些工程完成后,可以扩大灌溉面积54 000多亩。同时,对房屋迁建、物资搬运、果树移植、修建水池、水窖、粮食加工工具及坟墓迁移等方面,国家都要给予适当的帮助。在迁移后生产没有恢复的两三年内,国家对困难户在口粮上给以适当的差额补助。第三,有人民公社制度的无比优越性,有巩固的集体经济,有强大的集体力量,只要我们统一组织和安排好劳动力,发挥人民公社的巨大威力,在移民安置中的一些具体困难,是完全可以克服的。第四,经过社会主义教育运动,广大干部和群众的阶级觉悟和社会主义觉悟大大提高,革命积极性和生产积极性大为高涨,这是做好移民安置工作的思想基础。第五,这次安置的地区,在全州来说,不论在气候、土质、水利等方面,都是比较好的,生产潜力很大,只要我们发扬革命精神,把这些地区精耕细作、高产稳产和发展多种经营的成功经验,带到安置区去,结合当地的实际情况,大力传播和推广,挖掘潜力,我们的生产和生活水平，一定会能很快赶上去的，而且有些地方，还会超过原来的水平。

为了完成支援国家工业建设的伟大光荣任务，在移民安置工作中，我们希望广大干部和社员做到下面几点：

1. 要正确认识和处理国家、集体、个人三者利益的关系。刘家峡水电站，是我国战略后方的重点建设工程，电站建成后，对加速西北地区的工业建设，进一步促进和支援农业生产的发展，打下巩固的基础。农业是国民经济的基础，目前我们的农业生产水平低，底子薄，粮食还没有过关。工业建设发达了，就可以给农业提供更多的农业机械、化肥、农药等生产资料，促进农业生产的发展和人民公社集体经济的进一步巩固。刘家峡水库虽然给我们带来一些暂时困难和造成某些损失，但它给我们国家、集体、个人会创造出更多的财富，换来更大的利益。俗话说得好，"大河有水小河满，大渠无水小渠干"。我们要认识到国家、集体、个人三者的利益是一致的，长远利益和眼前利益是一致的，因此，我们要从长远利益着眼，克服眼前的暂时困难。

2. 充分发挥大寨人的革命精神，奋发图强，艰苦创业，克服困难，重建家园。大寨是山西省昔阳县的一个沟道纵横，台田很少，年年缺粮的穷困偏僻山区，几年来在党的领导下，广大干部和社员，发挥了自力更生、艰苦创业的精神，一不听天由命，二不伸手向国家要钱，三不在困难面前退步，主要凭着两只手、一把镢头、两个臂膀、一条扁担，向各种困难进行不屈不挠的斗争，治山治水，改天换地，改变了贫困面貌，获得了稳产高产，年年丰收，成为我国农业战线上的一面旗帜。甘肃的火浇沟生产队，是一个极其干旱的山沟，只有 12 户、96 口人，他们发扬艰苦创业的精神，铺沙压田，铺一亩地要用 24 万斤沙，没有近代工具，全靠人背，终于在十条山沟，35 个山湾中修出了 317 亩新沙田，改变了年年缺吃短穿的贫困状态。1964 年平均每户生产万斤粮，收入千元钱，创造出了全国高水平的奇迹。山东省安丘县岐山公社的北新村大队，是下株梧水库的淹没村，1960 年迁移时，好地全部淹没，只剩下山岭薄地 870 亩，全村 136 户 617 人，每人只有一亩多地，在移民安置中，他们由于认识了修水库是为了社会主义建设的道理后，干部和群众树立了全局观念，以顽强的精神，大搞生产革命，艰苦创业四年，由穷变富。1960 年队里没有一分现金，粮食亩产只有 200 斤，口粮每人平均 300 斤。1964 年粮食亩产达 692 斤，集体分配口粮每人平均 558 斤、现金 96 元。四年来向国家出售余粮 54 万斤，肥猪 863 头，集体储备粮 17 万斤，公共积累 18 万元。现在是户户有余粮，家家存现款。我们这次移民安置地区的条件，要比这些地区好得多，只要我们发挥艰苦创业的精神,发挥人民公社的优越性,实干、苦干,我们的生产生活就能很快地赶上或超过原来的水平。

3. 各基层组织,要突出政治,认真贯彻群众路线和阶级路线。首先要组织党团员、基层干部、贫下中农和广大群众,认真学习毛主席著作,活学活用,以毛泽东思想解决移民安置工作中的具体问题。要开好党员会、团员会、贫下中农会和群众会,反复讨论国家工农业建设的伟大意义和移民安置工作的具体办法,提高思想,统一认识,充分发挥各种基层组织的作用。在工作中,要坚定地相信群众,依靠群众,遇事同群众商量,把群众的革命和建设的积极性,充分调动起来。要求各级干部和党团员,顾全局,识大体,消除个人的私心杂念,一定要当革命的促进派,起骨干带头作用,领导和带动群众,搞好移民安置工作。在移民安置的整个过程中,要抓住阶级斗争和两条道路的斗争,紧紧依靠贫下中农,团结中农,坚决走社会主义道路,防止资本主义势力的进攻;提高阶级觉悟和革命警惕性,防止地富反坏分子的造谣煽动和其他破坏活动。

4. 千方百计地发展农业,多打粮食,是移民安置工作中的一个关键问题。因此,要求库区的干部和群众,除了做好拆迁、建房、搬运物资外,要集中力量,抓好生产,争取多收粮食,节约备荒,做到有备无患。同时抓紧季节,进行青苗和经济林木的移植工作,以便增加社员的收入。要求安置区的干部和群众,应该认识到库区居民的迁移是支援国家社会主义建设而来的,安置好移民也是我们对国家社会主义建设的最大支援。因此,要采取积极欢迎的态度,热情接待,在人力、物力等方面,给予大力支援,在生产上、生活上给予更多的方便,充分发挥阶级友爱、团结互助的精神,帮助移民安家落户,搞好生产,共同建设社会主义的新农村。

中共甘肃省刘家峡水库移民局委员会印

1966 年 3 月

（资料来源：华东师范大学当代文献史料中心馆藏）

15. 国家水电部关于刘家峡水库区移民安置问题批示(1966 年 6 月 29 日)

甘肃省人委:

关于刘家峡水库库区移民安置问题,经中共中央西北局、甘肃省委和我部有关负责同志共同研究后,确定刘家峡水库淹没处理的投资为 2100 万元(包括 1960 年已经支出的移民费 292 万元及炳灵寺防护工程投资 100 万元在内);关于移民安置方案及迁移安置工作,由甘肃省具体研究并负责进行。以上意见,业经国家计委同意,请按照执行。

中华人民共和国水利电力部

1966 年 6 月 29 日

（资料来源：华东师范大学当代文献史料中心馆藏）

16. 甘肃省刘家峡水库移民局关于当前移民安置工作进展情况及今后意见的报告（1966 年 9 月 2 日）

省水库移民领导小组、临夏州人委：

8 月 23 日至 26 日,以 4 天时间,召开了有移民安置任务的县市移民委员会负责同志参加的第三次移民安置工作会议,着重汇报了移民安置和建房工作的进展情况,学习了毛主席著作,检查了工作中存在的问题,讨论研究了今后的工作。会议结束时,由刘长彦副州长作了指示。

（一）

大家一致认为,在省、州党政的正确领导下,由于县市党政重视,将移民工作列入议事日程,加强了领导,成立了移民安置委员会,设立了办公室,抽调了干部,进行了具体工作。大部分公社和大队,也组成了移民安置小组,指定负责干部,抓移民安置工作。

半年多来,在摸清库区淹没情况、调整行政区划、确定移民安置地区的基础上,做了大量的工作,取得了显著成绩。工作一入手,分别在迁移区和安置区,进行了大量的政治思想教育工作,大讲了刘家峡水电站的重大意义。同时,针对移民安置工作中存在的具体问题,各地认真组织基层干部和社员群众,反复学习了毛主席的《纪念白求恩》《为人民服务》《愚公移山》等著作。东乡县和临夏市,还分别召开了 400 多人参加的移民安置工作代表会议,带着问题,大学毛主席著作,大抓阶级斗争和两条道路斗争,会后,并及时传达贯彻了会议精神。移民安置工作,由于始终大力突出政治,高举毛泽东思想伟大红旗,大学毛主席著作,提高了广大基层干部和社员群众的阶级觉悟和社会主义觉悟,进一步认识到国家建设的伟大意义和国家、集体、个人三者利益的一致性。因此,迁移区的社员表示,要发扬大寨的革命精神,自力更生,奋发图强,克服困难,重建家园。安置区的很多社队,主动抽调劳力,帮助移民打庄窠、挖水窖等实际行动,积极支援移民安置工作……

移民安置工作,在宣传教育的同时,向干部群众公布了安置地区,组织群众进行了讨论,广泛征求了群众的意见,派代表到安置地点进行参观,基本上达到了绝大多数群众的满意。因此,移民安置对口工作,现已基本落实定案。全库区应迁居民 6 018 户 32 176 人,采取整队、插队、后靠三种形式,安置在六个县市。其中:安置在永靖县的杨塔、何堡、王台、红泉、三原、盐集、西河、川城、徐丁、康沟、王坪等 11 个公社的,有 1 531 户 7 824 人;安置在临夏市的安家坡、北原、先锋、桥寺、三角、蓬花、南原 7 个公社的有 2 462 户 13 231 人;安置在东乡县的河滩、河东、东原、考勒、董岭、唐汪 6 个公社的有 1 587 户 8 610 人;安置在临夏县的铺川、银川、安集 3 个公社的有 102 户 659 人;安置在康乐县的 5 户,景古、八松 3 个公社的有 331 户 1 816 人;临洮县红旗公社后靠的有 5 户 36 人。

移民建房工作,经过和干部群众充分讨论,对居民点、道路、坟墓区、树木移植等,进行了全面规划。目前,各地以生产队为单位,专门抽出一定数量的劳力,组成了 83 个建房专业队,已打庄窠 515 份、建房 227 间,运回建房木料 356 立方米,拥材 50 多万斤。永靖县已将计划调运的 2 000 立方米木料,从小陇山运至天水北道埠。有些地区,进行了挖水窖、修农路等建设工作。

(二)

通过学习毛主席著作,检查了工作中存在的问题。主要是:

一、对干部群众缺乏经常性的和更加深入细致的政治思想教育工作,特别是对迁移区社员的思想巩固工作做得不细。对基层组织的力量,还没有充分调动起来,缺乏群众路线和阶级路线的工作方法。因此,个别队的安置地点,没有及时定案,有些队虽然已确定了安置地点,但还有动摇情绪。移民安置工作,还未形成基层干部和社员群众的自觉行动。

二、在移民安置工作中,没有认真贯彻勤俭建国,勤俭办企业,勤俭办一切事业的方针,有单纯依赖国家的思想。对教育启发基层干部和社员群众,发扬大寨人的革命精神,自力更生,奋发图强的思想教育工作做得不够,个别社队形成事事处处,伸手向国家要钱要物的依赖思想,影响了移民安置工作。

三、移民建房工作,进展缓慢。全库区共需移民庄寨 6 018 份,目前仅完成8.5%,建房 227 间,完成 0.4%。主要原因是,由于移民的安置地点没有及时定下来,有的已种上庄稼,影响了建房进度。同时有的地方对移民建房工作抓得不紧,大部分精力用于承建公房方面,放松了对移民建房的组织领导。对组织起来的建房专业队,没有作出定时间、定质量、定任务的全面要求,缺乏具体检查。对缺乏劳动力的队,没有及时帮助计划安排,或动员安置区的劳力去帮助解决。因此,建房进展远远赶不上迁移工作的要求,势必形成前松后紧。

四、木料调运工作,赶不上建房需要,影响进展。在调运中,有的地方组织领导薄弱,管理制度松弛,因而,发生短缺现象,造成损失。

五、有些对移民建房经费,管理不严,已发现个别生产队,将预拨建房经费,没有真正用于建房需要,购买了灶具、煤炭等东西。更严重的是永靖县移委,用移民经费开支国家干部的工资及医药费等问题,没有得到及时纠正。

(三)

根据当前工作进展情况和存在的问题,经过会议讨论,大家认为,今后应紧密结合农田基本建设为中心的生产工作,集中力量以移民建房为重点,主要抓好以下几项工作:

一、安置地点不再变动。已落实定案的队,要加强思想巩固工作。尚有动摇情绪的,要做艰苦细致的政治思想教育工作,特别要做通基层干部的思想,尽快转向建房工作。

二、集中主要力量,狠抓移民建房工作。除目前必须将 1 662 米以下的 72户 399 人(东乡 2 户 12 人、永靖 70 户 387 人)立即全部迁出外,要抓紧迁移东乡的他家河滩、扎马池、红崖等三个大队的库区居民,以免受到影响。今年计划要保证全部完成打庄寨的任务,移民建房要完成 50%,即 26 945 间。其中:永靖县要完成 6 881 间,东乡县 7 373 间,临夏市 10 581 间,康乐县 1 548 间,临夏县 556间。为了完成和争取超额完成上述任务,必须:

1. 集中主要力量,狠抓移民建房,把移民建房放在首要地位。对学校、公社、商店等公房的修建,由各单位做出计划,经移委审批后,由各单位自行负责承建。

2. 必须抓紧夏收后、秋收前和秋收后、封冻前的农闲季节,在不影响生产的原则下,除固定的建房专业队外,应从迁移区和安置区,尽可能地抽出更多劳力,投入移民建房,进行奖励,保证完成和争取超额完成建房计划。

3. 移民建房,由生产队承建,严格验收制度,保证建房质量。在方法上,各地应在每人平均 1.5 间的范围内,以生产队为单位,组成有干部、贫下中农参加的建房评议验收小组,按实际需要数,做出计划,再经民主讨论,由移委会审核批准,生产队包干承建。在建房中,必须要一视同仁,严防徇私舞弊,采取定期或不定期的检查,加强验收制度,发现问题,及时纠正,保证建房质量。建房经费,根据指标,进行包干,不得超过,采取修建一批,验收一批,支付一批,作为生产队的副业收入,参加社员分配。

4. 对安置在康乐地区的移民,由于路程远,打庄窠建房,确有具体困难,可由移民区派去技术社员参加,由安置区的生产队组织劳力帮助承建。

5. 加强木料调运,保证建房需要。各地对木料调运问题,要做认真研究,抽出得力干部,加强组织领导,加速调运,加强管理,建立健全交接验收制度,防止舞弊、短缺、丢失等现象发生。对移民建房缺料的添补,要贯彻先用个人的、后用集体的、再用国家的原则。淹没区的成材树,无论个人和集体的,必须提前砍伐,保证用到建房需要上去,通过价格关系,属于个人的归个人收入,属于集体的归集体收入。

三、库盘清理。房屋、坟墓的迁移和树木的砍伐,必须由迁出生产队负责,迁移、砍伐一批,清理一批,做到随迁随清。同时,各地应根据具体情况,抓紧季节移植幼树(库盘清理办法,参照北京设计院刘家峡设代组印发的具体要求执行)。

四、加强建房经费的管理,保证专款专用。各地根据建房的实际需要,可以预付一部分建房备料等必要的费用。建成一批,验收一批,结算一批,要严防乱支乱用,以免影响建房和生产队的副业收入,减少社员分配。修建公房的经费指标,行政与企业单位不能进行调剂,国家单位与社员建房不能调剂。但行政单位与行政单位之间、企业与企业之间、事业与事业之间、集体建房与社员建房,根据具体情况,经县移委批准后,可以调剂。对移民建房的经费指标,在深入调查的基础上,本着多缺多补、少缺少补、不缺不补的原则,可以一次安排到队。以上经费,由县市移委会统一掌握,调剂时报移民局备查。

五、做好安置区的土地调拨工作。各地对移民的土地划拨,要及早进行全面考虑,特别是对有些移民队,提出今年划给部分土地的问题,应根据移民的要求和实际情况,具体研究解决。

（四）

为了保证移民安置和建房工作任务，必须采取以下措施：

一、高举毛泽东思想伟大红旗，大力突出政治，是做好移民安置工作的根本保证，毛主席著作是一切工作的最高指示，是我们工作的行动指南。因此，必须要认真组织广大基层干部和社员群众，带着问题，认真学习毛主席著作，活学活用，用毛泽东思想解决移民安置和建房工作中存在着的具体问题。启发和教育干部群众，坚决贯彻勤俭建国、勤俭办企业、勤俭办一切事业的方针，充分发扬大寨人的革命精神，自力更生，奋发图强，搞好移民工作……在提高干部群众的思想认识和阶级觉悟的基础上，在迁移区和安置区，经过社员充分讨论，提出评比条件，普遍开展比、学、赶、帮、超的社会主义劳动竞赛，树红旗，立标兵，表扬先进，促进后进，保证移民安置和建房工作的顺利进行。

二、加强组织领导。移民安置工作，关系到国家、集体、个人三者利益，是一项极其复杂细微的工作。因此，各县市移民委员会，要经常深入移民安置区，检查督促，了解和掌握情况，及时发现问题，帮助解决。并要加强社队移民组织的具体领导，充分发扬基层组织的作用，大力发动群众，相信群众，坚决依靠贫下中农，搞好移民安置工作，使移民安置工作真正形成广大基层干部和社员群众的自觉行动。

三、加强请示汇报制度。为了及时了解和掌握情况，交流经验，发现和解决问题，各县市对移民安置和建房工作的进展情况，随时反映，取得联系。并要向当地党政组织定期进行汇报，以便得到及时指示。

甘肃省刘家峡水库移民局

1966 年 9 月 2 日

（资料来源：华东师范大学当代文献史料中心馆藏）

17. 关于刘家峡水库移民工作进展情况向国家计委、水电部的汇报（1966 年 11 月 7 日）

刘家峡水库移民工作在中央的正确领导和关怀下，依靠群众，高举毛泽东思想伟大红旗，经过广大干部和群众的积极努力，做了大量的工作。

为了加强移民工作的领导,真正安排好移民的生产和生活,我省成立了刘家峡移民局,并对有关移民与安置任务的县、市、公社、大队,配备了专职干部或指定专人负责,成立了移民安置工作机构。通过学习毛主席著作,大抓思想教育工作,提高了干部、群众的思想认识。妥善布置了各项有关移民工作任务,因而加快了进度。

目前,全库区应迁移民的安置地点,通过群众讨论、参观,已基本落实对口,分别安置在 6 个县市的 31 个公社。并在规划居住点、道路、坟墓区、树木移植等基础上,抽调劳动力,开始打庄寨和建房工作。截至 10 月底,组织了 2 200 多人参加的建房专业队,已打庄寨 3 400 多份,建房 1 000 多间。同时,为了安排好明年生产,争取多打粮食,经过各地讨论,对淹没区土地利用和安置区生产,也作了通盘安排。

为了尽快恢复和发展移民的生产,在移民安置地区确定兴修、扩建拥宪渠、北原西二支干渠和黑方台、尤岘原、上石、泄湖峡电站电灌等 6 项水利工程。从中央拨给的 2 000 万元移民经费投资中,安排水利工程投资 6 502 000 元,工程完成后,共可灌溉 87 000 余亩土地,安置移民 2 万多人。为了及时解决移民地区的生产、生活需要,这些水利工程,于今年 4 月以后,先后分别投入施工。目前泄湖峡电站电灌、北原西二支干渠和尤岘原电灌等工程的土石方已基本完成,其他工程进展也很迅速。共完成土石方 32 万多立方,使用劳动力 27 万多工日。

根据刘家峡水库明年 10 月蓄水的要求,即在明年八九月前,要迁出居民 4 950 户、26 591 人,任务繁重,时间紧迫。因此,我们还应进一步高举毛泽东思想伟大红旗,突出政治,大抓思想革命化工作,切实加强领导,统筹兼顾,全面安排。一手抓革命,一手抓生产,把工作赶上去,保证完成移民任务,使水库按期蓄水发电。

为了妥善安排好移民的生产与生活,要求安置区的各项水利工程,今冬明春必须全部完成,为明年生产创造条件。关于水利工程所需材料设备,省上曾向水电部请示,尚未获得解决。为了不影响工程进展,省上已预借钢材 380 吨、水泥 2 400 吨、木材 1 385 立方米,及解决建房木材 8 298 立方米。目前,缺乏三材及机电提水设备等物资,严重地影响工作进度。对所需物资,除省级有关单位在现有物资中,给予调剂外,尚缺电动机 30 台(不包括刘家峡水电工程局,已报的黑台、方台机电设备)、水泵 38 台、变压器 19 台、3 000 千瓦的水轮机 1 台、输电导线 25 吨、钢材 1 000 吨(包括移民安置地区兴修小型水利所需钢材)、水泥 4 000 吨、木材2 200立方米,请中央及时安排,给予解决,以保证移民安置地区的水利工程建设任务。

另外,库区移民的房屋拆迁和物资搬运量很大,路途又远,时间任务很紧迫,光靠库区和安置区人畜力车搬运,按时完不成任务。因此,除拨给1 980辆架子车外,并请求中央拨给汽车20辆,或由水电部通知刘家峡水电工程局安排汽车20辆,专门运输移民物资。

甘肃省刘家峡水库移民局

1966年11月7日

（资料来源：华东师范大学当代文献史料中心馆藏）

18. 临夏回族自治州抓革命促生产第一线指挥部批转刘家峡水库移民局《关于当前移民工作进展情况及今后意见》(1967年5月13日)

临夏市、永靖、东乡、临夏县抓革命促生产第一线指挥部:

刘家峡水库,是我国建设战略后方的重点工程,已确定今年10月1日蓄水。据当前进展情况看,任务还十分艰巨,且时间又很紧迫,务必引起我们足够重视,决不能等闲视之,切实加强具体领导,落实措施,责任到人,分工包干,一抓到底,千方百计完成移民任务,保证既定时间蓄水发电,丝毫不能动摇观望。

我们必须充分认识,移民过程中有错综复杂的思想斗争,要使群众思想问题得到解决,按期完成移民工作,这绝不是一件轻而易举的事情,不是开几次会,讲几次话就能解决问题,而是要进行一次广泛深入地发动群众和艰苦细致地政治思想教育工作,要高举毛泽东思想伟大红旗,突出无产阶级政治,以毛泽东思想统率移民工作,采取多种形式,召开大会、小会、个别发动,层层动员,组织他们活学活用毛主席著作,以毛泽东思想教育群众,认真解决活思想,提高政治觉悟;要教育群众识大体,顾大局,正确对待国家、集体、个人三者之间关系,个人利益要无条件地服从国家利益。

临夏回族自治州抓革命促生产第一线指挥部

1967年5月13日

（资料来源：华东师范大学当代文献史料中心馆藏）

19. 刘家峡水库区移民工作报告
(1967 年 9 月 13 日)

兰州军区党委:

刘家峡水库区移民工作正在紧张地进行。能否按时完成这一任务,是关系着今年能不能截流蓄水的问题。现在距离蓄水时间(10 月 20 日)只剩 30 多天了,各级领导干部都感到时间紧迫,任务艰巨,群众也有些着急,为此我们协同州县的领导同志到移民区作了重点的了解,现将情况报告如下。

国务院、中央军委批转水电部军管会关于刘家峡电站截流蓄水的报告未下达前,群众普遍认为今年不可能蓄水,不急于迁移,明年还准备在库区再种一年地,拆迁房屋不积极,安置区新建房子进展缓慢,究竟什么时候蓄水,抱着走一步看一步的态度。自国务院、中央军委的批示下达后,经过大力宣传动员,群众才知道真的要蓄水了,因而思想就紧张起来,觉得时间不多了,新房子还未盖好,夏粮还未打碾,秋收还长在地里,旧房又要拆除,东西家具又要搬运,感到劳力紧张,埋怨车辆少,不能按时迁完。又加黄河水位上几处渡口均停止摆渡,移民工作不能顺利进行。在这种情况下,各级干部又进一步向群众广泛地宣传了刘家峡水电站截流蓄水的重要意义,组织群众活学活用毛主席著作,使群众认识到,刘家峡水电站蓄水和提前发电是战无不胜的毛泽东思想的伟大胜利⋯⋯对于加速我国社会主义建设和促进工农业生产的发展都具有重要的作用。因而广大群众坚决保证,一定要听党的话,听毛主席的话,按时完成迁移任务,决不影响截流蓄水,决不辜负党和毛主席对我们的期望,做到个人利益、集体利益服从党的利益和国家的利益,在迁移过程中要发扬艰苦奋斗,自力更生的精神,团结互助,克服困难。由于黄河水不能摆渡,就组织群众用羊皮筏子摆渡,湟水渡口群众自动地抢修码头,因而移民工作进展速度加快了。

在群众发动起来以后,如何组织领导群众做好拆迁搬建就成为突出的问题,也是能不能按期完成移民任务的关键。为此,临夏回族自治州成立了移民领导小组,有移民任务的县也相应成立了移民领导小组,专抓移民工作,同时又抽调了一部分干部,深入社队帮助做好移民工作。为使移民任务能够按时或提前完成任务,经军区首长决定又从骑二师、临夏军分区抽调了十四名军队干部,组成四个工作组,分赴临夏市、东乡、永靖县,帮助地方抓好移民工作。

在移民工作中首先是发动群众，自己动手运用各种运输工具抢运。较近社队（后靠队）用马车、架子车等工具运输，原则上不使用汽车，较远的社队用汽车拉运。前一阶段由于汽车少，影响了移民的进度，群众一度产生埋怨情绪。

截流蓄水调度指挥部成立后，甘肃省第一线指挥部对移民工作很重视，积极主动地解决了移民中急需解决的一部分物资，安排了汽车运输，8月底在临夏召开了运输现场会议。最近又派人到刘家峡了解运输情况，先后由甘南、兰州等地抽调汽车110部正在突击抢运，如不能按时运完，还准备增加车辆。由于运输量大，我们确定汽车主要先拉房屋木料、粮食、家具、农具四种主要物资。群众的柴草树木暂时不运，以后视运力情况再定。同时还根据具体情况采取汽车、火车运输。

总之，经过这一阶段的努力，移民工作已经赶上去了，现在移民工作完成35%：最好的是东乡县（已完成40%），其次是临夏市（已完35%），较差的是永靖县（完成30%）。只要我们大力宣传动员群众，相信和依靠群众，工作方法、思想方法对头，按时完成移民任务是有可能的。如果工作做得好，还有提前完成的可能。

当前在移民工作中还存在以下几个问题，对这些问题现正在研究解决。

1. 移民工作的组织领导，在个别县仍较薄弱。如永靖县的领导一度无专人负责，某些社队领导也不够得力，为此我们和县武装部研究，从县上抽调1名科部长负责专抓移民工作，并且将军队抽调的14名干部重点分给永靖县8名，组成两个工作组帮助社队抓好移民工作，从而使永靖县的工作很快赶上去。

2. 运输车辆一度比较紊乱，装卸速度慢，不能满装满载，浪费运力的现象较为严重。运输部门提出，在各县立即组成移民运输指挥领导小组，专管车辆调度，并要满装满载，多拉快跑，采取定点、定车、定任务的办法，集中力量打歼灭战。

3. 当前移民区的劳力十分紧张，不仅要做好拆迁建，又要做夏田打碾和秋收工作，任务极为繁重。因而合理安排劳力是一个重要的问题，发动群众"发扬勇敢战斗、不怕牺牲、不怕疲劳和连续作战（即在短期内不休息地接连打几仗）的作风"，用"只争朝夕"的革命精神完成拆迁任务。同时还必须发扬阶级友爱，团结互助，组织安置区的群众，支援移民区的群众，帮助解决劳力不足的困难。

当前移民安置工作的形势愈来愈好，但截流蓄水在即，时间短，任务重。毛主席教导我们说："要'抓紧'。就是说，党委对主要工作不但一定要抓，而且一定要抓紧。"所以我们有决心，有信心，高举起毛泽东思想伟大红旗，大力突出政治，进一步加强政治思想,保证按时或提前完成移民任务。

兰州军区刘家峡截流蓄水调度指挥部

1967 年 9 月 13 日

（资料来源：华东师范大学当代文献史料中心馆藏）

20. 临夏市移民委员会关于 1968 年刘家峡水库移民安置工作总结报告(1969 年 1 月 5 日)

临夏市革命委员会,政治部、生产指挥部,并州移民局革命领导小组:

伟大的毛泽东思想如灿烂阳光,普照着刘家峡水电站整个水库和移民安置地区。一年来,我市移民迁移和安置工作,在伟大领袖毛主席的指引下,在市革命委员会的正确领导和中国人民解放军的大力支持和帮助下,在省州市领导同志的亲切关怀与各部门的积极配合以及移民局革命领导小组的具体指导下,高举毛泽东思想的伟大红旗,在 1967 年工作的基础上,充分发动和依靠迁安地区的广大贫下中农和革命群众、基层干部,对伟大领袖毛主席怀着深厚的无产阶级感情,怀着对伟大领袖毛主席无限热爱、无限忠诚的激情,做了大量的工作,基本上完成了迁移和复迁安置任务。这是毛泽东思想的伟大胜利。

在工作中,我们深刻地认识到刘家峡水电站是祖国战略后方的工程之一,水库移民搬迁安置工作是一项建设社会主义具有伟大政治意义的工作,亦是一项政策性、群众性较强的工作。在具体工作中,我们通过边学习、边工作的办法取得了一定的成绩,但从党和人民对我们的要求来看,由于对毛主席的光辉著作活学活用的不够好,因而工作中有很多错误,这是值得今后扫尾工作中遵照毛主席的伟大教导,纠正和改正的。现就一年来的工作简要情况作如下的报告:

工作基本情况

全市从库区何堡、莲花、桥寺、先锋等 4 个人民公社、17 个生产大队、88 个生产队中已搬迁安置的移民共 2 749 户 14 768 人,包括城镇居民 12 户 54 人。除了本人意见与外地联系后分散安置在新江、永登、永靖、东乡、临夏县等地的 24 户 93 人,在莲花公社就地后靠安置的 629 户 3 288 人,占安置总人数的 22.93％外,尽安置在北原地区 6 个公社的有 2 076 户 11 270 人,占总人数的 77.07％,其中:

先锋公社 740 户 3 907 人、桥专 364 户 1 995 人、三角 312 户 1 735 人、北原 424 户 72 298 人、安家坡 166 户 957 人、南原 80 户 466 人。

伟大领袖毛主席关于群众生产、群众利益、群众经验、群众情绪的指示,这些都是领导干部们应时刻注意的教导。为更好地完成移民安置工作,我们遵照市革命委员会的指示精神,从 8 月份开始至 10 月底,历时 3 个月的时间,对莲花后靠中需要重新迁移安置的 219 户 1 170 人和何堡公社黄李大队三个生产队,在大搬迁中自行后靠在清水线上的 15 户 84 人,做了细致的动员、搬迁和安置工作。为移民建修房屋的需要,从兰州、甘南、康乐、和政、临洮等地以陆水两运的办法调来各类木料 6 204.589 8 立方,其中:松木 3 487.120 9 立方、杨木 1 954.406 4 立方、桦木 763.062 5 立方,至年底拨给移民建房木料 4 450.074 8 立方;调来巴条 5 802 816 斤,已拨用巴条 4 140 668 斤,并从各社队价购麦草 830 000 斤,从而保证了移民建房的需要,亦加快了安置工作的进展。

全库区拆后应建房屋共有 23 371.5 间,其中:商店、学校、公社、银行、邮电等 13 个单位的公房 835 间,占应建房屋总数的 3.57%,生产队集体房屋 1 924 间,占应建总数的 8.23%,移民住房 20 612.5 间,占应建总数的 88.2%,至 12 月底经过检查验收已建好房屋 25 067 间,不但按时完成了建房任务,而且超建集体房屋 53 间、移民自理超建房屋 1 642.5 间半,每间房屋平均由国家补助木料为 0.198 立方、巴条 183 斤、麦草 40 斤,现在移民每人平均有房屋 1.54 间。

在移民搬迁和安置工作的过程中,由于各部门、各人民公社革委会对这一工作的重视,革命职工和安置区的广大革命群众,对伟大领袖毛主席怀着无限热爱、无限忠诚,对社会主义事业怀着无比的关怀的心情,发扬了阶级友爱的精神,为移民打庄窠建房的需要自愿让出青苗地 211.4 亩,并帮助打庄窠 2 971 份,为建修房屋打土基 834 万块,为搬迁修通汽车便道 12 条达 18 公里,整修道路 16 条,架桥 6 座;为解决人畜吃水问题,已挖水井 425 眼、涝池 66 个,并帮助移民拆房装运物资以及秋收打碾各地社队支援劳力 1 485 人,共计劳动日 28 893 个。在大搬迁和复迁工作中,除了调派汽车 281 辆共运房木家具粮食等物资 7 808 车次,计运量达 41 960 吨外,社队人力车和皮筏运输与转运物资运量就达 5 908 吨,占总运输量的 12.3%,并给移民修建了水磨 9 盘,解决了磨面问题,夏收后他们还给移民犁翻机耕好将要划拨的土地 17 472 亩,在安置工作中大大体现了人民公社的无比优越性。

搬迁工作结束后,用一月的时间,春耕前完成了土地丈量和划拨工作,使移民生产队按时顺利地投入了春耕生产。共给移民队划拨土地 25 433 亩,每人平均有水地 1.74 亩,在划地中各大队情况很不一致,虽经统一调整,但因条件限制尚有差别,最高的生产队每人有地 2.6 亩,个别比较差的队每人亦不低于 1.45 亩。为了切实帮助移民解决生产和生活方面的实际问题,两次供应化肥 580 吨、煤 747 吨、煤砖 15 000 块、调供木柴 364 000 斤。12 月份为了坚决贯彻落实临夏州革命委员会生产指挥部《关于移民工作汇报纪要》精神,重新组织人员,分赴各社队,对移民建房和过冬情况逐户进行了访问和检查,特别是对复迁移民建房中缺门少窗的贫下中农及其四属户帮助解决了实际问题。也抓紧了财务清理工作,以先清内后清外的办法,清理了办公室的财务账项和事物木料等的盘点工作,对移民队的财务清理工作,组织了毛泽东思想宣传队,在安家坡公社通过试点工作后,全面铺开了这一工作,发现纠正处理了很多实际问题,加强了和移民群众的联系,取得了成绩,截至目前已基本结束了莲花、南原、桥寺、安家坡等四个公社 36 个生产队,占应清生产队总数的 24.7% 的财务清理工作。

经过一年来的安置工作,除对整个移民政治上的关怀外,还达到了家家有新房住,解决了移民生产、生活等一切具体问题,从而安定了移民情绪,移民生产干劲足。细致的安置,体现了党和毛主席对移民的无微不至的关怀,广大移民群众深受感动的一次又一次地高呼:祝福全世界革命人民的伟大导师毛主席!一遍又一遍地敬祝我们心中最红最红的红太阳、最最敬爱的毛主席万寿无疆!万寿无疆!万寿无疆!周罗大队第五生产队 73 岁的木工五保老人周继福感激地连夜亲手制作了毛主席相框,把兰州军区慰问时赠送给他家的毛主席相,装好后,热泪盈眶地对着毛主席说:"毛主席呀!毛主席!不是您老人家对我们穷人的关怀,我这无儿无女的人,哪有今天这样的幸福,哪有这样好的新房子住,我要学习您老人家的光辉著作,要听您老人家的话,要参加力所能及的劳动生产,不吃闲饭,用社会主义建设作贡献的实际行动报答您老人家的恩情。"复迁安置在桥寺公社江家川大队的移民群众向社队和移委纷纷写送感谢信来表达党和毛主席对移民的无比关怀,莲城第二、三生产队的六户贫下中农在感谢信上激动地写道:"天大地大不如毛主席恩情大,河深海深不如毛主席的无产阶级感情深,经过迁移和安置,我们家全人全,样样全,热锅热灶,新房新炕,这都是毛主席老人家给我们的幸福,我们蘸完东海九江水,写完蓝天万里云,写不尽毛主席的恩情,这一切胜利归于毛主席,归于战无不胜的毛泽东思想,归于毛主席的无产阶级革命路线。"他们还表达了永远忠于毛主席,紧跟毛主席的伟大战略部署,为革命种一辈子田,建设新农村的决心。

工作方法和体会

大海航行靠舵手,干革命靠毛泽东思想

一、高举毛泽东思想伟大旗帜,突出无产阶级政治,活学活用毛主席著作,是做好移民迁移和安置工作的根本问题。因此,我们自始至终地大学狠用伟大领袖毛主席的光辉著作和一系列最新指示,大抓活思想教育,用毛泽东思想统帅整个移民安置工作,今年春在划拨土地,春耕生产工作中,我们分别深入库区和安置区有任务的社队以 1968 年"元旦社论"为宣传内容,采取各种形式利用各种场合,开展了宣传工作,大讲了社会主义建设的伟大成就和刘家峡水电站伟大政治意义。工作初期有很多移民,在划拨土地和复迁动员工作上顾虑重重,认识不够明确。有的认为来北原人生地不熟,怕划不来好地,产量不高,生活受到影响;有的认为北原地方好,就是缺乏烧柴,情绪不安。在复迁动员中,有的说去年迁了,今年又迁怕明年还要迁,库区群众思想紊乱,影响春耕生产;安置区亦认为越迁越多,怕土地不够用,影响生活,等等。由于这些主导思想对工作进展阻力很大,针对这些活思想,我们遵照伟大领袖毛主席的"要斗私批修""办学习班,是个好办法,很多问题可以在学习班得到解决"的伟大教导,大办了学习班。各种类型的毛泽东思想学习班,普及了整个迁安区的各个角落,从移办室到社队,从饲养院到家庭都成为斗私批修的战场,活学活用毛泽东思想的课堂,从老人到小孩、从青年妇女到老奶奶都成了学习班的学员,一年来共举办毛泽东思想学习班 449 期,参加人数达 7 963 人次。学习班以光辉的"老三篇"为主要教材,以毛主席的最新指示为指针,以斗私批修为纲,结合实际思想问题开展了讨论,经过新旧社会的对比和忆苦思甜的教育,提高了思想觉悟,解决了各种思想障碍,促进了思想革命化,在讨论中一致说,学了毛主席著作,心明眼亮了。莲花东庄第六生产队贫农社员何仁在斗私中说:"未来学习班前我顾虑多,认为去年刚搬完,今年又要搬,刘家峡水电站的工程与我们庄稼人有什么关系,产生不愿意搬的念头。经过学习我才明白了,这种做法是对毛主席老人家不忠的表现,旧社会我无一分土地和一间房子,受尽了苦还吃不饱肚子,新中国成立了,毛主席给我们分了地和房子,迁移中照顾又这样的周到,我们贫下中农不听党和毛主席的话再叫谁去听呢?"他当场表示党指向哪里我就到哪里安家。通过大办学习班,提高了移民群众的阶级斗争的觉悟和两条路线的觉悟,也解决了很多实际问题,因而复迁移民安置工作进展很顺利。

二、(略)

三、加强政治思想教育,热情帮助移民队搞好农业生产,是做好移民安置工作的一项重要环节。大搬迁工作结束后,我们遵照毛主席"抓革命,促生产"的伟大教导,就把农业生产提到安置工作的重要部位来抓,一年来的实践证明取得了良好的效果,稳定了移民群众的情绪,巩固了安置工作。搬迁后的一段时期在移民中,进城、转亲戚、打篮球、养鸽子、玩扑克、晒太阳的多,积肥、留在家里的人少,参加会议学习的少,关心集体生产的少,安置区的社员反应很大。针对以上情况,逐队举办了毛泽东思想学习班,男女老少参加了学习,在学习班里反复学习了毛主席光辉著作"老三篇""反对自由主义"和"打倒无政府主义"的社论,以及大寨农业生产经验等文章,纠正和制止了自由主义现象,也帮助解决了生产上的实际问题,经过结合实际的讨论,提高了思想认识,树立了学大寨人、立大寨志、走大寨路、兴大寨风,一致表示以愚公移山的精神,从平田整地入手投入劳动生产,打响 1968 年春耕生产第一炮,据今年生产情况来看,在土地调槎不熟悉、肥料不足的情况下,与老住户生产队相比差距不大,收入比原来降低不多,有些移民队由于平整土地好,耕作细致,单产还超过了老社员队,先锋公社芦马大队移民未安置前共有 5 个生产队、154 户 815 人,现在连安置的 4 个移民队,共 9 个生产队、264 户 1 429 人,1968 年移民队生产单产超过了老社员队,移民 4 个队的平均单产 422 斤,最高的徐马二队 471 斤,最低的徐马五队 414 斤;平均口粮为 359 斤,最高的徐马二队 450 斤,最低的徐马四队 317 斤,而 5 个老社员队的平均单产 317 斤,最高的赵家生产队 413 斤,最低的芦家生产队 258 斤;平均口粮为 355 斤,最高的马西队 332 斤,最低的杜家生产队 281 斤。在元月份,移民队大搞了平整土地 738 亩后,带动了老队也平整了 678 亩,特别突出的是徐马二队以 8 个男劳力,以 10 个晚上的时间就平整土地 38 亩。为了交流经验,大队召开了现场会议,同时在该队举办了一期全大队干部参加的平整土地专题学习班,从而全大队掀起了平整土地的高潮,以一月时间平整土地 1 384 亩,移民在群众中博得了好评和爱戴,亦进一步加强了团结。

四、在工作过程中我们体会到,中国人民解放军的大力支持和具体帮助,是做好工作完成任务的根本保证。今年从库区划拨土地到复迁移民动员和搬迁,州移民局支左的中国人民解放军王志荣等同志和市武装部部长滑宏坤等同志,多次深入库区对复迁工作作了具体的部署和安排,狠抓了移民思想教育和动员工作,消除了群众思想顾虑,打开了局面。在搬迁紧张阶段和莲城五队阶级斗争表现尖锐激烈的紧要关头,州革委支左的贾政委,市革委徐昌林、滑宏坤等领导同志深入库区社队进行了检查和访问,根据存在的问题调派了汽车 30 辆,从枹罕、折桥调来了民工 140 余人,又从各单位抽调干部 8 人,加强了移民搬迁工作。滑宏坤同志根据移民的反映,向安置区的各社革委会亲自打电话,对安置工作方面,作了重要指示,提出了移民如何安全过冬和建房的要求……搬迁后中国人民解放军兰州军区后勤部长石进元、卫校校长陈平同志两次在市革委常委鲁协孟同志的陪同下,深入库区亲临现场进行了视察,又到安置区对复迁的 200 余户移民逐户进行了登门访问,对发现的问题和今后的工作,作了重要的指示。中国人民解放军的这一切革命精神,巨大的鼓舞了迁安区的广大贫下中农和革命群众,在访问中莲城五队的老贫农社员何衡仁老大爷感动地说,不是毛主席老人家的关怀,解放军对人民的爱戴,哪有今天的幸福。实践证明了伟大领袖毛主席关于"没有一个人民的军队,便没有人民的一切"的英明论断。

总之,我们在移民战线所取得的这一成绩,是毛泽东思想的伟大胜利……是奋战在移民战线上的广大贫下中农和革命群众,以及革命职工,高举毛泽东思想的伟大红旗,活学活用毛主席光辉著作,坚决执行和落实毛主席一系列最新指示的结果……是中国人民解放军大力支持和兰州军区省州市革命委员会正确领导的结果。

在具体工作中存在的问题和缺点错误是:

1. 在建房工作中我们对各队个别户的建房抓得不够紧,致使尚有 283.5 房屋(其中:社员房屋 206 间,集体房屋 77.5 间)没有建起来。

2. 在复迁中,在定点工作初期,与库区莲花公社革委会互相配合不够,决定安置在桥寺公社候段家大队的五户移民本人看了点,安置区社队已作了安排。结果库区公社不同意,不但使移民从莲花往返跑路大有意见,主要是影响了全盘定点工作。

3. 在迁移和安置工作中,政治思想动员工作不够深入细致,因而安置区的有些生产队对安置工作不够热情,对移民态度冷淡,甚至有个别队不接受已安排好的移民。北原公社松树大队的松树第四生产队用汽车拉去的物资不但拒绝下车安置,还对移民讽刺讥笑,致使移民将物资拉去公社寄放很多天。前石大队后石生产队不愿意安置军人家属,说什么军人家属无劳力,宁愿安置两户地富劳力。这种错误做法,给安置工作造成不良影响。

4. 在工作中与兄弟移委协作不够。莲城第三生产队的郭凤辉等四户移民申请回老庄,应由东乡县移委帮助安置。事前以文联系时我们将公文主送当地公社,而抄送了移委后,东乡移委对此有意见,因而刁难四户移民不予安置,致使移民为打庄窠建房从东乡到市移委往返跑了十余次之多,意见很多,甚至向视察库区的兰州军区负责同志挡车告状,影响不好。

5. 在木料外调工作中,由于责任性差,工作不细致造成了损失,从康乐莲花山调来三万八千余根的杨木椽子,以小量大,计算起来损失将近上百方。

根据客观存在的需要,摆在我们面前的工作还很多,今后我们更要高地举起毛泽东思想的伟大红旗,进一步开展活学活用毛泽东思想的伟大群众运动,认真学习党内两条路线斗争史,继续大办和办好各种类型的毛泽东思想学习班,认真搞好斗批改,促进思想革命化……紧跟毛主席的伟大战略部署,全面落实毛主席一系列最新指示,善始善终地搞好移民安置工作。

市移民委员会办公室

1969 年 1 月 5 日

（资料来源：华东师范大学当代文献史料中心馆藏）

21. 永靖县革命委员会生产指挥组移民组
关于刘家峡库区移民工作总结报告
（1969 年 8 月 4 日）

随着世界上著名的水力发电站——我国刘家峡水电站的兴建,对水库淹没区的群众进行了迁移、安置。这项工作……从 1965 年 8 月作准备工作开始到 1968 年底安置就绪,历□三年多的时间才完成的。按计划时间腾出了库区,为按时截流蓄水、发电创造了条件。这是战无不胜的毛泽东思想的伟大胜利……是中国人民解放军"三支""两军"工作的丰功伟绩,是库区广大贫下中农、革命干部、革命群众紧跟毛主席的伟大战略部署,落实毛主席一系列最新指示的结晶。

（一）

刘家峡水库淹没区,涉及我县的有三源、何堡两个公社的大部分地区,共 20 个大队、100 个生产队、2 648 户、13 777 人。淹没房屋 27 712 间、农田面积 40 126

亩、树木 133 515 株、水磨 29 盘、油场 4 座、天车 8 部、解放水 20 部,以及公路、桥梁、渠道、提灌设备等一些建筑设施。这些淹没区的群众,根据上级统一筹划,除原何堡公社的周罗、徐马、潘家、寨子、何堡等 5 个大队 26 个生产队迁到临夏市的北源外,其余 15 个大队、74 个生产队、1 780 户、9 460 人由我县负责安置。其中:安置本县范围内的有 1 762 户、9 386 人,安置点包括 11 个公社、34 个大队、100 个生产队。分公社说:盐锅峡公社安 519 户、2 755 人;西河公社 313 户、1 700 人;刘家峡公社安 47 户、257 人;三源公社安 773 户、4 028 人;杨塔公社安 70 户、376 人;王台公社安 9 户、50 人;红泉公社安 12 户、52 人;王坪公社安 13 户、71 人;新寺公社安 2 户、8 人;徐丁公社安 4 户、13 人;关山公社安 1 户、2 人;自行联系,迁往外省、外县□的 18 户、74 人(迁往青海省的 3 户、8 人;红古区的 7 户、25 人;东乡县的 4 户、20 人;临夏市的 3 户、21 人)的安置方式,根据具体条件采取了生产队集体和生产队拆散插队安置两种。集体安置的有 48 个生产队、1 108 户、5 724 人,占移民人口总数的 63.1%;分散插队安置的有 26 个生产队、646 户、3 545 人,占移民人口总数的 36.9%。

截至 1969 年 5 月统计,给移民打庄禾 1 723 份,占应打数的 100%;建成房屋 19 069 间(公房 120 间,集体房屋 1 541 间、社员房屋 17 408 间),占应建房屋(即 15 553 间,其中:公房 120 间、集体房屋 1 729 间、社员房屋 13 704 间)总数的 120%。从数量上看,社员房屋每人平均 1.9 间,集体房屋每人平均 0.17 间;质量普遍比原来的好:"墙顶梁的房屋不见了挑",房屋减少了,"出□"房屋增多了。特别是原来缺房少屋的贫下中农户,绝大多数补建了新房,改善了居住条件。修建人畜饮水池 4 个,打旱井 182 眼,挖土涝池 8 个,安装电磨、机磨、榨油机 12 台。基本上达到了妥善安置的要求。现在总的看来,移民思想情绪比较稳定,到处掀起了学大寨高潮,以自力更生、艰苦奋斗的精神改造和建设新的家园。

移民工作,大体经历四个阶段:

第一阶段,调查登记。由省、州县组成专门工作组,深入库区社队,在做好宣传教育思想政治工作的基础上,对水库淹没的基本情况做统计摸底工作,如:对户数、人口、房屋、土地、树木、坟墓、水磨、油场、天车、扬水站等进行了详细登记。

第二阶段,做好搬迁准备工作。包括:(一)选定安置点做安置区的调查摸底工作,如土地、产量、人口、生产条件,等等。根据这些条件分析后,初步选定安置点;组成移民代表去安置点亲自看,共同协商。最后对迁、安区的户数、人口进行了对口正式确定;(二)本着"抓革命,促生产",提前着手进行安置区的生产建设,动工兴修既定的三项水利工程(尤岘源、黑方台、拥宪渠);(三)本着以生产建设为中心,以建房为重点的原则,各迁移队以大队或生产队为单位组织生产和建房两套人马边生产,边打庄禾,边建房,为以后搬迁先准备好一定数量的住房。

第三阶段,搬迁和清库。决定在 1967 年 10 月截流蓄水的指示下达后,前两个月(即当年 8 月)进入紧张的搬迁阶段。一方面抓紧库区农作物收割、打碾,一方面抽出对半劳力突击搬家(拆房屋、集中物资、装卸车等),日夜连续奋斗 40 多天,赶截流蓄水之前已全面完成了库区的农活、全部物资的搬运任务。这个阶段工作量大,时间短,劳力少,顾不过来(虽然有外社来支援的民工),是最活跃、最紧张阶段。很多群众一天劳动在 15 小时以上,平均每天装卸、运出物资 400 吨以上。紧接着进行了库区清理工作,迁出库区任务至此基本完成。

第四阶段,大抓安置区的工作。主要是解决移民生活中的具体困难,组织生产建设。(一)狠抓建房,努力完成平均每人 1.5 间的建房任务,特别对定点较迟或原来行动迟缓,修建住房不足的户突击建房,临冬之前做到了家家有房住,有热炕、有锅灶、有门窗;(二)对缺乏燃料的队,除组织社员自行寻找外,还供应了一些煤炭,解决了移民燃料不足和越冬取暖问题;(三)抢修蓄水池,安装电磨,解决人畜饮水和加工面粉问题;(四)划分土地。本着当地群众、移民群众一视同仁的原则,按照便于耕作、便于领导、远近搭配、好坏搭配、水旱搭配的方法按人口进行了调剂和划分,并及时组织生产建设,开展积肥、冬灌等一系列冬季生产工作,为下半年农业生产作了必要的准备;(五)组织检查验收,落实各项政策和规定,并继续做好分散安置队的财产划分和并建账等一系列遗留问题的处理;(六)组织慰问活动。由兰州军区、省革委会、移民局以及县革委会向移民普遍做了一次慰问,赠送了毛主席像等,并进行了座谈访问,进一步做好思想巩固工作。

(二)

迁移,不仅仅是村庄、人口、房屋的迁移,也是整个生产的全面搬家。因为移是起点,安是归宿。如何做好迁移、安置工作,我们的基本做法和体会是:

一、高举毛泽东思想伟大红旗,突出无产阶级政治,活学活用毛主席著作,用毛泽东思想统帅移民工作

在整个移民工作中,自始至终高举毛泽东思想的伟大红旗,把活学活用毛主席著作摆在高于一切、大于一切、先于一切、重于一切的地位。

　　移民的迁移、安置，本身就是一场变革现实的斗争。从比较富饶的库区搬出去，有的地区条件差，加上习惯意识，人们的思想不能"风平浪静"，常常是有波动的，有各种各样的活思想反映出来。一开始，"故土难离"的思想比较普遍，离亲戚远了，不愿迁，更多的顾虑是怕迁出后受困难，挨肚子；甚至怀疑筑坝蓄水能不能成功。有的说："1960年把我们的树砍了，水库没有修成，这次还是修不成。"有的说，"即是水库修成了，也淹没不到我们的村庄"，表示不见水来不搬家。在安置上，不少的人说："为了建设社会主义，我们献出了好地方，国家为什么不把我们找个好地方安？"有的提出："打破了金饭碗，要一个银饭碗哩。"思想反复也大，一个时期通了，过一个时期又不通了；一个问题上通了，另一个问题上不通。譬如：对安置点一个时期工作作通了，后来又有坚决不去的。在搬迁问题上总是动摇不定：听到刘家峡工地因派性作怪，停工几天，有的队把建屋专业队抽回，停止建房；有的队又在库区翻犁土地，准备下半年生产。大坝水洞发生故障后，个别户重新搬到库区居住，还有不少人后悔迁的远了，怕搬不回来。各种想法对迁移工作带来了很大阻力。靠什么办法排除这种阻力的？是靠战无不胜的毛泽东思想。我们遵照伟大领袖毛主席教导："掌握思想教育，是团结全党进行伟大政治斗争的中心环节。如果这个任务不解决，党的一切政治任务是不能完成的。"自始至终狠抓了对移民群众的思想教育工作。

　　针对各个时期的各种活思想，我们除了移民局编发的《移民安置工作宣传要点》，向库区和安置区的广大社员反复宣传了刘家峡水电站具有建设战略后方的重大政治意义外，随时组织社员认真学习毛主席著作。做到了带着问题学，活学活用，学用结合。为了克服"私"字，便组织学习《纪念白求恩》，彻底领会"毫不利己，专门利人"的精神；为了克服局部利益，组织学习毛主席"统筹兼顾"和"顾全大局"的英明论述；在建房和运输任务繁重时，便组织学习《愚公移山》；基层干部不抓工作时，组织他们学习《为人民服务》。并根据伟大领袖毛主席关于"办学习班，是个好办法，很多问题可以在学习班得到解决"的教导，前后在大队、生产队办了三至五期毛泽东思想学习班，以"斗私、批修"为纲，大学"老三篇"，同时组织忆苦思甜活动。从而使广大社员逐渐提高了思想觉悟，解除了重重思想疑虑，克服了一切自私自利等错误想法，增强了搬迁的信心和决心。在忆苦思甜的回忆对比中，移民群众□深刻地认识到：白塔川（即库区）这个"金饭碗"是在党和毛主席英明领导下建成的；在新中国成立前，这里是有水浇不上，有地不长庄稼；绝大多数男劳力，一年四季出外做木工、当毡匠，一查是"人养地方"，过着吃不饱、穿不暖的生活。现在为了国家社会主义建设,把我们迁出去,党和毛主席也一定领导我们建设好新的家园。因而,更加热爱党,更加热爱毛主席。永平大队共产党员老贫农黄廷录,开始安置在康乐县时,第一个报名要去;后来又改到本县金泉大队,又带头搬迁。他深有体会地说:"我们尕黄家(原住地址)这多年打的粮食多,是党和毛主席给我们安装了抽水机。新中国成立前,我给地主拉长工、打短工,没有党和毛主席,在这里早就坐不住了。"他不仅自己带头搬迁,并在每次会上动员大家说:"我们应当相信党,党叫我们到哪里,我们就在什么地方安家,毛主席怎么说,我们就怎么做,听毛主席的话没错。"吴家大队老贫农王维仁老汉通过学习《纪念白求恩》,消除了私心杂念,树立了一心为公的思想,将他和其他5个社员私分的花果树款250元主动收回,全部交给了现安生产队。安置区金泉大队的队干部和社员,通过学习毛主席著作,增强了全局观点。他们说:"库区移民为了国家社会主义建设,搬出了自己的家院;移民的困难,就是我们的困难。"他们在百忙中抽出劳力帮助移民打庄窠、建房、拉运物资;当移民刚迁来时,看到移民缺蔬菜、缺燃料,就主动地给移民群众支援蔬菜10 500斤,麦草15 000斤。移民群众深受感动地说:"这都是毛主席他老人家教育的结果。"通过反复学习毛主席著作,通过忆苦思甜和回忆对比,广大移民和安置区社员,由怀疑到相信。由不愿搬到愿意搬迁,由不愿安置到接受安置,由为私转而为公,由强调局部利益到顾全大局,这些转变大大推动了移民迁、安工作的顺利进行。

二、(略)

三、大抓安置区的生产建设,大兴水利工程

伟大领袖毛主席教导我们:"群众生产,群众利益,群众经验,群众情绪,这些都是领导干部们应时刻注意的。"移民群众有个共同点,就是迁出库区后怕受困难,怕挨肚子,因此,有个共同要求是:能够安在"有苦头,有吃头"的地方,他们说:"不怕吃苦,只怕无处下苦,只要有水,再坏的地方,我们也能改造过来。"我们县,历来是干旱地区,摆在面前的任务,不仅是如何把近万人迁出去,而且要妥善地安置下来;关键在于帮助移民尽快恢复和发展生产。从盐锅峡库区移民安置中吸取了这个教训。我们遵照毛主席"我们应该深刻地注意群众生活的问题,从土地、劳动问题,到柴米油盐问题,……一切这些群众生活上的问题,都应该把它提到自己的议事日程上"的教导,迁移工作在准备阶段的选择和规划安置点工作中,根据各公社不同的地区条件,确定安置区每人占有的土地标准为:老水地1亩、新做水地2—2.5亩、原地4亩、山地5亩。同时对几个有条件发展水利的安置区,经过勘测设计,新修和扩建了 3 项水利工程(即尤岘源电灌、黑方台电灌、拥宪渠),经过二至三年兴修,现已基本竣工,共计灌溉面积 33 010 亩,目前已发挥效益的有 19 000 亩,库边后□安置的可驮、金光等大队今年安装柴油抽水机 3 处,利用库水□地 400 亩。由于在暂时不能上水的安置点,土地面积打的宽,能上水的都上了水,恢复和发展生产就有了基础,生活水平不至于大幅度下降。安在西河公社的移民,刚定点的时候都说这里是"石头滩(原来的沙地),坐不长久",拥宪渠修成后,那里的亩产普遍提高,特别是苞谷由原来的 300 斤左右,提高到现在的 500 多斤,有些操作好的达到 800—1 000 斤。现在移民们满意地说"没想到这里能长出这样的好庄稼"。黑方台上水后,虽然塌陷严重,但移民们蛮有信心地说:"我们一定能改造过来。"

四、认真贯彻自力更生的方针,勤俭办移民工作

移民从迁移到安置,到生产建设,是需要大量的人力、物力、财力的。是多花钱少办事,还是少花钱多办事? 是依靠外援,还是自力更生? 我们组织干部和群众反复学习了伟大领袖毛主席"勤俭办工厂,勤俭办商店,勤俭办一切国营事业和合作事业,勤俭办一切其他事业,什么事情都应当执行勤俭的原则"和"我们是主张自力更生的。我们希望有外援,但是我们不能依赖它,我们依靠自己的努力,依靠全体军民的创造力"等一系列教导,在提高思想觉悟的基础上,自始至终坚持了自力更生的方针,做到了少花钱多办事的要求。如移民的庄窠、房屋,绝大多数都是靠移民自己抽调劳力进行修建的;在建房木料的使用上,执行了先用个人的,后用集体的,再用国家的原则,原来树比较多的刘家、姬川、高白三个大队,只用国家木料 90 方,既给国家节约了木料,又减少了运输力和运费。在物资搬运上,长途运输由国家统一调配汽车解决,路途较近的由社队组织劳力拉运。移民共搬迁物资 25 840 吨,其中动员群众自己搬运的达 9 100 多吨,后靠近迁的刘家、姬川、高白、金光等大队,自运物资达 80％以上,既节省了经费开支,又按时完成了任务。

五、在移民工作的自始至终,必须健全组织机构,加强领导

移民工作开始以后,县以及迁、安的公社、大队、生产队,都成立了专门领导班子,加强了对移民工作的具体领导,做到了统一领导,分级负责。这些领导班子,绝大多数在整个移民迁、安工作中发挥了极大作用,能够高举毛泽东思想伟大红旗,加强调查研究,作好对移民的思想教育,保证了一系列方针政策的贯彻执行。特别在移民搬迁的紧张阶段,兰州军区成立了刘家峡水库截流蓄水调度

指挥部,一面抓工程建设,一面抓移民安置,并派出解放军,深入社队,大力宣传毛泽东思想,传达了国务院、中央军委关于刘家峡水库10月截流蓄水的批示,帮助解决了……一度停止搬迁的思想僵局和运输力不足等一切具体问题,使移民迁、安工作顺利而健康地向前推进,迅速而及时地完成了任务。这次搬迁中,我们深深体会到:哪里的领导坚强,干部得力,并且一抓到底,哪里的工作就做得好;反之,没有专人负责,随时换班,哪里的工作就被动,就出问题。

六、对几个具体问题的体会。

1. 对移民的安置,是分散插队好,还是集中整队安置好?实践证明:凡是集中整队安置的,队干一抓到底,社员思想一致,迁安工作比顺利,集体财产也管理的好。分散插队的,在工作上麻烦多,如集体财产划分中,互相争论不息;搬迁中只顾自己,不顾别人,安置后闹不团结。因此,我们认为:在条件许可的情况下对□移民的安置采取集中整队安置比分散插队好。

2. 分散安置队的财产,必须在搬迁之前划分清楚,并要列出清单移交给□安置队,以免私分和贪污。由于我们对这项工作抓得迟了些,有的队形成了混乱。

3. 移民迁出后,工作转移到生产、生活方面来,要及时研究解决移民烧柴、磨面、吃水等问题,进一步做好思想巩固工作。

4. 库区的调查摸底工作很重要,一切数据,必须精确统计,切忌粗估冒算。红庄弯大队的花果树在调查登记中,因按干部口报统计,冒报了株数,多领了树款,工作中造成了不少困难,影响不好。

5. 毛主席教导我们说:"胸中有数,这是说,对情况和问题一定要注意到他们的数量方面,要有基本的数量的分析。"移民搬迁、安置中,经费、物资、所用木料、建房数字等,我们执行的情况大体是:每人需家园建设费(包括集体房屋)119元,物资搬运每人72元;生活补助费(包括磨面工具、水窖、水池)每人13元;库盘清理费(包括花果树补偿、坟墓迁移费、民工支援工资等)每人74元;搬家损失补偿费(包括柴草损失)每人14元;简接费每人3元。以上平均每人329元。每户平均约有物资15吨左右;每人平均需木料0.28立方米;每人需住房平均1.7间(包括集体房每人平均0.2间)。

(三)

根据毛主席"一分为二"的观点看问题,我们在移民迁移、安置工作中虽然作出了一些成绩,但也存着许多缺点和问题,主要是:由于思想教育工作不深不细,调查研究差,在安置点问题上出现了反复,有的户打庄窠、建房后又坚决不去,另安了地点;还有永平五队、冯家岔原(原登计 36 户 203 人)库边后靠后因土地不足,产量不高,难以维持生活,又要复迁,造成了人力、财力的浪费;有的队私分集体的花果树款,削弱了集体经济;对财务管理抓得不够紧,个别地方出现了开支不当,以及贪污、浪费等不良现象(检查、验收工作中发现的,已作了纠正处理);已安置的队,生产、生活上还有不少困难,三源、黑、方台普遍缺乏燃料,特别是黑、方台,由于土地塌陷严重,水量不足,电费大,生产恢复不上去,移民口粮发生了困难。这些问题,有的虽已得到纠正,有些则需要继续去做;有些要求上级帮助解决,如黑、方台问题(已写专题报告)。

为了真正把移民安置好,必须继续高举毛泽东思想伟大红旗,突出无产阶级政治,要进一步发扬大寨人的革命精神,高举"九大"团结的旗帜,"抓革命,促生产",使移民在生产、生活上迅速赶上或超过原来水平,为建设社会主义而英勇奋斗!

永靖县革命委员会生产指挥组移民组

1969 年 8 月 4 日

(资料来源:华东师范大学当代文献史料中心馆藏)

三、三门峡水力发电工程

1. 三门峡水利枢纽工程决定 4 月 13 日正式
开工 千年水患要根除 浑浊黄水将变清
(1957 年 4 月 6 日)

全体职工久已渴望的开工日期已经中央批准,决定于 4 月 13 日正式开工。

开工消息传到各个工地后,全体职工莫不欢欣鼓舞,情绪异常高涨地进行着最后的施工准备工作,迎接开工。3 月 30 日成立了施工筹备委员会,工程局谢辉副局长担任筹委会主任,下设秘书股、行政股、组织股、宣传股和保卫股。开工时将举行隆重的开工典礼。

为了做好 1957 年度的基建计划和施工进度计划,调动全体职工的积极性,迎接开工,工程局党委从 3 月 28 日到 4 月 4 日召开了扩大会议进行了讨论。根据争取早拦洪、早发电的要求,会议本着"少花钱、多做工"的精神,对 1957 年度的国家投资作了合理安排。1957 年施工进度计划,要求集中力量进行主体工程第一期工程的大坝基础岩石开挖,并在 11 月堆筑围堰,以便 1958 年 3 月开始浇筑混凝土。围绕主体工程的铁路、公路、房屋建筑等工程相应进行。4 月 3 日工程局团委也召开了扩大会议。党委书记张海峰同志到会作了指示: 要求全体青年积极行动起来,迎接开工;号召大家勤学苦练、掌握技术,在三门峡工程建设中锻炼、提高,把自己的智慧和力量贡献给三峡水利枢纽工程建设。工程局团委书记睢仁寿同志在会上也作了报告,号召大家热爱三峡工程建设,打响开工的头一炮,争取做个优秀的水利建设者。

(资料来源:《三门峡报·第 1 期》第 1 版,1957 年 4 月 6 日)

2. 三门峡水利枢纽工程介绍
（1957 年 4 月 6 日）

三门峡水利枢纽工程是中国目前修建的第一个大型水利工程。它关系着黄河下游八千万人民生命财产的安全，也关系着改变黄河流域的面貌，对发展工业、农业和航运等社会主义建设起着积极作用。这个工程，实现了我国人民千百年来的理想。因此，具有巨大的政治意义和经济意义。

为什么要在三门峡修建水利枢纽工程

我们决定在三门峡修建水利枢纽工程是非常慎重的。从我们的勘查队第一次到三门峡起，至今已整整花了六年的时间了。在这六年当中，我们跑遍了黄河几千里的干流和支流，作了很多勘测和设计工作，最后才在黄河的流域规划中，肯定了在三门峡地区首先修建水利枢纽。这是因为三门峡有其特有的优点。第一，三门峡的岩石是一种极其坚硬良好的闪长斑岩，适宜建筑大型的水利枢纽。第二，位于黄河中游的下段，距黄河源约三千八百公里，距海口约一千公里，在这里修坝可以控制黄河流域 92％ 的面积和洪水。第三，三门峡以上有很大的水库库区可以利用，它具备了基本解决黄河水害和开发水利的库容要求。第四，三门峡周围有丰富的矿藏和新兴的工业城市，要求三门峡能送出大量的廉价电力。这样三门峡就成为一个修建大型水利枢纽的最理想的地方了。

当然，三门峡由于黄河的特点也有其特殊的困难。例如：泥沙量多，洪水枯水流量变化太大，水库淹没面积大，地震强烈等；由于地形所限在施工条件上也有工地狭窄、布置困难的缺点。这些缺点，在运转和施工当中，会给我们带来一定的困难，然而这些困难在苏联专家的帮助下，我们是完全可以克服的。

建设三门峡水利枢纽的重大意义

三门峡水利枢纽建成后，将给我们带来防洪、灌溉、发电和航运的巨大利益。

几千年来，黄河水灾威胁河南、山东、河北、皖北、苏北等五个省区的情况，将要根本免除。最大的洪水流量，将要由 35 000 米³/秒减到 6 000 米³/秒。三门峡水库不仅蓄水，而且拦沙，将来水库放出去的水，将基本上变成清水；这样，下游的河道就有希望刷深，根本改变河道高于两岸的情况，从而铲除黄河为害的祸根。

三门峡水库中的水,还要利用到农业上去,它可以灌溉山东、河南、河北等省的广大平原地区。在这些地区内,计划灌溉4 000万亩土地。在这些肥沃的土地上,会获得大量的增产。

三门峡水电站,每年可以发电60亿度。这样巨大而低廉的电力,就为开发三门峡周围的资源,发展三门峡周围的工业,提供了有利的条件。将来三门峡的周围,将形成一个新的工业基地,在祖国工业化的过程中,三门峡将贡献出巨大的力量。

三门峡放出的水,将使下游河道获得均匀而又丰富的水量,将使航运得到发展。在水库区内,大型船只也可直达陕西。将来三门峡以下的两个水利枢纽建成后,下至海口,上至西安,均可通航。这样,等于增加一条陇海铁路复线,对物资交流将起巨大作用。

三门峡水利枢纽的规模

三门峡水利枢纽工程,是我国水工建筑上一项空前巨大的工程。这样大的规模,在世界上是不多的。三门峡水库就是在三门峡河谷筑一高坝,拦住河水,使河水逐渐升高,最后在上游就形成了一个面积3 500平方公里、容水640亿立方米的人工内海——水库。

三门峡水利枢纽是由混凝土坝体和发电厂房组成的。

混凝土坝就是用混凝土筑成的。坝体共分两部分,一部分是挡水坝,它不允许河水从顶部漫溢,另一部分是泄水坝(在左岸侧)它准备泄放库内容纳不了的水。三门峡的坝,约有110米高、1公里长,将来要用290万立方米左右的混凝土才能堆起来,这个数是很大的。三门峡的泄水坝准备采用底孔泄水的办法,底孔就是在水库水面以下的坝体上,留有放水的孔洞。将来带有压力的水,通过十数个底孔向下游喷射时,将构成一幅非常美丽的壮观的图画,而闷雷一般的流水声,也将传播得很远。

我们在三门峡建造一座规模宏大的水力发电厂房,其装机容量为110万千瓦,这个厂房和坝连在一起,是用很多水管通过坝体将水库中的水引进厂房的。这些水管的直径达到8米,而发电厂房的高度,估计要到40米,这样大的建筑物是我们很难想象的。厂房中的水力发电设备,也是世界上少有的,需要特殊设计制造。

毫无疑问,这样高的坝体和这样大的厂房,必须建筑在非常坚硬的岩石上,常年被水冲刷和露在表面的岩石是不能满足这个要求的。因此坝体和厂房的基础,要挖得很深，最深的要挖 30 余米。三门峡总的岩石开挖量超过 200 万立方米。

三门峡水利枢纽的施工

为了修建这个巨大的水利枢纽，我们很早就开始了各项施工准备工作。因为三门峡工程采用高度机械化施工，因而它的准备工程和附属工程也就复杂得多。几年来，我们已做和准备做的工程，包括 15 公里的临时公路、30 公里的永久公路、约 15 公里的铁路，还有大批房屋和规模很大的附属企业。这些工程都将分别起着保证工程的顺利进行和水电站运转期间永久使用的作用。

我们知道，三门峡附近的地形、地质是复杂的，这就使工程也复杂化了。因为三门峡两岸没有宽阔的施工场地，这就得把施工场地发展到大安和会兴去，因而给工程管理带来一定的不便。由于工程需要，三门峡施工必须首先从左岸开始，而对外的交通线却全在右岸，因此必须首先解决两岸交通问题。在工程设计中拟定在下游修建一座钢桥作为两岸交通的工具。在钢桥没有架好之前，用载重 30 吨的渡船，担负两岸交通的任务。

三门峡整个工区的施工场地，分布在四个区域。主要的施工场地设在三门峡，工人宿舍设在大安村，住宅区和永久附属企业设在会兴镇，砂石开采场设在灵宝。会兴镇将配合三门峡水利枢纽的建设，发展成新的城市。因此，这些场地的建筑，一部分为永久性的。

三门峡水利枢纽的施工从今年开工，争取在六七年的时间内完成。为了使河水宣泄到下游，将河流劈为两股，分两次施工。第一期先在左岸泄水坝开始施工，河水从河的右侧下泄；然后再在右岸施工，使河水流过第一期预留之泄水道，待右岸坝体浇高以后，再将泄水道封堵，依次加高直至坝顶为止。

在施工当中，应保证基坑内部无水，因此，基坑要用围堰围起来，使水不能流入。为了争取全年施工，在汛期也不能使基坑淹没，这样就要求修筑围堵基坑的围堰。三门峡的围堰施工是艰巨的，工程量大，工期紧，水流急不易合龙。围堰是整个工程的关键，它必须和洪水赛跑，因此，在施工时只许成功，不许失败。

三门峡围堰最大高度达 50 多米，是用土石料做成的。土石料也是用自卸汽车运输。为了便于围堰的施工，在上下游均架有桥梁（上游是钢桥，下游是浮桥），以便通行汽车。当围堰合龙时，会造成很大的流速，为避免石块被水冲走，这时须抛重 5 吨到 10 吨的混凝土预制块体，这些块体的抛沉，也是要借助于大型的起重机械。

主体工程施工的主要内容

三门峡主体工程的施工,包括土石方开挖、混凝土浇筑、机械设备的安装三个主要内容。

土石方开挖工程,三门峡采用了推土机、铲运机、挖掘机、各种风钻和自卸卡车。爆破用的钻机钻孔最大钻深可达 35 米。我们采用爆破台阶高度达 10 米,炸松了的岩石用挖掘机来解除和装上汽车运到基坑以外去。三门峡使用的挖掘机,主要的是铲斗容量为 3 立方米到 4 立方米的,自卸卡车的载重量主要的是 10 吨的。使用这些机械进行土石方开挖,在中国水利工程中还是第一次。

三门峡的坝体和厂房,全部是混凝土的,因此混凝土的工程量很大,月浇筑量最大到 11 万立方米,日平均超过 4 000 立方米。为适应这样大的浇筑量,三门峡准备修建大型的混凝土制造厂,其中将有 12 台容量各为 2 400 升的混凝土搅拌机,日生产能力大约为 7 500 立方米。12 台搅拌机分为三组,分别组成三个全部自动化的拌和楼,楼高达 30 米。除此以外,尚有两组小拌和楼,是由 4 台容量各为 1 500 升的搅拌机组成。小拌和楼的高度也有 24 米,同样是全国自动化的。这两组小拌和楼拟首先安装,解决第一期工程需要。

为满足混凝土工厂所需要的原料,应保证供应每日 7 800 吨的沙石和 960 吨的水泥,这样大量的供料工作,也是不能用人工操作的。三门峡采用纵横相接的皮带运输机运送沙石料,而用风动螺旋泵输送水泥。风动螺旋泵,就是利用高压空气通过钢管吹送水泥的设备。这些沙石料和水泥,均是通过铁路由外地运来。

混凝土工厂制造出来的混凝土,盛入混凝土罐中,用柴油机车通过窄轨铁路,拖到坝侧的栈桥上,再用行驶在栈桥上的塔式起重机,将混凝土浇到基坑中去。塔式起重机的伸臂长度达 40 米,起重能力为 10 吨,起重机的全高有 40 多米。全部混凝土的浇筑需用 10 部塔式起重机来完成。

在浇筑混凝土的同时,要进行各种金属结构和设备的安装,也要进行模板和钢筋钢架的组立,这些机件和构件的运输,是靠横跨黄河的两架缆索起重机来担任的。缆索起重机起重能力为 20 吨,其两端支架间的距离达 850 米,支架高度达到 60 多米,相当于高 20 米的烟囱的三倍多,这样大的缆索起重机目前在世界上也是不多的。

三门峡在运输设备上,也是多种多样的。有标准轨的机车和车辆,有窄轨的机车和车辆,有专门运沙石料的翻斗车,有 200 辆以上型号不同的汽车和各种牵引起重设备。

三门峡因使用的机械多，所以风、水、电的使用量也大。三门峡整个工区用风的设备容量达 500 立方米。最大需电量为 18 000 千瓦，而最大用水量达 700 升/秒。这些数字是惊人的。

三门峡这个巨大施工场面，不久将以一片动人的景色展现在我们的面前，机器漫山遍野，塔架高插入云。汽车往返穿梭，大车日夜不停，这不仅是一幅壮丽的画面，也是开发黄河使黄河为人民造福的前景。

商树清、赵之兰

（资料来源：《三门峡报·第 1 期》第 3 版，1957 年 4 月 6 日）

3. 水利部黄河水利委员会的贺信（摘要）
（1957 年 4 月 10 日）

黄河三门峡工程局暨全体职工同志：

伟大的黄河三门峡水利枢纽工程就要开工了。这是我国一件激动人心的大喜事。我们黄河全体职工谨向你们致以崇高的敬意和热烈的祝贺！

三门峡水利枢纽建成后，年发电量达 60 亿度，可供给周围工业基地及附近农村以廉价劳动力，促进工农业生产的发展。此外使水库区内和海口至秦厂一段河道的水运事业发展起来，并为全黄河通航打下基础。

三门峡水利枢纽工程不仅是我国水利史上一个划时代的伟大工程，而且是推动整个黄河建设的动力，为了胜利地建成三门峡水利枢纽工程，我们黄河职工愿以实际行动配合三门峡工程的兴建，保证做好：

一、在三门峡水利枢纽工程未发挥拦洪作用前，黄河洪水对下游仍存在着严重的威胁。为此，我们坚决在"宽河固堤"的原则下，继续依靠群众，做好黄河下游的防洪工作，保证秦厂百年一遇、争取更大洪水不发生严重的溃决和改道，以保卫农业生产和国家社会主义建设。

二、西北黄土高原的水土流失严重地威胁着三门峡水库的寿命及西北人民的生产和生活，因此做好水土保持工作不仅是治理黄河的根本措施，也是改造西北自然面貌、发展山区经济、改善人民生活的唯一道路。我们根据"全面规划，综合开发，沟坡兼治，集中治理"的方针，贯彻"因地制宜"的原则，依靠群众大力开展综合性的水土保持工作,做到在第二个五年计划内,控制水土流失面积125 000 平方公里,减少进入三门峡水库年输沙量20%。

三、为了配合三门峡水利枢纽进一步调节下游洪水及在上游拦截泥沙、发展灌溉的作用,我们将努力做好有关支流的规划和水库的勘测设计和施工,在第二个五年计划内,修建各级支流上必要的水库工程。

四、大力支援三门峡工程的勘测及科学试验研究工作,尽量供给必需的资料,保证三门峡工程顺利实施。

三门峡水利枢纽是一个规模宏大、技术复杂的工程,在目前我国具体情况下是会遇到许多困难的。但是我们相信在中央领导下,有全国人民的支持和苏联专家的帮助,困难是可以克服的,胜利地完成这一伟大工程是可以预期的。为此祝贺你们的工作顺利,并预祝三门峡工程胜利成功。

水利部黄河水利委员会

1957 年 4 月 10 日

(资料来源:《三门峡报·第 3 期》第 5 版,1957 年 4 月 18 日)

4. 黄河三门峡工程今日正式开工
(1957 年 4 月 13 日)

改变黄河面貌,修建三门峡水利枢纽工程,经过几年的准备工作,今天开工了。

建设三门峡的"尖兵"们,跑遍了坝址附近的山岭、河谷,进行地形测量、地质勘探。帮助我国建设的苏联水力发电设计院列宁格勒分院,在今年 1 月将初步设计运到工地。除此,还进行了房屋建筑、修筑铁路、公路等。担任主体工程的坝工一分局的职工,自从点响了三门峡左岸平整工作场地的炮声后,已修好左岸上、下游公路,建成永久厂房,娘娘河已填平,扫除了开工的障碍。

开工前,工程局召开了党委、团委、工会扩大会议,号召全体职工把智慧和力量贡献给三门峡建设。各分局、工程队也分别举行了施工动员会议。动员后,雪片似的决心书、保证书、倡议书,纷纷送往党支部和工会。坝工二分局的老工人贺道远,表示一定贡献出多年来修建水场的全部智慧和力量。坝工一分局第二工程队改□分队三组,保证打响开工后的头一炮,把响炮一直打到三门峡竣工。

吴满山小组创造了开挖岩石的最高纪录,作为开工的献礼,他们保证超额完成 4 月份任务。连日来,创造新纪录的捷报频传,坝工一分局第二工程队 4 月 1 日平均每人出碴 0.7 方,到 5 日达到 1.1 方。9 日工地的工人冒雨工作,风钻手们表示:不向雨低头,冒雨也要干。第三工程队的五个中队都写出了保证书,坚决做到保质、保量、按时完成任务。

今天要在"三门天险"的鬼门岛上举行隆重的开工典礼,从此征服黄河的伟大工程开始了。

（资料来源:《三门峡报·第 2 期》第 1 版,1957 年 4 月 13 日）

5. 根治黄河的伟大开端(1957 年 4 月 13 日)

经过一年又三个月的准备工作之后,黄河三门峡水利枢纽的主体工程开工了,这是我国人民,特别是黄河流域人民的一件大喜事。这个工程建成后,几千年来的黄河水患将要得到基本解决,河南、山东、河北、苏北、皖北等省八千万人民,免除了黄河洪水威胁;同时还能够逐步发展豫、鲁、冀等省地区农田灌溉达四千万亩,为减免旱灾、增产粮棉创造了有利的条件;对于三门峡周围陕、晋、豫等地区的工业发展也有很大的好处,因为水利枢纽完成后,每年将有 60 亿度的廉价电力供给工业(一小部分用于农业);水库和下游河道也都有通航轮船的条件。所有上述水利枢纽设计指标的完成,必然会对我国社会主义建设事业起着巨大的作用。作为参加三门峡建设的每一个职工来说,这是多么光荣伟大的任务啊!

但是,这项工程的规模在我国还是空前巨大的,土石方的开挖量(1 000 多万方)和混凝土浇筑量(290 余万方)都特别大,而且工地狭窄,施工的机械化要求高,工程项目多,技术性很强,还要和黄河洪水作斗争。我们现在工地的职工虽然大多数人参加过水库和水电站的建设,有一定的经验,但我们现在肩负这样一项制服黄河的规模大、技术复杂的艰巨工程,可以说我们的经验是不够的,特别是领导上的管理经验,尤为缺乏,这不能不说是我们的一个困难;由于今年工程投资削减,我们的劳动力和物资机械供应也有不平衡的情况,这是另一个困难。

有了上述困难,是否就使我们对完成今年任务的信心动摇呢? 当然是不会的。不能把这些工程过程中必然遇到的困难,作为工作的阻力,我们要把它当作助力,在战胜困难中奋勇前进。因此我们必须遵照中央所指示的"勤俭建国,勤俭办企业"的精神,在一切工作中,都要精打细算,全面开展一个持久的"保证质量,节约材料,降低造价"的增产节约运动。同时还必须发挥全体职工的积极性和创造性,学习先进经验,开展劳动竞赛;互相支援,服从统一调配,防止本位主义;克服困难,提高劳动生产率,争取超额完成 1957 年的工程任务和其他各项工作任务。

今年是我们主体工程开始的头一年,同时,许多项准备工程(水、电、路、桥、企业)要与主体工程并肩进行,这些任务是很繁重的。按工程的整个进程来说,大体上有三关:第一,是从今年 11 月开始到明后年要完成的一、二两期围堰导流工程;第二,是明年开始的混凝土浇筑工程;第三,是电机安装工程。胜利地攻破第一关,关系到整个工程能否如期完成,而今年的主体工程和各项准备工程,又是今后进行围堰导流和混凝土浇筑的基础。因此,我们全体职工必须发挥高度的积极性和创造性,战胜一切困难,为胜利完成今年的任务而斗争,我们相信在中央和河南省委的领导下,有全国的支援,有苏联专家的帮助以及全体职工的艰苦奋斗,1957 年的光荣任务,一定会胜利完成。

(资料来源:《三门峡报·第 2 期》第 1 版,1957 年 4 月 13 日)

6. 捷克斯洛伐克将供给我国四部列车电站 第一部即将开往三门峡(1957 年 4 月 13 日)

新华社保定 7 日电 捷克斯洛伐克为我国设计制造的一部最新式的列车电站,已经在保定市我国新建的列车电业基地安装完毕。到 6 日上午 10 时为止,这部列车电站已经经过了三天多的试运转,情况良好,不久就将开往三门峡支援那里的工程建设。

这部列车电站是由 11 个车厢组成的,设备极其完善,全部生产过程都是高度自动化的,每小时发电量为 2 500 度。

这部列车电站是 2 月 28 日开到保定的。随着列车来的 7 位捷克斯洛伐克专家在保定市进行了拆卸安装表演。他们把有关列车电站的拆卸安装操作等技术,一件一件地教给了列车电业局的技术人员。今年上半年,捷克斯洛伐克将要供给我国四部和这部设备完全一样的列车电站,支援我国工业生产和工业建设用电。

(资料来源:《三门峡报·第 2 期》第 1 版,1957 年 4 月 13 日)

7. 中共黄河三门峡工程局委员会召开宣传
会议讨论布置开工前后的宣传动员工作
（1957 年 4 月 13 日）

中共黄河三门峡工程局委员会于 4 月 5 日召开了宣传工作会议，讨论布置了开工前后的宣传动员工作。

会议要求在开工前后，除通过报纸向全国人民进行宣传外，并且在全体职工群众中大张旗鼓地开展一次宣传工作。通过这次宣传工作，向全体职工群众普遍进行一次热爱三门峡工程的教育，使他们充分认识建设三门峡水利枢纽的重大意义和艰巨性；号召每个职工都积极行动起来，紧张地进行工作，迎接开工；并且号召每个职工都谦虚谨慎，艰苦奋斗，加强学习，加强团结，克服一切困难，为完成伟大的三门峡水利枢纽建设工程而斗争。

在宣传内容方面，会议指出着重宣传以下五个问题：（1）应特别强调向全体职工群众进行热爱三门峡水利枢纽工程的教育，要说明三门峡工程的规模、轮廓、组成部分、远景和重大意义；（2）向全体职工群众进行艰苦奋斗、克服困难的教育，说明正由于三门峡工程规模大，施工中机械化程度高，就给我们带来了很多困难，而最主要的困难是缺乏掌握使用新式机器的技术和经验，因此，要求全体职工同志，加强学习，反对骄傲自满情绪，虚心向苏联专家学习，向工程技术人员学习，并且还应该互相学习，互相帮助，共同克服困难，为建设三门峡工程而努力；（3）向全体职工群众进行增产节约的教育，动员全体职工充分发扬工人阶级勤俭朴素，艰苦奋斗的优良传统，积极响应增产节约，勤俭办企业的号召，增加生产，厉行节约，爱护国家财产，反对铺张浪费，艰苦奋斗，克服一切困难，建设三门峡；（4）向全体职工群众进行个人利益和国家利益、眼前利益和长远利益、社会主义建设事业发展和人民生活水平提高的关系的教育，从而提高他们服从国家需要、服从组织分配的自觉性，克服部分职工不安心工作和对某些生活福利问题要求过高、过急的现象；（5）要向全体职工群众进行团结教育，教育每个职工同志都应该谦虚谨慎，防止和克服骄傲自满情绪，加强团结，互相帮助，互相学习，取长补短，共同提高。

会议要求，在开工前后半个月的时期内（从 4 月 6 日至 4 月 20 日），利用一切宣传工具，通过各种宣传形式和宣传方法，在全体职工群众中大张旗鼓地开展一次宣传工作;并且要求各级党委切实重视和加强对这次宣传工作的领导,要做到党委重视,书记动手,全党动员,宣传部门具体管理,工会、青年团积极参加。

(资料来源:《三门峡报·第2期》第2版,1957年4月13日)

8. 青年们! 在三门峡工程中大显身手吧!
(1957年4月13日)

青年们:

我国第一个伟大的水利工程——黄河三门峡水力枢纽的建设,今天要开工了。这个盼望很久的日子的到来,我们应以欢欣鼓舞的心情来迎接和庆祝。三门峡水利工程的建成,不仅能将千年一遇的洪水拦蓄起来,使下游八千万人民免除灾难,而且可以发出大量的电力供给工业基地和农业用电,同时还可以利用它灌溉4 000万亩农田,使农业产量大大提高,也可以使黄河的航运事业,得以迅速地发展。对我们青年建设者来说,经过这样一个规模宏大、高度机械化施工,可以系统地学到水利建设的各种技术和科学知识,得到各种各样实际工作的锻炼。这是多么好的学习和锻炼机会啊! 它对国家建设,对我们青年在锻炼中成长,都有着极为重大的意义。

来自全国各地的1万余名青年们,都充满着征服黄河的光荣感,在党的领导和全国人民与青年的支持下,同全体职工一道,积极参加了三门峡水力枢纽施工前的各项准备工作。在各项准备工作中,有不少青年同志由于出色的劳动和贡献,受到党和国家及团组织的表扬和奖励,如提建议修改左岸公路施工设计节省投资的助理工程师高士英,提高制作屋架效率的高德胜青年木工突击小组,修公路涵洞节约木材、铁钉、铁丝的董成,推广先进经验、提前完成钻探任务的杨学武青年机组,节约钢筋、水泥的铁路一段二工区六小队青年突击队等,还分别受到河南团省委的奖励。建设三门峡的青年都应当向他们学习,向他们看齐。

但是,必须看到我们是处在狭窄偏僻的山谷里进行建设,我们还没有这样规模宏大、高度机械化施工的建设经验,缺乏相应的技术水平;再加上开工初期,由于机械设备不够健全,致使一些从事技术工作的同志不得不暂时做一些其他临时性的工作,在工程建设中必然还会遇到一些新的困难和问题,当然这些都是暂时性的前进中的困难。我们青年有着饱满的革命热情、克服困难的坚强毅力、移山倒海的革命乐观主义精神，那些暂时性的前进中的困难，在青年人面前，都会攻无不克的。

我们青年在这个伟大的工程建设中，如何贡献自己一份力量和智慧呢？

第一，应当从自己岗位工作做起，努力钻研业务，提高工作效率，树立一切为了生产，一切为了支援前方工程建设的思想。俗话说，"行行出状元"，我们应该提倡干哪行爱哪行，热爱平凡的工作，平凡的劳动。因为哪个岗位的工作，都和建设三门峡有直接关系，不能这山看着那山高，患得患失。

第二，要积极订出自己的行动计划，带头开展增产节约的运动，站在各项竞赛的前列。承担主体工程的青年要动脑筋找窍门、挖潜力，充分发挥现有机具效能，在保证安全的前提下，争取提前完成今年土石方开挖任务，积累经验，为迎接使用新的机械创造条件；在进行准备工作的青年，要争取提前完成场地平整、机械安装、厂房建筑、铁路、公路、钢桥、房屋等各项任务，为全面开展施工创造条件。从事设计工作的青年，要合理设计图纸，改进工艺规程，满足施工需要；其他各部门的青年，都应当做好自己的工作，钻研业务，一切为了支援主体工程而努力。青年团员要响应团中央"准备好做一个共青团员"的号召，迎接 5 月 15 日全国三次团代大会，以实际行动积极带头宣传贯彻党的方针、政策，兢兢业业地劳动，吃苦在前，享福在后，与青年同甘共苦，忠心耿耿地献身于三门峡工程建设事业，做一个名副其实的共产主义青年团员。

第三，积极学习，提高本领。大规模的机械化施工就要开始了，这对我们青年来说，是一项新的课题。我们青年要积极响应党的号召，尽早、尽快地懂得并学会机械化施工的本领，掌握新的机械，带头掀起一个广泛、深入、持久的学习热潮。订立个人学习成长计划，巩固和健全各种学习组织，把文化、技术学习和向科学进军推向前进。

第四，要加强团结，搞好建设。来自全国各地的青年建设者，虽然在口语、生活习惯上有所不同，但是我们都在根治黄河、建设祖国、建设三门峡的目标中结成了一个可爱的大家庭。这样就可以把各方面的工作、生产、学习的经验集中起来发扬光大。只要我们加强团结，不骄傲自满，虚心学习，互相帮助，互相鼓励，共同提高；只要热爱岗位工作，不计较得失，艰苦奋斗，克勤克俭，不懈地工作劳动和学习，一定能受到党和国家的爱戴，受到群众的赞扬，一定能在这个可爱的大家庭中成长壮大起来。自己的智慧和能力，也一定能够大大地发挥出来。

战斗在三门峡的全体青年同志们，把我们所有的力量和智慧发挥出来，在这样一个翻天覆地伟大建设工程中大显身手吧！努力争取做个优秀的水利建设者。

工程就要开工了,青年同志们,紧急行动起来,向黄河三门峡展开猛烈地进军吧！

中国新民主主义青年团黄河三门峡工程局委员会书记 睢仁寿

(资料来源:《三门峡报·第 2 期》第 2 版,1957 年 4 月 13 日)

9. 征服黄河炮声响,根治水患兴水利,三门峡 水利枢纽工程开工了(1957 年 4 月 13 日)

黄河三门峡工程局刘子厚局长在宣布开工时说:同志们,三门峡工程局成立一年多以来,在上级党委与政府的直接领导下,在苏联的大力帮助下,在广大人民的积极支援下,在全局职工的努力下,不论在勘探设计、交通运输、设备订货、水电供应、民用建筑、人力调配等各方面,都基本上完成了开工前的准备工作。我今天受国家委托代表黄河三门峡工程局正式宣布黄河三门峡水利枢纽工程开工。

根治黄河水害和开发黄河水利的三门峡水利枢纽工程,今天向全国人民宣布正式开工了。

4 月 13 日,在黄河"三门天险"浪涛冲激的鬼门岛上举行隆重的开工典礼。今天,天气异常晴朗,整个工地浸没在兴奋、欢乐声中。黄河两岸的船桅杆上、山峰上、钻塔尖上的红旗在春风中招展。建设三门峡的职工们穿着节日的盛装、敲着锣鼓,沿着崎岖蜿蜒的公路,从大安、史家滩各个工地来的 5 000 多名职工,个个精神饱满、兴高采烈地向会场汇集。悬挂在钢索吊桥上的巨幅标语,贴在山腰上、帐篷上及刻在土墙上"征服黄河建设三门峡"的豪壮口号,掩盖了古人刻在石岛上的"神工虽已尽,漫道可行舟"的感叹诗句。鬼门岛上、神门河的南岸和狮子头上,坐满了庆祝三门峡水利枢纽工程开工的人们。

上午 9 时 55 分,在春雷般的掌声中,黄河流域规划委员会副主任、水利部傅作义部长等 37 人走上主席台。傅作义部长在开工典礼会上说:"今天,黄河三门峡水利枢纽工程正式开工,这在我国历史上是一件划时代伟大的事业。"傅部长说:"我向你们这些光荣的战士,表示敬意。预祝你们在各个战线上取得胜利。

你们每个人的名字都将和伟大的三门峡水利枢纽一块儿写入历史。"青年技术员孙纪誉代表三门峡工地1万多名男女青年在大会上向党宣誓："热爱三门峡,为三门峡建设贡献自己的青春和力量。"大会上各单位的代表,抬着他们用木框镶起的保证书和决心书,走上主席台放在毛主席像前。

工程局刘子厚局长宣布三门峡水利枢纽工程正式开工后,坝工一分局先进生产者吴满山等12名风钻手,在被填平的娘娘滩的人门岛上放响了向三门峡进攻的炮声。炮声震撼山谷,河谷上空烟雾迷漫。至此,三门峡揭开新的历史一页。紧接着,向黄河进军的人们,愉快地跳上驾驶室,拿起风钻,开动着发电机、空压机、抽水机等。工地沸腾起来了,十五部风钻向岩石进攻,两部一立方电铲挥动着巨大的臂膀把石碴装进自卸卡车。这时,工地上的机器轰鸣声响彻云霄,工人们以紧张、愉快的心情进入开工后的头一班的战斗。傅作义部长、河南省吴芝圃省长、甘肃省邓宝珊省长、陕西省谢怀德副省长等亲临现场参观联合机械化施工。

前来祝贺开工的还有中央电力部王林副部长、苏联专家组组长波赫同志、黄河水利委员会赵明甫副主任、三门峡工区野鹿乡第二农业生产合作社劳动模范刘凤林等,在大会上都作了发言。

（资料来源:《三门峡报·第3期》第1版,1957年4月18日）

10. 为完成我们伟大的光荣任务而斗争——
黄河三门峡工程局局长的讲话
(1957年4月13日)

各位部长、各位委员、各位来宾、全体职工同志们:

三门峡水利枢纽工程,自从第一届全国人民代表大会第二次会议上,通过了关于根治黄河水害、开发黄河水利的综合规划的决议以后,全国人民都在盼望着三门峡工程早日开工,我们三门峡工程局全体职工更是期待着这一天很快到来。

一年多以来,三门峡工程局在党中央、国务院和黄河规划委员会及河南省委的正确领导下,在苏联专家的热情帮助下,在全国人民大力支援下,在全体职工的积极努力下,进行了一系列的施工准备工作,为正式开工准备了条件,今天我们在这里举行三门峡水利枢纽工程开工典礼大会,感到无限兴奋、无限高兴。

今天参加开工典礼大会的有中央各位负责同志、各位委员,有苏联专家波赫同志,有河南、陕西、山西、山东、甘肃各省负责同志,有黄河水利委员会、郑州铁路分局的负责同志以及许多来宾。他们远道赶来参加我们的开工典礼大会,并且对我们的工作予以宝贵的指导,让我们对他们表示热烈的欢迎!今天参加开工典礼大会的还有来自平陆县、陕县和三门峡工区的农民代表们,这些地区的农民同志们,他们在过去曾经大力地支援了我们,今后还将给我们更多的支援,我们对他们表示热烈的欢迎。

三门峡水利枢纽工程,是根治黄河水害、开发黄河水利的第一期主要工程,也是我国第二个五年计划内经济建设的重点工程之一。它有拦洪、发电、灌溉、航运等多方面的利益,它的开工兴建将使黄河流域的自然面貌和经济面貌发生巨大的变化,它将给我国人民带来巨大的利益和幸福。

根据初步设计,三门峡水利枢纽工程将修建一座工程巨大的、带有水电站的重力式拦河坝,将装置八台巨大的水轮发电机组,其容量共 110 万千瓦。工程建成以后,当正常高水位 360 米时,水库全部库容为 647 亿立方米,其面积较我国第三个大淡水湖——太湖还要大三分之一。当遇到千年一遇的大洪水时,由于水库的调节作用,可以使洪水通过下游河道时基本上不致发生决口的危险。这就使黄河下游八千万人民大大减除洪水的威胁,使我国人民数千年来根治黄河的理想得以实现。同时,利用大坝拦蓄的河水每年还可发出 60 亿度价值低廉的电力。它不仅可以供应郑州、洛阳、西安、太原这许多大的工业城市的用电,而且可以把三门峡周围所蕴藏的丰富的自然资源开发起来。若干年后,三门峡水电所能影响的地区,将成为我国巨大的工业中心之一。利用水库蓄存的水还可以在黄河下游河南、河北、山东等省的农田上增加灌溉面积 4 000 余万亩,使这些土地上的粮、棉产量增加一倍到两倍。三门峡水利枢纽工程建成以后,还有发展航运的作用,利用水库的调节作用,可以使黄河下游从邙山到海口 790 公里的河道里 500 吨的客货轮船常年通航,将来的三门峡拦河坝上修建过船闸以后,轮船还可以直达西安和兰州。同志们,这些美丽的前景在不久的将来,就会逐步地呈现在我们的眼前。

根据防洪与国民经济各部门发展的要求,领导要求我们要努力工作,克服困难,争取早拦洪、早发电,使三门峡水利枢纽工程尽早地发挥作用。

根据这一总任务和国家所批准的 1957 年投资计划,我们今年内施工方针是主体工程与附属工程同时并重的方针。我们要求今年完成左岸溢流部分及非溢流部分坝基石方开挖 40 万方,要求开始堆筑第一期围堰部分工程量 6 万方,要求完成灵宝砂石粉厂的部分工程及年产混凝土 29 万方的小拌和系统的建筑安装工程。我们还要求按计划规定继续完成公路、铁路、供电、供水以及其各项相应的附属企业工程。同志们,我们 1957 年的施工计划是为了争取早拦洪,早发电的计划实现。我们要求全体职工同志们,在安全生产、保证质量的前提下发挥高度的积极性、创造性,克服一切困难,争取全面地完成 1957 年的工程计划,为整个工程创造一个良好的开端,奠定巩固的基础。

从以上所谈,可以看出三门峡水利枢纽工程建设是一个伟大的光荣的任务,同时也是一个十分复杂、十分艰巨的任务。这个建设任务所以复杂艰巨,不仅因为它工程规模巨大,而且因为它施工地区窄狭,必须实行高度机械化施工。我们的党、政领导干部与工程技卫人员都缺乏建设这样大规模水电工程的经验。同时,我们也缺乏掌握新式机械设备的熟练的技术工人。再者,由于我们的施工地区是处在山沟偏僻地区,没有大城市依托。职工居住分散,距离工地较远,因而在职工生活方面也是比较艰苦的。为了克服各种困难,保证三门峡建设工程的顺利完成,我认为必须注意以下几个问题:

第一,从领导干部到职工群众必须有计划、有组织地开展一个热烈地学习技术的运动,虚心地、积极地向苏联专家学习,同国内各兄弟厂学习、向本单位先进生产者学习、向经验较多的工程技术人员学习。要求大家勤学苦练、尽快地学会掌握技术,提高技术水平,充分发挥机械效能,不断地提高劳动生产率,反对一切在技术学习方面畏难退却的思想和骄傲自满的情绪。

第二,必须坚决贯彻增产节约的精神,大力开展先进生产者运动,增产节约是建设社会主义的基本方法,三门峡工程投资大、用料多,增产节约的潜力也必然很大。因此,必须全党重视,干部以身作则,亲自动手,深入激励群众,做到从设计、计划、经营管理、设备订货、改善劳动组织、加强施工管理、节约原材料等方面开展一个深入持久的增产节约运动和先进生产者运动,贯彻勤俭建国、勤俭办企业的方针,树立起艰苦朴素,热爱劳动的优良作风。

第三,我们要坚决认真贯彻党的“八大”会议精神,实现党在企业中的统一领导、分工负责制、逐步实行职工代表大会制、大力发扬民主,发挥广大职工的积极性、创造性,加强党的政治思想工作,加强党、团、工会组织。发挥它们和教育职工群众的作用,严格组织生活,开展批评与自我批评,把党的政治思想工作和解决当前生产建设上与职工生活上的各项具体问题密切结合起来。大力提高全体职工的社会主义觉悟,加强组织性、纪律性的教育,使全体职工同志自觉地将个人利益服从国家利益,暂时利益服从长远利益,养成政治上团结的风气,集中全部力量和智慧,为完成三门峡水利工程这一伟大光荣任务而奋斗。

全体职工同志们,当我们明确认识到建设三门峡水利工程的伟大的政治、经济意义的同时,也认识到这一工程的困难和艰巨性,以及我们责任的重大之后,我们还应该认识到我们有着很多的有利条件。我们有英明的党中央、毛主席和中央各部委、河南省委的正确领导,有苏联专家的帮助,有全国人民的支援。只要我们虚心学习、克勤、克俭、艰苦奋斗,就一定能够胜利地完成这一伟大光荣的任务。

(资料来源:《三门峡报·第 2 期》第 1、3 版,1957 年 4 月 18 日)

11. 我国历史上划时代的大事——黄河流域规划委员会副主任 中华人民共和国水利部部长傅作义的讲话(1957 年 4 月 13 日)

黄河三门峡水利枢纽工程正式开工,这在我国历史上是一件划时代的大事。毛主席说:"我们正在做我们的前人从来没有做过的极其光荣伟大的事业。"我想,三门峡水利枢纽工程的修建,就是这极其光荣伟大的事业之一。

黄河在三千多年中曾发生泛滥决口 1 500 多次,重要的改道 26 次,其中大改道 9 次。黄河决口改道,北可以达天津,南可以夺淮河,灾害之大,是具有毁灭性的。在三门峡水利枢纽工程修筑完成以后,就可以把黄河千年一遇的洪水,从 35 000 米³/秒削减到 6 000 米³/秒,配合下游伊洛河和沁河的治理就可以完全消除这个历史性的巨大灾害。这是我国人民几千年来努力追求而没有达到的理想,现在在我们手里来着手完成这件事情,我们每个人都应该感到无限的光荣。不仅如此,我们现在还不只是消除水害,同时在兴办巨大的水利。黄河流域不但经常发生水灾,也经常遭受旱灾的威胁,下游河南、山东、河北等省都是人口很多而农业生产很不稳定的省份。在新中国成立以前,人们从来不敢在黄河下游引水灌溉(黄河旧有的灌区都在中上游地区,新中国成立后我们才修了引黄灌溉济卫工程),在三门峡水利枢纽工程完成以后,一方面消除了洪水威胁,另一方面还可以把黄河在灌溉季节的最低流量从 360 米³/秒提高到 950 米³/秒,保证大约 4 000 多万亩农田的灌溉用水。这将对下游省的农业发展有重大的帮助。在三门峡水利枢纽中要修建全国现在最大的水电站，以三门峡为中心，将组成中国中原地区的大电力网，这个重要的措施，将刺激陕西、河南、山西和河北省的大部分地区，包括西安、太原、郑州、洛阳、开封等大都市，这些地区工业生产将大大地发展起来。此外，由于对三门峡进行调节，黄河最小流量可以从 280 米^3/秒提高到 700 米^3/秒，这样就可以保证从邙山到海口的 790 公里可以通航。

我们现在所以能够举办这样一个工程，把千万年来的水害变成巨大的水利，这绝不是偶然的事情。我们首先应该想到，只有在中国共产党和毛主席的领导下，才能修建这样伟大的工程。在 1950 年我就曾经同苏联专家到三门峡勘查过。那时我们是当作远景规划来进行勘查的，连我个人也没有想到五六年后的今天，我们就在这里动工修建这个历史性的伟大工程。因为我们知道，我们还处在新中国成立的初期，我们在经济上还存在着很多困难。但是党和政府，认真地考虑了黄河对于人民生命和国民经济的巨大危害，认真地考虑了治理黄河的各种方法，还是下决心要迅速修筑三门峡水库，尽可能避免黄河发生重大的灾害。虽然今年有很多重要的基本建设项目都在削减经费，可是三门峡水利枢纽还是要按计划开工。大家知道，为了考虑这个问题，毛主席曾亲自来黄河视察，可见党和政府对人民的利益是何等关切，何等重视。作为一个中国人，作为一个黄河流域的人，我们对党和政府的英明决策，表示衷心的感谢。

我们伟大的盟邦苏联和它所派遣的专家们对我们的帮助，是我们能够修建三门峡水利枢纽的第二个重要条件。大家都知道，苏联专家组帮助我们编制了具有历史意义的黄河流域规划。苏联电站部水力发电设计院列宁格勒分院，担任了三门峡水电站的初步设计工作。来到中国的水力、电力、地质等部门的专家，很多都参加过三门峡水库的查勘研究工作。没有这些慷慨的无私的帮助，三门峡水利枢纽工程的顺利完成是不可能的。在这里，我代表黄河规划委员会和水利部，对我们伟大的盟邦苏联和所有参加过三门峡工作的苏联专家们，表示衷心的感谢。

要修建三门峡水利枢纽，陕西、山西、河南一部分居住在水库区的人民，必须分期迁移到其他地方，其中陕西移民的数量又多一些。关于这个问题，政府已经宣布了明确的政策。对于移民要有妥善的安排，让他们移居新地以后的生活不低于原来的生活水平。但这终究是一个细致而艰巨的工作，必须依靠当地各级党政领导机关的细致工作，必须依靠水库区广大人民的高度政治觉悟，才能做好这个工作。居住在水库区的同胞们，为了支援国家建设，不惜迁离自己的故土，这是一种极为崇高的社会主义的道德品质,全国人民在感激你们,我们的子孙后代也在永远感激你们。

三门峡水库工程局一年来的工作是有成绩的。一年的时间,过去一个荒凉的三门峡已经长成为一个新的城市,给职工生活带来很大的方便。水文泥沙研究、勘查、测量、钻探和设计工作都有卓越的成绩。十几公里的铁路线就要通车,30公里长的永久性公路也要完工。各方面调来的优秀的施工队伍,都带着过去的光荣,进入了新的阵地。列车发电站也将开来工地,供给施工的电力。这一切更是直接地为水库开工创造了条件。三门峡水利枢纽工程,坝高106.5米,要拦挡汹涌澎湃的黄河激流,还要修筑巨大的水力发电站。这工程是非常复杂而艰巨的。我们必须掌握百年大计,质量第一的精神,在保证质量的前提下,进行增产节约。工人们、民工们、机械手们、各行各业的技术和行政干部的同志们,我向你们这些光荣的战士,表示敬意。预祝你们在各个战线上取得胜利,你们每个人的名字都将和伟大的三门峡水利枢纽一块儿写入历史。

此外,我还愿意再提两件事情:一件是上游的水土保持工作,一件是下游的修防工作。

水库开始修筑了。上游的水土保持工作做得愈多,愈好,愈快,则流入水库的泥沙愈少,水库的淤积愈慢,水库的使用年限可以延长。根据计算,上游如果没有水土保持工作,十五年内,就可以流入水库泥沙120多亿立方米。这是一个何等可怕的数字,也可以看出上游的水土保持是何等重要的工作。这几年在陕西、甘肃、山西、内蒙古、青海等省和黄河水利委员会的领导下,农、林、水利互相配合,已经做了很多的工作。中国科学院对水土保持的研究推广,也给了很大的帮助。但是进展还不平衡,工作中也还存在许多需要解决的问题。为了延长水库的寿命和发展广大山区的生产,我们呼吁有关地区要加强加速开展黄河流域的水土保持工作。一年做出一年的成绩,有效控制泥沙的下泄。你们虽然是在远离三门峡的荒山高原地区工作,但是你们和在三门峡工作的人们同等重要、同样光荣。

水库开始修筑了,但是距离水库发生防洪的作用,最少还有五年的时间。我们知道黄河从1855年(清咸丰五年)改走现在的河道以来,到今年已经102年,在这一百多年中黄河发生决口200多次。这说明下游河道中的泥沙与日俱增,有随时发生危险的可能。但是,自1946年黄河下游解放到现在,十年来黄河没有发生严重的洪水灾害。一方面是由于在人民手里,堤防的抗洪能力有很大的提高;另一方面,也是由于黄河还没有发生特大的洪水。过去十年黄河下游各省人民，为了战胜黄河洪涝灾害，曾经做过很大的努力，现在三门峡水利枢纽工程开工了，我们不能因此而有任何麻痹的思想，一定要提高警惕，再接再厉，为最后战胜黄河洪水坚持不懈地斗争！

最后，我向水利枢纽全体工作人员祝贺，祝贺你们开始，胜利完成我们的前人从来没有过的，极其光荣伟大的事业。

傅作义时任黄河流域规划委员会副主任、中华人民共和国水利部部长

（资料来源：《三门峡报·第 2 期》第 2 版，1957 年 4 月 18 日）

12. 创造性的和平劳动的象征——苏联专家组长波赫的讲话（1957 年 4 月 13 日）

亲爱的中国朋友们：

不仅是在你们的国家里，同时在我们的祖国——苏联，每一个工人，集体农庄庄员、职员、大学生和中、小学生都知道三门峡水利枢纽工程。甚至他们还知道三门峡建设者的劳动功绩。苏联人民在大型水工建筑方面积累了很多经验，因此，他们很了解工程局的工人们和工程师们，是在完成多么巨大的治黄工程。数千年来中国人民在黄河流域已经遭受过很大水灾和旱灾，但是在旧的社会制度的条件下，不但大自然的庞大水利没有被利用，而且黄河给中国人民带来的是贫困。甚至在 1950 年国际防洪代表会上权威学者还肯定地说过：黄河的天然灾害问题是不可能解决的。对，资本主义是没有力量合理地、有计划地改造大自然和从各方面利用其资源的。

只有今天在新的社会条件下，中国人民在自己的政党——共产党的领导下才能开始广泛地、经过周密考虑地进行征服大自然中的天然水力资源。

三门峡水利枢纽是大型的现代化的水工建筑物。高约 106.5 米的混凝土坝在三门峡峡谷，也就是现在我们站的这个地方，横断黄河。大坝以上形成一个库面 3 500 平方公里的大型水库。它保证灌溉数千万亩农田。在下游，经过大坝溢流建筑物和水电站水轮机的水，对黄河流域的居民和土地已经是没有危险的了。水利枢纽将调节向下游的放水量，历年来的洪水威胁将永远消除。接近右岸将要成长起一座水电站，与给人们带来过灾难的鬼门作对。黄河的水从 80 米的高空落下，它每年可发 60 亿度电。水电站的装机容量为 110 万千瓦或 150 万马

力。建设三门峡水利枢纽,需要从大基坑挖出 300 多万土石立方米和浇筑 300 万立方米混凝土。全部工程需完成 1 200 多万土石方。今天,在这隆重的开工典礼上,大坝基坑内的第一次爆炸声意味着三门峡水利枢纽工程的开始。

同志们,三门峡水利枢纽的初步设计,是由列宁格勒水电设计院大部分设计人员编制的。列宁格勒工学院、雅捷涅夫科学研究院以及其他科学机关和试验所都进行了帮助。

我们苏联专家,有机会参加在兄弟般的中华人民共和国修建的现代化的大型水工建筑物的设计工作,而感到非常荣幸。

列宁格勒水电设计院,指定了它最优秀的工程师参加三门峡水利枢纽设计工作,其中有:柯洛略夫、格鲁斯金、巴达诺果夫、耶果略夫、藤□里也夫、巴赫嘉洛夫、盖盖什曼等。现在同你们在中国一起工作的还有一个苏联专家组,他们都是三门峡水利枢纽各种专业设计的参加者。生活和工作在中国,我们看到伟大的中国人民沿着社会主义道路稳步前进。我们对能够同中国工程师一起在有创造性的合作中,把自己一点微不足道的劳动投入三门峡水利建设事业中感到荣幸。

苏联水电设计院列宁格勒分院全体设计人员和在中国工作的苏联专家委托我,向你们——三门峡建设者,在工程开始的时候致以热烈的敬意和祝贺。同时,列宁格勒的设计人员向你们提出:委托给他们的三门峡水利枢纽主要建筑物的技术设计保证如期完成和质量上乘。

让我们为建设三门峡而高呼!

让中国人民多年的理想变成现实!

让三门峡水利枢纽,不仅在中国,而且在全世界,将成为有创造性的和平劳动的象征!

兄弟般的中苏两国人民的永久友谊——世界和平的堡垒——万岁!

(资料来源:《三门峡报·第 2 期》第 3 版,1957 年 4 月 18 日)

13. 开工后的第一天(1957 年 4 月 13 日)

开工后的第一天,工地上,到处呈现着一片繁忙的劳动景象。风钻发出哒哒的响声,挖掘机不停地吞吐着石碴,汽车一辆接着一辆把石碴拖上山。这是坝工一分局的工人们正在坝基开挖。钻工一中队的工人,昨天散会以后,就走上工地,投入了紧张的劳动,一直战斗到深夜 12 点,每部风钻平均钻进达六七米。14 日一早,他们又上班了,为了创造优异的成绩来庆祝开工。先进生产者刘伙和几名组长在使用操作技术复杂、过去不经常使用的车钻,车钻比风钻效率高,每小时可以钻进六七米,差不多顶一部风钻一班的效率。空压机工提出:"风钻需要多少风,我们就送多少风。"检查机器比往常更仔细了。共产党员张悦恩走到一部 9 立方空压机面前,听出机器声音转动不对,一检查是负荷调节器里有毛病,稍一摆弄,空压机又照常运转了。发电队的小伙子,时刻检查温度、油量,真正做到了"勤听、勤看、勤检查"。由于各工种的努力,完成石方开挖 444 立方米,超额完成 219 立方米,创造了新纪录。

（资料来源:《三门峡报·第 3 期》第 1 版,1957 年 4 月 18 日）

14. 中共黄河三门峡工程局委员会召开扩大会议布置开展增产节约运动（1957 年 4 月 23 日）

中共黄河三门峡工程局委员会在 4 月 23 日召开了党委扩大会议,讨论布置了在全局范围内开展增产节约运动。

会议首先由睢仁寿同志传达了河南省委召开城市工作会议的精神。接着工程局党委第二书记张海峰同志宣读了《中共黄河三门峡工程局委员会关于开展增产节约运动的指示》的《黄河三门峡工程局关于 1957 年开展增产节约运动的方案》后,大家展开了热烈的讨论,一致表示拥护这两个文件,并提出了不少建设性的意见。讨论后,由工程局党委第一书记刘子厚同志作了总结性的发言。他说,我国阶级矛盾基本解决后,人民内部的矛盾占了主要地位,人民内部矛盾突出的主要原因是当前经济文化不能满足人民对于经济文化迅速发展的需要,解决这一矛盾的根本办法,就是发展生产,开展增产节约运动。今年是我国实行第一个五年计划的最后一年。今年开展增产节约运动,对完成国家第一个五年计划和为第二个五年计划打下巩固基础有着特殊的意义。

他强调指出,开展增产节约运动,必须深入地发动群众,只有群众发动起来了,增产节约运动才能顺利地开展。怎样发动群众呢?首先要向群众讲清情况,讲清道理,向群众进行目前利益与长远利益的教育;说明人民的生活随着生产的发展逐步提高,同时要进行主人翁的教育。通过教育提高群众的思想觉悟,使他们从思想上热爱三门峡的建设。在思想发动的同时,也必须注意解决他们的实际问题。

刘书记在发言中,特别强调反对官僚主义:一是不关心群众生活;一是不解决工作中间的问题。大问题固然要解决,小问题也要注意解决;原则问题要解决,具体问题也要解决。他建议各部门的领导同志每月至少要有三分之一的时间深入现场工作,有的同志要有一半的时间到现场工作。他说我们当前的最大危险,就是光坐机关不下现场,我们要坚决防止机关化。

关于开展增产节约运动的方法步骤方面,他指出:学习文件要与思想发动相结合,具体方法就是"层层发动,逐步开展"。由党内到党外,由干部到群众,通过学习文件,在提高思想认识的基础上,以小组为单位进行反对铺张浪费的大检查。发动群众提合理化建议,要把开展增产节约运动,形成一个热火朝天的群众性的运动。通过运动,要把各种必要的制度建立起来,进一步加强计划管理,实行责任制。有了制度的保证,增产节约运动才能深入持久地坚持下去。

(资料来源:《三门峡报·第 4 期》第 1 版,1957 年 4 月 30 日)

15. 中共黄河三门峡工程局委员会关于开展增产节约运动的指示(1957 年 4 月 25 日)

中共黄河三门峡工程局委员会于 4 月 25 日发出了《关于增产节约运动的指示》。全文如下:

1956 年三门峡水利枢纽工程进行了大规模的施工准备工作。我们在中央和河南省委的领导下,全体职工发挥了积极性,各方面的工作均取得了成绩,从而为三门峡水利枢纽工程正式施工,准备了有利条件。但是,由于我们是新建立起来的企业单位,领导和群众虽也积累了一些水利建设与水电建设的经验,但建设像三门峡这样巨大水利工程的经验还是缺乏的。所以,工作上还存在着一些缺点和问题,在某些方面来说缺点是严重的。首先,由于"大盘子"动荡不定,计划的编制不完全切合实际,有贪多贪大、要求过高的缺点。在执行计划过程中,对财力物力的精打细算、对原材料的节约利用还注意得不够。在设计工作和物资供应工作上,也存在着一些缺点和盲目性。例如,有些工程项目的设计,安全系数偏大,建筑标准过高,经济技术定额过宽,不完全符合适用和经济合理的原则;

同时,某些设计资料供应也不够及时,影响一些具体工程的按期施工。物资供应工作,由于计划安排不尽恰当,积压物资、积压资金的情况还相当严重。在财务管理、劳动力调配、工资福利制度等方面,也还存在着某些混乱和不合理的现象。其次,组织机构不尽合理,有的部门机构庞大,人浮于事,未能及时调整,有的单位职责不清,办事拖拉,滋长着官僚主义作风。再次,行政管理费用存在着严重地铺张浪费现象,家具设备标准偏高,印刷表册、长途电话等控制不严。最后,由于党的政治工作薄弱。在有些干部中间爱排场、好享受、计较名誉地位,只能升级不能降级,不愿亲自动手,不肯精打细算,不能艰苦朴素,不能与群众同甘苦,不爱惜国家财物,贪占公家便宜的情绪和作风又有新的滋长。这些问题的发生与存在,已经给工作和国家财产造成了很大损失。今后如不迅速加以纠正,将会在政治上严重地脱离群众。

根据以上情况说明《中共中央关于1957年开展增产节约运动的指示》和《河南省委关于开展增产节约运动的指示》是必要的和完全正确的。为了贯彻执行中央和河南省委的指示,为了保证三门峡水利枢纽工程的顺利进行,中共黄河三门峡工程局委员会认为必须在所有部门中立即把增产节约运动全面地持久地开展起来。关于开展增产节约运动的任务和要求,除工程局另发具体方案外,党委会特提出以下几点意见:

(一)提高全体职工的思想认识,是顺利开展增产节约运动的首要关键。因此,首先必须深入学习党中央和毛主席有关增产节约的指示,加强对全体职工进行增产节约教育,使其充分认识开展增产节约运动对社会主义建设事业的重要意义,明确开展增产节约运动的方针、政策和目的,树立勤俭建国、勤俭办企业的思想。其次,必须充分发动群众,经过有领导有组织的反浪费大检查,用我们自己的具体事例来教育广大职工群众。

同时,应当向全体职工说明因国家1957年的基本建设规模有所调整,今年三门峡水利工程的投资有所减少。在这种情况下,开展增产节约运动更有其特殊的意义。要求我们必须更加合理安排计划,努力增加生产,注意精打细算,消灭铺张浪费,以较少的财力物力发挥更大更多的作用。有些干部和职工群众听到投资减少,产生了"泄气"情绪,认为"投资少,任务小,还搞什么增产节约,浪费不过是五千万"感到增产节约"没什么搞头"。这种思想是极端错误的,必须大力加以克服。此外,要向全体职工进行教育,不但要反对大方面的浪费,而且应注意小方面的节约。纠正那些认为"工程大浪费免不了""多用几百万是小问题"的错误思想。最后,还必须向全体职工指出,根据防洪与国民经济各部门发展的需要,领导上要求我们努力争取早拦洪、早发电。要完成这一总任务,全体职工必须作长期的艰苦努力。1957年是三门峡水利枢纽工程正式开工后的第一年。今年的施工任务和各项工作计划完成的好坏,对完成整个工程建设实现早拦洪、早发电的总任务,将起着决定性的作用。因此,我们必须根据主体工程与附属工程并重的方针,以少用钱多办事的精神,想尽各种办法,克服一切困难,反对本位主义,加强各部门的协作,坚决保证按期或提前完成今年的施工任务和各项工作计划,为三门峡整个工程建设创造一个良好的开端,并奠定巩固的基础。

(二)明确增产节约的方向,制定增产节约计划,是深入开展增产节约运动的必要前提。各分局、各部门都应根据本单位的具体情况,确定增产节约的方向和要求。目前开展增产节约运动应着重抓紧以下几个方面:第一,根据增产节约精神合理地安排工作计划,本着需要与可能原则,把今年的年度季度计划放在积极可靠基础上。为此,就必须坚决依靠群众,发挥群众智慧,使领导上编制的计划与群众的智慧结合起来。第二,进一步加强设计工作。设计部门应当组织所有设计人员,总结过去工作经验,改进今后设计工作,贯彻适用和经济合理的原则,及时设计出适用的方案。第三,改善劳动组织,合理使用劳动力,整顿劳动纪律,减少窝工、旷工的浪费现象。在任务不足劳动力剩余的单位,除工程局统一调配外,多余的职工由工程局统一安排,并组织起来进行培训。目前各分局自己培训职工的混乱现象必须立即停止。已派出的培训人员,应报局统一管理。第四,要加强施工管理,保证工程质量。严格按照施工程序办事,认真执行技术操作规程,避免返工浪费,减少伤亡事故。第五,要大力节约原材料,节约燃料电力。在保证质量、保证安全的条件下,发动全体职工想办法、找窍门,提合理化建议、总结和推广节约原材料的先进经验,特别是节约钢材、木材、水泥、沙石、汽油和电力的先进经验,从各方面节约原材料。建立与健全原材料管理制度,减少原材料损耗。第六,要注意机械设备和车辆的维护保养,按规定计划进行检修。对设备订货和物资供应要根据工程进度需要,做出恰当的安排。要组织力量进行清理仓库工作,积极处理积压物资,克服目前积压物资偏多的现象,加速资金周转。加强仓库干部管理,健全仓库管理制度。最后,要在全体职工和职工家属中,广泛进行节约粮食,节约用布的教育。反对浪费粮食、浪费用布的不良现象。

开展增产节约运动,必须保证工程质量,保证安全生产。那种只顾数量,不顾质量,只顾生产,不顾安全,以致造成更大浪费的做法,都是错误的,必须加以反对。同时,也要防止借口增产节约而不关心职工生活的官僚主义倾向。必须办的福利,在少花钱多办事的原则下,要逐步地办理。

(三)合理调整组织机构,大量节减行政管理费用,反对铺张浪费,提倡艰苦奋斗作风。因此,要严格控制增加人员,今后增加干部要经过党委组织部或工程局干部处批准,增加工人要经过劳动工资处批准。工程局一级机关要力求精简,抽出骨干充实基层,各分局要减少层级,尽量做到直接领导生产。在充分发扬民主的基础上,划分工作职责范围,建立与健全各种切实可行的工作制度,克服官僚主义,提高工作效率。在自愿的原则下,可以动员一些干部转到生产中去。职工宿舍和家具设备除必须建筑与必须购置的以外,对现有房屋分配的不合理、家具配置标准偏高的现象,应作出统一标准计划,进行一次合理调整。为了缓和住房紧张情况,职工家属迁居应作适当控制,并可动员一部分职工家属回乡参加生产。其他如办公杂支、长途电话费用、交通、招待费等,在不影响工作的情况下都要想尽一切办法,降低开支标准,减少不必要的开支。某些不合理的工资福利制度,也应有步骤地慎重地逐步加以改进和调整。最后,要求全体党员、全体职工要积极响应党中央和毛主席增产节约的号召,制止铺张浪费风气,反对贪污腐化行为,大力提倡艰苦朴素,克勤克俭与群众同甘共苦的优良作风。

(四)充分发动群众,深入开展劳动竞赛和先进生产者运动。这是组织群众实现增产节约目的的具体方法,各单位应加强对劳动竞赛和先进生产者运动的领导。在开展劳动竞赛和先进生产者运动中,要特别注意抓学习技术,掌握技术,提高技术,总结与推广先进经验,开展合理化建议这一主要环节,达到提高生产、降低成本、增产节约的目的。为了使劳动竞赛和先进生产者运动与增产节约运动很好地结合起来,应把增产节约的指标作为评定先进生产者的条件。

(五)为了保证1957年的工程计划与增产节约任务的完成,必须领导亲自动手,加强具体领导。党委会和工程局决定联合成立增产节约委员会,并以党委办公室为办事机构,协助党委会和行政具体领导这一运动,各分局、各企业单位也应指定专人负责领导这个工作。工会和青年团组织应大力动员广大职工群众和青年团员,积极地参加增产节约运动,大力揭发铺张浪费现象,积极协助领导研究改正办法,加强监督作用,与官僚主义作风进行斗争。

最后,各分局、各部门在接到指示后,应根据本单位的实际情况制定出开展增产节约运动的具体方案,报告党委会。在执行过程中的问题,望及时报告我们。

(资料来源:《三门峡报·第4期》第1版,1957年4月30日)

16. 工程局党委召开知识分子座谈会 批评领导 上的官僚主义作风(1957 年 5 月 18 日)

工程局党委会在本月 18 日召开了工程技术人员、医务工作者和正在三门峡演出的各剧团代表座谈会。参加座谈会的共有 30 多人。三门峡市委书记处书记李浩同志也参加了这次座谈会。

座谈会由工程局党委会第一书记刘子厚同志主持,他首先说明了召开这次会议的目的。他说:现在局里已经开始整风,希望大家能够畅所欲言,本着"知无不言,言无不尽,言者无罪,闻者足戒"的精神,把所有意见都提出来,帮助局里改进领导作风。

官多兵少,不学业务,屡出事故

交通运输分局金祖荣工程师说:"我们单位是官多兵少,领导干部多,一般干部少,外行多,内行少。四个科长级干部管了 23 部汽车,还经常出事故;写不出工作总结,说是没有文书。我总这样疑问,认为通过三门峡工程建设,培养水利干部是正确的,但培养交通运输干部,可以交给交通部或者交通厅。汽车运输的特点是数量多,行动快,接触面大,管理复杂,所以需要较多的经验才能管好,光凭摸索,等摸熟了,工程也完工了。可是咱们偏偏用了些生手,两个局长既不熟悉业务,又不听取下边意见,造成工作被动,屡出事故。去年 11 月我一到这里,就建议要加固发车大梁,今年又提,始终无效,到今年 3 月里,30 部车已断了大梁的有 20 多部。许多车同时都停驶,影响工作很大,临时进行抢修手忙脚乱,十分被动,而且断了再加固,费用大,质量低。领导上可能把交通运输这一门看得太简单了,认为有车、有司机能开就行,如果坏了交厂修理就行。不晓得维护保养工作的重要,到现在还没有正式停车场,有些制度也没有及时建立。这样下去,事故才是开头,将来任务重了,事故会更多。"

党员应该主动先"拆墙"

工程师王庭济说:"局里让一些学水利、土木的技术干部,长期做其他专业工作是不合适的,同志们提意见也不解决,不提不等于没有意见。老干部对知识分子的思想感情不太了解,有些敬而远之的情形,领导一般化,今后希望领导和工程技术人员交朋友,不然就领导不好。"主任工程师贾福海说:"我感觉党对我们的领导是保持着一团和气。我分析或者觉得,你是管技术的,我是管政治的,勘探工作是结尾了,高级知识分子难领导。将来我们还是要工作,我们希望大家互相学习,搞好团结。"主任工程师石元正说:"老干部和知识分子存在着一道隔墙。老干部认为参加流血斗争多年,是新中国的功臣;旧知识分子一肚子旧意识,资产阶级思想残余还没有去掉,还得进一步改造,可是在业务上有一套,建设新中国少不了科学技术,因此,也就自高自大;老干部业务水平低,知识分子政治水平低,那应如何解决? 我觉得主要是共产党员拆墙问题。"工程师夏其发说:"党团领导从来不过问我们的工作。政治学习呢? 三天打鱼两天晒网,业务学习根本没有安排时间。"工程师盘石说:"知识分子入党问题,提出来得不到解决,一方面是本人不够条件,一方面是党不接近,不关怀帮助。去年周总理提出了知识分子问题后,大家都作出规划,今年冷下去了,这和领导抓不紧有关。技术干部参观学习对工作是有好处的,希望局里组织一下。"

组织臃肿,五脏不全,计划多变,造成浪费

设计分局工程师陈学坚说:"设计分局是组织臃肿,五脏不全。郭劲恒工程师说计划常变浪费图纸,这是坏的一面,我觉得好的一面是解决了窝工和同志们闲着闹情绪的问题。咱们是应有的专业都没有,所以人虽多,工作拿不起来。领导不信任也是问题,设计医院的草图在北京已经做出,初步设计也做完了,后来领导上又交给郑州去做。计划多变,造成很大浪费。"

分工不明确,各单位不协作

许多工程师对这一问题,提出了意见。分工不明确的矛盾,在设计分局、技术处、施工处之间表现得很突出。这几个单位,遇到工作,常常是你抢我抓。另外,有的单位把自己能解决的问题,也要直接找局长解决。动力分局钱汝泰主任工程师拿在马家河底安装列车发电站输电线为例,说明交通运输分局和物资供应分局对动力分局的协作不够。交通运输分局不但运输台班费高,而且派的司机有的不听指挥,一天只装运一两次;物资供应分局仓库上下班太死,过时就不发料了,这使动力分局安装列车发电站计划不能如期完成。

行政部门眼睛向上,不听职工意见

勘探总队夏其发工程师谈到交通车和洗澡的问题说:"咱们局的某些行政部门不是面向工地,而是面向领导。过去交通车不开史家滩,说是路不好走;浴室经常不开放,说是没有燃料,现在局领导搬到史家滩,交通车来了,浴室也开放了。过去浴室还有这种情况,交际处领导一到,浴室就烧水,可是里边洗着,就说时间过了,不叫职工们洗。"

重大决定领导上应征求下边的意见

王庭济工程师说:"工程局搬家问题,不但是行政措施也是进行施工布置的问题,光领导上一研究就决定了,应当找各部门研究研究。"盘石工程师说:"今年是主体工程和附属工程并重,领导全集中在坝头,不应放松了附属工程,局里应当分工领导两摊。"任文灏工程师对有的领导同志不能在工作和生活上以身作则,提出了批评。

对剧团应当关心,帮助解决困难

会上,陕县剧团老艺人尚清夫、宜阳剧团会计金宝琛、孟津剧团演员许丽俐,都分别对地方领导和工程局提出了批评。宜阳剧团金宝琛说:"大剧团不能常来,小剧团一来就看不起,不给以照顾和帮助,将来是大剧团不愿来,小剧团不敢来,职工文娱生活无法解决。"孟津县剧团许丽俐说:"我们一般县的剧团,演出质量虽低,但也是为了支援三门峡建设,调剂职工文化娱乐生活的,为什么不和大剧团一样看待呢?"他们希望工程局文教部门应加强对他们的领导,帮助他们解决困难,多方面支持他们演出。

民盟盟员 技术处工程师 郭劲恒

(资料来源:《三门峡报·第 6 期》第 3 版,1957 年 5 月 25 日)

17. 领导上"三大主义"的严重危害
(1957 年 5 月)

为了帮助整风,我谈谈个人对我局领导方面的看法,可能主观片面,不过我

愿畅所欲言,提供讨论:

先谈领导上的官僚主义作风:这方面首先突出地表现在拖拉作风上,如:三门峡地质勘探总队去年为存放岩心所需房子问题,经该队一再请局解决,但一直不被重视,竟拖延七八个月之久,才予以解决,较轻岩心因而变为岩粉,看之痛心!设计分局资料室从大安搬会兴后,不给足够的房屋,致使三分之一的资料和全部图书不能开箱,群众意见很多。虽然该室一再大声呼吁,但亦拖延约三个月,才基本解决,给工作和向科学进军造成了损失。工程照相所需器材,虽长期积压在库,而行政处领导仍一直诿称"研究研究再说",至今一个月,未予解决。公文稿子,有的拖一个月才发出,急件也有拖到一周或一旬的。

再谈领导上的主观主义:突出地表现在往往个人决定一切,不重视集体领导和群众意见,不向群众定期报告工作,征求意见。在技术问题上,对总工程师及高级技术人员的意见,重视不够。局领导相互间也缺乏充分交换意见,有时各作主张,因而影响计划和设计一变再变,造成 810 张设计图纸作废,价值约10 000 元的浪费。

在党内的宗派主义方面,我感到党内和党外研究共事少,党员领导干部的官僚主义、主观主义所以长期得不到改正。我想与党内有护短的宗派主义情绪,不能开展批评是分不开的。

党员领导还存有特权思想,表现在食、住、行各方面。一切都是从处级以上考虑,面向领导,为领导服务,不是首先从工作出发,面向广大职工。不能与群众同甘苦,更谈不到"先天下之忧而忧,后天下之乐而乐"!

此外,不少领导,不钻业务,也不钻政治,因而长期不熟悉业务,思想也逐渐硬化。这样,只能长期限于一般领导,无说服力,更谈不上加强领导。

由于领导上存在着上述官僚主义缺点,结果脱离群众,脱离实际,上下不通气,并使局的工作长期处于混乱状态,如:职责范围不清,分工不明,局长间、分局间、处与处间都有这种情况,造成有的工作大家都抓,有的则互相诿卸;再者,没有一定的制度,各自为政,乱当家!

造成官僚主义、主观主义、宗派主义的混乱现象的原因,我认为有以下几点:

1. 思想落后于形势发展。满足于过去的革命经验,不钻业务,不钻政治,安于现状,故步自封;有的有骄傲情绪,摆老资格,不肯听取群众意见,自以为是;把一切推到局里,局是新摊子,职工来自五湖四海,放松和原谅自己,不敢正视错误缺点,和党群间、领导群众间存在的矛盾,使错误和缺点得以长期存在,得不到纠正,矛盾日益扩大,得不到解决。

2. 思想教育放松,政治空气薄弱。缺乏德育和劳动教育,缺乏勤俭建国的教育,因而不能继续保持和发扬艰苦朴素与群众同甘共苦的优良的革命传统。政治学习,缺乏有计划的安排和具体领导,对学习效果缺乏检查。往往学习流于形式,不深不透。此外,思想教育没有和解决实际问题相结合,因而收效就更小了。

3. 人浮于事。有的职能部门,人员多余,闲着无事,上班看报聊天,纪律松弛,遇事则互相推诿,人多不办事!

4. 党、团组织生活不够严格。缺乏批评与自我批评,缺乏认真的内部教育,不少党、团员显不出真正起到模范带头骨干等作用,个别党员和少数团员甚至闹职位、争待遇与光荣的称号不相称。

我希望局领导要时刻记着刘少奇委员长在八大政治报告中的一段话:"一个好党员、一个好领导者的重要标志,在于他熟悉人民的生活状况和劳动状况,关心人民的痛痒,懂得人民的心;他坚持艰苦朴素的作风,同人民同甘苦共患难,能够接受人民的批评监督,不在人民面前摆任何架子;他有事找群众商量,群众有话也愿意同他说。只要我们的党是由这样的党员组成的,我们就永远有无穷无尽、不可征服的力量。"

关键在于领导,首先是党员领导同志。我完全相信党,相信群众,通过这次整风一定可以提高领导和广大职工的思想水平,正确地处理内部矛盾,改正缺点,加强团结,共同搞好工作。

民盟盟员、技术处工程师郭劲恒

(资料来源:《三门峡报·第6期》第3版,1957年5月25日)

18. 大胆热情提意见 积极勇敢除"三害"
——我局青年在座谈会上踊跃发言
帮助党整风(1957年5月25日)

5月24日一天和25日半天,局党委召开了青年座谈会。会议由党委第二书记张海峰同志、副书记肖文玉同志主持。张书记向到会的43名青年代表说明召开这次会议的目的,希望大家勇敢地揭露矛盾、揭发领导上的"三大"主义,帮助党整好风,改进领导工作。到会青年纷纷发言,帮助党拆去"墙",填平"沟"。

官僚主义 高高在上

座谈会上，大家针对局党委与局领导干部，工作不深入，高高在上的工作作风，提出了尖锐的批评。设计分局向述荣说：从高干宿舍就足可以看出领导上不能与群众"同甘共苦"。高干宿舍里的设备全是"软"的（指沙发、弹簧床）。物资供应分局曹长海说："工程局成立很久了，但还没有一套完整的工作制度，局与分局各订一套，造成工作被动，互相扯皮，然而领导上却强调我们是'新摊子，凑班子，没经验'等。"卫生处刘正本说："局领导上对卫生工作不重视，从没有对卫生处作过任何工作布置，更谈不上检查；给局长写的工作报告，在局长秘书抽斗里睡了半个多月大觉。工地卫生工作开展的不好，领导上应负一定责任。"铁路分局李中央说："工程局对铁路业务不熟悉，但有事又不很好地和分局联系、研究。如铁路分局制了一份'吊车与机车收费使用办法'，请工程局批示，但工程局不懂也不和我们商量，就大笔一挥在文件上批个'交各分局讨论'。"

政治工作薄弱 民主空气不高

设计分局向述荣谈到政治思想工作时说："局党委对政治思想工作抓得不够。如全国各地都在积极贯彻'百花齐放、百家争鸣'的方针，而我们却没有贯彻，'别处是满城风雨，而我们是无风无雨'。宣传部领导理论学习是一般化，光叫听报告，看文件，形成'报告、讨论、写书面报告'的学习公式。"医院护士王秋芝说："医院的团组织都快空了，团员超龄的超龄，没入团的青年也入不了团。"计划处庞涛说："工程局对干部是光使用，不培养。去年党中央提出向科学进军，全国各地是一片进军声，唯有我局死气沉沉。"专家工作室田平说："我们局里的工会和团组织都没有很好地发挥独立工作，啥事都看党，党说开步走，他就走，党说立正，他就站住。"江运东对广播机起不到宣传教育作用，提出了批评。设计分局向述荣对《三门峡报》没有自己的特色也提出了意见。

谈到工程局民主空气不高问题时，很多同志都提出了意见。技术处李国干说："纪念'二七'时，团总支打算出一期漫画，揭发浪费和官僚主义现象，但党委宣传部一审查，好多都给审掉了。"物资供应分局逢建功说："在他们分局想要去听党课，必须得经审查批准，并得要具备：历史下了结论；写过入党申请等条件，否则便不能听党课。"李国干说："近来工程局机关上党课，是偷着干的，是秘密的，唯恐大家知道。为啥上党课竟要这样做，难道怕同志们进步吗？"

不钻研业务 凭党员身份吃饭

会上也提到了党和群众关系。向述荣说:"党和群众的关系,好像没有共同语言似的,表面上是一团和气,实际上是敬而远之。大家特别对有些党员干部,不积极学习,凭主观办事,提出了意见。局办公室有一位主任不懂技术,乱批改设计分局、施工处、技术处公文,造成文理不通,词不达意。"物资供应分局曹操海说:"我们分局有一科长,是既不懂业务,而又不学习,一个月也只是有十天上班,即使上班,也不过是坐在办公室看看报纸或坐着打盹。整日啥事不干,就是凭着党员身份拿工资、吃饭。"

机构庞大 人浮于事

工程局机构庞大,部门层次多,人浮于事现象极为严重。如专家工作室有100多名翻译,超过原编制30多人。计划处庞涛说:"就我们这座办公大楼里,光搞人事工作的就有党委组织部、干部处等六个部门。这么多人事部门,工作是否做好了呢? 没有。去年从武汉等地调来的100多名大学生,干部处仅用一天多的时间,就分配完了,造成学水工的搞机械,学非所用。"交通运输分局翟五泉说:"交通运输分局一共才有80部汽车,可是司机却有300多名,闲了一年多都没事干。汽车二队设两个队长和两个教导员,做工作的时间少,下军棋的时间多。司机们说,他们是军棋队长、教导员。"物资供应分局逢建功说:"我们分局有七个科,共89个干部,其中光科长级以上的就有18个。这些人已经闲得没事干了,而领导上还一直积极地要干部。"仓库刘昌明说:"我们一个仓库就配备了七个科级干部,业务不熟悉,还光闹不团结。"技术处刘襄纪说:"由于机构层次多、职责不明,往往造成工作忙乱。如施工处和技卫处常因一件事都派人去做,但又互不通气,使施工单位不知听谁的是。"计划处庞涛说:"计划处光收发就有两个。"

啥事都要论级别

在我们工地衣、食、住、行都分级别,造成了许多人为的矛盾。技术处李国干说:"招待所有些工作人员,招待人时首先看你的衣着。如武汉电业局有四位同志来我处联系工作,先来两个介绍到招待所时,招待员看人家穿的是一般干部服,说没房子住;好说后,才给找了两个'木板'床的位置让住下。几天后又来了两个穿呢子衣服的,招待员就连说有房,叫睡'棕床'。吃饭也得论'级'。处长们吃的是好米白面,但售价却比大灶便宜。如小灶的油炸馍五分钱一个,大灶却六分钱,小灶吃大肉饺子是一分半一个,大灶是青菜饺子也是一分半一个。"专家工作室田平说:"小孩喝牛奶也得看他爸爸的'级别',科长级以下的小孩即使有病、没奶吃,想买磅牛奶也不中,因为他爸爸还不是'科长'级以上的干部。宿舍里用家具,也是按'级'配备,处长以上的设备全是'软'的。处长级的设备有玻璃衣柜、写字台、书架等,科长级的比一般干部多上个书架。但有些科、处长干部的书架并用不着,有的在书架上放些破袜子、烂鞋。而有些技术员的书很多,却没书架用,只得把书放在床底下。"大家还揭发了有些处长们去洗澡、接家属也都坐小卧车。一般干部下工地时,若乘不上交通车,只好用腿走。

购买家具"三不要"　设备追求"北京"化

三门峡工程是伟大的,但有些同志却把什么都伟大化和"特殊"化,以致造成很多浪费。行政处李连印说:"工程局成立后,到现在光购置办公、宿舍家具达三四万件,合人民币五六十万元之多。购买的这些家具用品,都要求赶上'北京'标准。开始在郑州买了 70 多张红色的三斗办公桌,每张 24 元,寄回后,领导上说,式样土气,放在办公室里不体面,不要,又新向郑州木器厂订了 100 多张规格、颜色一律、'北京'式的米黄色的三斗办公桌,这样的桌子每张是三十五元一角八分。200 多元一套的沙发,100 多元一个的柜橱,弹簧床、玻璃写字台、皮转椅等各式各样的'京'式家具,这些家具购来,除发到各单位后,如今三个 900 多平方米的仓库还堆得水泄不通。除此之外,最近又将要运来碗柜、三斗桌、方桌双人床、木椅、打字椅、绘图椅等 1 500 多件。这些家具运来后,连放的地方都没有,另外还购买了 100 套价值 2 万多元的铺盖,作为招待专家用,实际上在三门峡经常工作的专家也不过 10 人左右。约 4 000 多元一套的'英国货'西餐用具,买了好几套。"李连印还说在购买西餐用具时,领导上提出"国产货不要,不好不要,价钱不高不要"。其他价值 8 000 多元一部的计算机、4 000 多元一架的照相机、2 000 多元的地毯、400 多元一辆的自行车、近千元一套的出国服装、1 100 多元一个的德国手风琴、300 多元一套的跳舞鼓、1 012 元一套的联合运动器械、220 元一支的瑞士跑表、25 元一副的麻将牌、7 元多一副的化学扑克等各种各样的娱乐用品,不知浪费了多少钱。买来后,又一直放在仓库里,见不到天日。

应该关心青年的特殊利益

座谈会上,青年们对党不够关心青年人的入党、入团、向科学进军和支持青年正确恋爱等方面提出了意见。办公室徐仁说:"党、团组织对培养团员入党、青年入团关心不够,很多团员都写过入党申请书,但不见党的培养。"技术处李国干说:"超龄团员很想求得党的帮助,可就没人管。团外青年积极要求办团课,而我们团总支却没这个打算。"刘襄纪说:"连个向科学进军的自修地方都没有,在办公室你想看书,外面却有人在打乒乓球,回宿舍吧,四个人一张桌子、两条凳,一支灯泡只有 25 瓦。"说到这里计划处庞涛建议购买科学技术书籍。动力分局吕中福建议党应重视青年活动。他说:"他们团支部出黑板报,花三毛钱买盒粉笔,都不给买。"医院王秋芝说:"工程局从大安搬走后,医院职工文娱活动也没人管了,几个月看一次《秋翁遇仙记》还没看完,机器就坏了,戏除去豫剧还是豫剧,真成了'一花独放'。"座谈会上,大家对开展职工文体活动、婚姻等问题也提出了很多建议。

(资料来源:《三门峡报·第 7 期》第 1 版,1957 年 5 月 31 日)

19. 原坝一分局召开工程技术人员座谈会 尖锐批评 诚恳建议(1957 年 5 月)

原坝工一分局党委在 5 月中旬召开了工程技术人员座谈会,在分局党委书记石川同志的支持下,大家本着"知无不言,言无不尽"的精神给党委领导上提出许多意见。

座谈会上,大家一致要求党应对他们关心,帮助他们进步。过去向科学进军无人领导,因而工作水平和思想水平始终是跟不上实际施工的要求。蔡起翔工程师说:"党过去对高级工程技术人员做了些工作,但还没有当作自己人看待。工作七八年了,很少有人找自己谈谈政治上的进步,平素聊聊心腹事;有了错误,批评的也很差,表面上客客气气,实际帮助不大。"

他们批评有些党员干部,过分强调业务不熟悉,不愿动脑筋,工作作风简单粗暴,个别党员有"饱食终日,无所用心"的表现。有人提出领导上不重视职工文化教育,业务单位从去年拟出一个向文化科学进军的规划,到现在党委也没有研究,造成工作上很大被动,要求领导上赶快解决。

谈到技术干部发挥作用问题,张磬工程师提出技术人员分工研究技术不够明确,三门峡工程初步设计,只少数人掌握,大多数人看不到,学不到新技术。有的提出技术干部兼职行政工作,事务多,不能很好钻研技术,对三门峡工程机械化施工,感到茫然。

很多人提出,在党、政干部与工程技术人员之间,经常开展批评与自我批评,只要相互之间思想见面,许多问题都可以解决。

最后,分局党委书记石川同志对大家提出的批评意见表示感谢,并认真加以研究,在今后实际工作中改进;石川同志还希望大家要大胆地给领导上提出更多的批评意见,帮助党内整风,改进今后的工作。

李和

(资料来源:《三门峡报·第 7 期》第 1 版,1957 年 5 月 31 日)

20. 交通运输分局存在严重官僚主义　造成汽车屡出事故(1957 年 5 月)

交通运输分局领导上一直存在着严重地官僚主义作风,忽视了安全教育,造成汽车屡出事故。据统计一年多来共出大小事故 30 多起,特别是从今年元月份到现在,连续发生碾车、掉沟翻车、撞人等严重损伤事故,竟达 8 起之多。

4 月 30 日下午,该局交通大客车发生了重大的人身损伤事故。这是由会兴开往史家滩的一次客车,共坐乘客 28 人(连司机助手 30 人),当客车行驶到高庙山(八公里长的坡度)下坡时,司机李绍华违反了以三挡慢速下坡的操作规程,而用四挡快速下坡;当转弯时,司机虽然又调换到三挡慢速,但由于坡度陡冲力大,行驶速度仍然很快,这时司机才想起关闸"刹车"(止动器),不料失效,司机又急忙拉"手刹车",又失灵,汽车速度无法控制,而前面又是一个转弯;这时司机大惊,看到如果汽车冲下去,会造成整车翻沟的危险。在刻不容缓、无可奈何的情况下,司机李绍华以自我牺牲的办法,将汽车直驶冲向转弯处左边的山壁上撞去,结果车头碰坏,全车震动,司机李绍华头部碰伤,左腿折断;全车乘客被撞的前扑后仰地摔倒在车厢内,前边一位乘客摔出车外 1 米多远的道路上。造成 15 人受伤(计重伤 7 人,轻伤 8 人),车厢大部分座位震断,玻璃撞碎等严重损伤。事故发生后,工程局各首长亲赴现场慰问,大安医院救护车及时进行抢救。现在除个别重伤者已转北京、洛阳医院治疗外,其余大部受伤者已出院恢复了健康。

这次事故发生后,三门峡市人民检察院、法院、公安局、车辆监理所和有关部门,已到现场进行了检查。大家一致认为,这是一次严重责任事故,并非难免的机件事故。主要原因是交通运输分局的官僚主义作风,长期以来既放松了对司机的政治思想教育,忽视了安全工作,又不深入下层抓业务,致使客车长期缺乏保养,司机思想麻痹,开车前没有认真检查,造成重要机件失效,发生了事故。

现在三门峡市人民法院正在研究处理这一事件。市领导上已采取了措施,保证车辆安全行驶。

(资料来源:《三门峡报·第 7 期》第 2 版,1957 年 5 月 31 日)

21. 物资供应分局青年大胆揭发积压浪费现象
(1957 年 5 月 24 日)

物资供应分局于 5 月 24 日晚召开了青年座谈会。会上,30 多名青年大胆揭发了许多严重的积压浪费事件。

大家首先提出分局机构庞大,事少人多。如采购科、综合科成立半年多来,任务还不明确。十几个干部闲着没事,某些科长干部不做具体工作只是参加会议,看报纸,或者是闲逛,很少见他们亲手做点工作。甚至有一位科长和他的爱人经常不上班,高兴时来说一声,不高兴时连说也不说。尽管这样,而分局领导还向总局要干部。大家提出最使人痛心的是库中积压着大量物资。据初步计算,目前放在仓库的材料,现在用不着,或者永远不用的就值 90 多万元,其中某些材料如水泥因积压时间过长,已经失效,或降低了使用的价值。究其原因,是计划不周,盲目进货。如去年 1 月设计分局提出供电,通讯需要的电缆,就有 27 000 多米,不适合工程使用,价值 37 万多元。再如施工处提出修钢架桥,急需钢板等材料 200 多吨。物资供应分局赶紧四处张罗。谁知等材料到齐了,计划也变更了,全部材料,完全无用,只好长期困到仓库,占压投资 16 000 多元,浪费了运费近千元。材料是这样,机械设备也是这样,去年从国内国外,买到的许多设备到现在还用不着的就有 763 台（套），值 228 多万元。就是今年新买到的设备，经专家和总工程师审定，在 1957 年不需要的，也值 40 万元以上。这些触目惊心的积压数字，并没有引起有关部门和领导的重视。前几天材料科长和分局是还在打算用 4 000 多元去买现在还没有用项的铸铁管。

大家还提到目前国家也感到缺乏的宝贵物资，我们这里没有好好保管许多新的机器，盖布有被大风撕破的，有磨成大窟窿的，这样一下雨，水都钻到机器里边去了，天长日久，这些还没有用过的机器，锈的锈了，坏的坏了。管理也很混乱，物资进仓，没有计划，东放一堆，西放一堆，今天往这里搬，明天往那里挪，几十个仓库工人就因为这样胡倒腾，白费许多工。

野坪

（资料来源：《三门峡报·第 7 期》第 4 版，1957 年 5 月 31 日）

22. 三门峡的工程建设已取得显著成绩
（1957 年 7 月）

三门峡水利枢纽工程开工两个多月以来，在全体职工的努力下，已取得了显著成绩。列车发电站发电，第一台 3 立方电缆投入生产，120 千瓦电厂安装基本完毕，郑—洛—三变电站的兴建，铁路、公路即将全线通车，横跨黄河的钢桥正加紧施工，左岸工段系统的锻纤厂、空压机房将要投入生产，汽车基地、小拌和楼基地的平整也将完成，并建筑了一些房屋和仓库，这些都为今后大规模的机械化施工创造了有利条件。开工以来，已完成坝基开挖 73 200 多立方米，并出现了不少新的事迹。如青年挖掘机手于家连，由开始的一个台班出碴 17 车，提高到一个台班出碴 78 车。

工程局领导根据工程进展的情况，已采取了各种有效措施，加强对施工的具体领导。筑坝分局的领导已明确分工，深入工地，开始注意抓生产计划。交通运输分局、物资供应分局、动力分局的领导同志都深入工地，了解施工中的具体问题，主动配合，相互协作得好，在安装第二台 3 立方电铲的工作，进行得比较顺利，可以提前投入生产。

方占寅

（资料来源：《三门峡报·第 12 期》第 2 版，1957 年 7 月 8 日）

23. 平地起家的三门峡市(1957 年 7 月)

从去年 3 月到现在,工程局在三门峡地区的荒凉田野里,新建起了不同型式的楼房、平房、厂房、宿舍等建筑物共有 1 131 000 多平方。

这些房屋的建成,不仅初步解决了职工和部分家属的衣、食、住、行、文化、福利问题,提高建设三门峡的积极性,更重要的是为今后大规模的施工打下良好基础。

今年在建设房屋中,贯彻了"勤俭建国,少花钱,多办事"的方针,如今年建的土坯平房,减去了某些不必要的内外设备,比去年建的砖木平房,每平方减少 29 元。据房建分局有关人员谈,这种土坯平房的使用年限和住宿宽敞来说,和砖木平房差不多。今年建筑的楼房,在保证质量下,减少不必要的钢筋,降低造价 6.057%。三门峡还是刚开始建设。去年 3 月前来的职工们点头赞扬说:"刚来的时候,新城、大安是片凄凉田野,什么都没有,职工住在窑洞里;一年多的时间,这个地方变化真大呀! 楼房、平房盖得一排排的,电灯亮了,自来水通了,公路、铁路都通车了。"

一座平地起家的三门峡市诞生了! 几年后,三门峡将建设得更加美丽。

迈十

(资料来源:《三门峡报·第 12 期》第 2 版,1957 年 7 月 8 日)

24. 关于深入开展增产节约和先进生产者运动的决议(1957 年 8 月 8 日)

黄河三门峡工区工会筹委会第一次会员代表会议,认真地审查和讨论了秦主席所作的《1957 年上半年工会工作的基本情况和下半年工会工作的意见》的报告,认为其内容符合我工区的实际情况,而且也是正确可行的。全体代表一致表示,坚决在实际工作中贯彻。

会员代表一致认为:黄河三门峡水利枢纽工程,规模宏伟、意义重大,它的完成对促进社会主义建设和提高人民物质文化生活具有极其重大的意义。而今年又是三门峡工程施工的第一年,今年的施工任务和各项工作计划完成的好坏,对早拦洪、早发电、早解除黄河下游 8 000 万人民生命财产之威胁,将起着决定性的作用。为了胜利地完成这一艰巨而光荣的任务,会员代表会议认为工会下半年的任务是:在党和上级工会的正确领导下,进一步发动职工群众,广泛深入地开展增产节约和先进生产者运动,将保证完成与超额完成下半年增产节约任务作为中心;同时加强对职工的政治思想教育和劳保福利工作。为了实现以上任务,还必须积极稳步地建立职工代表大会制度与健全工会组织,发挥工会组织作用,以及改进工会领导作风等。为此,全体代表一致通过如下决议:

一、进一步发动广大职工群众,广泛深入地开展增产节约和先进生产者运动,保证完成与超额完成下半年增产节约任务。会员代表会议认为,必须加强对增产节约和先进生产者运动的具体领导。首先,继续深入地贯彻中央"勤俭建国、勤俭办企业"的方针和"互相学习、互相帮助、取长补短,共同提高"的社会主义劳动竞赛原则。同时,还必须在有关单位中推行联系合同和搞好互相协作。其次,协助行政制订增产节约计划和指标。充分发动职工群众进行讨论,依据增产节约计划和指标,制定切实可行的竞赛保证条件,并切实帮助群众加以实现。再次,继续抓好总结推广先进经验和开展合理化建议的中心环节。加强劳技结合和集体研究,认真分析总结本单位行之有效的先进经验和参照外地的先进经验,根据本单位的实际情况做出推广先进经验的计划,明确目的要求,有计划地大力推广;有领导、有课题地开展合理化建议,解决生产中的关键性问题。为此,就要充分发挥先进生产者的作用,提倡互教互学,大力帮助普通生产者学习提高技术,向先进生产者看齐。从次,根据各单位的生产特点来开展社会主义劳动竞赛,一般应由低到高逐步扩大竞赛范围。就是,先从个人与个人、小组与小组的内部竞赛开始,在此基础上开展同工种、同业务的竞赛。同时,要开展科室竞赛,采取个人与个人、小组与小组以及科室与科室同业务之间的竞赛形式;大力推先,提高工作效率和质量,改革管理;特别注意搞好科室人员之间的协作配合;改善作风,深入群众,帮助及时解决生产上的关键性问题。最后,为了在生产上互相协作配合,共同完成任务,应根据需要发动职工群众签订联系合同;定期或不定期地召开群众性的生产会议,解决当前生产上存在的关键性问题;还要及时地进行检查、总结、评比、奖励工作。

为了开展好增产节约和先进生产者运动,必须加强对职工的政治思想教育工作。……

为了在开展增产节约运动中保证职工安全生产和身体健康,提高劳动效率,还必须加强劳动保护工作,切实贯彻安全生产的方针。按国家规定监督行政按时发放劳动保护用品,当前防暑降温工作尤应注意,以保证职工的安全生产。坚决纠正那些只顾生产不顾安全的思想和做法。同时,还要以极大的热情关心职工的生活福利,对职工迫切需要解决而根据国家法令有可能解决的一些生活福利问题,要采取积极态度加以解决,克服不关心职工生活疾苦的官僚主义,但当前无条件解决的问题,亦应诚恳地向职工说明道理,同时对女工的特殊保护要切实加强,对职工家属工作要注意进行"五好"教育,使职工回到家里能休息好,吃得饱。

二、积极稳步地建立职工代表大会制度。为了贯彻依靠工人阶级实现社会主义工业化的方针和推行企业中的民主管理制度,为了进一步发挥全体职工作为国家领导阶级的创造性和责任感,使之真正参加企业的管理和监督,切实有效的保证完成与超额完成增产节约任务。因此在今年下半年,凡有条件的单位必须召开职工代表大会,条件不具备的单位可召开职工代表会议并积极创造条件准备召开职工代表大会。

三、加强工会的思想建设与组织建设,发挥工会的积极作用,来保证以上任务的完成。首先,建立与健全民主生活,整顿和健全基层工会的组织和各种工作委员会;其次,要加强工会小组的工作以及对工会干部和积极分子的经常培养训练。为保证工会活动经费,还应搞好财务工作,做到"收好、管好、用好"。

最后,在整风运动中积极克服工会领导上的主观主义、官僚主义,深入工作,深入群众,大力改进领导作风。

(1957 年 8 月 8 日通过)

(资料来源:《三门峡报·第 18 期》第 2 版,1957 年 8 月 17 日)

25. 为争取第一期围堰工程顺利进行 我局有关单位开始讨论施工方案(1957 年 8 月)

本月上旬,我局在史家滩召开会议,讨论第一期围堰等工程的施工方案。会议是由刘子厚局长和张铁铮副局长主持的。

第一期围堰(包括上游混凝土墙)和混凝土隔墩隔墙工程将于第四季度陆续开工。这些工程是左岸工程的关键。局领导对此早就作了布置,由筑坝分局会同有关单位提出方案初稿。

讨论的主要内容是：围堰沙碛石料源和临时性混凝土拌和场位以及过河桥型式、规模等。大家针对这些问题，提出了具体意见。拌和场位，认为可在左岸米汤沟口、右岸史家滩料场区内或鬼门岛上等三地。第一期围堰所用沙石料，可取东沟、米汤沟、史家滩等地的沙石。对过河桥的型式和规模也提出了几个方案。

最后，张副局长作了总结性发言。他指示各专业小组应根据此次讨论内容，作进一步的研究讨论，以便最后肯定方案，为下一步工程争取主动。

张德恒

（资料来源：《三门峡报·第 18 期》第 2 版，1957 年 8 月 17 日）

26. 机械化施工旗开得胜　左右两岸超额 完成了 8 月份计划(1957 年 9 月)

主要经验是：领导干部深入现场，加强协同作业，加强统一指挥，充分发挥机器潜力。

机械化施工旗开得胜，第一个月左右两岸工程便都超额完成了月作业计划，这是一个伟大的转折。

8 月份左岸坝基开挖计划是 4 万立方米，实际完成了 42 127.42 立方米，超额5.32％。右岸拌和楼基地开挖计划是 30 500 立方米，实际完成了 45 688.02 立方米，超额 52.2％。

8 月初，局和筑坝分局领导，全面地系统地分析了连续几个月完不成计划的情况，批判了部分同志的保守思想和协作观念不强的缺点，提出加强协作和统一现场指挥，充分地发挥机械作用，超额完成月作业计划。筑坝分局根据这个精神，加强了各工种之间的协作，组织各队之间和队与科室之间订立了联系合同；在现场还召开了不同类型的班前协作会，订立了现场管理制度，明确了施工人员职责范围；与此同时，还建立了各工程队长现场值班制，分局党委书记等负责干部深入工地协助重点施工单位工作。通过以上措施，使现场管理和指挥得到了改善，初步适应了机械化施工的要求。

广大职工，经过整顿劳动纪律和反右派斗争，进一步提高了社会主义觉悟，积极地响应分局提出的 20 天突击运动，开展了劳动竞赛。他们在伏天炎日暴晒下，不断地克服困难和改进工作方法，使生产效率不断提高，新纪录如同雨后春笋,新人新事与日俱增。因此,左右两岸各工种普遍突破定额,3立方电铲由每班出碴202车提高到316车,1.2电铲由班出碴39车的纪录提高到128车,汽车运碴由16车上升到47车,大钻达到35.18米,手风钻开工前,班进度最高纪录是29.88米现在达到了38.2米,推土机也连续不断地创造新纪录。

8月份石方开挖计划的超额完成,不仅扭转了几个月完不成计划的被动局面,并且给下一步左岸第一期围堰建筑创造了有利条件。

（资料来源:《三门峡报·第22期》第1版,1957年9月9日）

27. 市直机关整风以来工作大有改进
（1957年9月）

最近,三门峡市直各单位对"边改进",作了全面的检查。据市政委员会、服务局、邮电局、供销社等8个单位的检查统计,整风以来,凡是群众所提出的合理意见,能马上解决的,有94％已被采纳解决或正在解决;有些意见虽然需要解决,但因条件限制,暂时尚不能解决的,已向群众说明情况,并积极创造条件准备解决。

市邮电局把职工所提的意见归纳为七类四十多条,认真地作了研究处理。特别是注意了领导作风的改进。贯彻和坚持了"业务监督检查制度",正、副局长和几个主要干部轮流深入到车间,检查帮助工作。局长到史家滩支局检查工作,发现营业房小,群众拥挤,影响工作,随即想办法,修建扩大了营业房。局长和支局长在星期日并帮助职工卖邮票、架线、扛电线等。公路第五工程处党委整风开始后,建立了每周定期接见群众的制度,密切了党群联系。该处为了加强对职工家属进行时事、政治、文化和勤俭理家的教育,配备了专职干部领导家属学习。建设银行领导干部除认真改进领导作风外,有三个科长自动提出降低自己的工资级别,群众反映良好。供销社听取了群众的意见,礼拜天出摊子推销残次品,扩大营业额,增加了收入。市委机关建立体力劳动制后,每星期六有二十多个干部到农业社或工地参加劳动,市委几个负责同志均和群众一起参加体力劳动,据不完全统计,从整风以来,已做三百多个劳动日。

目前市直各机关,正在进一步地改进领导,改进工作。

孟卜

（资料来源:《三门峡报·第22期》第1版,1957年9月9日）

28. 进一步加强党的基层工作（1957 年 9 月）

加强党的领导和贯彻执行群众路线，是办好企业的两项基本保证。许多经验证明，缺少这种基本保证，搞好企业工作是不可能的。就是一时在生产上取得成绩也不能长期巩固下去。但是加强党的领导和贯彻执行群众路线又都必须通过党的基层组织，即生产队、车间的支部，发动全体工人去贯彻执行。否则，不论领导上的指示、决议和计划如何正确，也还只是一纸空文，不可能加以实现。正如一些基层干部所反映的那样"上边千条线，下边一根针"，不管上边布置了多少任务，到下边都得通过基层组织去实现。这个道理讲的是很对的。再如关于贯彻执行群众路线，那就更加必须通过党的基层组织去做。因为党支部是党最直接接近群众的基本单位，党支部能否很好地团结广大工人群众，是党能否团结整个工人群众的中心关键。如何进一步加强党的基层工作呢？

一、充分认识党的基层工作的重要性，是进一步加强党的基层工作的首要问题。一般地说，谁都承认，党的基层组织是党的战斗堡垒，统一领导各生产队、车间和所有一切其他的组织，但在具体工作上，则常常发现有忽视党的基层工作的现象。如有些党委了解党的基层工作情况甚少；在布置整个工作任务的时候，很少提到党的基层工作，以致使少数党的基层工作起不了核心领导作用等。形成这种现象的原因，从客观上说我们是新建单位时间短，生产任务重，各种工作特别紧张；但从主观上说主要还是没有从思想上真正认识到党的基层工作的重要意义。所以凡是发现了忽视党的基层工作现象的地方，就都应该首先从思想认识上进行检查和解决，只要思想一致了，实际工作问题的解决就比较容易了。

二、各分局党委、党总支加强对党的基层工作的领导，是进一步加强党的基层工作的中心环节。应该明确指出能否做好党的基层工作，是衡量各分局党委、党总支领导工作的主要标志之一。加强对党的基层工作的领导方法很多，但主要的应该是：经常了解党的基层工作的情况，及时具体地加以指导；在布置工作任务的时候，要考虑到党的基层工作的具体情况，根据基层实际情况决定工作任务。工作任务布置之后还要及时地组织巡回检查和掌握重点，指导一般。一个分局党委和党总支至少要掌握一两个重点党的基层组织，作为依靠，及时地创造、总结党的基层工作的具体经验，以提高党的基层工作的领导水平。

三、必须解决的几个具体问题：（1）党的基层工作怎样才算做好了呢？我们认为最主要的是在一般情况下能够完成和超额完成生产任务,并不断创造新的生产经验,节约成本、提高产量。为此,就必须做好发动工人的工作,不断提高政治觉悟程度,使工人经常保持旺盛的生产情绪,把一切力量亲密地团结在自己的周围;在组织领导上必须坚持集体领导和分工负责的原则;对工会和青年团的组织,必须经常关心指导,发挥其组织的积极作用;党的基层工作也必须建立必要的正规的领导制度,防止个人包办、事务主义和行政命令,脱离工人群众的现象发生。(2)为了进一步加强党的基层工作,必须尽可能地加强对基层骨干的配备,这就要在编制上坚决贯彻精简上层、充实下层的原则,要提倡将优秀的骨干配备到生产队和车间去担任党支部书记和生产队长。经验证明,这是加强党的基层工作的一项重要措施,必须认真贯彻执行。(3)党的组织分布必须适应生产的需要;党的基层组织应该有计划,有重点而又全面地将所有党员分配到各个生产小组中去,既不要过分集中,也不要平均使用力量,对自己掌握的重点组,在力量配备上应该适当加强,每个党的基层组织至少要掌握一至两个重点组,以便培养树立旗帜,指导一般。必须明确生产组是党的基层工作的基本对象,生产组长必须配强,并不断培养提高其能力;生产组长兼职不要太多,一般最多不要超过两职,工会、行政、青年团三者在干部上不要相互兼职,以便利各自的工作。(4)必须加强党的政治思想工作,应该深刻认识,"政治工作是一切经济工作的生命线"的道理,才能够经常主动自觉,具体深入地进行这一工作。在进行这一工作的过程中(一切其他工作也是一样),必须依靠老工人去团结和带动新工人。因为老工人一般比新工人觉悟高,技术和经验水平也较高,同时他们又了解新工人的思想情况。因此,通过老工人去团结和提高新工人的做法是正确的,应该加以推行。

(资料来源:《三门峡报·第 24 期》第 1 版,1957 年 9 月 19 日)

29. 坝工分局二大队二中队党支部的初步经验(1957 年 9 月)

筑坝分局二大队二中队的党支部,由于支委分工负责,深入发动群众,提高了广大职工的政治思想觉悟,不少个人和小组,由落后变先进。该支部在发挥党的堡垒作用方面,已取得了初步经验。

这个中队现有职工202人,其中党员26人,占职工总数的12.8%,共成立5个党小组。该队在今年5月以前,只有一个党小组。5月份,筑坝一、二分局合并后,职工增多了,党员也增加了,根据生产的需要建了党支部,支委7人,专职党支书1人。

适应生产需要,调整组织力量

这个支部原先六个党小组,钻工中四个组,炮工中一个组,干部中一个组。炮工和干部的党小组开小组会,研究工作困难还不大,钻工中四个党小组,因三班生产,在开小组会,布置生产任务,讨论生产计划和订保证条件等均不在一起,互不通气,这样既影响了工作经验的交流,又影响生产任务的完成。党支部发现以上问题后,首先召开支委会,统一思想认识,讨论了党员的分布和党小组的划分,把钻工四个党小组,划分三个党小组,适应了三班生产的需要,支部也更容易掌握生产和了解工人的思想情况。另外,在生产组中对党员过多的也作了适当调整。同时,行政、工会、青年团根据党支部意图,把各组技术力量和各组的人数也作了合理的调整。如冯巨荣生产组15人10个团员,配1个党员,孙有清生产组5个党员,抽调3个党员到别组,经调整后,各小组都有了党员。另外,青年团、工会根据党支部意见,还分别召开了工会、青年团委员会,进一步研究如何发挥群众的积极性,解决了有些人兼职多而影响了工作的问题。如吴满山、陈富品、杨生瑞、李生贵等以前大都兼二至四职,忙于开会,经研究后,每人一般只兼一职。这样开会既不乱,又能发挥大家的积极性。行政组根据人数多少,技术高低,每组平均调整为15人,这样解决了劳动力不均的现象。

具体分工,领导生产

6月以前,党务跟着行政走,行政贯彻生产计划,党支部事先没作研究,党员心中无数。为扭转党政不分、"一揽子"领导的工作方法,7月下旬,党支部召开支委会,专门研究了这个问题,明确分工各负专责。党支书张树琴抓思想教育工作,支委刘玉岗(中队长)抓全面生产,其他支委都根据不同情况作了具体分工。党支部还同时向党、工、团提出要求,团结群众,保证生产任务的完成。除值班中队长掌握全面生产外,每班还配个支委具体抓生产,掌握工人思想情况,发现问题解决问题。中队每月接受了生产任务后,首先由支委研究讨论如何适当分配各组的生产任务,如何发动群众,采取有效措施,保证生产任务的完成,然后召开党员大会,宣布任务,发动群众找窍门挖潜力,讨论保证完成生产任务措施,订出个人和小组的保证条件。为及时检查工作中存在的缺点和问题,每旬召开支部委员会一次,总结检查上旬计划完成的情况和存在的问题,布置下旬任务,研究保证实现下旬计划的措施。

深入重点掌握情况

支书张树琴以前为了解生产和思想情况,做好思想工作,成天跑东跑西,但工人的思想问题和生产情况,仍然了解的不全面。为了解决这个问题,经过研究,改变了这个工作方法,现在除深入重点了解情况外,并发动每个党员主动地向支部汇报思想和生产中的问题,这样了解的问题既全面又深入。如二级钻工(党员)高勤孝,要求调动工种,领导没答复,他到工地后,以借领工具为名,除自己跑到工具库睡觉外,还拉一个工人同他一起睡觉。下班后党员吴满山及时向支部汇报了这一情况,支书张树琴马上找高勤孝谈话,讲明个人利益要服从国家利益,党员应起带头作用,不该在上班时间睡觉,经过党支书和小组领导上多次谈话,高勤孝提高了觉悟,承认了自己的错误,工作也积极起来了。

培养典型,创造经验,指导全面

这个中队有三个突击组,吴满山突击组是去年 9 月命名的。根据青年特点,在党、团的培养帮助下,今年上半年又命名冯巨荣组、谢廷富组为突击组。为培养典型树立旗帜,党支部除发动青年团,工会具体帮助这些重点组外,党支书张树琴和有关支委有计划地帮助重点组的工作。如冯巨荣组、谢廷富组没命名突击组前,支书张树琴经常深入这两个组里,帮助他们发现问题,解决问题,教育组长有事多和大家商量,走群众路线。因此,这两个组在党支部的具体帮助下,大家的生产情绪一贯高涨。学员冉仲义在家学过几天木工,来三门峡分配做钻工。他要求当木工,组长冯巨荣知道后,利用业余时间和他谈心,说明当钻工的前途。经过谈心教育,冉仲义由不积极转变为积极。由于该中队党支部重视思想工作,党员起带头作用,因此全中队 12 个生产组,8 月份就有 10 个组得了超额生产奖金。如吴满山组推广"双孔作业"法,提高工作效率 11%,又创造"滑车双桶循环作业"法,减少一个劳动力,提高工作效率一倍。党支部为及时推广这些经验,除用大字报和广播进行表扬这个小组外,并号召各小组向吴满山小组学习。过去宋建廷小组是个后进组,在党支部耐心帮助和突击组的影响带动下,由后进组变成了先进组。

严格党内组织生活

该支部决议,支委会每旬一次,小组会半月一次,在每次支委、小组会议上均掌握以开展批评与自我批评,改进领导,改进工作的精神,加强党内民主生活,所以大家的政治情绪和生产情绪都很高。现该队全体党员正满怀信心地带领群众,为超额完成9月份的生产任务而奋斗。

党群工作组、本报记者

(资料来源:《三门峡报·第24期》第1版,1957年9月19日)

30. 局党委召开扩大会议进一步部署讨论了下半年的工作(1957年9月16日)

中共黄河三门峡工程局委员会,于9月16日召开了历时三天的扩大会议。参加这次会议的除工程局党委各部(委)各分局、各处(室)党政负责同志外,并邀请了工程局汪胡桢等四位总工程师列席参加。

中共三门峡市委书记处书记李浩同志也出席了这次会议。

会议开始,首先由局党委第二书记张海峰同志,代表党委会作了《关于1957年下半年工作安排》的报告。

报告首先肯定了上半年的工作成绩,并指出了工作中存在的问题。根据目前情况,提出我局下半年的工作方针和任务应当是:在上半年已经取得的成绩的基础上,继续深入全面地开展整风运动和反右派斗争,争取全面完成生产计划。为了完成这两大任务,必须进一步贯彻"八大决议"精神,加强党的领导,逐步健全以党委为核心的集体领导和个人负责相结合的领导制度;通过整风运动和反右派斗争,不断地提高广大干部和工人群众的政治觉悟,加强党的基层工作,加强组织建设,加强团结,发挥一切积极力量,进一步深入开展增产节约运动和先进生产者运动,建立和健全计划管理与各种责任制度,大力争取全面地完成1957年的生产计划,并为1958年的工作奠定良好的基础。

其次,分别就进一步深入全面地开展整风运动和反右派的斗争、生产工作、党群工作、党的领导问题等方面作了详细的说明。

报告后,经小组酝酿,大会发言讨论,大家一致认为党委对1957年下半年的工作,提得具体、全面,除完全同意党委对上半年工作的估计和下半年工作的安排外,并以整风的精神,对工作和领导作风方面,开展了批评与自我批评。在会议上,局党委副书记肖文玉同志也作了关于加强基层工作的发言。

会议最后,由工程局党委第一书记刘子厚同志作了总结发言,对下半年的工作,作了重要指示。刘书记指出:前几个月我们的工作,主要是整风、反右派斗争和生产,从理论上来讲,就是社会主义革命和社会主义建设。同时,相应地进行了组织建设工作,目前我们的基本队伍已经形成,但我们的工作做得还不够。今后的任务是要继续深入全面地开展整风运动和反右派斗争,大力争取全面地完成生产计划,并为1958年的工作打好基础。因此,在工作的安排上,必须坚持整风、生产两不误的原则,这两项工作只准搞好,不准搞坏。首先要注意不要影响生产,要保证生产任务的完成,否则是会犯错误的,但是也不能借口生产忙,而放松了整风运动和反右派斗争。

接着,刘书记对下半年进一步深入开展整风运动和反右派斗争作了具体安排。他指出:总的讲,整风运动和反右派斗争,今后要全面的展开,分批分步骤进行。对整风和反击右派的方法、步骤、时间和要求,刘书记也提出了具体的意见。另外,刘书记特别强调边整边改问题,要求分批改进,不能拖拉。

在讲到下半年的生产任务时,刘书记对目前情况作了具体的分析,认为全面完成今年的生产计划,虽有不少困难,但也有很多有利条件。如工人的劳动情绪是高涨的,干部的管理水平有了提高,机械化设备有了初步基础。所以,只要我们有决心,全面完成今年生产计划是可能的。今年的关键工程是坝基开挖,为了完成今年的坝基开挖任务,筑坝分局党委已决定在10月份开展突击月运动,工程局党委坚决支持他们的做法,其他各分局的工程任务和生产计划均要求争取全面完成和超额完成。为了争取全面完成今年的生产计划,必须抓以下几点:首先,要进一步开展增产节约运动。从设计到施工,以及解决职工生活福利等,都应贯彻勤俭建国、勤俭办企业的方针。其次,要进一步搞好协同工作,因为机械化大生产的特点要求各部门必须搞好协作。为此,除在思想上解决问题外,应订立协作合同,建立必要的制度,同时领导要深入现场,发现问题,解决问题。最后,大力推行计划管理,目前的重点是在已有初步定额的基础上抓作业计划,特别应抓班、日计划。因为班、日计划是计划管理的基础,同时还要逐步建立经济核算制度,并提出在生产中应建立功过记录簿和奖惩制度。

最后,关于加强党的领导,加强基层工作,发挥基层组织的作用,组织建设问题和领导作风等问题,刘书记均作了重要指示。

张宗魁

(资料来源:《三门峡报·第 25 期》第 1 版,1957 年 9 月 24 日)

31. 初开的花朵(1957 年 9 月)

在筑坝分局召开的机械化施工经验交流会上,一件一件介绍的先进经验,就像春天里那些初开的鲜花,五光十色、绮丽多彩。

小诸葛亮会

第一工程队四中队一分队,有一种"小诸葛亮会"。这种会议,通常是在工余时间召开,有时工地上遇到了问题,也临时停下来碰碰头。这种会议简短,只需几分钟,可以随时吸取工人意见,而且马上见效,的确是发挥群众智慧的好办法。有一次,他们在 340 工地,用吊车吊石头。起先每次只能吊一块,一个班只能吊十二三车。分队长牛福林就召开了这种"小诸葛亮会"。刘玉林建议采用官厅水库的经验:在吊车上用钢丝绳结成网子吊装。实行结果,每次可以装六块到十块石头,一网能装满一车。后来,他们又改进在网上垫麻袋,使大小石头都能吊装,因此出碴效率每班由 13 车提高到 63 车。

新纪录的来源

8 月 26 日,3 立方电铲创造了一班装碴 316 车的最高纪录;风钻创造了 41.5 米的最高纪录。这两个新纪录是怎样来的呢?

电出碴纪录是这样创造的:汽车未来时,电铲把远处的碴子铲到跟前。扭转时采用自左向右,因司机台在车身的前右角,可以不挡司机装车视线;这时汽车自右向左环行,停在有停车标志的地方,使汽车与电铲保持一定距离,不致砸车。现场汽车来往少时,电铲转移位置,靠着左边走,司机可以纵览全场,不致碰到什么。汽车一来,马上工作。电铲操作,勺斗装完碴后,一边扭转车身,一边拾起勺斗,这样大大节省了时间。汽车也改用了"循环行车",快跑快卸,由每趟 15分钟,减少到 10 分钟、8 分钟。总之,汽车不误电铲装碴,电铲不误汽车拉碴,整个操作像音乐似的,有节奏、有板眼。

风钻最高效率的由来,是由于采用了"双孔作业法"的先进经验。平常使用风钻,都是打完一个孔,再打一个孔。李尚富、牛才义、白玉良三人用一部风钻。在人门岛钻孔时,他们采用了同时钻两个孔办法:三个人明确分工,二个人操作风钻,一个人做准备工作。当风钻在第一孔钻进时,做准备工作的人,就在第二个孔选择好炮位、搭架子、铺板子、找钎子。等到准备工作做好了,第一孔也钻好了,就把风钻套管一解,套在第二钻孔杆上继续工作。这时,做准备工作的人,就在第一孔做拔钻杆等工作。等第二孔钻好,第一孔也处理完了。这样依次循环,可以使风钻不致中断,节省了换钎工序,增加了钻进时间。

不能忘了安全

推土机中队,7月份发生了40多起事故,班台计划只完成60.5%。但8月份班台计划完成了103%,而事故减少到9起。这个事实证明,机械化施工,必须做到安全运转,否则会影响任务完成。

该队曾召开过会议,进行反事故大检查。发觉事故多,虽然施工条件恶劣是个原因,但主要的还是注意不够。如遇到大孤石,还硬推,把刀架顶断了。有时让刀片在石头上碰,会把刀架螺丝碰断。这些事故只要很好注意,就可以避免。因此,他们8月份开展了机车安全运转无事故月。过去机组配个小零件,也得到处找领导批示,影响了机车正常运转。后经领导研究,决定各机组发一本托修单,由组长掌握使用,这样缩短了配件时间。上班后,司机和助手分工,进行机车保养,工作中间也利用停车空隙,检查机器和保养。操作时,一人在车上,一人在车下,在车下的人看见有大石头,就叫机车往旁边推,或者用钢丝绳套在石头上,用机车拉。刀片有时碰在石头上,就赶紧提升刀片,避免刀片再砸下来砸坏。就这样避免了很多事故,超额完成了计划。

领 导 问 题

第三工程队队长王志远同志,生动地叙述了他们对机械化协同作业的认识过程。一开始,右岸工地划归一队领导,左岸工地划归二队领导,三队起什么作用? 是否单纯地供应机械台班? 他们是不明确的。可是等到深入工地后,认识转变了。首先,他们发现了机械工时浪费是很严重的,如8月初,发现一台三立方电铲,五个班内,计划装碴应40小时,实际只做10个小时,完成装碴307车,每班只合60多车,其他时间都浪费在走车、等车、等放炮。经过他们和施工单位商量,改进了工地施工布置,工时利用率提高了,新纪录不断出现。又如有一次,下游清碴根,用人力需十几天,用电铲只需两天。可是因工作条件不好,司机不愿去,施工单位没有办法。三队领导说服司机,结果去了,工作中克服了困难,完成了任务。通过这些事例,他们认识到施工单位和机械管理单位之间的矛盾是存在的,因为他们各自工作所处地位不同,看问题范围也就有所限制。所以要想搞好协作,光靠施工单位是不行的,机械管理单位也必须紧紧地跟上去。

要大胆地干

工程局谢辉副局长在会上的一段发言,值得人们深思。他叙述了从开工到现在,施工中思想斗争情况:运3立方电铲时,铁道还没修到工地,有人认为离了火车运不成,但用拖车把电铲拉到了工地。电铲安装好了,又有人认为挖土行,挖石头不行,结果挖石头也行了。起初使大钻机钻孔爆破有许多人怀疑,经试验也成功了。8月份确定4万方,有些人信心不足,怀疑冒进了,而结果超额完成了。这些说明右倾保守思想在部分职工中还相当严重。这是由于他们长期处于手工业小生产,现在再猛一转到大生产,思想跟不上去。右倾保守思想是完成任务的绊脚石,必须坚决清除。10月份初步计划8至9万方,有些人恐怕又要被吓住了。数字是不是大呢?数字是大的而且有根据。现有大钻机14部,再配上风钻、架钻,钻孔力量是充足的。出碴方面,三台3立方电铲和一台1立方电铲,每天可以出碴4000方,一月能干它12万方,最保守的估计,也可干10万方。汽车现有60部,计划再增加20部。10月份大突击是有可能的,不能再怀疑是冒进。这一炮打准了,完成今年任务就有希望。我们也就锻炼出本领、锻炼出胆量,今后更繁重的任务,就不会胆怯了。

是的,机械化施工已经绽放出美的花朵,愿这朵鲜花在和煦的阳光下怒放吧!

雷克明　吴中继

(资料来源:《三门峡报·第25期》第2版,1957年9月24日)

32. 我局基层工作会议胜利结束 加强政治工作,不断提高工人的思想觉悟
(1957年9月28日)

我局历时三天的基层工作会议,于9月28日结束。参加这次会议的有分

局、勘探总队80多位代表。

会议开始,工程局党委副书记肖文玉同志对加强基层工作作了报告。他说:根据我们在筑坝分局50天深入调查,认为各项工作都取得了很大的成绩。在党的领导下,整个生产运动的发展是正常的、健康的,在方针性和重大关键性问题掌握上是及时而又明确的,尽管有些问题需要改进,但主要是党如何加强领导和贯彻群众路线问题,而不是党能不能领导的问题。加强党的领导应该有重点,从上层到下层,创造和积累经验,逐步加强。要求广大基层党的干部要明确基层党的任务是:领导生产,在一般情况下是否能按质按量保证完成和超额完成生产任务,不断地推广总结和创造先进经验,提高质量降低成本。为此,必须贯彻执行党的群众路线,把群众亲密地团结在党的周围,做好政治思想工作,不断提高工人的政治觉悟,使全体工人积极热情地忘我生产;坚持贯彻执行党的集体领导原则,加强对共青团、工会的领导,发挥他们的组织作用,逐步建立和健全党的一些必要的正规的领导制度,使基层党的领导真正能起党的战斗堡垒和核心领导作用。

肖副书记报告后,经过认真讨论,大家一致拥护肖副书记的报告,并表示回去贯彻会议精神加强基层工作。

会议结束时,局党委刘子厚书记和张铁铮副局长对在职工群众中开展整风,党的基层做好思想工作,搞好生产和消灭事故和安全生产等作了重要指示。

中峰

(资料来源:《三门峡报·第27期》第1版,1957年10月9日)

33. 组组订计划、人人表决心、向九万方任务大进军 筑坝分局全体职工投入大生产突击月 领导 深入现场 干部深入基层 工地生产新纪录 连续出现(1957年10月)

筑坝分局全体职工为完成10月份9万多方坝基开挖突击任务,各工程队、中队、小组普遍掀起了热火朝天的生产竞赛运动,不少班台小组和个人纷纷创造了新纪录。

10月份的石方开挖任务比9月份大40%多,比8月份多一倍。完成这一艰巨的突击任务,不仅是完成全年任务的关键,更重要的是为明年大施工打下良好的基础。为此,筑坝分局根据局党委的指示,决定在全体职工中间开展 10 月份大生产突击月,争取在坝基开挖任务上打个漂亮仗。筑坝分局党委于 9 月底分别向党、团员和全体职工干部作了动员报告,逐级进行贯彻,层层发动。10 月 3日,筑坝分局召开了全体职工誓师大会,组组订出突击生产的计划,人人表示了决心,向 9 万多方岩石大进军。

　　局党委为加强基层领导,已抽调 40 多名干部深入现场参加生产领导,同时,筑坝分局也抽调一批干部深入基层组、队工作。各职能部门已推行计划管理,建立了各种责任制度。技安科为防止人身机器事故发生,进行了安全大检查。动力分局为了保证风、水、电的供应,搞好协作,重新安装了坝基开挖和出碴照明灯,现在正在建立 7 个永久灯塔、4 个活动灯塔;便于工地日夜生产,1 200 千瓦发电厂,已安装起 4 台 200 千瓦柴油发电机,试车运转效果良好,已投入备用;动力分局已决定把右岸现有的 30 立方油动空压机调左岸备用,这样左岸每天可供风 120 立方。为了保证突击任务的完成,工地的机械力量也增加很多。汽车由 62 部增添到 80 多部,每班可出车 30 部;三立方电铲由 2 台增加到 3 台,还购买 1 部三立方电铲备用机件;水利部、黄委会新调拨推土机 10 台、钻机 6 部。现有 40 部不同型式的钻机和 40 部风钻,投入了左岸坝基开挖任务,在阜新培训的电铲工人已调回 12 名。10 月份的大生产突击月,已经大规模地普遍展开了,各工程队和小组,在国庆节前夕,根据任务都纷纷进行讨论,从操作技术、安全生产、相互协作方面订了保证条件,制订了月、旬、日、班台计划,队与队、组与组、个人与个人之间,掀起了保证超额完成任务的挑战竞赛运动。现在工地上许多小组和个人,新纪录不断出现,本月 2 日,两台 3 立方电铲和一台 1.2 立方电铲创造了 340 车出碴的新纪录;张文德小组把架钻改为手抱钻,减少非生产时间,这样一班干完近两班的活;王进先小组因新老工人配合得好,开展了全月无事故运动,本月 3 日到 4 日由定额 20 米提高到 48 米,超额完成了任务;段清山小组钻孔平均每台班超额 2 米多。

本报记者迈千

(资料来源:《三门峡报·第 27 期》第 1 版,1957 年 10 月 9 日)

34. 工程局举行首届运动大会 开展群众性的 多种多样的体育活动(1957 年 10 月)

9月30日到10月2日,工程局在大安体育广场举行了首届职工体育运动大会。

参加运动大会的 490 多名男女运动员,来自建设三门峡的各个工作和生产战线上,有工人、先进生产者、勘探队的钻工、工程师、技术人员、医务工作者和机关干部等。

大会比赛的项目有球类:男、女篮排球赛,田径赛,男、女跳高,跳远,铅球,垒球,拔河,男子举重,400 米接力,5 000 米赛跑等 15 项。每个运动员都在欢乐的国庆节假期比赛中,充分发挥了自己的运动技能,经过三天的轮环比赛,结果是:企业分局荣获男子篮球冠军,工程局直属机关获得女子篮、排球冠军,男子排球冠军,筑坝分局获得男子排球亚军,女子篮球亚军,医院荣获女子拔河冠军和女子排球亚军,三分局获得男子拔河冠军;设计分局获得男子田径赛团体总分第一名;局直女子田径团体总分第一名。大会隆重地向这些获得优等运动成绩的冠、亚军和 48 名田径赛男女运动员,颁发锦标奖十一面和背心、秋衣、日记本等奖品。参加运动大会的全体运动员,光荣地接受了这次来三门峡慰问的山西省代表团赠送大会的一面锦旗,锦旗上面写着:"练好身体、战胜黄河。"

工程局王化云副局长、共青团三门峡工程局团委书记眭仁寿、工区工会主席秦定九都亲自参加大会祝贺。王副局长和秦主席在讲话中指出:运动员要相互学习,发扬新的体育道德,努力锻炼身体,带动广大职工,开展群众性的多种多样的体育活动,为建设三门峡水利工程锻炼强健的身体!

蔡奎、方立

(资料来源:《三门峡报·第 27 期》第 4 版,1957 年 10 月 9 日)

35. 宣传大军一齐出动 突击任务深入人心 筑坝分局开展声势浩大的宣传活动 (1957 年 10 月)

坝头工地上,开展了一个声势浩大的多种多样的宣传活动,有力地推动了 10

月份的大生产突击工作。

筑坝分局党委宣传部为了保证完成 10 月份突击月的生产任务,从 9 月下旬就开始了突击月职工思想发动的宣传准备工作。首先召开了党的宣传员、通讯员会议,武装了他们的思想,提出达到人人了解完成 10 月份生产突击任务的重要意义,并贯彻了 1957 年评选模范宣传员、通讯员条例。在国庆节前后,组织了 250 多人的宣传大军,深入各生产队、班台、小组,进行广泛宣传,并通过广播、大字报、大型图表、黑板报、漫画、幻灯,宣传了 1 至 9 月份生产任务完成的情况,介绍了各种先进经验,说明完成 10 月份任务的有利条件和困难。从坝头左、右岸各个工段、各个角落,到大安工人宿舍,饭厅的周围,俱乐部的门前,到处都是突击月的标语口号、保证书、决心书、挑应战书、生产指标。做到家喻户晓,人人皆知:自己在 10 月份所担负的突击任务,对整个计划完成的关系,需要找那些窍门,推广那些先进经验;在交接班制度相互配合密切协作、安全生产上应作些什么。这样,不仅动员组织了广大职工积极投入了生产突击月,而且大大提高了工人的觉悟,增强了完成任务的信心和决心。

在紧张地机械化大施工的突击生产竞赛中,工地上充分运用了有线广播站的宣传工具和出生产捷报的办法,昼夜不停地进行宣传新纪录和模范事迹,争取当班总结、当班宣传,模范事迹迅速传遍整个工地。如 10 月 10 日二号 3 立方电铲司机朴昌海,4 个小时完成装碴 140 车,工地值班员马上写了个表扬稿,用电话告诉广播室,及时播出去,司机们听到,生产劲头更足了,在汽车少的情况下,又增加到 181 车,超过用车计划的 20.6%。这个消息广播后,工地宣传员又及时印发了捷报,写大字报贴到每台电□上,使左岸的三台 3 立方电铲很快开展了出碴竞赛,10 月 11 号,每台电铲都超额完成了计划。30 型大钻机二台平均达到 4.4 米深孔新纪录的捷报传出后,到夜里零点班又创造了 5.1 米深孔最高纪录。

李和

(资料来源:《三门峡报・第 28 期》第 1 版,1957 年 10 月 15 日)

36. 筑坝分局奖励先进生产者
(1957 年 10 月 10 日)

10 月 10 日,筑坝分局隆重举行先进生产者奖励大会。有 358 人、57 个单位荣获先进生产工作者和先进单位的称号,并得到物质奖励。

筑坝分局自施工以来,在增产节约运动中开展了先进生者运动,生产上取得了巨大成绩。目前已有 90% 以上的职工和 80% 以上生产班组参加了竞赛运动。全国先进生产者、共产党员张文义,先后提出三项合理化建议,均被领导采纳;他带动他所在的孔压机中队的工人们,推广了先进的机械维护运转"三勤"法,从未发生过事故,全队提出要像爱护老人一样爱护机械,使早应大修的机械发挥了潜力,延长使用时间 1 000 小时,提高效率一倍。共产党员刘伙,在官厅水库等工程中获得过 11 次奖励,这次又被评为先进生产者。3 立方电铲 10 号机组,开展了班与班,组与组的竞赛,主动搞好现场协作,总结与推广了先进操做法,一班由挖碴 182 车,提高到 316 车。吴满山、李尚富等钻工组,推广了"双孔作业"及"三勤"等打钻方法,平时钻进效率都在 20 米以上。推土机 14 号机车组,推行了苏联的先进机车保养法,从未发生过事故,经常超额完成任务。此外,在警卫、汽车司机、保育员、电话员、炊事员等各方面也出现了许多先进人物和先进单位。

分局党委书记王英先同志,在会上向先进生产者祝贺,勉励大家戒骄戒躁,争取更大光荣,要求全体职工,把先进生产者运动推进一步,克服一切困难,争取提前完成全年工程计划。会上,代表们表示带动广大工人一定完成上级分配的任务。

李宇清、关少谦

(资料来源:《三门峡报·第 28 期》第 1 版,1957 年 10 月 15 日)

37. 局监委会议强调加强党的监察工作 纯洁党的队伍 增强党的团结(1957 年 10 月 11 日)

中共黄河三门峡工程局监察委员会于 10 月 9 日至 11 日召开了监察工作会议。参加会议的有各分局、勘探总队、局直各个党总支、检察室和大安医院等 13 个单位 22 人。

会议开始,由局监委会副书记周松山同志作了报告。报告中指出:根据目前的新形势,各级党委更要重视与加强党的监察工作,维护党的纪律,增强党的团结,并要坚决执行"严肃谨慎,分别对待"的方针。报告中特别强调支部要经常对党员加强监察工作的教育,使全体党员都主动地树立起纪律观念,懂得提倡什么,反对什么,维护什么,发挥他们向一切党内外错误现象作斗争的积极性。

会议最后,由局党委副书记兼监委书记肖文玉同志对党的监察工作作了重要指示。他分析我们党内的情况说:我局党的队伍基本是纯洁的,可靠的,绝大多数党员的思想是好的,这是工程获得很大成绩和各项任务顺利开展、完成所证实的。但不是白璧无瑕,"七种主义"还普遍存在,极少数情况非常恶劣,因此必须做好如下工作:一、结合伟大的整风运动,加强党的监察工作,严格党的纪律,向一切违纪行为作斗争,有效反对和制止违纪现象,进一步巩固与纯洁党的组织;二、结合整风运动严格清除党内的阶级异己分子;对于泄露党的机密,丧失立场进行严格的考察;三、严肃处理贪污盗窃、腐化堕落、作假报告,严重的无组织、无纪律、违法乱纪,品质恶劣和严重的官僚主义所造成的严重工伤事故等。

会议经过认真讨论,一致拥护以上报告,大家并表示回去后一定要把会议的精神,认真地贯彻到党员群众中去。

吕石泉

(资料来源:《三门峡报·第 29 期》第 1 版,1957 年 10 月 18 日)

38. 为千百万人民除害兴利的工程,是中苏人民友谊的结晶,三门峡水利枢纽建设工程得到苏联全面援助(1957 年 11 月)

三门峡对建筑大坝来说,具有极优越的地质地形条件,很早就引起中外人士的注意了。日本人曾对它作过一番打算,后来国民党也曾注意过它,但他们都感到无能为力。只有今天在共产党的领导下,在我们伟大的国际友人——苏联的帮助下,兴建三门峡水利枢的工程才能实现。

三门峡水利枢纽工程在各方面都得到了苏联无私的援助,苏联专家组(内包括水工、施工、地质、航运等方面的专家)曾四次到中国来进行勘察和设计工作。1953 年末以柯洛略夫为首的七位苏联专家首次来中国进行实地查勘,肯定三门峡的坝址。专家们下从黄河河口,上至青海与甘肃交界处刘家峡共走了一万多里的路程,进行了全面查勘,提出了技术经济报告的提纲,帮助我们编制了 1955 年第一届全国人民代表大会第二次会议通过的"根治黄河水害和开发黄河水利的综合规划"。

1955年4月苏联专家组第二次来到中国,他们为编制初步设计搜集了各方面的有关资料。1956年4月和今年年初,苏联专家组又两次来我国,他们提出了三门峡水利枢纽初步设计的要点,并由中国来讨论确定方案,进一步编制初步设计。

以波赫专家为首的辅助企业专家组驻在三门峡工地,帮助我们进行辅助企业的建设。

二门峡工地的许多重要机械都是苏联为我们制造的,如工地上的"乌拉尔巨人"——3立方电铲在开挖坝基中一分钟就可装满一汽车石碴。苏联还派了一位机械总工程师拉赫诺来帮助我们。

苏联国内的许多科学研究机关也在为三门峡水利枢纽的建设而忙碌;列宁格勒水电设计分院有很多同志在为三门峡工作,并且经常为赶制设计而加班加点;维捷涅耶夫水工科学研究院、列宁格勒工业大学、加里宁工业大学等单位都在研究三门峡水利枢纽设计中的各项问题。著名的苏联教授列维也曾亲自来华,帮助研究解决黄河泥沙问题。初步设计已按期完成,目前正在编制技术设计和施工设计。

在施工中,有不少工种学习推广了苏联的先进经验,提高了生产效率,推动了工程建设的进度。

苏联专家们常常冒着风雪和炎热,跋山涉水不辞劳苦帮助我们建设。女地质专家萨柯洛娃虽有高血压病,仍然日夜不停地坚持工作,为我们培养技术力量。

苏联大公无私的援助和专家们的工作精神,加强了中苏两国人民的友谊和团结,大大鼓舞了三门峡每个建设者。

(顾凤年)

(资料来源:《三门峡报·第31期》第1版,1957年11月2日)

39. 党的监察工作性质和任务(1957年11月)

党章规定:党的中央和地方的监察委员会任务是经常检查和处理党员违反党的章程,党的纪律,共产主义道德和国家法律,法令的案件;决定和取消对党员的处分;受理党员的控诉和申诉。具体地说,党的监察工作对象,就是与行政、企业、交通运输、工程建设等部门中的党组织和党员在各项工作中的官僚主义、命令主义、贪污盗窃、铺张浪费、腐化堕落、弄虚作假、欺骗组织以及严重的个人主义和自由主义、破坏党的团结、压制民主、打击报复和其他违法乱纪等行为作斗争，并且负有监督党员和党的组织履行上级党委决议和党纪的责任。通过对各种违法乱纪的案件组织处理和对于控诉、申诉案件的认真检查处理，以达到维护党的纪律，巩固党的团结，加强党的堡垒作用，提高党的战斗力，密切党同群众的联系，扩大党在群众中的政治影响。

我局党的监察工作，在上级党委的领导下，取得了一定的成绩。但由于机关新建，缺乏经验，所以目前我局党员干部还存在着下列几种不良的思想倾向：一、骄傲自满，功臣自居的思想较普遍存在。有的老干部有"十年媳妇熬成婆"的思想；有的新干部，自以为进步快，有能力，高傲自大，盛气凌人；有的历史清白、出身好的同志却背上了"成分好"的思想包袱等。由于以上的原因，有些人逐步滋长着资产阶级个人享乐腐化，公开闹地位、闹级别、闹待遇等，追求个人名利，而不好好工作。二、存在无组织、无纪律和自由主义现象。有些党员干部不执行党的决议，各干各的，自由行动。有的不按照组织手续办事，私自介绍亲属、朋友参加工作，在群众中造成极不良的影响。三、有些党员干部存在着严重的本位主义倾向。他们只看到本部门的局部的、暂时的利益，而不关心党和人民的整体的长远利益，对本部门没有直接需要的部分，则采取自由主义态度。四、有些党员干部，品质恶劣。为了达到个人的目的，不惜一切手段，拉拉扯扯，闹不团结，只能表扬，不能批评，对别人马列主义，对自己自由主义。

以上不良的思想倾向，不但影响党的团结，脱离群众，而且直接阻碍着各项工作的开展和完成。因此，必须引起全党的高度警惕。通过整风运动，总结工作，检查思想，认真地开展批评与自我批评，对于错误严重的要进行严肃的检查处理。

为了做好党的监察工作，必须充分发挥党的基层组织和广大党员群众的力量，密切与有关部门的联系，认真地检查和处理问题。同时，党的监察人员要加强学习马列主义的立场、观点、思想方法，熟悉党的政策和国家的法律、法令。不但要以身作则执行政策、遵守法纪，而且要大公无私、认真负责地做好监察工作。

局监委会副书记：周松山

（资料来源：《三门峡报·第34期》第3版，1957年11月20日）

40. 工程局检查全年工程投资计划执行
情况 强调全面完成今年工程计划
(1957 年 11 月)

　　截至 10 月底统计,我局今年工程建设的投资计划,已完成计划总工作量的 54.51%。其中,建筑安装工作完成 51.49%,设备工具器具的购置完成 53.55%,其他各种基本建设费用完成 61.62%,土方完成 1 002 000 多立方米,石方完成 307 000 多立方米,砼方完成 2 200 多立方米;风、水、电的供应不仅满足了施工的需要,而且超额完成了计划任务,供风管路敷设完成 140.07%,供水管路敷设完成 111.81%,发电机容量安装 3 875 千瓦,发电量 300 万度;房屋建筑面积已竣工的达 73 600 多平方米;铁路、公路和交通工具基本上保证了运输任务的完成,机械、材料的供应也能及时满足工程的需要。

　　本月 20 日召开各部门负责干部参加的生产会议上,工程局计划处汪福先副处长汇报了年度计划完成的情况和存在的问题。汪副处长谈到有的单位虽然投资计划已完成,但机器并没安装起来,有的还没投入生产,因此,要求各单位必须全面完成计划。会上,刘子厚局长指出完成今年计划的重大意义:(1) 今年是三门峡工程开工的第一年,必需打响开工后的第一炮,以鼓励士气;(2) 假如今年完不成计划,就会给明年施工增加很多困难;(3) 1957 年是第一个五年计划的最后一年,为了争取第一个五年计划的完成,迎接第二个五年计划,也必须完成今年的年度计划。接着,刘局长指出:完成今年的计划可能性是有的,而且是完全有条件的。因为今年的年度计划作了调整,坝基开挖石方由 395 000 立方米降低到 330 000 立方米,同时,通过整风和反右派,全体职工提高了思想觉悟,克服困难的劲头很足,生产积极性空前高涨。问题是在一部分领导干部中,存在着严重的右倾保守思想,必须克服。

　　必须在"又好、又多、又快、又省、又安全"的方针下,充分发动群众,克服困难,以革命精神力争完成今年的年度计划。

　　刘局长还对各单位、各分局提出的问题,一一作了解答。他指示:面向问题要争取主动,切忌被动;要往前赶,不能往后拖;要多做,不要少做。

蒲春田、吴继忠

　　(资料来源:《三门峡报·第 35 期》第 1 版,1957 年 11 月 27 日)

41. 全局掀起鸣放整改热潮(1957 年 11 月)

近几天来,不论走到哪个单位,大字报都是琳琅满目,五彩缤纷,以千万张大字报为主要形式的鸣放高潮,正在我局及勘探总队等各单位深入开展。到 11 月 25 日统计,在局直各处、室、分局、医院及总队,21 个单位中,已贴出大字报 1 855 张,群众通过大字报提出 6 988 条意见。通过大字报公开地暴露了缺点、揭露了问题,形成了强大的舆论力量,为彻底改进领导、改进工作,创造了有利条件。

与此同时,局直各处、室、动力、铁路、房建、物资供应、设计、附属企业等分局及医院、总队等单位,采取边鸣放、边改进,以整改推动鸣放的办法,大胆地改进了立即能改的问题。到 23 日,据这些单位的不完全统计,改进 700 多条意见。工程局的办公大楼里,到处密密麻麻地贴满了鸣放和整改的大字报。23 日,工程局整改委员会,在"以革命魄力改进工作"的大标题下,公布了第一批包括组织机构、行政管理、劳动保险、职工福利等 38 个问题的数百条意见。如各单位对行政处提出的 480 条意见(归纳为 35 个问题)已将改进的 169 条(15 个问题),公布于众。其他对有关物资供应、住房、家具分配、幼儿园、图书馆、文体活动等方面,均贴出了具体改进方案的大字报。

李瑞杰

(资料来源:《三门峡报·第 35 期》第 1 版,1957 年 11 月 27 日)

42. 拿出革命的精神 力争超额完成今年的 施工任务(1957 年 11 月)

今年是我国社会主义五年建设计划的最后一年,也是我们三门峡水利枢纽工程正式开工的头一年,全国人民都在欢欣地期待着各个建设战线上胜利完成五年计划的捷报。我们三门峡全体职工应把今年"第一炮"打得响响的,作为我们对第一个五年计划的献礼。

就我们工程本身来说,今年能否完成任务,对明春浇灌砼与下半年截流,以及整个工期都有很大影响。这就需要全体职工拿出革命的精神来,争取今年打个漂亮仗!

那么 12 月份的任务,必须与全年的计划结合起来去完成,防止漏项造成完不成计划的毛病。如个别项目实在完不成,就必须用另一项的超额去抵补,但不能放松要害的部位工程,去单纯追求数字,要做到完成月计划同时完成年计划。

筑坝分局必须保证完成石方开挖、第一期围堰、下游浮桥三大工程任务。砼制造分局应在年内基本完成两台小拌和楼的安装任务,临时拌和场要保证投入生产,并及早作好灵宝筛分场的一切准备工作。铁路、交通运输、企业建厂、风、水、电和一切物资器材的供应、各单位的工作都必须跟上主体工程,保证超额完成任务。

目前已进入冬季施工,同时又处在施工高潮的情况下,各领导要特别重视安全工作,采取有效措施,及早作好冬防准备,防止发生一切事故,保证做到冬季安全施工。

我们的坝基石方开挖工作已接近设计高程,企业建厂大部分系钢筋砼结构,拌和楼的安装及围堰堆筑等工程,质量要求都很高。因此,各级领导和全体工人都必须牢固地树立"质量第一"的思想,严格遵守技术规范,加强控制,深入检查,无论在任何情况下,都必须确保质量要求。

12 月份是完成今年计划最关键性的一月,虽然各项工作中都有一定困难,但完成任务的有利条件更大。通过大鸣大放、反右派斗争,全体职工的阶级觉悟和劳动积极性大大提高;我们的队伍有了近一年的工作锻炼,机械利用率和机械效率大大提高;领导作风深入了,各项生产管理工作都比以前大有进步;我们的机械与风、水、电的供应,比过去更有保证。只要我们很好地组织和利用这些有利条件,进一步加强计划管理工作,一一地充分发动群众,做到计划交底,为群众所掌握;各级领导经常深入现场,及时解决问题,我们完全有把握完成今年的计划。

目前时间紧迫,任务重大,全体职工必须拿出革命的精神,在"又多、又快、又好、又省、又安全"的方针下,全面完成今年的施工任务!

(资料来源:《三门峡报·第 35 期》第 1 版,1957 年 11 月 27 日)

43. 依靠群众大整大改(1957 年 12 月)

自 11 月 9 日转入整风第三阶段(着重整改)以后,在广大工人和机关干部中第二次鸣放高潮已蓬勃地开展起来。截至目前共贴出大字报五千多张,提出各种意见两万多条。从这次鸣放的形式与内容上来看，意见尖锐、态度诚恳，有批评也有建议。广大群众针对领导上的官僚主义、主观主义和宗派主义进行了猛烈的围攻。现在运动正在向高潮的顶峰推进。同时，结合鸣放，各单位均抓紧进行了整改工作，据统计目前已经解决了四千多条意见。群众反映："这次领导上下了决心，有个革命的劲头。"铁路分局一个工人说："解决问题，这样搞下去，我们的工作就好办了。"由于抓紧进行了整改，从而又进一步推动了大鸣大放的开展。

但是目前运动的发展还不平衡。群众还没有鸣足放透，有百分之七八的人尚未提过意见，还没有把内心的话完全讲出来；特别是整改工作还远远落后于鸣放，改得决心不大，改得不多、不快、不狠，而且依靠群众不够，最多是几个领导同志在那里关着门整改，没有与广大群众商量。群众批评我们说，"群众鸣放在以飞机的速度前进，领导整改却以老牛缓慢的步调前行"，并说"整改是雷声大、雨点小"，"只见领导摇旗呐喊，不见领导冲锋陷阵"。有的同志以官僚主义、形式主义的态度来对待整改，对群众所提意见的答复是"意见很好，十分感谢"，"我们正在研究改进"，甚至个别同志认为"这是老毛病不是一天半天能够改的"等非常错误的态度。

为了全面系统地进行整改，扭转整改落后于鸣放的局面，必须首先解决各级领导干部对整改重视不够的右倾思想。应当明确认识，整风是一个伟大的社会主义革命运动。这个运动的目的，就是要在思想上、工作上进行一次大的改革，特别是提高我们各级领导干部的社会主义觉悟和思想水平，转变自己的作风和工作，这对促进革命事业的发展是有重大意义的。因此，各级领导干部，必须下定决心以革命的精神，来深刻地检查自己的缺点和错误，联系思想实际，认真进行整改，掀起一个群众性的整改高潮。否则，不仅自己过不了社会主义关，还会使党在政治上脱离群众，使整风运动半途而废。

要想整改工作搞得又好、又快、又彻底，必须坚决依靠群众，相信群众的多数。依靠群众是我们做好一切工作的根本路线，进行整改同样也是如此。大鸣大放的事实证明群众所提意见，85％以上都是正确的。因此，我们在处理群众提出的成千上万的宝贵意见的时候，一定要走群众路线，一定要同群众商量，充分发挥群众的智慧，发动群众出主意，想办法，提方案。如果只是几个领导人在那里整改，即使废寝忘食，也是改正不好的。所以，整改工作，必须依靠群众、相信群众的大多数。

整改工作只是领导上有了决心，还是不够的，还必须有广大职工群众的积极支持。目前,绝大多数职工同志都积极地投入了整改高潮,但是还有少数同志认为整改是领导上的事,抱着"事不关己,高高挂起"的态度,这是不对的。我们希望全体职工为了社会主义建设事业,为了搞好三门峡水利枢纽工程建设,不但要大鸣大放揭发领导上的三个坏主义,而且更应当积极地提出自己的合理化建议,进行尖锐的批评,帮助领导上改进工作,改正作风。目前多数同志是这样做了,但也有少数职工,不是如此。鸣放后劳动态度不好了,纪律较前松弛了,这种现象是不好的,必须加以反对。

再是整改工作必须从实际情况出发,必须从需要与可能考虑,必须贯彻勤俭建国,勤俭办企业,勤俭办一切事业的方针,防止那些脱离实际、铺张浪费和形式主义的不良现象发生。

整改工作进行的方法和形式,总的说是一切依靠群众,充分运用群众路线。但方式方法可以多种多样,如大字报、座谈会、小组会、辩论会等均可运用。特别是召开职工代表会议或职工大会,是贯彻群众路线、解决问题的最好方法,各单位应当充分运用这个形式,来进行整改工作。

我们相信,只要在党委统一领导下,层层负责,各级领导亲自动手,广大群众积极参加,坚决贯彻大胆地改、坚决地改、彻底地改的精神,整改工作就一定能够搞好,整风第三阶段就一定能够取得完全胜利。

(资料来源:《三门峡报·第37期》第1版,1957年12月6日)

44. 月月是先进 年年当模范——介绍钻工 王进先小组(1957年12月)

提起王进先青年突击组,筑坝分局二队每个职工都称赞,说他们不简单,年年是模范,月月是先进,从官厅、陡河水库到三门峡,连续三年评为模范组,光锦旗就得了五面,称得起是工人中的一面旗帜。

这个组的两个组长分工明确,有事和大家商量。正组长王进先抓生产,副组长张瑞学抓思想教育。每当任务单下来后,首先召开老工人座谈会研究,然后,小组讨论,全面安排本月份生产计划,做到全组每个人心中有数,最后发动大家订保证条件,开展竞赛。干活时,他们互相检查和帮助,发现困难和问题,马上研究解决。在生产中,该组的老工人起了骨干作用,他们不但自己能超额完成任务,并能帮助学员提高技术和解决困难。11 月上旬,二级工高瑞、徐保山等在左岸打孔,突然卡了钎,要影响整个工作面放炮。这时王进先又忙着去开会,就吩咐骆春海师傅想法把卡钎拔出来。骆春海二话没说,提着铁锤把卡钎打活,后用风钻拨钢钎,不一会就拨出来了。类似问题很多,都在老工人帮助下,一个一个解决了。平时,组里老工人帮助学员找工作面、换钢钎;学员帮助老师傅扛钢钎、拉风管,已养成习惯。

老工人为使学员安心生产,除了耐心教技术外,并注意向学员进行思想教育。不少老工人用新旧社会对比和自己亲身感受教育学员。另外从生活福利上关心体贴学员。如李上库等老工人,动员自己家属给学员缝补衣服、补袜子。学员李玉如最近才到这个组,铺盖很单薄。副组长张瑞学看见了,笑着说:"小李!你的铺盖太单薄了,我的褥子和毯子借给你铺。""俺不铺,去年冬天我就没铺。"小李说。"去年你没参加工作,今年参加工作,干一天活睡不好觉,干活没精神。"说着便把褥子和毯子给他铺上了,感动得李玉如不知说什么好。由于老工人关怀,学员们生产热情高涨,因此不少人成了先进生产者或优秀学员。

这个组的新老工人掀起了互相学习的热潮。老师傅懂技术、有实际经验,但文化低,看图纸和任务单、订保证条件等都很困难;学员有文化,没技术。于是新老工人自找对象,订立了包教包学合同。老师傅包教学员学技术,什么时候达到几级工的技术水平;学员包教老师傅学文化,什么时候达到什么程度。老工人陈更义,去年在陡河水库还是文盲,现在能看报、写信,已达到初小三年级程度。全组工人都能互相帮助解决生活中的困难。二级工高瑞家里收成不好,捎信向他要钱。当时他手里钱少很发愁。张全兴知道了,就借给他 20 元钱,帮助解决了困难。

由于组长领导得好,依靠群众,加上大家团结一致克服困难,因之他们一直走在前面。

(资料来源:《三门峡报·第 38 期》第 2 版,1957 年 12 月 12 日)

45. 组织生产新高潮,迎接伟大的 1958 年的光荣任务!(1957 年 12 月)

当 1958 年元旦到来的时候,我们三门峡全体职工和全国人民一样,欢欣鼓舞地庆祝我国完成和超额完成第一个五年计划,庆祝三门峡水利工程开工头一年的辉煌成绩;信心百倍地迎接我国第二个五年计划的开始,迎接三门峡工程开工第二年的巨大施工任务!

三门峡工程开工头一年,在党的正确领导和全体职工夜以继日的努力下,我们打响了"第一炮"。主体工程溢流坝基开挖已达到278坝基设计高程了,胜利完成了全年33万方的坝基开挖任务,三门峡的自然面貌变化了,屹立在黄河激流中的雄伟的人门岛挖掉了,峻峭的梳妆台消失了,狮子头炸掉了。史家滩临时拌和厂提前投入了生产,灵宝沙石厂第一期土建任务全部完工,四只采沙船提前三个月安装好;右岸拌和厂加紧安装小拌和楼,汽车基地全部建成;穿山越岭修建了30公里的柏油马路,铁路已修通到坝头;郑、洛、三变电站已建成,架起了230多公里的高压输电线,从郑州向工地日夜供电,永久电源解决了;自动电话已安好,开始使用了。其他附属企业,为了满足主体工程的需要,都加快了进度,提前和超额完成了任务。我们亲身参加三门峡工程建设的每个职工,可以看到,在开工短短八个多月的头一年,所取得的成绩是辉煌的,三门峡自然面貌所发生的变化是巨大的。

我国要在第二个五年计划期间,建立六个工业基地,以我们三门峡地区为中心的工业基地,就是其中的一个。三门峡工程建成后,不仅保障了黄河下游千百万人民的生命财产,而且河南、陕西、山西将利用它发出的电力发展工业;还要逐步达到灌溉四千万亩农田,在受益地区对实现农业发展四十条纲要,达到"四、五、八"产量目标,就有了可靠的保证。三门峡工程的完成,对实现中央提出要在我国十五年内,工业水平赶上和超过英国的目标,将起着重要作用。这就要求我们全体职工鼓起一股干劲,必须争取提前完成三门峡水利枢纽工程。

我们1958年的工程任务,必须在贯彻勤俭办企业、开展增产节约的总精神下,加强计划管理,实现1961年拦洪的总目标,明确1958年工程的中心就是要在冬季枯水季节实行断流。断流是一项艰巨复杂的工作,是关键性的工作。一切工作要围绕断流而赶上去。因此,1958年需要完成的石方开挖量为49.8万立方米,软土开挖量为114万立方米,围堰堆筑量为17.3万立方米,混凝土浇筑量为26.1万立方米,深孔灌浆共约37 750米。各项准备工程和附属企业工厂,就需要加紧施工,按期完成计划,特别是围堰、混凝土浇筑、附属企业、铁路、钢桥等工程,必须保证按期和提前完成,以满足主体工程施工进度的需要。

看来,1958年的工程任务比开工头一年的任务,在各方面都增大了。那么,我们能不能完成今年的任务呢? 回答是肯定的。首先,今年国家向我们工程的投资比 1957 年的投资增加了近一倍,这就首先给完成今年的工程任务打下了经济基础;最主要的是,广大职工正在进行的整改鸣放高潮,政治思想觉悟大大提高了,劳动热情空前高涨,突破定额、创造新纪录,到处出现,如风钻纪录,有的由 40 米,提高到 134.8 米,超过定额的数倍,一个规模宏大的生产高潮正在形成;经过三中全会决议和省党代大会精神的贯彻,领导上的右倾保守思想,已得到初步批判和克服,领导作风深入了,大批干部下放后,基层领导加强了;在生产管理上也初步摸到一些经验和教训;一年来的成绩,在各方面给 1958 年的任务创造了良好的条件。当然我们还会遇到一些困难,但只要我们动员一切积极因素,利用一切有利条件,坚持勤俭建国、勤俭办企业的方针,我们就一定能够战胜一切困难,有信心完成和超额完成 1958 年的大施工任务。

在新的形势下,当前的关键问题,在于加强党的领导。必须在深入开展整风运动的基础上,彻底批判和克服右倾保守思想,加强计划管理和技术管理工作,动员全党,团结广大职工,组织 1958 年的生产"大跃进",普遍掀起生产新高潮,大力开展增产节约和先进生产者运动,在"又多、又快、又好、又省、又安全"的方针下,力争超额完成第一季度的施工计划,为全年的任务打下一个良好的开端!

第二个五年计划开始了,三门峡工程 1958 年的大施工任务开始了,要我们每个职工,拿出革命的干劲和高山也要低头,河水也要让路的气魄,为完成 1958 年冬季枯水季节断流,实现 1961 年拦洪而奋斗!

（资料来源:《三门峡报·第 41 期》第 1 版,1957 年 12 月 30 日）

46. 奋勇前进 组织生产"大跃进" 刘书记 号召全体职工为今冬截流而奋斗！
（1958 年 1 月 10 日）

本月 10 日在湖滨区二工区食堂里,1 500 余名干部聚精会神地听了局党委第一书记刘子厚同志所作的 1958 年工作安排和第一季度的工作计划的报告。刘书记在报告中号召全体职工要为保证完成今年施工任务,组织生产"大跃进"而奋勇前进。

报告中,刘书记首先回顾了去年的工作。他说:去年我们主要是在两方面进行了工作:一是整风和反击右派;一是主体、附属工程的生产建设。而这两方面的工作,都取得了很大的成绩。通过整风,大大地推动了生产建设。实践证明:整风是推动工作的动力;同时,通过整风对广大职工的思想也大大提高一步。从生产方面来看,去年也取得了很大成绩,施工任务完成了,有些项目还超额完成了任务,这对今年冬季的截流,准备了条件,并为争取 1961 年拦洪打下了基础。刘书记在总结去年生产方面所取得的主要经验是:发挥了广大职工的积极性、创造性;干部深入现场,发现问题,解决问题;组织协作,动员协作;自上而下地加强党的领导,使党真正地成为企业中的领导核心。

刘书记谈到今年工作安排时说:首先是继续进行整风运动,未结束的单位仍要继续进行。总的说来,整风在 5 月以前要争取全胜。之后,一方面继续加强政治、理论学习;另一方面要掀起学习文化、技术的高潮,每个同志都应成为"又红又专"的革命干部。同时,在整风运动胜利的基础上,掀起新的生产高潮。我们今年的生产中心是:保证做好今年冬季的截流。截流对我们整个工程说来是个关键,如果这一仗打好,争取 1961 年拦洪就有了把握。因此,今年我们各方面的工作都要围绕这一中心赶上去。特别是去年落后的单位的工程,更要快马加鞭地赶上去。

接着,刘书记对今年第一季度的工作作了详细的安排。他说:全国提出"十年看三年,三年看头一年"的口号,而我们则是全年看第一季度,第一季度要看头一个月。因此,我们第一季度的工作一开始就是紧张的。第一季度的主要工作是:首先是整风。目前我局正处在整改阶段,党委意见是在第一季度在机关里争取结束整改阶段,并转入学习—批评—提高的整风第四阶段;在工人中要结束大鸣大放,进一步掀起生产高潮。刘书记强调指出,整改必须搞彻底,经验证明:哪个单位的整改搞得好,哪个单位的生产劲头大,因此,整改必须搞好。

刘书记谈到目前干部最关心的"紧缩机构下放干部"问题时说:紧缩机构,下放干部是目前我国一件大事情。整改的好坏和主要内容,是要看紧缩机构和下放干部这一工作做得好坏。他说:机构庞大、重叠,是产生官僚主义的温床。要想反掉"三个坏主义",紧缩机构、下放干部是很重要的一环,也是一项很重大的革命措施。关于为什么要下放干部,刘书记说:下放干部的意义有三:一是为了搞好生产,组织工农业生产"大跃进";再是锻炼干部,要想做一个好干部,必须得经过锻炼,只有百炼,才能成钢;三是培养下一代,为了培养接班人。只有这样,才能保证社会主义革命的胜利,并由社会主义顺利地向共产主义社会迈进。

其次是组织生产"大跃进",保证完成今年生产任务。刘书记说:我们的主要任务是要在 1961 年争取拦洪。今年的任务主要是保证冬季截流。上半年的混凝土浇筑是 14 万到 15 万方,第一季度的石方开挖为 13.5 万千方,软土开挖为 44 万方,围堰 10 万方。浇筑混凝土 58.8 万方。此外,铁路、公路、下游钢桥及附属企业的中心机械修配厂、钢筋加工厂、混凝土预制厂、木材加工厂及汽车修配厂的建厂和右岸小拌和楼安装、灵宝砂石开采等工作,都要加紧进行。这些附属工程有必要按照浇筑混凝土的要求,快马加鞭地跟上去。铁路 2 月要通车;钢桥 4 月要架成并通车;公路需及时筑好;附属企业的几个工厂要尽快建成,并投入生产;勘探工作也必须按计划进行。只有这样,才能保证主体工程按计划进行。如果和去年相比,今年的施工任务是全面开展、大规模地进行,由于这样,我们全体职工必须全力以赴,在第一季度就要掀起一个新的生产高潮,并在此基础上,组织全年的生产"大跃进"。

刘书记指出:组织生产"大跃进",要提高生产率,降低成本,提高工程质量,各方面的工作都要按计划完成;切实贯彻"又多、又快、又好、又省"的方针。但是,具备哪些条件才能掀起生产高潮呢?刘书记说:第一,每个职工都要拿出革命的干劲,要具有生产大高潮、"大跃进"的思想,奋勇直前;第二,要有组织准备,下放干部便是组织生产"大跃进"的一项主要措施,同时,各级领导还要深入现场,发现问题,解决问题,问题解决得及时,对掀起高潮就能起保证作用;此外,还要加强协作,发扬社会主义思想,互相关心,相互照顾,坚决克服本位主义;第三,设备和器材供应要跟上去,这项工作虽有困难,但我们要大力做好这一工作,克服困难,力求做到保供应。以上三方面做好了,组织生产大高潮、"大跃进"就有了基础。

在目前情况下,刘书记说:要在现有基础上开展劳动竞赛,进一步发挥职工的积极性和创造性。为把生产高潮巩固和坚持下去,必须大大加强计划管理,加强政治工作,以及关心广大职工群众的生活福利事业。同时,在生产高潮中,必须继续贯彻勤俭建国、勤俭办企业,增产节约。对这一工作,刘书记号召全体职工要"群策群力",监督领导,坚决和浪费现象作斗争,真正做到"又多、又快、又好、又省"的建设三门峡。

最后,刘书记谈到了如何加强党在企业中的领导。刘书记说:政治是灵魂,无论哪一样工作都不能脱离政治。要想办好企业,必须加强党的领导,必须树立以党为核心的领导,在党的领导下,实行集体领导,分工负责。在谈这个问题时,刘书记对一些错误认识作了批判。报告中,刘书记还对如何加强政治思想工作,贯彻群众路线的方针等方面作了指示。

李瑞杰

(资料来源:《三门峡报·第43期》第1版,1958年1月13日)

47. 我局通过鸣放整改工作面貌焕然一新
(1958年1月)

我局的整风运动,自去年11月上旬转入整改以来,全局广大职工踊跃积极地投入了这一运动,很快地掀起了群众性的大鸣大放,和大整大改高潮,并于元旦前后进行了整改复查。截至本月5日,全局统计共贴出大字报23 836张,鸣放意见达43 193条,已改进的有34 237条,占总意见的80%以上,其中已改进90%以上的有18个单位,改进80%以上的有15个单位,改进60%的只有一个单位,目前全局实际上已改进了90%左右。

由于鸣放、整改高潮的推动,由于群众的情绪高、劲头足,由于领导决心大,抓得紧,方法对头,自始至终批判和反对了右倾思想,坚决地发动群众,依靠群众,群策群力,采取了大鸣大放、大字报、大辩论和先拣芝麻、再抓豆子、后抱西瓜的先易后难的方式方法,狠狠地改进工作,因而经过鸣放整改全局的面貌焕然一新,现在到处都呈现着新气象。群众反映:过去领导上对很多情况不了解,解决问题不及时,而现在领导直接和群众见面,深入了解情况,及时解决问题。如灵宝沙石厂,过去领导干部不够深入,整改以后在现场工作上建立了队长、干部和技术员轮流值班制,从而大大克服了现场工作上的混乱现象,职工群众对此非常满意。大安医院自去年12月开展了良好服务运动月后,又于元月开展了先进工作者运动。同时通过整改运动,并进一步加强了劳动纪律,提高了工作积极性和创造性。如混凝土制造分局拌和厂,过去工人上班时坐汽车,第一次车没人坐,第二次车人不多,第三次车坐不了,而整改以后,工人反映说,第一次车不够坐,第二次车人不多,第三次车没人坐。挖土机的工人为了提前完成生产任务,节约国家资金,他们利用星期日的例假,自动进行义务劳动,一天即拖运了26 000块瓦,相当于7辆卡车运一天。工地有些青年职工自动组织了青年节约小组,利用星期天的时间,到工地收拾零星材料。有许多职工纷纷写出搞好生产,搞好工作的保证书和决心书。

　　总之,目前我局整风运动的第三阶段虽未完全结束,但实践证明:整风运动是推动一切工作的动力,党的整风运动的方针是完全正确的,必要的。但是,从整改的角度上看,目前仍有一些单位和领导,改得还不够狠,不够及时,群众还有意见,并有一种单纯追求整改数字,而忽视整改效果的现象。我们认为这是一种右倾思想的表现,必须很快地扭转纠正,改得不够的单位和个人应补课,要真正做到坚决地改,彻底地改。

局党委整改办公室

　　（资料来源:《三门峡报·第 43 期》第 1 版,1958 年 1 月 13 日）

48. 我局干部申请下放高潮正在形成
（1958 年 1 月）

　　一个波澜壮阔的干部要求下放高潮正在我局各单位形成中。

　　10 日,广大干部听了刘书记讲了紧缩机构、下放干部的重大意义后,局党委各部、室及局直各处、室广大干部,纷纷报名要求第一批上山下乡到劳动中去锻炼。据驻湖滨区的局直各单位、各分局的不完全统计,在未正式动员干部下放前,到 13 日已有 440 多名干部,贴出了要求下放的大字报或向党组织写了申请书。

　　物资供应分局的干部在听过刘书记的报告后,4 个多小时便有 35 个干部贴出要求下放的大字报,占该分局在家干部的 87.5%。

　　设计分局的工程技术人员,热烈响应党的号召,要求批准下放锻炼,11 日一天就有 90 余人贴出大字报表示决心上山下乡。房建分局干部情绪高涨,在 11 日已有 90% 以上的干部要求下放,不到一天,过去的两个"鸣放专栏"便贴满了五彩缤纷的申请下放的大字报;该分局的工程技术人员已有 95% 以上的都报名要求下放;分局的领导干部,除几个同志因病未参加讨论外,其余的均报名下放。其他企业、铁路等分局的干部,也都情绪高昂。纷纷要求去当农民、当工人,到劳动中,到基层里去锻炼、改造。

　　局直各处的干部,大部分都贴出大字报或向党组织写了申请。专家工作室的一些同志,在未听刘书记报告前,便主动地学习了有关下放的文章,听过报告,即刻进行了讨论,讨论中批判了过去某些错误认识,并纷纷表示争取第一批下放,刘书记报告后的当天晚上,就有 60 多人贴出申请下放的大字报。保卫处在湖滨区办公的 14 名干部,除一人外,均写了下放的申请书,两个处长带头向党组织写了决心书。干部处已有 90%以上的同志用大字报形式写了要求下放的申请。报社编辑部的 14 名干部,全部向党组织和行政领导提出请求,决心争取第一批下放去当农民。计划处 20 多个干部都写了书面申请或口头请求下放,刘明朗副处长早在一个月以前便将要求下放的申请书交给了党组织,听过刘书记报告,又在小组会上再次表示,要求领导批准他上山下乡。其余单位的广大干部也正在积极酝酿下放,其中有不少同志贴出了申请下放的大字报。

(资料来源:《三门峡报·第 43 期》第 1 版,1958 年 1 月 13 日)

49. 三门峡等工区向全国水利基本建设
职工提出厉行全面节约的联合倡议
(1958 年 1 月 31 日)

31 日上午,三门峡工区工会代表秦定九在中国农业水利工会第一次全国代表大会上,向大会宣读了黄河三门峡、治淮、响洪甸和江苏二河闸工区全体职工,向全国水利基本建设职工提出"加快工程进度,提高定额水平,厉行全面节约"竞赛的联合倡议书如下:

为了保证全面和超额完成第二个五年计划水利建设任务,和提出实行农业发展纲要四十条,我们一定要以愚公移山的精神,推山倒海的气魄,鼓足革命干劲,以水利建设上的"大跃进",促进工农业生产的"大跃进"。为此,我们向全国水利基本建设职工提出倡议:在确保工程质量和安全生产的基础上,开展加快工程进度,提高定额水平,厉行全面节约的竞赛,并提出如下主要指标作为倡议条件:

(一)加快工程进度:三门峡提前 1 个月完成全年任务,为进度的 8.3%;二河闸提前 14 天完成 104 天的计划进度,为进度的 13%;响洪甸重力坝提前 10 天至 20 天全部浇筑到顶。

(二)提高定额水平,混凝土浇筑系统:三门峡、响洪甸提高定额 10%—15%;三门峡土石方开挖与出碴,在 1957 年平均定额的基础上,提高 10%—15%;二河闸提高定额 18.5%—20%。

(三)确保工程标准质量,严格按设计图纸施工,做到质量符合施工规范要求。

(四)厉行全面节约:三门峡节约工程费 6%—7%;二河闸节约工程费

10%；响洪甸节约工程费 5.75%—6%。节约水泥方面：二河闸按预算定额节约 15%；响洪甸由现在每立方米实用水泥量再节约 4.5 斤，共节约水泥 75 吨。

（五）贯彻安全生产方针，严格遵守安全操作规程，克服麻痹思想，杜绝重大伤亡事故，大力减少一般机械人身事故。

为完成以上指标，采取以下主要措施：开展增产约运动和反浪费运动；加强职工社会主义教育；克服右倾保守思想；加强计划管理和技术管理；深入开展社会主义劳动竞赛和先进生产者运动；密切各工种联系、协作，做到均衡施工，积极推广先进经验，大力提合理化建议，加速器材周转，提高使用率，节约原材料，尽量利用剩余旧料。我们一致的口号是：一粒黄沙，一粒米；一两洋灰，一两面；一寸钢筋，一寸金；不浪费只钉、寸木和点滴油料。

（资料来源：《三门峡报·第 46 期》第 1 版，1958 年 1 月 31 日）

50. 1958 年施工介绍（1958 年 2 月）

1958 年三门峡工程的中心任务是保证截流的胜利完成。截流是整个施工过程的重要里程碑。截流以后，主体工程的重点就由左岸转移到右岸，也就是说第二期工程开始了。

今年的截流大体上是这样进行的：汛前枯水时期，沿鬼门河开临时溢流道，在原来鬼门吊桥处做闸门墩子，并利用此墩作桥墩在上面架设公路桥；在神门岛下端一缺口处开临时溢流道，在溢流道中做闸门墩子，并利用此墩在上面铺设人行桥面。为保护汛期中左岸基坑内的正常工作，汛前将围浇左岸基坑的高围堰做好。汛期中洪水仅由鬼门、神门流过。左岸基坑内石方开挖后，在上面浇筑混凝土的梳齿，梳齿是过水建筑物，必须在 10 月以前浇到截流的要求。11 月拆除左岸上、下游横向围堰，为河水由三门峡上游经左岸梳齿流向下游，提供一条畅通无阻的通路。12 月进行截流。截流是从右岸用自卸汽车装载块石，经鬼门桥沿鬼岛右下角指向神门下端进占抛卸，先把神门下口堵起来，使河水分经神岛、鬼门临时溢流道和梳齿三路流向下游。然后，在神岛临时溢流道闸墩间放下闸门，把神岛溢流道关起来，河水只得经鬼门临时溢流道和梳齿二路流向下游。最后，在鬼门临时溢流闸墩处下闸，全部河水仅由左岸梳齿通过。自此，黄河的水流就再也不能经过鬼门、神门了。我们跨神门、鬼门修筑第二期上游横围堰，在张公石岛处筑第二期下游横围堰,1959年就可以清理右岸河床基坑,进行右岸工程了。

保证截流的胜利完成,不仅在于12月份截流堵口工作的本身,而首先在于12月份以前一系列工程的按期完成。其中最主要的是左岸基坑中的混凝土浇筑、灌浆、石方开挖和围堰填筑。梳齿、护坦等混凝土工程若不按计划浇好,并灌浆完毕,就不能按计划日期截流;石方若不能按期开出,就不能在基础上浇筑混凝土;上下游横向和混凝土纵向围堰、隔墩、隔墙若不能按期浇好,洪水一来,左岸基坑就有遭致淹没的危险,将使整个工程陷于停顿的状态。根据1958年施工组织设计,这些工程的施工情况如下:

上下游横向围堰,是黄土心墙的砂碟石断面,工程量共183 000立方米。在东沟河滩上开辟砂□石料场,用推土机除去覆盖层后,用1.2立方挖掘机取料装上10吨自卸卡车,沿左岸河边公路运输上堰。在史家滩对岸山顶上开辟黄土料场,用人工开采,沿山坡溜下,然后用挖掘机装进自卸卡车,沿左岸河边公路运输上堰。砂砾石和黄土上堰后,用拖拉机羊脚碾等分层压实堰,平行升高。围堰填筑的进度,在施工过程中必须能经得住五十年一遇的洪水考验。

石方开挖全年共52万立方米,其中左岸部分共约21万立方米。建筑物基础部分已接近设计高程,必须用小炮分层清理,最后以人工清理。按照混凝土浇筑进度的要求,在本月份浇筑混凝土之处,上月必须将基础清理完毕。绝大部分石方开挖要求在4月底前完成,以减少钢桥通车后混凝土运输的干扰。部分石碴选作混凝土填石和围堰的石料需要,其余的向钢桥以下寨后沟以上的地区出碴。

混凝土浇筑全年任务约27万立方米。截流以前必须浇筑完毕的混凝土为19万立方米,上半年要求浇筑14万立方米。1月份已开始浇上游混凝土纵向围堰。2月中旬开始浇隔墩。2月底3月初隔墙和梳齿底板也开始浇筑。隔墩底层和梳齿底板浇好后,在上面进行灌浆工程。初期工程在史家滩设临时沙石开采筛分场和拌和厂,混凝土由神门吊桥皮带运输机和下游浮桥输送过河。3月初小拌和楼系统投入生产,用灵宝骨料拌制混凝土。5月初钢桥通车后,混凝土经钢桥运送过河。混凝土的浇捣是用玛斯自卸汽车直接入仓翻卸和玛斯汽车配合卧式料罐由起重机吊罐入仓两种方法。起重机用3立方和1立方的电铲改装件以6吨塔式起重机配合工作。

要满足混凝土浇筑的要求,灵宝沙石开采筛分系统、坝址区拌和系统、铁路运输线、跨河和辅助企业系统,均必须按时完成。为了争取明年主体工程□动,今年在右岸还要进行石方开挖、场地平整和拆装工程。

今年是我们向大坝展开进攻的一年。在主体工程的石方开挖发展到石围堰填筑、深孔灌浆和筑坝浇筑。坝址工区，下游将达到□沟，上游达到史家滩、东沟、□沟。宽轨铁路也将把灵宝、大兴、大安和坝址工区联系上，要快马加鞭地赶上上半年的工程是很紧的，上半年的任务能保证全部完成，全年的胜利就大半到了手。要完成上半年的任务，第一季度，是很繁重的。

1958 年的任务与 1957 年相比是很繁重的。但我们经过整风锻炼和工程上的锻炼，我们的力量也是无可比拟的。在高山向我们让路，河水为我们让路的英雄气概下，这些困难将一个个低下头去。在党的领导下，以我们汹涌澎湃的干劲，必将超额完成全年任务，为提前实现拦洪发电，奠定坚实的基础。

（资料来源：《三门峡报·第 47 期》第 2 版，1958 年 2 月 7 日）

51. 乘风破浪奋勇前进 组织生产"大跃进"
工程局首届一次党代大会隆重开幕
（1958 年 2 月）

中共黄河三门峡工程局首届第一次党员代表大会，经过会前充分的准备，于昨日在湖滨区黄河影院正式开幕。

参加这次大会的有正式代表 219 名，列席人员 51 名，并邀请了 60 位工程技术人员参加了大会。

上午九点四十分，隆重举行了大会开幕式。当局党委副书记肖文玉同志宣布大会正式开幕时，会场响起了雷鸣般的掌声，全体肃立，奏起了庄严的国际歌。接着，大家向全党和全国人民最敬爱的伟大领袖毛主席致敬，向革命先烈默哀。会议一致通过了大会主席团、秘书长和副秘书长名单，通过了大会代表资格审查委员会名单，通过了大会议程。

这次大会主要的议程是：审查和批准中共黄河三门峡工程局委员会关于两年以来的工作总结与 1958 年工作方针任务的报告；讨论和批准关于深入开展整风运动和加强党的集体领导问题的报告；讨论通过关于加强计划管理、技术管理组织生产高潮，促进生产"大跃进"的报告；选举中国共产党黄河三门峡工程局委员会。

通过大会议程以后，接着由局党委第一书记刘子厚同志代表局党委作了《中共黄河三门峡工程局委员会关于两年以来工作总结与 1958 年工作方针任务的报告(初稿)》。

刘书记说,根据党中央和国务院的指示,三门峡工程局于 1956 年 1 月正式成立,两年以来在党中央、黄河流域规划委员会、河南省委和三门峡市委的正确领导下,在中央各有关部委的直接领导下,在苏联专家的大力帮助下,在全国人民的热情支持下,在原有准备工作的基础上,经过全体职工极努力,进行了一系列艰巨复杂的工作,取得了巨大的成绩。

在谈到开展整风运动的收获时,刘书记说,经过深入整风运动,我局党的团结更加巩固;党群关系更加密切;群众觉悟大大提高;生产热情空前高涨。

刘书记在讲到今后的工作任务时说,黄河流域规划委员会已经明确要求我们,努力保证 1958 年冬季实行截流,争取 1960 年汛期大部拦洪,1961 年汛期全部拦洪,我们一定要发扬革命干劲,想尽一切办法,来力争按期或提前完成这一艰巨而光荣的任务。为此,我们必须认真地总结我们以往工作的经验教训,正确地规划我们今后的工作的方针任务和做法。

在谈到当前的整风问题时,刘书记说,目前全局正在开展以反浪费为中心的整改运动,各单位必须大力做好这一工作,打击铺张浪费风气,树立勤俭建国、勤俭办企业、勤俭持家,艰苦朴素的优良作风和反浪费,同时对贪污问题也要发动群众予以揭发和处理。

刘书记在讲到工程局成立以来,在生产工作上所取得的成绩时指出,从工程局成立到 1957 年底,两年以来,共修成公路 61.12 公里,此外尚有 6.4 公里正在施工;共修成铁路 17.22 公里,此外尚有 13.65 公里正在施工。共建成各种房屋 240 290 平方米,此外尚有各种房屋 16 820 平方米正在施工。共安装各种规格的风水管道 53 231 米,共钻孔 28 005 米。两年来,各项工程共开挖石方 802 102 立方米,软土 5 669 717 立方米,共浇筑混凝土 13 222 立方米,共安装金属设备结构 165 吨,共安装各种机械设备 2 189 台。

……

刘书记在总结了过去的成绩、缺点与经验教训之后说,根据上级对三门峡水利枢纽工程的要求,以及我局 1957 年工作进展情况,我们 1958 年的工程方针应是:以乘风破浪奋勇前进,积极大干的精神,来迎接生产高潮,组织生产“大跃进”,确保 1958 年冬季枯水季节实行截流和全面赶上初步设计对 1958 年生产进度的要求,为 1960 年大部分拦洪,1961 年全部拦洪创造条件,进一步加强计划管理与技术管理,有步骤地认真实行经济核算,降低生产成本,普遍开展社会主义竞赛和先进生产者运动;以保证多快好省地完成1958年的生产任务。

刘书记在谈到今冬的截流问题时强调指出,截流是三门峡水利枢纽工程的一个关键,只许成功,不许失败;我们必须全力以赴,充分准备,才能使截流工作有可靠的保证。

最后,刘书记讲了如何加强党对工程的领导问题。

下午,大会代表们听取了杨志新同志代表大会代表资格审查委员会对于代表资格的审查报告后,一致通过了这个报告。认为出席的219名代表的选举都是合乎党章的,代表资格都是有效的。

接着会议由局党委第二书记张海峰同志代表局党委作了《关于深入开展整风运动和加强党的集体领导问题的报告(初稿)》。

张书记讲了关于如何深入开展整风运动之后,在谈到加强党的集体领导问题时说,为了保证三门峡水利枢纽工程的顺利完成,必须进一步贯彻执行党的八大决议,更好地实行以党委为核心的集体领导和个人分工负责相结合的领导制度,以加强党对企业工作的统一领导。党委要求:在1958年内,在所有的党组织中,均应无例外地、积极逐步地把实行党的集体领导制度,从思想上明确起来,从组织制度上健全起来。同时,张书记对党在企业中如何实行集体领导与个人分工负责相结合的方法,也作了具体的说明。

下午大会,代表听了张书记的报告后,即分组酝酿。

大会在9日上午正在进行中,有企业分局安装队和动力分局的职工代表,先后打着彩旗,敲着锣鼓以按时完成和提前完成工作任务的成绩,来向党代大会代表们报喜,当他们进入会场时,全体代表起立,表示衷心的感谢,会场响起热烈的掌声。

今日将继续举行大会。

景山

(资料来源:《三门峡报·第48期》第1版,1958年2月10日)

52. 慰问团慰问下放干部(1958年2月7日)

以工程局马兆祥副局长、工会李惠民副主席为首组成的慰问团,于2月7日上午,分赴大安、灵宝慰问下放干部。他们代表工程局党、政、工、团及全体职工,向第一、二两批下放到筑坝一、二、三分局及沙石厂劳动锻炼的干部进行慰问。

慰问团受到了下放干部的热烈欢迎。

慰问中,马兆祥副局长、李惠民副主席首先代表局党、政、工、团各级组织及全体职工,向下放在坝头和灵宝的干部慰问。祝全体下放的同志们身体健康、春节愉快,并希望大家很好的劳动锻炼,使自己成为一个坚强的、经得起任何风险的无产阶级战士。

午饭后,前往灵宝的慰问团全体人员,在沙石厂副厂长王哲、杨邦朝、工会主席赵国栋及下放干部生产队党支书韩健和柴文轩等人的陪同下,到下放干部宿舍里探望问好。

慰问团还分别在大安、灵宝两地召开了下放干部代表座谈会。会上,互相间介绍了工作、生产情况。之后,下放到坝头的干部高玉臣、邢林、王炳臣、苗清国、章宝芬及下放到灵宝的干部刘顺法、苏良志、李仲辉、吴景玉等15人先后在座谈会上代表各个小组汇报了下放后的劳动、思想、生活情况,并纷纷代表下放干部表示:在"劳动大学"里好好锻炼,战胜一切困难,虚心向老工人学习,决不辜负党和同志们的期望,决心在劳动中锻炼成钢。到大安的慰问团在会后还深入宿舍慰问下放干部。

座谈会后,马兆祥副局长、李惠民副主席及团委睢仁寿书记、局党委组织部副部长王继堂,行政处赵长利处长、干部处范德元科长等人还深入工地探望下放干部的劳动情况。马副局长等人还和下放干部在一起进行了短时间的劳动。局直各单位及留机关的干部们写给下放干部的许多慰问信,分别由马副局长、李副主席等人交给了下放干部。

南春、瑞杰

(资料来源:《三门峡报·第48期》第3版,1958年2月10日)

53. 青年英雄大会师 向三门峡工程全面进军 总动员 我局青年社会主义建设积极分子 大会开幕(1958年2月24日)

黄河三门峡工程局青年社会主义建设积极分子大会,于24日在湖滨区黄河影院隆重开幕。这次大会是三门峡工程建设中的青年英雄大会师,是全局青年向三门峡工程全面大进军的总动员。出席这次大会的,有各个战线上的先进单位和各方面的优秀青年,青年先进生产者、青年先进工作者、青年突击手和反右派斗争中的青年积极分子共 158 名。参加大会的还有有经验的老工友和下放劳动锻炼的干部青年代表。

上午 8 时 40 分,由局团委袁少华副书记宣布开会,在国歌和热烈的掌声中,举行隆重的开幕典礼。

中共黄河三门峡工程局委员会肖文玉副书记代表局党委向大会祝贺,并作了重要指示。肖文玉书记说,局首届第一次党代表大会通过了一项重要决议:苦战三年,争取提前一年拦洪,提前半年发电,争取提前两年、保证一年竣工。我们保证实现这项决议,提前根治黄河,在政治上对国内外的影响很大,群众说"圣人出,黄河清",全国人民几千年来梦寐以求的愿望实现了。在经济上算账,价值就更大,拦洪后,可灌溉 19 000 万亩农田,华北大平原可提前水利化;提早发电,对工业发展的价值更大。肖书记谈到完全可能实现这一决议的各方面有利条件后,指出必须保证实现这项决议,这是每个职工光荣而神圣的责任,青年职工们,要千方百计地想尽各种各样的办法,为贯彻实现局党代大会的决议而奋斗!首先要认真开展反浪费、反保守运动,这是当前整改运动中的纲,也是贯彻实现局党代大会决议的中心环节。哪里反浪费、反保守运动开展起来,哪里的官气、暮气、骄气就被扫掉,哪里的生产就会热火朝天。3 月 15 日前,组织全局掀起一个声势浩大的反浪费、反保守运动,青年要组织反浪费突击队。希望同志在这个战线上发挥突击作用,贡献力量。肖副书记向积极分子们提出了四条要求:(1)在思想战线上当模范,起作用,大力宣传局党代大会的决议,为维护执行这项决议而斗争,对家属回乡生产,要很好说服动员;(2)在实际生产、工作上当模范,要保持积极分子的光荣称号,创造更大的成绩,继续前进;(3)在学习上起模范作用,向"又红又专"的方向努力,努力钻研一两门,当个红色专家;(4)如果同志们同意的话,在青年中开展"三比"运动,比工作、生产,比学习,比思想,工作生产上比成绩,思想上比先进,学习上比钻研,生活上比艰苦,谁是英雄好汉就来比比看。

共青团黄河三门峡工程局委员会睢仁寿书记代表局团委向大会致贺词。睢书记说,在生产劳动和整风中,我局青年和全体职工一起,表现了无限勇敢和勤劳,贡献了自己的智慧和力量,发挥了突击作用。一年来,在三门峡建设的各个岗位上,涌现出许多青年先进班、组、队和模范青年,获得了社会主义建设积极分子的光荣称号。今天到会的 158 名就是其中的一部分,他们均以自己的模范行动,团结与带动群众,为三门峡工程建设,作出了显著成绩。眭书记指出,积极分子获得成绩的原因,又在报告中谈了青年今后的光荣任务;他最后号召大家,要响应局党代大会"苦战三年,提前拦洪发电"的号召,应马上行动起来,作出规划,为今冬提早截流,带动青年开展一个学先进、比先进、赶先进的运动,使生产上来个"大跃进",在生产和工作上作出成绩,争取进京参加今秋召开的全国第二次青年社会主义建设积极分子大会,向党、向祖国、向毛主席汇报工作。

三门峡工区工会李惠民副主席代表工会向大会作了贺词。大会收到的开挖、机械、汽车分局等单位的青年、团员的贺信中,纷纷表示在生产上以新的成绩给大会的献礼。大会预期召开五天。

张大方

(资料来源:《三门峡报·第 51 期》第 1 版,1958 年 2 月 24 日)

54. 中共黄河三门峡工程局委员会工作报告（摘要）——齐文川在我局第三届党代表大会上的讲话(1960 年 1 月 22 日)

同志们:

我现在代表中共黄河三门峡工程局委员会向党的第三届代表大会作工作报告。

从工程局第二届党代表大会到现在,已经有一年的时间了。在这一年期间,我们在河南省委、洛阳地委、三门峡市委和水利电力部的正确领导下,高举毛泽东思想的红旗,坚决贯彻了党的建设社会主义的总路线和党的八届八中全会的精神,认真执行了工程局第二届党代表大会的决议。在三门峡工程建设中,全国人民和苏联及其他社会主义国家的专家给予了巨大的支援和帮助,全体职工在党的领导下,发挥了高度的生产积极性和创造性。因而使三门峡工程取得了继续跃进的巨大胜利。

在过去一年当中,我们进行了并且完成了具有重大政治、经济意义的三件大事。首先在 1959 年 7 月将大坝浇筑到海拔 310 米高程,拦住了四次 1 万米^3/秒以上的洪水,使黄河下游八千万人民安全地渡过了汛期;其次在党的八届八中全会关于反右倾、鼓干劲、开展增产约运动的鼓舞下,我们提前 22 天全面地完成了

1959 年的各项任务,提前跨入 1960 年。

由于 1959 年在上述几方面取得了胜利,就为 1960 年争取更大更好地继续跃进,奠定了思想和物质基础,为实现 1960 年汛期全部拦洪,争取国庆节发电和大坝浇筑基本竣工创造了良好的条件。

为了争取 1960 年更大更好地继续跃进,胜利完成党所交给我们的建设三门峡水利枢纽工程的光荣任务,我们应当认真总结 1959 年继续"大跃进"的经验,继续改进我们的工作,进一步加强党的领导,坚持政治挂帅和大搞群众运动,保证在 1959 年继续跃进的基础上,在 1960 年取得新的更伟大的胜利。

……

二

1959 年三门峡工程建设是一个全面继续"大跃进"的局面,各个战线上都取得了很大成绩。

1959 年共完成投资总额 16 183 万元,为年度计划的 104.33%,比 1958 年增长了 48.6%。其中:建筑安装工程完成投资 7 238 万元。为年度计划的 101.62%,此 1958 年增长了 41.85%;设备购置完成投资 3 647 万元,为年度计划的 105%。其他基本建设完成投资 5 298 万元(包括水库费用),为年度计划的 108%。

在以"混凝土浇筑为纲,组织全面工作跃进"的方针指导下,全体职工团结一致,和衷共济,发扬了敢想、敢干的共产主义风格,提前 22 天胜利地完成了 1959 年的工程建设任务。

一年来,完成混凝土浇筑 104 万多立方米,为年度计划的 104.8%。土石方工程完成 3 274 000 立方米,其中土方工程 2 742 000 立方米,石方工程 532 000 立方米,都大大超过了原定计划。金属结构和大型施工机械的安装完成 8 044 吨,为年度计划的 123.8%。混凝土拌和完成 101 万多立方米,为年度计划的 105.6%,沙石骨料开采完成 188 万立方米,为年度计划的 125.33%;沙石运输完成 177 立方米,为年度计划的 105.96%。附属企业生产全年共完成生产总值 5 535 万元,为年度计划的 113%,汽车运输完成 1 848 万吨公里,为年度计划的 119%,1959 年供应了各种机械设备 3 645 台(套),水泥 177 122 吨,钢材 14 197 吨,木材 29 904 立方米,以及其他大量物资。全年供风量 1 亿立方米,供水量 238 万吨,供电量 2 722 万度。在机关工作、医务工作等各个方面均取得了很大成绩,保证了大坝建设的顺利进行。

保证工程质量,是社会主义建设中的一项重要方针,是党的社会主义建设总路线的一个重要方面。在施工过程中,我们始终贯彻了"千年大计,质量第一"的精神,在高速度施工的同时,严格控制了工程质量。经过检查,大坝工程质量是基本良好的,达到了设计的要求。

在高速度施工和确保工程质量的同时,我们根据勤俭办企业的方针,广泛深入地开展了增产节约运动,通过加强企业管理,整顿劳动组织,劳动生产率有了很大提高,工程成本有了显著降低。据统计1959年的劳动生产率比1958年平均提高了47.7%,全年共节约资金2 090万元,为全年计划208.9%,工程成本的降低率为31.2%。混凝土单价成本(包括间接费)平均为30.8元,比1958年降低了37.6%。在保证工程质量的条件下,我们特别注意了原料材料和燃料的节约,1959年共节约了水泥34 715吨。1至11月份每方混凝土的水泥用量,平均为161.9公斤,比1958年降低了33.2%。另外,还节约了钢材668吨,木材1 708立方米,油料739吨,煤炭5 000余吨。

随着生产的发展,我局施工队伍的政治觉悟和技术水平均有了很大的提高。目前我局共有生产工人16 200人,其中技工6 930人,学徒工3 894人,普工5 369人,工人的技术等级平均为3.97级,较1958年提高了5.9%。广大职工经过学习党的八届八中全会文件,和开展社会主义与共产主义教育,思想觉悟有了很大提高,在各个战线上,都涌现了大批的英雄人物。1959年全局共涌现出348个先进集体和4 516个先进生产工作者。这些先进生产工作者,在三门峡工程建设中,都起到了火车头的作用。在他们的带动下,全体职工高度地发扬了共产主义的风格,敢想敢干,大胆革新,忘我劳动,不计报酬,先人后己,互相支援。他们的崇高风格,充分地表现了我局广大职工在党的领导下,社会主义和共产主义思想的大大提高。

1959年我们不仅在工作上取得了继续跃进的巨大胜利,而且在全党取得了领导工程建设的经验。

1959年继续"大跃进"的事实完全证明了高举毛泽东思想的红旗,坚决贯彻执行党的总路线是我们取得继续"大跃进"的根本保证。我们工程局第二届党代表大会,根据毛主席的指示精神,在大会上严肃批评了一部分干部认为"截流胜利,大关已过"的松动思想,提出了再跃进的计划,结果很快出现了生产高潮,胜利地突破了3月份浇筑10万立方米混凝土的大关,为全年完成100万立方米混凝土浇筑任务打下了基础。随后,党中央在上海召开了政治局扩大会议,提出了落实计划的指示,本来,党中央和毛主席提出落实计划是为了进一步调动全国人民的积极性,更好地实现 1959 年继续跃进。……当时局党委根据党中央和毛泽东同志的指示,在 8 月上旬召开了四级干部会议。在会上批判了少数干部中的畏难松动情绪,提出反右倾、鼓干劲,大于 8、9 月向国庆节献礼的口号。经过深入贯彻,在 8 月中下旬施工条件同样困难的情况下,迅速地扭转了生产下降的局面。随后,根据党的八届八中全会决议和省、市委三级干部会议精神,在党内开展了新的整风运动,在广大职工中进行了深入的社会主义和共产主义教育。全体职工在党的八届八中全会精神的鼓舞下,意志风发,斗志昂扬,在全局范围内掀起了空前的声势浩大的增产节约运动新高潮。提前 22 天全面地完成了 1959 年的各项生产任务。实践证明,毛泽东同志的思想是一贯正确的,党的建设社会主义的总路线是完全正确的。离开了毛泽东思想和党的总路线,就一定会犯错误,就不会获得"大跃进"的胜利。

1959 年继续"大跃进"的事实,又一次证明了坚持政治挂帅和大搞群众运动,充分发扬广大职工群众的敢想、敢干的共产主义风格和革命的首创精神,是取得继续"大跃进"的决定因素。回顾一年来,我们的工程建设所以能够取得继续跃进的巨大的胜利,就是在于坚持政治挂帅,放手发动群众,和大搞群众运动。过去一年,我们根据保证重点、全面安全的精神,一个时期围绕一个中心,及时提出奋斗目标和战斗号召,连续组织生产高潮,使一个运动紧接一个运动,一个高潮高过一个高潮。从而保证了生产的持续跃进。一年来全局广大职工群众在党的领导下,社会主义和共产主义觉悟大大提高了,他们为了实现 1959 年的跃进,发挥了冲天的革命干劲,发扬了敢想、敢干的首创精神。1959 年全局职工共提出技术革新建议 3 万余条,已经实现的有 15 000 余条,有力地推动了生产。

……

同志们! 我们的国家已经进入了一个伟大的社会主义建设时期,全国人民在党中央和毛主席的英明领导下,在党的总路线的光辉照耀下,在广袤的大地上展开了一个宏伟的全面"大跃进"的大好局面。我们要在今后 10 年内,在主要工业产品的产量方面赶上或者超过英国,基本上建立起完整的工业体系,基本上实现工业、农业、科学文化的现代化,从而把我国建设成为一个强大的社会主义国家。在这光辉灿烂、前途似锦的大好形势下,让我们高举毛泽东思想和党的总路线的红旗,更加紧密地团结在党中央和毛主席的周围,在省、地、市委和水利电力部的正确领导下,全党团结一致,鼓足干劲,力争上游,为保证实现今年汛期全部拦洪,争取国庆节一台机组发电和大坝浇筑竣工的光荣任务而奋斗。

(资料来源:《三门峡工程报》第 29 号,1960 年 2 月 2 日第 1—4 版)

55. 民主德国专家在工地(1960 年 2 月)

不论是晴空万里、阳光和煦的日子,还是阴雨雾雪、朔风怒吼的天气,人们总可以看到两个身着蓝色工作服的外国人和三门峡建设者热情忘我地战斗在工地上。他们是谁?原来是民主德国派来帮助我们安装大型缆式起重机的专家——克诺布夫和维普凯同志。

两位专家,为了在今年使缆式起重机早日投入运转,帮助三门峡建设者实现"今年汛期全部拦洪,争取国庆发电"的再跃进宏伟计划,经常早出晚归,加班加点,中午很少休息,有时甚至在深夜也去工地指导安装。

他们就是如此用友谊的双手,同我们在一起工作着,和我们一起讨论着各种技术问题,耐心地指导着我们掌握安装缆式起重机技术的。60 多岁的克诺布夫专家,凡是主要的工作,他都亲自操作示范,直到教会我们为止。在安装主、副塔张力支架时,克诺布夫专家一直工作到深夜 3 点多钟才离开工地。在安装机械房的马达和发电机以及固定承载索时,尽管寒风刺骨,而克诺布夫专家,一连几天寸步不离地与高空安装工人工作在一起。工人们常常关心地说:"天气太冷了,专家下去暖和一下吧!"而专家总是耸耸肩微笑地回答:"待完了再休息!"工作时间如此,就是在星期日也常常考虑和处理安装工作中的问题。

两位专家经常满腔热情地赞扬我国工人的劳动热情和智慧。当他们看到中国工人作出成绩时,他们总是从内心表现出最大的愉快。如克诺布夫专家颇有感慨地说:"我做了三十多年的安装工程师,去过十几个国家,□从未见过这样快的安装速度。"两位专家还常常这样说:"你们是中国人,我们是德国人,可是我们的事业是共同的,我们是兄弟。"是的,我们是兄弟,我们在共同地制造着社会主义的大厦。中德友谊在三门峡工地上已开出了鲜花,一座横跨黄河两岸的巨型缆式起重机,已在工地安装起来。

(资料来源:《三门峡工程报》第 32 号,1960 年 2 月 5 日第 2 版)

56. 苏联对三门峡工程的巨大援助
(1960 年 2 月)

黄河三门峡水利枢纽工程是我国目前现代化大型水利枢纽工程之一,是根治黄河水害、开展黄河水利的关键性工程。在新中国成立初期,党中央和毛主席就提出了根治黄河的问题,1957 年第一届全国人民代表大会第二大会议上通过关于根治黄河水害、开发黄河水利的规划,接着在 1957 年 4 月 13 日在全国人民的关怀与大力支援下正式开工。从开工以来,三门峡工程建设在党的建设社会主义总路线的光辉照耀下,在上级党的正确领导和全国人民的大力支援下,经过全体职工的艰苦奋斗,已取得了光辉的成就,预计 6 年工期将提前到 4 年建成。

在三门峡水利枢纽工程的建设过程中,从规划、勘测、设计到施工,以及设备、材料供应,都得到了苏联巨大的无私的援助。

远在 1952 年 5 月苏联专家家格里戈洛维齐和瓦门林哥,便翻山越岭顺着羊肠小道,来到了黄河查勘了三门峡坝址。1954 年苏联政府派遣了以柯洛略夫为首的苏联专家组,帮助我们进行查勘黄河和编制"关于根治黄河水害和开发黄河水利综合规划报告"。

三门峡水电站的设计是由苏联列宁格勒水电设计院承担的。此外还有全苏水工科学研究院七个研究所、加里宁工业大学的三个教研室、六个专门设计机构参加三门峡主体工程和大型设备的设计工作和科学试验研究工作。

为了支持三门峡工程今年拦洪、发电的跃进计划,列宁格勒水电设计院参加三门峡水电站设计的同志,常加班加点,甚至放弃假日和每年的例假赶制图纸,满足了工程跃进的需要。

三门峡工程的主要施工机械设备,如全部自动化的大拌和楼、25 吨的塔式超重机,号称乌拉尔巨人的 3 立方电铲、各种自卸卡车和各种机床等,都是苏联供应的。这些性能良好、质量优良的机械设备,在工程的跃进中发挥了巨大的威力。

水电站的水轮发电机组、钢管、闸门、闸门启闭设备、配变电设备、电站厂房内两台 350 吨桥式超重机和主要钢材、电焊条也是由苏联供应。1959 年苏联及时地供应了 1 万多吨钢材,满足了工程的需要。目前苏联有六个主要工厂和许多承造配套设备的工厂,正在分秒必争完成三门峡水电站的订货。承造水轮发电机的乌拉尔电器工厂全体职工提出了"为三门峡水电站订货让路"的口号,进行大胆的技术革新,采用设计与制造平行作业法,使原来一台水轮发电机需要二年才能出厂缩短到六个月。不久前,苏联对外贸易代表团水利电力组曾来工地,亲自了解工程进度情况,及工程局对设备、材料到货日期的要求,他们表示将尽最大的努力满足工程局的各项要求。

为了全面地帮助我国建设三门峡工程,苏联政府先后派遣了 52 位经验丰富、知识渊博的专家指导施工。1956 年底苏联政府就派遣了以波赫为首的辅助企业专家组,帮助我们设计和建成了规模巨大的辅助企业系统。1958 和 1959 年,还派了以康年柯夫为首的施工机械、混凝土工艺、混凝土施工、汽车、电气、自动化等专家及列宁格勒设计院代表的专家组。在我国的"大跃进"的形势下,这些专家同样发挥了冲天的革命干劲,夜以继日、废寝忘食地工作。四位设计代表康年柯夫格里戈里耶夫、谢洛夫、奥尔诺夫斯基专家,每天去工地了解施工情况和检查工程质量。回来有时一起讨论问题,有时赶制图纸。由于专家们的辛勤劳动,大干 8、9 月所需的图纸得到了保证。在工作中设计代表专家非常注重工程质量、节约原材料和降低工程造价。在左岸护墙施工中,由于康年柯夫专家工作深入实际,及时发现了超挖情况,建议变动其位置,节省了 500 方混凝土,并且缩短了工期。此类的例子是不胜枚举的。总机械师拉赫诺专家,在两年内帮助我们建立了一套各种施工机械检修、维护和运转的规程,对如何发挥机械的效率起了很大的作用。在帮助我们安装第一台 25 吨塔吊时,总是早出晚归,午饭最早要到 2 点才能吃。混凝土施工专家郭尔洛夫同志已经是 50 多岁的老人了,而且还有高血压病,但是,他除经常深入工地之外,每周还要给工人、技术人员讲课。钢筋结构专家布罗基齐、回国的拌和楼安装专家古金柯、耶果洛夫、汽车专家捷尼索夫、巴特亚切夫等,对三门峡工程也都做出了很大贡献。

三门峡工程是中苏友谊的结晶。将来黄河得到根本的改造,使千年为患的黄河永远为人民造福的时候,人们将永世不忘苏联政府和苏联专家的无私援助和伟大的功绩。

值此中苏友好同盟互助条约签订十周年之际,让我们衷心感谢苏联人民和苏联专家们给予我们慷慨无私的援助。

专家工作室

（资料来源：《三门峡工程报》第 40 号，1960 年 2 月 14 日第 1 版）

57. 我局知识分子举行誓师大会 纷纷表示 为工程再跃进贡献自己智慧和力量 （1960 年 2 月 17 日）

昨日，我局党委在史家滩俱乐部，召开了全局知识分子誓师大会。参加会议的，有来自直接参加大坝建设的工程技术人员、医务工作者、学校教师、翻译和机关工作者，共 400 余人。

这次会议是为了把技术表演赛，推向更新阶段，调动一切积极因素，加速工程建设，在实现局三届党代会汛期拦洪，争取国庆节一台机组发电和大坝浇筑竣工的情况下而召开的。到会同志在听取了局党委书记齐文川同志的指示后，并派代表在会上纷纷发言。在会上发言的共有 21 名代表，他们在发言中，有的检查了自己不问政治，单纯看技术观点的错误思想，有的宣读了自己的红专规划，有的向党表示决心，要积极参加技术表演赛运动，为工程再跃进贡献出自己所有智慧和力量。

齐文川同志，在报告里分析了国内外形势和三门峡工程的大好形势及肯定了我局知识分子在学习了八中全会文件，政治觉悟有了进一步提高之后，接着号召全局知识分子，要政治挂帅，绝对服从党的领导，确立政治领导技术，技术服务于政治的观念；破除迷信，解放思想，敢想敢干，与工人结合，重视工人创造，充分发挥技术人员在技术表演中的作用；要学习马列主义，学习毛泽东著作，大破资产阶级思想，大立无产阶级思想，做一个又红又专的知识分子，为实现局三届党代大会决议而斗争。

大会发言中，企业分局主任工程师刘泽民在发言里表示，要鼓足干劲，大动脑筋，多想办法，破除迷信，解放思想，不断革新，树立起敢想、敢干的共产主义风格。安装分局技术员愉恢民表示为了加强技术管理，坚决和领导、工人在一起，研究解决生产中的问题，保证工程跃进。技术处郭动恒工程师发言说：认真执行自我改造规划，加速改造自己非无产阶级思想，一月一小检查，一季一大检查，一年总检查,逐步改造成具有无产阶级立场和一定劳动技能的又红又专的工人阶级知识分子。水电学校教师徐大焘在发言中检查了自己忽视政治的倾向,提出要深入学习毛泽东著作,划清大是大非,树立起无产阶级的世界观。专家工作室翻译□国法提出了十项自我改造措施,积极参加技术表演,提高业务水平,保证校对提高百分之百,翻译效率提高50%,口译做到准确、清楚、快。张敬良代表医院全体知识分子,表示要大闹医务技术革新,提高医疗质量,改进服务态度。坝一分局工程师丁宝安说:"要积极参加劳动,和工人群众打成一片,广泛征求工人意见,虚心学习工人阶级热爱社会主义的高贵品质。"

大会还一致通过了知识分子评比竞赛条件与办法,该办法指出:经过社会主义教育和党的八届八中全会文件的学习,政治思想虽有很大提高,但距一个无产阶级知识分子的要求,还相差很远,必须进行长期的自我改造。为了互相促进,共同提高,决定在知识分子中开展一个"比贡献、比学习、比思想、比作风"的四比竞赛运动。

最后,局党委宣传部副部长孙涛同志作了总结发言。

(资料来源:《三门峡工程报》第43号,1960年2月18日第1版)

58. 中共三门峡市委会关于立即加强防汛工作的紧急指示(1960年7月)

(一)

目前,汛期来临,认真作好防汛工作,是当前迫不及待的任务。

黄河三门峡水利枢纽工程,今年汛期全部拦洪,必须迅速做好清库工作,特别是去冬今春,农村中小型水利工程建设,星罗棋布,城市建设和工厂、矿山的迅速兴建和发展,城市防汛任务非常重要、陇海复线、三门峡专用线、洛潼公路改线,改变了线路两旁的流水系统,再加上库区的移民和安置,水库下游两岸的防险等,说明今年防汛库多面大,情况复杂,任务繁重,时间紧迫,麻痹不得。因而,做好今年防汛工作,对于实现今年持续"大跃进",保证三门峡水库全部拦洪,保证秋季大丰收和农村各项水利工程安全,保证工业生产和我市工矿企业建设顺利进行,具有十分重要的政治意义和经济意义。做好防汛,既是保证广大群众的劳动果实,又是关心人民的生命与安全,捍卫党的方针、政策,免除灾害;是一场改造自然、征服自然的伟大斗争,也是一场思想斗争。全党全民必须拿出像战胜干旱的雄心大志和伟大气魄,保证做到坝不决口,人、畜、财产不受损失,彻底取得防汛、防涝的完全胜利。

(二)

今年的防汛工作,必须突出做好以下几点:

(一)确保三门峡水利工程的安全,实现汛期全部拦洪。三门峡工程汛期全部拦洪,对于保证黄河下游顺利度过汛期,支援国家建设,有着十分重大的意义。因而,首先必须集中力量,狠抓尚未完成的拦洪项目,如闸门安装、有关各种拦洪的□设件、启闭闸门设备、拦洪高程以下的灌浆、廊道清理等,特别是要狠抓控制各项拦洪施工项目的生产关键和薄弱环节,如安装的电焊、廊道清理、灌浆孔堵塞处理等,使各项生产关键和薄弱环节尽快突破,促使各项拦洪项目的尽快完成,保证胜利实现拦洪计划。库区"三三五"以下居民、牲畜、粮食、饲料等一切财产,必须采取坚决措施,在10日以前全部搬出,不得损失。迁出移民的生产、生活要安排妥当,鼓足群众干劲,迎接拦洪胜利。

(二)必须突出抓好中小型水库防汛工作,这是今年农村防汛的重点。保证水库工程安全的有效措施之一,是集中抓好工程尾工,抢修溢洪道和水坝未完工程,迅速达到安全高程,坝上发生裂缝,立即采取措施,挖开夯实,防止漏水毁坝,达到质量标准。第二,溢洪道,要挖够标准,要按三百年一遇的洪水标准保安全。凡是溢洪道没有按设计挖出来的,必须立即按照设计,组织力量昼夜突击,限三五天以内开挖出来;并且根据库容量、下泄量、水坝高程,需要加宽的加宽,需要加深的加深。小型水库是当前防汛中的薄弱环节,必须不断检查质量,发现问题及时解决,以防造成灾害。库区下游和凡受洪水威胁的村庄、厂矿交通要道、桥梁、仓库、公共福利设施,必须提高警惕,确定信号,作好转移准备,以防万一,绝对保证安全。抽水站、渠道、机井等农田水利工程,除继续进行安装配套等长期水利建设外,要做好防汛检查和防汛准备,做到安全。

(三)切实做好交通运输防汛。陇海复线、三门峡工程专用线、洛潼公路、会三公路、矿区公路、桥梁涵洞、交通要道、新老车站、装卸货场、邮电通信等,认真抓好险工地段,准备防汛物资,组织好抢险力量,保证汛期安全,保证火车、汽车、电信畅通。

(资料来源:《三门峡工程报》第 166 号,1960 年 7 月 9 日第 1 版)

59. 增产节约首先是思想革命(1966 年 1 月)

党中央和毛主席一再教导我们：我们作计划、办事情、想问题，都要从我国六亿五千万人口这一点出发，千万不要忘记这一点。那么我们在社会主义建设的实际工作中，就应该按照这样的指示去做。可是我们在许多方面就没有这样去做或者做得不彻底。譬如我们搞物资供应的干部，在具体工作中增产节约的门路是非常多的。但是我过去很少注意这些，为什么呢？主要是没有用毛泽东思想武装头脑，缺乏自觉革命精神和高度的责任感。供应干部出差是常事，以前我出差时，只要符合财务制度，乘坐卧铺的机会我是不放过的。当时认为这是国家允许的，坐卧铺既舒服，又不要自己掏腰包，如果放弃这样的机会，觉得似乎是吃了亏，傻瓜蛋！

通过学习毛主席著作进一步认识到，这是一种单纯图享受的资产阶级个人主义的具体表现。我曾对照主席思想质问过自己，如果我因私人的事情坐车会不会坐卧铺呢？肯定说不坐，因为要花自己的钱，在旅途中见到有许多年迈体弱的老人乘坐硬席，他们也是六亿五千万人口中的一员，难道他们不知道坐卧铺舒服吗？我们坐卧铺虽然是合法的；但花的是人民的线，不应该不想到广大人民。我觉得自觉地厉行节约，首先是自我思想改造第一。我今后一定要努力学习毛主席著作，时时、事事都按毛主席的指示，从六亿五千万人口出发，勤俭办一切事情。

袁正才

（资料来源：中共黄河三门峡工程局政治部编：《增产节约》，
1966 年 1 月 1 日第 3 版）

60. 敢闯敢创的人——周龙江(1966 年 1 月)

周龙江出席全国群英会，国庆十五周年应邀到北京观礼，现在是三门峡工程局第三工程队工人工程师、工程局十四个标兵之一。

他，时刻把毛主席的话记在心里，见有利于党的工作就干，有利于人民的事就做。对工作极端地负责任，对同志极端地热忱。

他，一心为革命，党叫干啥就干啥，干在哪里，革新在哪里。既有革命的闯劲，又有科学求实的精神。

周龙江像一颗"宝石"，放在哪里，就在哪里闪闪发光。

时刻把毛主席的话记心上

1965年春，周龙江患了肝炎病，但仍然坚持工作。同志们发现他病情转重，劝他住院治疗，他无论如何也不肯去，后来还是在领导的"强迫"下住了医院。

别人把周龙江当病号看待，周龙江却把医院当作新的工作岗位，只要身体能支持，他就打扫房屋、提水，给病情严重卧床不起的同志一口一口地喂饭。领导和同志们去医院看他，给他带点心、水果等，他自己舍不得吃，却分送给同住医院的工人和农民兄弟。他以雷锋为榜样，走到哪里就战斗工作到哪里。他自己说："雷锋读毛主席的书，听毛主席的话，照毛主席的指示办事，成为毛主席的好战士。我和雷锋的出身遭遇差不多，一定处处像雷锋同志那样去做。"周龙江确实像雷锋那样，把毛主席的话时刻记在心上，对工作极端负责，对同志极端热忱。他常和同志们一起学毛选，拉家常，说知心话，交朋友，发现同志们有思想问题，他一方面帮助他们学毛著提高觉悟，一起想克服困难、解决困难的办法；一方面帮助解决实际问题。

新从外地调来的同志乍到三门峡，工作不习惯，周龙江利用大会、小会进行阶级教育，组织大家学习《为人民服务》，个别进行谈心、帮助。他看到同志们被褥单薄，就带大家去山坡割草，打草帘给大家铺床，脏活、累活带头去干。在他的带动下，要求换工种、不安心工作的同志，积极工作了，从而扭转了一些同志畏难怕苦情绪。周龙江时常对班组骨干说："革命事业是千百万人的事业，我们一定要把大家团结好，发挥每个人的作用，不让我们工人队伍有一个掉队的。"周龙江就是这样视同志为手足，关心同志，体贴同志，他见到谁的粮食不够吃，就把自己的粮票送给谁；见谁的衣服薄，没鞋穿，就把自己的棉袄和球鞋借、送给谁；谁有病，就设法照顾他；职工家属临时来工地探望，他就积极想办法安排住处。他把同志的困难当作自己的困难，想尽办法帮助解决。他只有一个愿望：让同志们多为社会主义贡献力量。

敢 闯 敢 创

周龙江在医院里听到同志们绘声绘色地介绍增建工程施工情况，他的心早已飞到了工地。尽管医生和领导再三劝说,但他再也在医院住不下了。他向医生、向局领导提出出院的申请,可是让他出院,就会使他的病变得严重,领导和医生怎能同意! 但这经不住周龙江一而再,再而三的请求,根据周龙江的病情,勉强同意他出院休养,并规定约法三章:"少开会,多休息,不准干重活。"可是,一出医院,周龙江就到处找活干,同志们怕他把身体累坏,就将看水泵的轻活给他,周龙江到了水泵房,心里时刻挂记着工地。他想:工地这么缺乏劳动力,而我们却需四个人坐这看电钮,能把大家抽出来,直接参加增建工程多好! 这勾起了这位革新闯将的心事。他想起过去氨压机搞自动化浮球尺,他想利用浮沉原理,做一个浮球,在水池装一电键,水满和水少自动把信号传给水泵电源开关,使水泵开停不用人工掌握,这样不是可把人抽出吗? 他征得领导同意后,就与电工王兴宽一起实验,很快实现了水泵房自动化,既保证了安全供水,又抽出人支援增建工程施工。

周龙江的病好转后,他就常去工地劳动。他见出碴用的装岩机和斗车坏了,修理赶不上去,就积极建议,从他们单位抽人组织专门力量突击;出碴推斗车是重活、累活,他主动提出由他所在的氨管班担任。个别人怕累,说他好揽活。他不责怪人,还设法帮助这些人提高认识,以身作则带动大家。周龙江就是这样,只要是于生产、工作有利,对人民有好处,他不管别人是否赞同,不管多么困难,他总是千方百计地去干。他在隧洞里见风钻工塔拆脚手架,又累,又费木材、铅丝,还耽误时间。他看在眼里,记在心里,决心改变这种施工方法,使阶级兄弟减少体力劳动。他想起1964年底在陆浑水库看到他们为加快隧洞进度,减少体力劳动,试制一台钻架车。它虽然不完善,然而却给周龙江一个很大启示。经过他反复地思考,在脑海里形成了钻架车的雏型。他把自己的想法向一位同志说后,这位同志却说:"上海设计院已经设计出来,正在机械修配厂制造呢!"

周龙江听说钻架车正在做,并没有松劲,他根据自己的设想,请木工帮助做一个模型,交给领导。因工程急需,领导非常支持,并要求他尽快试制。

周龙江接受制钻架车的任务后,高兴得不得了。他立即组织□拌和厂的几位老工人共同研究、设计。没有现成的材料,他们就以旧代新,把用过的旧排管割开代替,时间紧迫,他们就日夜苦干,当钻架车快要制成时,机修厂制造的钻架车已运到工地。有的同志劝周龙江不要再做了,参加试制的个别同志也担心做出来不适用。但周龙江不管这些,他又亲自到隧洞观察工作面和同志们一起研究改进。他那种坚毅不拔的决心和科学求实的精神,使同志们非常感动。经过五昼夜的苦战,这台用汽车做运行、结构简单而又适用的钻架车终于制造成功了。它两翼可以伸折,适用于隧洞上部开挖全断面掘进,减去了工人搭拆脚手架繁重的体力劳动和搭架子占用的时间,节约了杉杆、铅丝。随后,周龙江又根据适当情况把立柱兼作风包、水包,既适用又方便,受到工人的欢迎。大家异口同声地说:"这台钻架车可给我们真正解决了问题。"一位技术员同志了解试制过程后感慨地说:"先进的技术,出于先进的思想,而先进的技术采用,又必须有先进的社会制度的保证。"的确这样,从周龙江1957年制作"钢筋切断机"第一件革新机器算起,到现在已经实现的就有200余项革新建议,哪一件革新都遇到过一些困难和挫折,但由于我们社会主义制度的优越,使一件件革新都付诸实现,让工人的聪明才智在社会主义建设中发挥出来。周龙江说得好:"没有敢于革命的思想,就不可能提出革新课题;没有党的领导,工人想出革新课题也不可能实现。"

珍惜国家一钉一木

　　1965年5月的一天,隧洞内正在紧张地抢进度。这时,突然抽水用的风泵坏了,施工场面的积水越来越多,向仓库领,没有现成的,修理又来不及,正在这燃眉之时,周龙江来到隧洞口,见小组长向值班队长汇报隧洞有水没有风泵,周龙江就请施工组去一个同志回氨管班拿一个修好的风泵,及时地排除了积水。氨管班从哪来的风泵?原来是周龙江从仓库里找来一些旧风泵,发动班内工人业余修理的。

　　周龙江就是这样积极组织和带动班组工人搞业余修理。从1958年到1965年带领班组的工人同志,光用雪雨天和业余时间,就修理好了110多台套机械和1 000多件器具,这不仅及时地满足了生产和工作的需要,为国家节省了26 000多元的检修费,还使同志们练了基本功。

　　周龙江把国家的一钉一木,都视如宝贝,爱护备至。他们班在他带领下,在工地、从河底捡拾废旧铁等,达20余吨。最近局党委号召开展增产节约运动,他积极响应,提建议把厂内积累几年的锯末,掺煤烧锅炉,还支持厂内捡废□丝做安全网,即使废旧物资得到了利用,也使班组同志养成了勤俭节约的好风尚。

三队党总支、本报记者

（资料来源：中共黄河三门峡工程局政治部编：《增产节约·第225期》,

1966年1月13日第1、4版）

四、引洮工程

1. 共产主义的工程 英雄人民的创举——张仲良同志在引洮工程开工典礼上的讲话
（1958 年 7 月）

同志们：

甘肃人民热烈盼望的引洮工程，现在比原计划提前一个月开工了。这是全省人民的一件大喜事。我代表中共甘肃省委，怀着崇高的敬意，向这一伟大工程的开工祝贺，向参加建设这一工程的工人、农民和全体工程技术人员、医务工作者祝贺，向关怀和支援这一工程的科学研究机关、建筑工程单位、工矿企业、人民解放军官兵、大专学校、机关团体、文艺界致以亲切的谢意。

同志们！引洮工程的提出和它的正式开工，以及必将胜利的完成，这在甘肃社会主义建设事业中是一项非常重要的事件。大家知道，引洮工程在甘肃是一个前所未有的、规模宏大的工程。它的任务，是要把发源于甘肃南部岷山北麓，奔腾向北的洮河扭向东流，通过会宁县的华家岭到达甘肃东部的庆阳县境海拔 1 400 米的董志塬。它的技术的复杂程度和工程任务的艰巨是史上所少见的，这一工程完成后，将在甘肃中部出现一条横贯东西全长 2 000 多里的"山上运河"。它将流经 23 个县市，灌溉 1 500 万亩到 2 000 万亩的土地；它将使 400 多万人民永远从旱灾的威胁下解放出来；它将使甘肃的自然面貌发生根本的变化，从而促进甘肃的整个社会主义建设事业的飞跃前进。

引洮工程，在经济上的巨大意义是非常明显的。但是，它的意义不仅在于经济上，重要的在于政治上；它不仅标志着甘肃水利建设事业的新发展，更重要的标志着甘肃人民在总路线的光辉照耀下，共产主义思想的新高涨。虽然，这一工程比之我们整个共产主义事业，比之我们将来征服整个宇宙空间，夺取整个自然界来说，只能是其中的一小部分，但是，我们还是应该把它叫作共产主义的工程，英雄人民的创举。引洮工程之所以称为共产主义工程，不仅是指它的巨大规模，更重要的是指人们的思想，是指人们在这一工程上所显示出的敢想、敢说、敢做的共产主义风格。

几千年来，干旱一直是甘肃人民的最大威胁。新中国成立前，在反动阶级的统治下，人们无法摆脱这个威胁，在那种社会里，人民既是剥削阶级的奴隶，也是自然界的奴隶。人们不能掌握自己的命运，只好听天由命。新中国成立后，人民当了家、做了主，合作化运动使广大农民群众从个体经济制度下解放出来，永远挖掉了穷根。农民群众在共产党领导下，展开了征服自然界的斗争，要从自然界夺取人们所需要的一切财富。在这一斗争中，我们获得了辉煌的成就。新中国成立前的几千年间，甘肃全省仅有水地 400 多万亩，粮食总产量仅有 396 000 多万斤。现在我们已有水地 2 500 多万亩。水土保持已达到 65 000 平方公里。全省已有三分之一的乡基本上摆脱了干旱的威胁。从 1955 年起，甘肃就由历史上的缺粮省，变成了余粮省，粮食总产量早在 1956 年就达到了 109 亿斤。

但是，像改造社会一样，人们在改造自然方面，也是有两种不同的态度的。一种人认为，在社会主义社会里，人不仅是社会的主人，而且应做自然界的主人，人始终是一个决定性的因素，人能征服自然，而不是自然界的奴隶。在引洮工地上有这样一首民歌："谁说龙王在天上，谁说龙王在水晶宫；一条水渠一条龙，龙王就在咱手中。"这就是这种人的气概。一种人认为，人只能屈服于自然界。当群众亲手打倒龙王，破除龙王的神话的时候，他们却把龙王抬出来。"天时第一"，就是这种人的论调，他们在"天时"面前表现得特别软弱无能。他们说"人是无法胜天的""至少在相当时间内还要靠天吃饭"。于是他们就作出了一个悲观的结论：人永远应当是自然界的奴隶。但是，人民群众是历史的创造者，历史的车轮不是依照他们的意志转移的，而是依照历史本身的规律前进的。人类必将征服自然。我们将会看到而且已经看到，凡是违犯历史规律的人，都会被一个一个地抛出历史的车厢。

几年来，在征服自然界的斗争中，我们有一条经验是：要革自然的命，必先革思想的命。难道事实不是这样被证明的吗？当人们的思想还在被各种各样的资产阶级思想、小资产阶级思想束缚的时候,当人们还屈服在自然界面前唉声叹气的时候,许多本来可以做到的事不仅不敢做,而且连想也不敢想。三年前不就有人提出过"引洮济渭"的建议吗?但是,那时人们怎样对待这一建议呢?不但不敢做,连可否的态度也没有人敢出来表示。当武山人民提出引水上东梁山的时候,许多人摇头吐舌,搬出许多这不行那不行的所谓论据。他们说:"水是一条龙,引到山上行,一时不小心,冲个大窟窿。"但是,事实彻底地粉碎了这些无稽之谈。在党的领导下,武山人民终于把引水上山的红旗插上了东梁山。

经过伟大的整风运动,广大群众的政治觉悟空前提高起来。尤其是这半年来的"大跃进"事实,更迫使人们不得不正视真理。思想解放了,迷信破除了,于是前人不敢想的敢想了,不敢做的敢做了,社会主义"大跃进"的高潮正是万马奔腾,百花怒放。现在不仅武山人民把水引上了东梁山,而且全省已由东梁渠发展到3 000多条引水上山的渠道。而引洮工程只不过准备了六个月就提前开工了。所有这些,都生动地证明:只要人们的思想解放了,就可以创造出伟大的奇迹,就可以产生冲天的干劲。引洮工地上的人们唱道:

> 鼓起干劲山动弹,
> 铁锹一挥水上山,
> 两担挑起了万亩田,
> 风雨雷电听使唤!

这是多么豪迈的气概!

在党的八大第二次会议上,刘少奇同志代表党中央所做的报告中说:"我们现在正经历着我国历史上伟大的飞跃发展的时代。我们的党、我们的国家,现在需要大批敢想敢说敢做的人,敢于破除迷信、革新创造的人,敢于坚持真理、为真理冲锋陷阵、树立先进和革命旗帜的人,依靠这样的人,我们才能够领导全国人民跃进再跃进,多快好省地完成伟大的社会主义建设事业。"我希望引洮工程将是一个摇篮,在这个摇篮里将抚育着千千万万具有这样共产主义风格的人。

共产主义是人类智慧的最高表现。引洮工程表现了英雄人民的伟大创造性,表现了人们在建设社会主义大道上勇往直前,不怕一切困难的战斗精神。在引洮工程中,我们还看到了一个消灭脑力劳动与体力劳动对立的过程,劳动群众以自己丰富的实践知识,大胆地发明创造,解决了许多复杂的技术问题。共产主义思想大解放,必然带来了人们智慧的大解放,昨天还有人在怀疑这条渠的某些工程技术问题能否解决,今天就被群众的发明创造打消了。昨天还有人在发愁黄土层的渗漏能否解决,今天人们却说有办法了。群众的力量是无边的,群众的智慧是无穷的。在群众的智慧面前,一个一个的困难都被克服了,难道不是这样的吗?没有钱,农民说,有。第一期工程需投资1 400万元,农民就集资了1 200多万元。没有人,农民说,有。在450万人口的受益区,可以抽出20万人常年进行劳动。没有材料,农民说,有。他们就地办工业,就地取材,就地生产这个工程上所需要的材料。没有施工工具,农民说,有。他们一方面创造发明小型施工机械,一面以自己的投资购买大型的机械,以保证整个工程逐步地利用机械施工和半机械施工。没有工程技术人员,农民说,有。他们把过去修水地培养出来的人才,送到工地上去,他们用土办法来解决测量方面的许多困难。董志塬的农民听说要修引洮工程后,给我们打电报说:"只要把洮河水引上董志塬,要什么,有什么!"农民群众这种大胆创造,勇于承担一切义务,勇于克服一切困难的乐观情绪和自信心,正表明了广大群众的共产主义的战斗精神和高度的智慧。

引洮工程是共产主义思想解放的结果,它又反过来促进人们的思想解放。像引洮这样巨大的工程都能办,那么,我们还有什么事情不能办呢?在水利建设上能够克服这样大的困难,那么,在整个社会主义建设事业上,我们还有什么困难不能被战胜呢?引洮工程证明了这样的真理:只要解放思想,破除迷信,依靠群众,在社会主义建设中,凡是别人能够做的事,我们都能够做,或者很快就能够做,没有什么事我们不能够做的,也没有我们不能克服的困难。

共产主义事业是集体的事业,整个人类都是朝这个方向前进的。引洮工程正是这样,它要求人们在共产主义的旗帜下团结起来。在这一工程上出现的大规模的协作,就说明了这一点。要进行像引洮这样巨大的工程,在个体经济的基础上当然是不可想象的。但是,仅仅靠某一部分人,某几个单位,某一地区的努力是无法完成的。共产主义的工程,就必须有共产主义的协作配合。因此,这部分人与那部分人,这一单位与那一单位,这一地区与那一地区,在完成共同事业的时候,都应该充满着同志的友爱精神,自觉地相互支援,密切主动地协作和配合。这次引洮工程,在协作方面给我们树立了良好的榜样。我们不但顺利地组织了本省各县市之间的协作,而且还得到了中央在兰各部门、各工矿企业单位的协作。现在全省 1 000 多万人民像一个整体一样,动员起来了,不分地区,不分彼此,大家都以自己所能尽的力量来支援这个工程。在这种情况下,我们看到形形色色的本位主义的阵地愈来愈小了,集体主义的阵地在很多地区、很多部门加强了。同志们! 这是一种可喜的现象,这是我省广大人民群众共产主义思想的大发展。这预示着:共产主义也不会是遥远的将来。

所有这一切,都是人民群众的创举。不依靠群众,不相信群众,什么也办不成。引洮工程如此,一切事情都是如此。毛主席经常教导我们,必须密切联系群众,一切工作都要走群众路线,必须关心群众的痛痒,体会群众的思想感情,知道群众在想什么? 做什么,是怎样做的。只有这样,才能反映人民群众的迫切愿望,只有这样,才能真正做到全心全意的为人民服务。"甘肃落后论"者和反"冒进"的人,他们既不懂得甘肃更穷、更白的特点,从而利用这个特点的有利方面来写美好的文字,画美丽的图画;又不懂得人民群众要求革命的迫切性,要求改变"穷白"状况的迫切性。因此,他们手里的材料总是消极的东西多,积极的东西少,甚至没有。他们总是带上灰色眼镜观察事物,他们只会引导人们向后看,而不向前看。所以,他们在政治上必然要犯错误。1956 年到 1958 年三年间的"马鞍形"的教训是深刻的,犯了错误的人固然应该记得,避免再犯错误,没有犯错误或没有犯大错误的人,也应该在整风中对自己进行严格的检查,吸取经验教训,努力提高自己的马克思列宁主义的思想水平。

同志们! 引洮工程开工了。任何一件事情总会有预想不到的困难,像引洮这样巨大的工程,当然也会碰到许多预料不到的困难。但是,必须记住,我们是共产主义的战士,我们正视困难,但并不害怕困难。我们认为,问题不在于存在困难,而在于任何困难都不足以阻挡我们前进。主要地妨碍我们前进的,倒是人们的思想没有得到解放。只要人的思想真正解放了,一切困难不仅压不倒我们,反而可激发我们更加团结,更加增强了我们的战斗意志。因此,我们必须遵照党中央和毛主席的教导,努力革除"三风""五气",坚决贯彻执行党的鼓足干劲、力争上游、多快好省地建设社会主义总路线,把引洮工程变成一面伟大的共产主义的红旗。

同志们,努力吧! 我再一次表示热烈的祝贺。预祝这个伟大工程像它提前开工一样,提前完工。

(资料来源:《引洮报·第 1 期》第 1、2 版,1958 年 7 月 1 日)

2. 引洮水利工程局张建纲局长宣布施工计划
（1958 年 6 月 17 日）

引洮水利工程局局长张建纲于 17 日在岷县古城举行的引洮工程开工典礼大会上，宣布了施工计划，全文如下：

主席团、各位来宾、英雄的民工同志们：

伟大的引洮工程今天正式开工了，现在我代表工程局宣布工程计划，引洮工程总干渠西起海拔 2 250 米的岷县古城，东至董志塬，全长 1 100 余公里，比有名的苏伊士运河长六倍，干渠 14 条，共长 2 500 公里，共计 3 600 公里。计划从岷县古城将洮河 35 亿立方米的水，全部拦引，渠道流量 150 米^3/秒，渠底宽 16 米，水面宽 40 米，水深 6 米，为了把 35 亿立方米的水量全部利用，并根据季节需要，调剂用水，计划在上游用葡萄串式的蓄水方法，蓄水 6 亿立方米，这样就可满足浇地 1 500 万亩的需要，整个工程需要跨越大小河沟 897 条，穿过隧洞 104 座，共长 123.7 公里，需修分水和洪水闸 288 座，消能建筑物 113 座，桥梁 558 座，挖填土方总干渠 46 700 万方，干渠 17 000 万方，共计 63 700 万方，石方总干渠 5 090 万方，干渠 300 万方，共计 5 390 万方，土石共计 69 090 万方。整个工程分为两期进行，第一期由古城至西吉月亮山，长约 650 公里，分为两段：第一段由古城至大营梁（寒水岔），长 350 公里；第二段由大营梁至月亮山长 300 公里。第二期工程由月亮山至董志塬，长约 450 公里。总干渠，我们计划两年时间完成。

引洮工程完成后，灌区粮食亩产量即可比原来增加三倍以上，同时还可能利用渠道落差，建立电站，估计能发电 30 余万千瓦，到那时灌区将是山顶稻花香，绿荫满山岭，电站林立，舟船往来，鱼鸭满池塘，米麦堆满仓，到处一片繁荣的新气象。

引洮上山计划，是在中共甘肃省二届代表大会二次会议向全省人民发出了"苦战三年，改变甘肃面貌；奋斗六年，实现四十条"的伟大号召下提出的。根据党的这一伟大号召，我们于元月中旬开始进行查勘，3 月下旬开始进行测量。这个工程如果在通常情况下，从勘测设计到施工，需要五年左右时间，但在党的鼓足干劲、力争上游、多快好省地建设社会主义的总路线精神的鼓舞下，解放了思想，打破了常规，采取了全面查勘，统一规划，分段测量，分段设计，分段施工，边测量、边设计、边施工的方法，仅仅五个多月的时间，即完成了全线查勘、测量和第一期第一段的工程设计,工作效率提高了十倍以上,保证了工程的提前施工。引洮工程是我们全省人民向改造自然的进军,是从长期受自然奴役逐步走上驾驭自然改造自然的一个"大跃进"。为了要赢得这个伟大斗争的胜利,必须:第一,依靠党的领导。在整个工作中,要十分重视政治思想教育,经常用共产主义思想,教育全体干部民工,并随时检查对政策指示和计划的执行情况。第二,在党的鼓足干劲、力争上游、多快好省地建设社会主义的总路线的照耀下,我们的方针是:灌溉为主,综合利用,民办公助,洋土并重,分期建成,边修边用,用我们自己的双手,自己的辛勤劳动,创造我们自己美满幸福的生活。第三,要解放思想,破除迷信,大力开展群众性的改良工具为中心的技术革命运动。在技术革命中,我们要充分依靠群众和发动群众,打破神秘观点,发动群众献计献策,鼓励创造和发明,并尽快地把这些成就运用到施工中去,配合重点机械化施工,提高工作效率,消灭人背肩挑,利用机械代替繁重的体力劳动。第四,要重视总结经验,组织培训技术力量。我们将使现有技术干部,不论在政治上、业务上,都有显著提高,成为又红又专的专家,并计划从民工中培养技术工十万人,以丰富充实水利建设方面的科学技术力量。当然,完成以上任务,会遇到许多困难,但我们有党的正确领导,有广大人民的热烈支持,什么困难都将被我们一个个克服。胜利是属于我们的,让我们为胜利实现引洮上山这个宏伟壮丽的计划而奋斗吧!

(资料来源:《引洮报·第 1 期》第 2 版,1958 年 7 月 1 日)

3. 高山运河颂(1958 年 6 月 17 日)

在长征英雄们吓破敌胆的腊子口前,
在无敌的红旗漫卷西风的万山丛岭间,
我们二十万人高举鲜红的战旗,
命令洮河改道,流上白云缭绕的高山。

我们要修建一条历史上没有过的高山运河,
它将使所有的干山枯岭绿树红花。
我们要在烈士鲜血浸润过的土地上,
用智慧和双手画一幅共产主义的图画。

数不清的水电站将把一切贫困扫尽,

流星似的飞船在云端里往来航行。

生活在今天,我们却在为明天劳动,

我们的铁铲闪闪透露着共产主义的黎明。

听,那震天的巨响就是我们开工的礼炮声,

看,那遮天盖日的红旗就是我们的阵容!

我们今天在红旗面前宣誓:

一条通向幸福的高山运河将在我们手中建成!

李季

（资料来源:《引洮报·第 1 期》第 4 版,1958 年 7 月 1 日）

4. 中共甘肃省引洮水利工程局委员会发布指示 用大辩论的形式开展献计献策运动 为争取 提前一年完成引洮工程任务而奋斗 （1958 年 7 月）

中共甘肃省引洮水利工程局委员会,7月4日向各工区党组织发布关于迅速制订"一年工程任务的规划"和为此组织一次大辩论的指示。指示说:

一、希各工区组织干部和民工进行一次大辩论,借以通过辩论打通思想,人人献计,个个献策,不仅对有利条件应充分认识,特别对困难亦应有足够的估计,要定出方向明确、肯定、措施有力、具体的全面规划来。

二、应该认识大辩论的过程既是深入整风的过程,又是进一步加强"鼓足干劲、力争上游、多快好省地建设社会主义"的总路线的教育过程,又是掀起竞赛热潮的过程,也是发动群众出主意、想办法、自下而上制定规划的过程。所以,各级党委必须认真领导,首先在党团内进行细致动员,然后全面开展大辩论。只有如此,才能辩深辩透。

三、规划的制定,应以"提前一年通水董志塬"为核心,提出先进指标(土石方定额、重点工程完成期限)和有效措施。其他如以工具改革、施工技术、机械使用为内容的技术革命方面;以扫盲、普及教育,开展群众性的文娱活动,建立文化网、广播站,设立红专学校;除四害讲卫生等为内容的"文化革命"方面;以改善伙食、副食加工,组织种菜、打鱼、猎取禽兽、喂兔为内容的物资保证方面等,均应紧紧结合一起制定出来。

四、在辩论中要掀起一个热火朝天的红旗竞赛运动,并立即组织评比委员会,加强领导,制定竞赛条件,使评比运动步步深入。各工区大队与大队之间,每月均应进行一次检查评比;中队与中队之间,应半月进行一次;小队与小队之间,应一周进行一次;工区与工区之间,拟两个月进行一次检查评比。工区红旗由局制作,大队、中队、小队的竞赛红旗由各工区研究自制。

五、在大辩论的同时应将前一段工作予以全面总结,特别注意将其中的先进经验总结上报,以便研究推广。对其中突出的缺点、错误以及伤亡事故亦应查清原因,找出教训,想出预防办法。

以上工作都由局派出之工作团在各工区党委统一领导下协助进行,并争取在一个星期内做出结果。

(资料来源:《引洮报·第2期》第1版,1958年7月8日)

5. 通渭工区党委决定7月中旬全部用机械化和半机械化施工(1957年7月)

6月25日通渭工区23 000余名雄心战士在宗丹集举行了隆重的誓师大会,他们向党宣誓,"劈开鞍子梁,钻透宗丹岭,填平松树沟,打穿牧儿山","一年任务半年完成","头可断,血可流,水不过华家岭誓不罢休"。现在已经在37公里的工段上全面开工了。

"一年任务半年完成",必须改进生产工具。已经创造发明先进工具6种、2 000多件。已有三个队全部采用半机械化施工。以工地为学校,以工程为教材,已培养出简易农民技术员5 000多名。采用半机械化施工的中队(以劳力60%计算)每人每天平均土方8方多,还没有采用半机械化施工的中队每人每天平均4方。五个人操作的高线运输,在60米内运土每人每天平均土方26方。同样的运距和时间较半机械化施工和落后工具施工提高效率6倍多。誓师大会后在机械化和半机械化施工的现场观摩中,广大职工对实现机械化和半机械化施工要求迫切,信心很大,为了满足这种要求,加速工程进展,二十号工区党委作出决定:"七一"再装备 25 个中队采用机械化和半机械化施工,共达到 28 个中队;到 7 月中旬工区 100 个中队全部实现机械化和半机械化施工。为了适应这种需要,先后成立木器厂 3 个、铁器厂 2 个、石料厂 5 个,每个大队成立了编制小组、木器加工小组,还计划在"七一"前再成立 2 个低标号水泥厂。

(资料来源:《引洮报·第 2 期》第 1 版,1958 年 7 月 8 日)

6. 山高沟深不怕它 全国人民支援咱
(1958 年 7 月)

自从省委决定兴修引洮上山水利工程以后,得到中央机关和兄弟省的人民以及我省人民的大力支援。在这种共产主义的协作配合下,使工程较原计划提前一月全面施工。

中央有些部门和许多省、市首先以各种器材工具与工程技术人员支援了勘测设计工作,仅由鞍山、沈阳运来的撬杠及钢钎就有 5 千多根。西藏工委调来 3 台空气压缩机,科学院地质专家谷德振带领了 7 名技术人员和一批化验土质的仪器开赴工地。水利电力部开发黄河水利学校的教员、学生 70 多人参加了测量工作。中央驻兰机关和省级机关、学校等 30 个单位,据不完全统计从 3 月至 5 月底共支援各种物资 328 种、20 451 件、价值约 44 400 余元,其中有机械、仪器、工具、电信器材及办公用具,仅省人事局支援物资就价值 6 500 余元。解放军驻兰部队支援钢 60 余吨。永登水泥厂调拨高标号水泥 200 吨。中共甘南藏族自治州委与自治州人委代表全州人民支援了 100 立方木材和树种 10 000 斤。兰州市合作社主动免费修理经纬仪 10 部。兰州市城关区打字机仪器修理生产合作社还专程派人前来修理打字机、计算机共 5 部。各单位支援的物资中计有自有自行车 45 辆,行军床 72 个,单人床板 130 块,窄床板 1 453 片,办公桌 215 张,油印机 34 部,电话机 32 部,算盘 168 把,收音机 12 部,电话总机 7 门,鼓风机 2 台,洋镐 233 个,铁锹 289 把,镢头 337 个,抬筐 522 个,大小铁锤 118 个,油布、雨衣 70 件,旧皮大衣 47 件,信纸 1 542 刀,火炉 111 个,还有钢砂钻头 1 149 个,收报机 4 部。有的单位主动与工程局联系,支援一批又一批。

各地各单位对工程的支援,不仅有物资,而且积极热情捐款,省委张仲良、阮迪民、万良才、何承华、杨拯民等同志首先捐了款,邮电局 14 党总支 51 元,庄浪县 340 元,省对外贸易局 132 元。除此,临夏石头窑小学的共青团支部与少先队委会捐了 5 元,他们在捐款的信中说:"我们在报纸上看到引洮工程开工的消息,都很兴奋,全体团队员下定决心,抽出课余的时间参加劳动,用自己亲手劳动得来的钱支援引洮工程,使洮水早日上山,早日改变我省的干旱面貌。我校团队员在元月 12 日下午用两小时的时间,给糖厂运石头,而得的报酬(5 元)寄给你们,拿我们的钱来说是很少的,但是,这也是我校团队员的一颗心。"

除了人力、物力、财力上的支援外,自从开工以来,工程局每天都会收到来自各机关、团体部队、学校、厂矿、企业、城市、农村单位的个人的充满热情的贺电、贺信;在每个工地上,每天都有很多鼓励信、慰问信,送到民工手里。从很多来信中报告全国的,全省的,本省、本社的生产喜讯和"大跃进"高潮,鼓励职工鼓足干劲,力争上游。这些热情的贺电、贺信鼓舞着战斗在洮河沿岸的数十万职工。中共张掖地委四级干部在全面跃进评比大会 6 月 22 日给工程开工典礼大会的贺电中说道:"你们需要什么,我们支援什么。让我们和你们在一起,心连心,手拉手,共同为我们的社会主义、共产主义事业奋斗到底。"正是在这种鼓舞下,全体职工受到了共产主义的教育,增强了对参加这一伟大工程的荣誉感,力量更大,信心更强,决心更坚。

(资料来源:《引洮报·第 2 期》第 2 版,1958 年 7 月 8 日)

7. 干劲似火箭 智慧赛诸葛 陇西工区开展"红七月"竞赛运动 三大队二中队九小队创每人平均土方 220.94 方 五小队创平均石方 69.18 方纪录
(1958 年 7 月)

担任着引洮水利工程渠首任务的陇西工区的民工们,以排山倒海、气吞山河的英雄气魄,展开破百方竞赛运动。三大队二中队九小队,以每人每天平均挖土方 220.94 方、五小队以每人平均挖石方 69.18 方的惊人奇迹占了第一。

陇西工区自 6 月 17 日正式开工以来,由于各级党组织十分重视政治思想工作和一切配合准备工作,全体职工情绪饱满,干劲十足,各种发明创造,喜讯频传,工效不断上升。在 6 月底以前,石方由每日每人平均不到 1 方提高到 4 方;土方由 2 方左右提高到 15 方。尤其自从"七一"起,工区党委提出开展"红七月"运动和"百方"竞赛的宏伟口号,更加激发了广大职工的革命干劲。以大鸣、大放、大争、大辩、大字报的形式,解放了思想,提高了认识,掀起了一个大队与大队、中队与中队、小队与小队之间的劳动竞赛高潮,全工区出现了一片新气象:人人想办法、个个找窍门,连昼赶夜地创造与改良工具,工效猛烈上升。截至 7 月 13 日为止,全区涌现出"火箭""光速""东风"等 29 个破百方的英雄中、小队,并且互相开展激烈的竞赛。从 7 月 2 日起三大队一中队由 23 个人组成了突击队,以"赛诸葛"的智慧,发明了"六耙联合耙土法",在平运 446 米的山坡上,利用自然地形,每人平均溜土达到 102 方,比一大队创造的 86 方纪录提高 21.4%,首创百方纪录。工区党委抓住这一创举,及时召开电话会议作了表扬,并组织各队代表50 多人开现场促进会,进行了全区评比。由于党委正确及时地抓住典型,现场评比的促进,对运动犹如火上加油。紧接着一大队的高线运输组,创造了"四筐巡回自动倒土法",以每人平均 148 方的成绩赛过第三大队。二大队三十人组成的"火箭队"又创造了"溜土槽联合耙土法",在比三大队突击队缩短五个半小时的时速下,取得每人平均 160 方的成绩。接着二大队三中队"光速队",又以每人平均 182.4 方抓了第一。首创百方纪录的三大队一中队二小队不甘落后,急起直追,以 210.67 土方的成绩赛过二大队。但 7 月 13 日,二中队九小队又以每人平均土方 220.94 方、五小队以每人平均石方 69.18 方的惊人成绩夺取全区第一。

目前,运动还正在步步深入。工区党委指示各队,在全区已经实现半机械化施工的基础上,继续进行工具改革运动,出现更多的创造发明,并对已经创造出来的新工具,在使用中不断进行改进,把红旗竞赛运动推向更大的高潮。

(资料来源:《引洮报・第 3 期》第 1 版,1958 年 7 月 15 日)

8. 局党委决定:组织检查团于 8 月 1 日赴各 工区进行全面大检查评比 为掀起一个 更高的竞赛热潮(1958 年 7 月)

为了在引洮上山的水利工程上进一步贯彻多快好省的总路线精神,以促进这一共产主义工程以共产主义思想、共产主义风格和共产主义建设速度来加快工程进展,局党委决定:组织检查团,从 8 月 1 日起,分赴各工区进行一次全面大检查、大评比。

检查团分两路：第一路由尚友仁同志负责，吸收第一、二、三、四、十工区党委书记参加，第五、六、七、八、九工区各派一个科部长级干部参加，于 7 月 31 日直赴靖远工区所在地——包舌口报到，检查第一、二、三、四工区的工作；第二路由卫屏藩同志负责，吸收第五、六、七、八、九工区党委书记参加，第一、二、三、四、十工区各派一个科部长级干部参加，于 7 月 31 日直赴渭源工区所在地——庆坪报到，检查五、六、七、八工区的工作。

检查内容：

一、党的领导、政治挂帅、思想工作的情况。

1. 检查工区党委对总路线、上级决议、方针、指示的执行程度，有何经验。

2. 整风辩论中解决了哪些思想问题(包括干部、民工)，有何经验，还有哪些思想问题尚未解决，准备如何解决？ 如何以共产主义思想教育干部和民工？

3. 党团组织工作的堡垒作用，有何收获及经验。

4. 群众路线，现场评比的收获及经验。

二、技术革命的成就：

1. 工具改革是否消灭肩挑背背？

2. 工具改良的经验，工具是否先进？

3. 技术人员的培养经验(红专学校的检查)。

三、民工出勤率情况及工程进展情况：

1. 民工出勤多少、缺勤原因，如何解决？

2. 最高定额多少(土、石方)？

3. 平均定额情况。

4. 直接工与间接工的比例如何分配？

5. 工程进展情况占总任务的百分比，计划何时完成？ 措施是什么？

四、伙食改善、安全组织、文化卫生的情况：

1. 伙食改善的情况和经验，副食加工以及牧场情况。

2. 安全组织、各种操作规程的制定、执行情况及经验。

3. 以预防为主的卫生及民工健康情况及经验。

4. 工地的文化生活及广播站、俱乐部等组织的建立情况。

五、前后方的协作情况：

1. 前方与后方的联系采取什么形式？

2. 后方在人力、物力、精神上如何支援的?

3. 后方支援对前方的鼓舞作用有哪些生动事例?

4. 前后方协作上有何经验?

检查方法:

各路都是先从一个工区开始,并吸收所在工区的大队和部分中队干部参加,由工区党委书记向检查团就以上内容作全面汇报,再到工地进行实地参观或进行访问、调查了解。最后进行座谈,并结合大字报,对优点进行表扬,对缺点除提出尖锐的批评外,并教给办法让其迅速改正。对所提合理困难当场研究予以适当解决或答复。

逐一进行检查后,在最后一个工区的住地进行全面座谈评比,对先进工区,发授流动红旗,对问题较多的工区要找出思想根源,帮助想出办法,促其迅速改正。

（资料来源:《引洮报·第 4 期》第 1 版,1958 年 7 月 22 日）

9. 乘风破浪,继续前进,胜利再胜利——
陇西工区开展"百方运动周"总结
(1958 年 7 月)

党的"鼓足干劲,力争上游,多快好省地建设社会主义"的总路线,给了我们工区全体干部和民工很大的启示和力量。就在这条总路线的光辉照耀下,在工程局党委的正确领导及全体民工冲天干劲的启发下,我们于 7 月 1 日至 7 日,开展了"百方运动周",并在此基础上,进一步掀起了社会主义劳动竞赛,开展了"红七月"运动。现在"红七月"运动正进入"全面开花,项项结果"的新阶段。现就将"百方运动周"开展情况,总结于后:

运动是 7 月 1 日开始的。在这以前,我们听取了第二次工区主任会议精神的传达,数个工地即刻沸腾了起来,截至 6 月底,已创造发明新式工具 109 件,收到合理化建议 160 条。施工过程中,不断出现了新的纪录:六大队土方填方达到 17.8 立方;四大队石方挖方达到 8.8 立方;一大队严世平小组的高线运输,每人达到 83 立方;等等。这一切就为突破百方奠定了极其可靠的思想基础和充分的精神准备。

7月1日,工区党委召开了党委全体(扩大)会议,正式决定了开展"百方运动周"的决定。这个决定一经传达讨论,即成为全体民工的实际行动,工地上雷鼓般的开山声,响彻了整个山谷和云霄。7月2日,三大队一个23人组成的突击队,采用溜槽溜土、多耙联合运土的办法,首创了挖土方102.02立方米的奇迹。相继于7月3日,四大队创造了石方挖方每人平均13.7立方米的奇迹;六大队创造了黄土填方24.9立方米的奇迹;5日出现了百方以上的小队四个;6日石方挖方达到38.9立方米;7日黄土挖方创造129.5立方米的纪录。在百方运动周的基础上,8日又出现了每人平均135立方米、148.5立方米、150.7立方米、158.6立方米、168.5立方米、210.67立方米等新的奇迹。二大队五中队76人创造了填方夯实43.46立方米的新纪录。9日出现了大面积的高额纪录:三大队三中队一小队28人创造了每人平均石方41.88立方米的奇迹,一大队一中队130人每人平均黄土挖方84.8立方米,四大队一中队100人每人平均黄土挖方101立方米。截至10日,全工区已出现百方中队两个,百方小队26个。现在,全体职工正在乘风破浪,向"大面积高额丰产"奋勇前进。

这些奇迹的创造,是经过了相当的思想准备和物质准备的,我们认为,创造百方奇迹主要是因为:

1.务虚务实,以虚带实。思想工作是一切工作的生命线。铁的事实又一次不可辩驳地证明了,哪里的政治思想工作做得好,哪里的工作就有生气;反之则暮气缠身、不能上进这样一个真理。党的建设社会主义的总路线公布后,工区党委即决定:以总路线为纲,开展一个以群众性大鸣、大放、大争、大辩、大字报为主要形式的全民整风运动。通过此次整风,全体民工建设社会主义的热情更加高涨了,解放了全体职工思想,破除了迷信,扫除了某些干部和民工信心不足的暮气和一些错误认识,从而进一步激发了全体民工的劳动热情和革命干劲,从党内到党外。从干部到民工,都自觉地纷纷写保证、表决心,响亮地提出了"乘卫星、架火箭、半年任务三月完成"的豪迈誓言。争先进、赶先进、超先进的高潮,立即形成。

领导干部,亲自深入实际,走在运动的前面,是主要的领导方法之一。7月2日"百方队"出现之后,3日工区即召开了紧急电话会议,除对先进者进行了表扬鼓励以外,并着重指出了截至目前(7月3日)仍有个别干部,对突破百方没有信心的暮气和不深入实际,不相信广大人民群众、自以为是、高高在上的官气是开展百方运动的主要障碍,并提出要掀起更高的生产热潮,要使百方队遍地开花，必须首先从干部思想上解决此一问题。此后，个别认识糊涂的干部的思想认识又有了进一步的提高，这就为百方队遍地开花，又创造了积极因素。

抓两头、带中间、观摩评比，是促进工作全面跃进的主要方法。7月5日，工区组织了59人的检查评比团。在一、二、三等三个大队进行了现场检查观摩，观摩后，即用大鸣、大放、大争、大辩、大字报的形式，开展了思想交锋和评比。当天即出大字报40张，对务虚务实干劲足、全面跃进的一大队进行了表扬和奖励（红旗一面）；对暮气较重的二大队进行批评后，许多人提出了合理化建议并写了决心书、保证书。二大队的保证书上写道："看了大字报，心中开了窍，坐着老牛车，还说人家冒，感谢大家金言语，帮助我们明了道。从今后：破除迷信加油干，解放思想把新工具造。学先进想办法，超先进要戴钻天帽。架高线，放大炮，鼓足干劲向前跑，争上游，插红旗，新成绩给大家作汇报，在古城门放胜利炮。"果然：7月6日二大队三中队42人即创造了每人平均108立方米的高额纪录，7日四中队又创造了每人平均112.3立方米的纪录，8日三中队又出现了168.5立方米的奇迹，比7月5日前的最高纪录19.8立方米提高了8倍多。

2. 抓技术革命，抓工具改革。在"天不怕、地不怕、一切为了机械化"的口号鼓舞下，大大促进了技术革命和工具改革，截至7月10日，全工区已提供工具改良图纸112件，合理化建议3□8条，已经采纳的65条，已大大发挥了效能。如粮食供应站王纲同志提出了高线运输自动翻筐倒土法被采纳以后，高线运输每组由原来的7人减少到2人，并创造了148.53立方米的纪录。四大队创造溜土溜槽和三大队创造的多耙联合运土法结合起来之后，即突破了百方并突破了200方。另外，三齿耙，三轮滑车自动倒土等方法，已在工地上普遍试用，截至现在，全工区共架设了高线运输127对，推广了三轮自动倒土车22副、三齿耙105个。所有这些，都是突破百方的极其重要的因素。

3. 充分发挥人的主观能动性，充分利用自然条件。事在人为，我们突破百方所用的工具，除去三齿耙而外，都是很古老的工具。但是，由于充分发挥了人的主观能动性，所以使落后工具，发挥了先进的效能。溜土溜槽是利用了自然坡度，在稍加人力后，土就自动溜在渠线以外。虽然是落后工具，但在英雄人民手里，就能使其发挥先进的效能。（高线运输、溜槽溜土、多耙联合运土法等具体做法及劳动组合问题另有单行材料，这里不再赘述。）

另外，做好宣传鼓动，认真开展文娱活动，活跃民工生活，也是极其重要的。

目前，"红七月"运动已进入新的阶段，"大面积高额丰产"即将遍地开花，全体职工正以移山倒海之势,继续乘胜前进,在总路线的光辉照耀下,在上级党委的正确领导下,在广大职工的冲天干劲下,我们将保质保量地提前完成引洮上山水利工程。

(资料来源:《引洮报·第4期》第3版,1958年7月22日)

10. 政治挂帅 敢想敢做 把技术革命运动向纵深发展——卫屏藩、马彬同志向党委的报告(摘要)(1958年7月)

局党委批语:

局党委同意卫屏藩同志和马彬同志在靖远、陇西等工区检查工作的报告。

报告中提出的六个问题都很重要。这六个问题,实际上是保证多快好省地完成引洮工程的关键。特别是报告中所提的前三个问题,更为重要。

首先目前各工区的领导力量大部分还是比较薄弱的。为了使各工区党委书记能够集中主要精力抓政治、抓思想、抓方针政策、抓关键环节,各工区应配备2至3名有较强的组织领导能力和敢想、敢干、有首创精神的副主任。对此希各工区党委和县委研究,通过调配或提拔的办法在最近期间把工区领导加强起来。

其次是加强共产主义思想教育,树立共产主义风格和以共产主义速度建设引洮工程的问题,各级党组织必须认真组织整风和大辩论。通过大字报、大辩论、现场评比,展开思想斗争,拔白旗,插红旗,使全体干部和民工一切都为了在明年7月底前或者更短的时间内水上大营梁而奋斗。

最后,开展技术革命运动。使用先进工具是提高劳动效率的关键。目前各工区对工具改革都已重视起来,但劲头还不够大。主要表现是:光注意了创造(也仅仅是开始)而忽视了推广。只创造不推广就没有实际意义,这是各工区目前在工具改革方面普遍存在的严重缺点,应迅速纠正。局党委希望各工区要通过先进工具的创造和推广,争取在最短期间,在全工区范围内实现每人每日平均挖土方50方的指标。

7月下旬，中共甘肃省引洮上山水利工程局委员会副书记卫屏藩同志和党委资料室主任马彬同志，到靖远、陇西等工区检查工作后，向局党委作了报告。报告首先对靖远、陇西等工区自开工以来的工作做了全面地分析和估价。报告说："这些工区的干部和广大民工经过工地整风和大辩论，共产主义思想均有所提高。表现了高度的革命干劲、艰苦奋斗、英勇奋斗，工程进展迅速，先进人物辈出，工具改革日有发明创造。挖土方最高纪录，有每人每日达到254方，挖石方达到69方。这真是'赛诸葛，比鲁班，乘卫星，坐火箭'，出现了建筑工程上的奇迹，为两年完成和提前完成引洮上山全部工程创造了良好的开端。令人兴奋。"报告详细阐述了工区工作的成绩之后，对当前工作提出了以下六个重要问题：

加强工区领导力量

一、工区一级是直接指挥战斗的司令部，对贯彻上级党委的方针、政策和领导广大民工多快好省地建成引洮上山工程是决定性的一环，关系重大。工区领导班子必须配备强，尤其是工区党委书记应是政治上坚强，组织领导能力较强和具有敢想、敢做的首创精神。

工区党委书记均兼工区主任，这样一元化，便于指挥。但工区党委书记主要精力应放在抓纲、抓中心环节上——抓方针、抓政治、抓劳动竞赛、抓技术改革。至于施工的组织领导、民工生活、文化娱乐、卫生安全以及其他的日常事务，可由副主任在党委集体领导下进行明确的分工负责。现在这方面有些乱，这也是开始时所难于避免的。为了更好地发挥党的领导作用和提高工作效率，建议各工区党委进行研究和安排。如副主任可配二三人，后方能解决最好，后方不能解决，可取得后方同意，从现有大队长中抽调配备，以加强工区领导。

发扬共产主义思想 克服资产阶级思想

二、建设共产主义工程，必须有共产主义的思想和风格。引洮工程从开始到完成的整个过程中必然是多快好省战胜少慢差费的过程，发扬共产主义思想和风格，克服资产阶级思想和右倾保守思想的过程，革命的促进派战胜悲观派和促退派的过程。旧矛盾解决了，新矛盾又出来。例如：当前工具改良加深、加宽的问题，先进工具示范和全面推广问题，百方运动和普遍开花问题，出勤率问题，有勇有谋问题，改善伙食问题，卫生常识问题，以及最短时间内水上大营梁，等等。领导必须研究这个工程大军的全貌及其发展，抓住环节和中心，发动群众，经常采用大字报、大辩论、现场评比,推、逼、斗三者结合进行。表扬先进和创造发明,批判落后和墨守成规,不断地克服困难,解决矛盾,以求全胜。各单位、各工区在整个的工程进度中要从始至终紧紧掌握住以虚带实这个纲,充分运用大字报、大辩论、现场评比这些社会主义民主的新形式,不能一日曝之,十日寒之。

充分发挥人的主能动性把技术革命运动加深、加宽

三、像这样浩大的共产主义工程在充分发挥人的主观能动性的条件下,必须采用土洋并举的先进工具。现在各工区的技术革命运动正在开展。陇西工区在创造发明先进工具方面的做法是好的。它的特点是:

1. 书记挂帅,领导、群众、技术三方面的力量相结合;

2. 大胆设想、大胆创造与就地加工、就地取材相结合;

3. 土机械化与土自动化相结合;

4. 发明创造与工程发展需要相结合。

当前的问题应将技术革命,工具改革运动向加深加宽方面发展,引起全党的重视和全民的重视,对试验成功的各种新式工具应根据不同的地形和地质普遍地推广使用。继续不断地创造发明和仿制各种先进工具,特别是深挖方和填方的新工具。对已经使用的新工具,应不断地进行改进,简便操作方法,节省人力,发挥更大的功效。到 9 月底,全工区应普遍实现半机械化。

大爆破,不但适用于硬质石,根据会宁工区试验结果,对于红板胶土和松质岩石也起到极大的成效,一炮创造爆破 6 千多方的高额纪录。这是技术上的一种大胆的创举,广泛地采用大爆破,对于加速工程进度,节省人力、财力,消灭渠道涵洞,全线通航均具有重大的作用。各工区可广泛地研究采用。

应以试验田的高额丰产 推动大面积的丰收

四、土石挖方的卫星已上了天,这是新形势、新任务所涌现出来的新标兵,它对于建筑工程上的解放思想、破除迷信、鼓励斗志有很大的推进作用。现在的关键是,试验田的高额丰产必须推动为大面积的丰收。以陇西工区为例,虽然出现了 1 个百方大队、8 个百方中队、47 个百方小队,但根据 7 月 1 日到 19 日的统计,共挖土方 942 735 方,出勤人数为 70 680 人,每日每人平均也才达到 13.3 方。为此,建议工务处和各工区,根据试验田所创造的高额纪录,进行全面的计算(每日按 9 小时计),对不同地质的土石方的挖方、填方、深挖方订出平均的先进定额

（如挖土方每人每日 50 方），发动民工广泛讨论，力争全面完成。

加强劳动管理 提高劳动出勤率

五、现在全区民工共有 95 400 多人，根据我们在陇西工区的了解和工务处 7 月 1 日到 10 日的报表，直接工的出勤率才达到 50％左右，间接工、旷工、病号竟达到一半左右。这是一个很大的浪费。当然间接工也是必需的，但也应有个一定的比例。为此，建议各工区在劳动调配上、施工管理上、劳动纪律上和讲卫生、预防疾病方面加强工作，并在民工中对提高出勤率问题开展辩论。我们建议，出勤率应达到 95％以上，直接工应不低于民工总数的 75％。

改进民工伙食 讲究卫生预防疾病

六、民工的伙食最近已有改进，还须继续努力，同时也应在民工中结合实际事例，进行卫生健康的宣传教育。据我们在中寨乡第一工区医院的了解，因吃得过饱，喝凉水，不注意冷热得肠胃病的占患病人数的 60％。极少数因吃得过多，得肠梗阻，不治死亡。施工中的伤亡事故，各工区也时有发生，其中不少是积极分子，他们在征服自然上的那种大无畏精神，令人可佩。但绝大多数的伤亡事故，是由于不按操作规程和麻痹大意所造成的。为了克服伤亡事故和确保施工中的安全，各工区应加强这方面的宣传教育。各大队、中队、小队均应指定专人负责督促检查安全工作。

（文中小标题是本报记者加的，资料来源：《引洮报·第 6 期》第 1、2 版，1958 年 8 月 5 日）

11. 改善伙食、卫生，增强身体健康
（1958 年 8 月）

为了促使引洮上山的共产主义工程提前一年完成，搞好民工伙食、卫生，使之吃好吃饱身体健康，是一项重要工作。现将我们的具体做法介绍于后：

过去伙食卫生工作中存在的问题

1. 灶具不全、技术不高。民工由远路来到人地两生且交通不便的工区，准备

的灶具未能全部及时运到。而选出的炊事员大都业务不很熟悉,蒸馍不起面,碱放得不匀,又酸又硬,有时还做成了半生半熟。

2. 管理方法不对、吃饭不细算,只是一天斤半面,三顿各半斤,每天开水面,面开水。没有积极想办法,调剂副食。

3. 不会做杂面饭、如七大队塔□及大头山灶半斤干面只能蒸到九至十两,半生又硬,三大队大石灶把青稞面放在锅内烙着吃,结果不但是赶不上吃,且烙得皮焦内生又不好吃。

4. 有的伙夫不负责任,不卫生,上厕所回来不洗手。五大队改河灶柴草满院,大师傅不剪指甲,苦曲菜连泥炒等。闲了睡大觉,不利用工闲打扫卫生。

政治挂帅 改进工作方法

针对上述存在的问题,采取下列措施:

1. 加强领导,健全组织。工区领导同志姚俊民深入群众,上民工灶与民工同吃同饮,并三番五次派出检查组,巡回检查,每天开碰头会,发现问题,即时解决。在工区还以党委副书记和卫生所为首成立安全卫生委员会,并吸收一些对搞伙食有经验的同志参加来共同负责监督、检查评比、改进伙食工作。

各大队在工区党委领导下也不落后,如第三大队马有禄支书等亲自下灶房,动手帮助二中队倒灶泥烟筒。每天一检查,五天一评比,建立开支必须经批准、副食统一调配等制度。

2. 检查、观摩、评比、树立典型,以点带面,抓两头,带中间。在 6 月份总队部派专人在第三大队一中队大灶,搞伙食卫生试验田,工作方法首先是整顿思想,选出政治历史可靠、工作热心、服务态度好且身体健康的担任大师傅工作。然后,再动员依靠他们粉刷伙房,搞好清洁卫生工作,做到案有账、笼有笘、锅缸有盖,灶具有人管理。在操作技术上是采取细心观察,随时研究,及时试验和访问当地群众的方法。

总之,下罗湖灶试验田,不论卫生上和伙食烹调操作上,在当时可以说是全区一面红旗,这是全面改进伙食的开始。为巩固成绩,广泛吸取先进经验,就召集各大队进行了参观,还邀请工程局在峡城召开现场会议的代表参观,吸收了许多先进方法和改进意见,在这样不断改进的基础上,又召开了一次现场会议。会议由姚主任亲自领导。计划中心内容是评比各灶饮食质量,但在评比过程中,由于各院介绍了经验,推广了先进的方法,进而由评比饮食发展到比伙食管理、比伙房卫生、比个人卫生、比烹调技术、比领导干劲、比出勤率、比无发病人数、比不超过标准、比副食品调剂、比账目公布及时的"十比运动"。经过评比第三大队列为第一类,七大队为第三类。第三大队通过这次会议更前进一步,同时,也促进了各大灶伙食的改善,现在各大队的灶都早超过了第三大队原来的水平。

改灶、建灶减少办灶人员

6月上旬,我们全工区共有大小不同的灶 34 个,80％以上都是一锅一饭,有管伙食人员 44 人,炊事员 153 人。经党委确定在条件可能的情况下,要办 300—1 000 人以上的大灶;合灶后现全区有伙房 19 个,管理人员减成 29 个,提高了出勤率,并且提倡万能伙委、万能炊事员;合并后不但更加强了管理,而且伙食质量又有提高。

搞好伙房卫生 保证民工身体健康

1. 伙房卫生:通过参观评比后,大灶都粉刷了墙壁,做了案帐,还经常打扫顶棚,更建立了伙房卫生值班制度,轮流进行伙食卫生洒扫。

2. 炊事员卫生:每个炊事员做到有围裙、有口罩,三天剪指甲,五天一洗衣服。如第三大队一中队大灶给炊事员买了肥皂、围裙、毛巾,并每人下了保证做到饭前洗手,便后洗手。

3. 个人卫生:现在开饭前已做到洗手,蒸馍水做到了三用,首先烫洗碗,吃毕饭做洗碗水,最后做洒地水,打扫饭场。三大队一中队的口号是不洗手,不给饭;不烫洗碗,不打饭。

加强伙食管理

1. 统一领导,明确分工。各队在工区、大队党政的领导下统一进行调配,伙委会负责外交总的领导,在账目上做到事事有据,每月按准备 8 元提前 10 天由后方乡、社预交下月份的伙食费,存入银行按需用支取。会计建立伙食收支账,对发票作分类编号,账目由伙委会每月进行公布。

2. 精打细算是办好伙食的关键之一。伙委会必须根据各队的实有人数,按照粮站所供给面粉情况,在每顿饭前精打细算,然后再行下锅,根据副食的加工进行调剂,做到心中有数。

加强部门之间的协作

在研究解决民工伙食时,工区所属卫生、粮食、商业、银行部门都能做到有机地相互配合,检查组发现民工食堂需要纱布就通知供销社派人星夜到临洮进货;粮食部门不但及时整理变□面粉,而且让沿途的伙房在途中卸粮,这样就减少民工往来运输的劳动力,增加了出勤率,银行负责将各队的伙食费全部存入□,加强了货币管理,解决了各队存放现金的困难。

改进烹调技术、提高饭菜质量

上级党委指示粗粮细做,当时确实有一些同志存在着保守思想,他们认为青稞面再做还要酸,荞面更难做。但经过反复的宣传教育,多次评比、观摩对杂面制做法摸出了不少经验,大大提高了伙食质量。

民工出勤率提高 99%

改善民工伙食卫生工作,就可以有力地保证劳动出勤率达到99%以上。如从6、7两月发病情况来看,6月份门诊人次3 482次,每日平均不能出勤□人左右,而7月份门诊人次1 756(1—20号统计数)人左右,7月份门诊人次平均每日不能出勤的70余人;胃病在6月份据不完全的统计占发病人数的50%左右,7月下降到20%上下(慢性病人在内),有效地提高了劳动出勤率,加速了引洮工程顺利进行。

临洮工区

(资料来源:《引洮报·第 6 期》第 4 版,1958 年 8 月 5 日)

12. 共产主义的协作精神 各族人民的兄弟友谊 临夏回族自治州派突击队支援引洮上山水利工程(1958 年 8 月)

8月4日下午,临夏回族自治州派出的支援引洮工程突击大队,在中共东乡自治县县委副书记马俊贤同志率领下,乘汽车到达引洮工程局驻地——渭源官堡镇。当天晚上,工程局全体职工举行了隆重的欢迎大会,热烈欢迎不辞劳苦、远道而来的临夏回族自治州的英雄们。

　　会上，工程局副局长高步仁同志代表工程局全体职工，向突击队致以亲切的慰问和敬意，并把引洮工程作了简要介绍（全文另发）。工程局团委李群同志也把突击队将要前往的九甸峡共青团工程段作了介绍。司马娃、赵子俊等同志代表突击队讲了话。会后放映了电影。

　　今年6月，中共甘肃省委在临夏召开现场会议时，中共临夏州委即提出支援引洮工程问题。州委认为：引洮上山水利工程是改变甘肃干旱面貌的一次决定性战役，临夏回族自治州虽然不是引洮工程的直接受益区，但是有责任以实际行动来支援引洮工程。在这种伟大的共产主义协作精神的鼓舞下，中共临夏州委第一书记葛曼同志和临夏回族自治州州长贾树德同志，亲自主持召开县委书记电话会议和群众大会，组织动员自治州各县支援引洮工程。临夏回族自治州各族人民热烈地响应了州委的号召，纷纷报名参加支援引洮工程，许多人三番五次地向社、乡、县各级领导申请，坚决要求批准他们到引洮工地上去。直至支援引洮工程突击大队临出发的时候，还有很多各族兄弟人民前来打听、询问突击队是否要人的问题。有些青年小伙子在汽车快要开动的时候，还扯住一些大队负责干部的衣角，硬要来支援引洮工程。他们的这种行动，充分表现了集体主义的思想和各族人民的团结力量。

　　临夏回族自治州支援引洮工程突击大队共279名队员，他们都是生产战线上的积极分子，其中有275名是共产党员和共青团员。回族和东乡族占138人。他们之中既有大批的曾经修过银河渠、南阳渠、南岭渠和永县渠的功臣，也有经验丰富的土工、石工、基建工。他们都是政治思想进步、身强力壮、自愿参加支援引洮工程的英雄好汉。

　　在工程局党委主持的座谈会上，临夏回族自治州支援引洮工程突击大队的20名代表，一致要求工程局派他们到引洮工程最艰巨的地方去；他们庄严地向工程局保证说："石头再硬，硬不过我们的决心，困难再大，大不过我们的干劲，我们不怕任何困难，要和坚硬的岩石斗争到底！我们要坚决完成引洮工程任务！"代表们还表示：在工地劳动时，一定要实干、硬干、苦干！加强文化学习，扫除文盲，努力钻研水利工程技术和劈山技术，争取在引洮工程上把自己锻炼成为又红又专的社会主义建设人才。

　　临夏回族自治州支援引洮工程突击大队到达工程局所在地后，没有作充分休息，即于8月5日上午开赴靖远工区九甸峡共青团工段，迅速地投入了战斗。

王念民

（资料来源：《引洮报·第7期》第1版，1958年8月12日）

13. 迅速实现滚珠轴承化是工具革命中的 重要环节(1958 年 8 月)

中共甘肃省引洮上山水利工程局委员会、甘肃省引洮上山水利工程局,8 月 10 日向各工区发出"关于迅速实现一切运转工具滚珠轴承化的指示"。指示说: 省委 8 月 8 日电话会议指示,主要农具和运转工具在 9 月底前全部实现滚珠 承化,年底前完成一切农具和运转工具滚珠轴承化的任务。

指示指出:积极地实现运输工具滚珠轴承化,这是当前工具改革中的主要 环节。现在,各工区已经消灭了肩挑人背的现象,基本上实现了半机械化。但所 谓半机械化,就是根据现有条件,在一切运转工具上加上滚珠轴承,使一切运转 工具滚珠轴承化。这样,不仅能够减轻人们繁重的体力劳动,而且能够提高工作 效率 5 倍以上,因而可以解决劳动力不足的困难,大大加快工程进度。为此决 定:各工区在 9 月底前,一切运转工具都要加上滚珠轴承,使运转工具滚珠轴承 化。为了顺利地完成这一任务,必须:

(1) 书记挂帅,全党动员,全民动手,掀起一个轰轰烈烈的滚珠轴承化的群 众运动。要有突击精神,要保证按期完成任务。

(2) 解放思想,大胆普遍试制滚珠轴承。要求各工区在三天内试制成功。 试制成功后立即大量生产。工区要办滚珠轴承工厂,大队、中队也应办滚珠轴承 工厂。要发动群众,依靠群众。要眼睛向下,面向农村,依靠自己力量解决问题, 不能伸手向上要。

(3) 多组织现场观摩,评比和流动展览,及时总结交流经验,把运动迅速推 向高潮。

(4) 为了加强对运动的领导,工程局已成立工具改革办公室(设在工务处)。 各工区也应考虑成立相应的机构,并每四天向工程局工具改革办公室电话汇报 一次。同时组织干部、民工学习《甘肃日报》8 月 7 日的社论(乡乡社社大办轴承 工业)、消息和《人民日报》最近以来刊登的有关试制滚珠轴的文章。

指示最后指示:这个任务是艰巨的,但只要能够按照上述几条办法去做,这 个任务就一定可以实现。

(资料来源:《引洮报·第 8 期》第 1 版,1958 年 8 月 19 日)

14. 引洮工程首届卫生先进工作者会议开幕
(1958 年 8 月)

8月11日上午,首届引洮工程卫生先进工作者会议在工程局会议室开幕。出席这次会议的有先进工作者29名,先进单位5个,各工区医院、卫生所列席代表5人。

会议首先由卫生处副处长孙继旺同志致开幕词。接着,工程局高副局长对大会做了指示,高副局长指出:在短短的两个月中,引洮工程卫生工作有了很大的成绩。但是,我们不能自满,应该高举红旗,继续乘胜跃进。他勉励卫生工作者在药品制剂、中医研究、医疗效果等方面破除迷信,大胆革新,继续发明创造,争取先进更先进。甘肃省工会引洮上山水利工程局工作委员会主任蔺信堂同志和局团委书记李群同志也在会上讲了话。会议还听取了卫生处刘副处长所做的卫生工作总结报告。

接着,会议转入分组讨论和大会发言。与会先进工作者们都热情洋溢,在一天内写大字报27张,倡议6份。临洮工区提出:"政治挂帅,解放想想,鼓足干劲,力争上游,三天赶渭源、超靖远,在五天内每人编织蓑衣一件,8月底全部建立热炕,训练安全卫生保健员1 000名,一年内50%的人员达到中级医务人员水平,9月底每人学会应用针灸穴位150个。"

这次会议的特点是:一方面各先进单位和个人毫不保留地做了工作介绍,并以实物展览、实际操作、现场参观,进行经验传授;另一方面展开了思想交锋,对少数落后单位提出了建议和批评。

张兆麟

(资料来源:《引洮报·第8期》第1版,1958年8月19日)

15. 群策群力,集思广益,提倡智引洮河 戒骄戒躁,虚心学习,争取更大光荣——引洮工程第一次先进生产者代表会议开幕
(1958 年 8 月)

甘肃省引洮上山水利工程局第一次先进生产者代表会议于8月20日在官

堡镇开幕。这是一次群英会,英雄们欢聚一堂。在会场中的光荣榜上闪烁着出席会议的 57 名先进单位代表和 438 名先进人物的名字。他们来自引洮工程各个工地,有民工、工程技术人员、文教卫生、物资供应、服务、运输、公安保卫工作者的代表,他们将共同交流经验,继续加速引洮工程的进度。

参加会议的还有兄弟单位的来宾 20 多名。

会议首先由工程局党委委员杨子英同志致开幕词。他说:我们这次会议的内容是,介绍模范事迹,交流先进经验,互相学习,互相鼓励,进行评比;总结两个月来引洮工程的各方面工作的经验和克服工作中的缺点;讨论《为争取提前完成引洮上山水利工程的规划纲要(草案)》,使这个纲要成为我们的行动纲领。我们这次会议的主要任务,就是要通过这次会议,促进我们的各项工作,再有一个全面的飞跃发展,力争在两年或更短的时间内完成全部工程,把洮河引到董志塬,为在一年的时间内把洮河引到大营梁而奋斗不懈。(全文另发)

会议接着由中共甘肃省委直属机关慰问团、中共兰州市委和兰州市人民委员会、铁道部第一设计院、甘肃省工会联合会、渭源县第二中学、渭源县工业学校向会议敬献锦旗、致词和宣读慰问信。省委直属机关共产党员、共青团员和全体职工的慰问信里说:为了向你们——英雄的民工和干部们表示敬意和慰问,为了表示我们对引洮工程的全力支持,我们省委直属机关的共产党员、共青团员和全体职工一致表示:要全体动员,上下一齐动手,从人力、物力、财力和精神等方面全力以赴地支援引洮工程的建设。(慰问信全文另发)省工会联合会章振江同志代表甘肃省工会联合会向会议表示祝贺。他说:党向我们指出引洮工程是"共产主义的工程,英雄人民的创举"。这个崇高的称誉,概括了引洮工程的伟大意义。两个多月来的事实证明,由于这个伟大的工程对促进我省社会主义建设事业飞速发展具有重大的政治意义和经济意义,因此,它的开工建设受到了全省广大人民的热情关怀和支援。接着他宣读了省工会向代表会议的贺信。(贺信全文另发)

会议下午开始进行大会讨论,预计在 25 日结束。

(资料来源:《引洮报·第 9 期》第 1 版,1958 年 8 月 23 日)

16. 把青春献给共产主义事业——钟桂芝先进事迹介绍(1958 年 8 月)

　　钟桂芝是一个出色的女青年。她是吉林省敦化县人,今年 3 月间来到甘肃引洮工程上做测量工作。可是,她从小生长在城市里,现在要在海拔 2 000 多米高的古城,1 000 多米高的华家岭上整天翻山越岭,一开始就遇到了困难,上高山身子就发抖,腿也发软,有时上山还要用手爬;上去了,又下不来,还得别人拉,有时得坐着往下滑,还要跌跤。这时是战胜困难呢,还是向困难低头呢? 在她脑子里发生了一场尖锐的斗争。在这个斗争中,她想起了自己向党发过的誓言,想起了自己写过的决心书、保证书和首长的指示,也想到了引洮上山后的美好情景,这些终于使她下定决心:战胜困难。就这样,经过一个时期的锻炼后,再上高山,腿也不发抖了。

　　不久,领导上给她们组交了一个新的任务:到渭源县东坡进行渠道施工设计工作。设计这事,对她来说可是外行,连很多名词都没有听过,这怎么办呢? 她想,我已经把第一个困难克服了,这个困难同样要克服。于是她又下定决心:不会就学,不懂就问。这样,在很短时期内她就掌握了一些技术。这时,她又当了老师,把自己学会的东西和方法,教给大家,任务很快就完成了。

　　由于工作需要,她还担负过做饭任务,可是她从未做过饭,头两顿饭,做好也没有菜。有些人讽刺她,她说同志们这样劳累,再吃不好饭,就会影响工作和健康。于是,她抽空拾野菜,向老乡请教,积极摸索,又学会了做饭技术,做的饭大家很满意。

　　引洮工程全面开工了,她又接受了新的任务,被分配到八大队领导技工。当时,全大队 800 多名民工分布在□百米长的工地上,中间还有一条沟,顾了这头顾不到那头,技术力量非常薄弱。何况领导这个工作,还是头□一。在这种情况下,她积极建议党组织办技术学校培养人才,增强力量。她的建议立即得到党总支的支持,成立工区第一个技术学校,她和另一个担任了技术教员,以工地为学校,工程为教材,利用中午休息时间,展开教学活动。一个月工夫,就培养出 10人能使用手水平仪,9 个人学会使用地平仪,12 人学会了记录,40 人学会了算土方,26 人能领导技术施工。

　　钟桂芝这种种先进事迹,获得了民工的好评,民工选她出席了引洮工程第一次先进生产者代表会议。

（资料来源：《引洮报·第10期》第2版,1958年8月30日）

17. 兰州市万余职工参加引洮上山义务劳动
（1958年8月）

兰州市级机关、厂矿、企业最近决定组织1万多名职工,分三批轮换参加引洮工程义务劳动。8月27日下午,第一批1 200多人已经到达工地。他们将分别参加一周或半月的劳动。

中共兰州市委最近成立了"支援引洮工程指挥部",专门负责组织领导市级各机关、单位职工参加引洮工程义务劳动。广大职工都把能够参加这次义务劳动,作为平生最大的光荣。这次来的第一批职工在出发前都纷纷表示决心,要在这个有历史意义的引洮工程上进行锻炼,把自己培养成又红又专的战士。他们之间,还互相进行了挑战和应战,要在下工地后与民工们同吃、同住、同劳动。在路上,他们个个精神饱满、斗志昂扬;当汽车到达官堡镇时,他们不顾疲劳,就连夜赶到了各工区。

秦亚平

（资料来源：《引洮报·第10期》第3版,1958年8月30日）

18. 模范护士李新华(1958年8月)

李新华同志是1957年9月份从兰州卫生学校毕业的青年学生。现在是工程局基地医院的护士。

一些有资产阶级思想的人,总是瞧不起护士,认为当护士下贱。可是李新华同志却认为当护士救死扶伤,是最光荣的事,是社会主义建设中不可缺少的工作。她在兰州第二人民医院工作时,对病人照顾得十分周到,从来没有给病人要过态度。她时时刻刻记着有名的白求恩大夫所说的一句话:"在一切事情中,要把病人放在最前头,倘若你不把病人看得重于自己,那么,你就不配从事卫生事业。"有一次,有个病人大便不通,大夫吩咐灌肠,连续灌了三次,总是解不下大便,病人和大夫都很着急。这时候,李新华同志就用手从病人的肛门里取出大便,感动了所有在场的同志。

伟大的引洮上山水利工程的消息传出后,李新华同志三番五次要求领导批准她参加,她认为能够参加这个共产主义工程是自己一生最大的光荣。来到工程局基地医院不久,有个病人在夜间 12 时左右,出血特别厉害,需要进行手术,更紧急的是需要立即输血。但当时医院刚成立,输谁的血呢?大家正在着急的时候,李新华同志突然说:"我的血型是 O 型的,就输我的吧。"在抽血的时候,她想:"把一个病人从快死的情况下挽救过来,这是医务工作者应尽的责任。"想到这里,她的脸上露出了笑容。

以后,由于工作需要,领导上把她调到第三地区医院。当时第三地区医院一切都没有准备好。在这种情况下,勘测队有位同志患了急性病,需要动手术,李新华同志焦急万分,连吃饭休息都忘记了,从早上 6 点钟一直忙到晚上 10 点左右,才做好了手术准备工作,第二天就施行了手术,使病人脱离了危险。

(资料来源:《引洮报·第 10 期》第 3 版,1958 年 8 月 30 日)

19. 全国第三次水土保持会议全体代表参观引洮上山水利工程(1958 年 9 月)

参加全国第三次水土保持会议的 25 个省、市的党政负责人、农林水利水土保持部门的负责人和专家等 447 人,在 9 月 12 日参观了引洮上山水利工程。国务院水土保持委员会办公室主任兼农林部农田水利局局长屈健同志说:"引洮工程树立了敢想、敢说、敢做、敢为的共产主义风格的榜样。这个工程如果在美国、日本,需要几十年才能完成。光吵就得几年。"

当代表们打着红旗,走上林堡山的时候,陇西工区一大队正在紧张施工。引洮战士们唱着花儿,手执钢钎和大铲,向高山猛烈地进攻;多筐高线运输、木火车、"无轨电车"、"运土旱船"、三轮自动倒土车、单轮铁车等各种先进工具,发出轰轰隆隆的声响,穿梭般来往飞驰,大显神通;被征服的石头和土块扬起烟尘,纷纷往山下滚去。整个林堡山告饶似的发抖着。看到这种情景,代表们都鼓起掌来,有的代表还高呼:"引洮民工万岁!""向引洮英雄致敬!"

代表们对工地上普遍使用的各种先进工具很感兴趣。他们沿着林堡山,从陇西工区一大队一直参观到"黄继光"青年突击中队,对各种先进工具做了现场研究,还向民工询问了各种先进工具的构造和效能,并且详细地记录下来。代表们还兴致勃勃地参观了陇西工区的滚珠加工厂、翻沙加工厂、编制加工厂和工具加工厂。在参观了工具模型展览室以后,山西省代表李毅民同志非要帮助民工拉锯、亲自参加制造"无轨电车"不可,他坐在地上和民工一起拉锯约十分钟之久,临走的时候,李毅民同志拭着汗水问民工:"没有拉坏吧?"民工回答说:"好着呢。"

在这天中午休息时间,河北、黑龙江、江西、广东等省的许多代表都抽空写大字报,一致赞扬引洮工程和英雄民工。河北省代表的大字报上写到:

> 伟哉宏图,
> 平百岭、劈千山,
> 要把洮河搬上天。
> 莽莽巨流两千里,
> 白云深处浪花翻,
> 喜庆焦士变水田,
> 舟舸竞航岷山岭。
> 环球罕有、亘古空前,
> 挟泰山、超北海,
> 不比陇人引洮难。

接着,代表们参观了陇西工区一大院的大爆破。当山崖上轰然炮响、烟雾腾空、土石纷飞之时,代表们齐声喝彩。爆破结束后,代表们还参加了四十分钟的义务劳动,他们都认为能够为引洮工程献力是自己的光荣。

最后,代表们勉励引洮职工鼓足干劲,力争上游,提前完成共产主义工程,并赠给引洮上山水利工程局一面红旗。

王念民

(资料来源:《引洮报·第 13 期》第 1 版,1958 年 9 月 17 日)

20. 工程局团委决定在全体引洮青年中
开展"千面红旗、万名突击手"运动
（1958 年 9 月）

共青团引洮上山水利工程局委员会,最近决定在全体引洮青年中,开展一个"千面红旗,万名突击手"运动。这个运动,现在已经陆续在各工区青年中展开。

局团委认为,在为响应党委提出:"力争在两年或更短的时间内完成总干渠工程,把洮河引到董志塬""切实保证在一年的时间内把水引到大营梁"的号召下,共青团的组织,应当成为党的助手,应当组织和教育广大青年职工成为引洮的急先锋。团委提出,开展"千面红旗,万名突击手"运动,应以"十比"为中心内容。这"十比"是:比思想觉悟和革命干劲;比劳动,比工作;比发明创造,推广先进工具和先进操作技术;比提高劳动出勤率,遵守劳动纪律;比提高劳动效率,创造先进定额;比学习政治和学习文化科学知识;比艰苦奋斗和勤俭节约;比工程、工作质量和施工安全;比团结互助;比联系群众。

团委决定每月评比一次,凡具备其中一条的,都可以成为先进集体或个人。在运动开展中,各工区还可以适当通过现场会、青年积极分子会师等形式,交流经验,使先进集体和个人能够大量涌现出来。

工程局团委

（资料来源:《引洮报·第 13 期》第 1 版,1958 年 9 月 17 日）

21. 在引洮工程上举办红专学校的情况和经验
（1958 年 10 月）

工地是讲台,工程是教材,来是文盲汉,去是多面手

引洮上山是甘肃人民改造自然的伟大创举,工程总干渠全长 1 400 公里,支渠 2 500 多公里,需要绕过和劈开崇山峻岭 200 多座,跨越大小河谷、沟涧 800 多处,挖填土石方 15 亿立方米以上,修建水闸、桥梁和消能建筑物上千座。这些规模宏伟、技术复杂的建设工程,要在两年时间内全部竣工,确是一项艰巨而光荣

的任务。

开工初,在十余万名民工和 2 233 名干部中,有党员 5 711 人,团员 10 455 人,工程师 16 名,中、初级水利技术干部 422 名,懂得简单水利常识和操作技术的民工技术员 1 217 名,民工中文盲占 51％以上。很显然,职工的这种政治、技术、文化状况,远远不能适应工程建设的需要。当时,工地由于物质条件差,民工来还过不惯集体、繁忙、规律的生活,思想情绪曾一度波动;工程上技术力量不足的困难更显得突出,施工中许多技术工作难以进行,就连收方任务,技术人员终日奔跑,连夜计算也常完不成。

为了彻底改变这种情况,六七月全工区先后掀起了突击扫盲运动,广大民工以"学文化勇气万丈,当英雄不当败将","天天学,日日念,随时随地把字练,走着念,坐着看,文化战线上当模范"的冲天干劲,经过短短的一个多月时间,90％以上的青壮年摘掉文盲帽子,全工区基本上成为无盲区。民工们热情地歌颂到:

> 牡丹花开人人笑,
> 民工个个上学校;
> 七一摘掉文盲帽,
> 老汉也能看书报。
> ※※※
> 红心柳,两根杈,
> 我给党说个真心话,
> 从前我只会捋牛尾巴,
> 现在我把工分记得格巴巴。

在扫除文盲后,工程局党委指示各工区普遍建立红专学校,以加强职工经常的政治、技术和文化教育,使引洮工程这个宏伟的劳动战场,同时也变成一所共产主义的学校。目前,全工区已建立初级红专学校 481 所,参加学习的民工 59 878 人,中级红专学校 94 所,参加学习的干部和技术员 5 931 人。两个多月来,红专学校向职工反复深入地进行了总路线的教育,进行了"灌溉为主,综合利用,民办公助,土机并重,分期建成,边修边用"的引洮方针和当前国际国内的重大时事政策教育,使职工共产主义觉悟显著提高,精神面貌焕然一新;干部和民工同吃、同住、同劳动、同学习、同娱乐已经成为经常的制度，亲如手足的感人事迹不断出现；民工们精神愉快，信心充沛，纷纷表示"水不上山，人不下山"，并豪放地歌唱着：

> 谁说龙王在天空？
> 谁说龙王在水晶宫？
> 一条渠水一条龙，
> 龙王就在咱手中。
>
> ※※※
>
> 万丈高山险又陡，
> 千年岩石挡路口；
> 十万民工从此过，
> 岩石低头水长流。

思想上的丰收带来了各项工作上的"大跃进"。职工们在工地上大闹技术革命，他们提出"势如破竹地干，海阔天空地想，不等洋机器，实现土法机械化"的口号，他们既干得勇，又干得巧。截至现在，已创造发明了 200 多种，50 000 多件先进的施工工具和许多先进的操作方法，全工区消灭了肩挑背背的落后现象，工程建设上挖百方、千方的高额"卫星"不断放射出。并且新培养了初级技术干部 760 名，民工中也有 20 208 人已掌握了收方、爆破、识图、刷坡、订桩等普通的水利建设常识，基本上解决了技术力量不足的困难。如会宁工区三大队，原有初级技术干部一人，受过简单水利技术常识训练的民工两人，在一个多月中，他们用革命的办法，培养了民工初极技术员 72 人。在渠道改线后，新线的测量定线任务，若按原有技术力量计算，至少得 10 天才能完，但他们使用了这批力量，只费了三天时间就完成了改线任务，经过反复查对，质量很好。

与此同时，职工们也展开了"读百本书，写千篇文章""人人当歌手，个个当作家"的运动。目前，已写出作品 30 余万件，形式有诗歌、快板、小说、剧本等等，他们热情洋溢地倾吐出各族人民对引洮上山的迫切愿望，表示出征服自然的决心和毅力，歌颂共产党和毛主席的英明领导，记述干群的血肉关系以及人民群众的英雄气概和高尚的共产主义风格。这些作品充满着革命的乐观主义精神，鼓舞着人们进行革命和建设的热情，向往着远大的未来，具有巨大的教育作用。现在各红专学校按政治占 40%、科学技术和文化各占 30%的比例,正在积极开展学习毛主席著作的运动,并将科学技术和文化学习推向一个新的阶段。

两个多月中,我们从办红专学校中摸索出来的经验是:

第一,政治挂帅,全党办学,全民办学。引洮工程上建立红专学校,是一件新的事物。开初遇到了不少右倾思想阻力,他们说"在这里办红专学校是提着砖砖打月亮——自不量力",说"办红专学校,培养人才,是远水不解近渴","学技术白费时间","我们是挖方来的,不是来学习的"。这说明办学也得先解决思想问题,工程局党委明确肯定地提出:要把十数万民工、干部和技术人员培养成为有共产主义觉悟,有一定科学技术水平和文化程度的劳动者,成为能文能武、又红又专的多面手,必须要普遍建立红专学校,吸收所有干部和民工参加学习。并提出"理论与实际相结合,脑力劳动与体力劳动相结合,劳动锻炼与思想改造相结合。以工地为学校,以工程为教材,多次培训,逐步提高,边干边学,学以致用,又红又专,为工程建设服务,促进工程建设不断跃进"的方针后,各工区首先教育干部认真执行和民工同吃、同住、同劳动、同学习、同娱乐的规定,摸思想底子,寻找解开干部和民工思想疙瘩的钥匙,然后组织大辩论。经过辩论,广大职工明确了人类社会的文化都是劳动人民创造的,从而克服了对科学技术、文化高不可攀的神秘观念和畏难情绪,批判了有些干部强调科学技术、文化是知识分子的事,与劳动人民无关的资产阶级观点后,职工情绪高昂,纷纷报名参加学习,并说:"红专学校真正好,老粗也能红专了。"在充分发动群众的基础上,各工区党委及时订出红专学校的规划,并由工区党委书记和总支、支部书记亲自挂帅,全面领导,由大、中、小队长督促检查,定期评比,对红专学校的领导,实行两管(生产、学习)、五统一(计划、布置、检查、总结、评比)、三安排(劳动、学习、会议)。临洮、榆中、定西工区订出了定期汇报、参观、检查的制度,开展了以比宣传动员、比领导亲自动手、比学习组织、比时间安排、比任务完成为内容的红旗竞赛运动。这样,群众性的办学高潮掀起来了。没有房屋,民工们因陋就简,拾柴搭棚作教室,没有桌凳民工们用石头、木头做台子,一边劳动,一边学习,并说:

悬崖绝壁咱不怕,
学技术来学文化;
河水上山转回家,
人人成为科学家。

第二，以工地为学校，以工程为教材。引洮工程红专学校坚持每天一小时课堂教育制度，对民工进行系统的理论教育和科学技术、文化教育。教育没有系统性和计划性，则不能使十余万职工达到"白丁进来，红丁出去"的目的，但教育若不与生产劳动紧密结合，则会犯教条主义的错误。因此，引洮工程上的红专学校，教学活动必须渗透在工程建设的各个环节之中，做什么，学什么，学什么，即在劳动生产中实验什么，解决工程建设中各种迫切需要的问题，为生产建设服务，使红专教育成为推动生产的有力武器，使劳动生产的过程成为教育提高职工政治思想觉悟、科学技术和文化知识的过程。过去，有些同志对这点认识并不明确，有的把红专学校的教学活动仅仅局限在每天一小时的课堂学习时间里，生产一突出就挤掉学习，他们说"要生产就不能保证学习"；有的想以生产劳动代替红专学校的全部教育，忽视理论、科学技术和文化的系统学习。把生产和学习对立起来，使红专教育与生产发生某种程度的脱节现象，教育不能直接推动生产。因此，有些生产队长不满意地说："你办你的学校，我搞我的生产。"工程局党委批判了对红专学校的各种错误认识，坚持以工地为学校，以工程为教材，采取"集中红，分科专，文化学习分开班"的办法，有计划地通过工程建设的全部活动对广大职工进行红专教育。因此，施工的过程，是他们实习的过程，工程上的休息时间，就成了讲课的良机。如施工刚开始，各工区由简到繁地把收方、刷坡、识图、查表、掌握中桩和边线等技术课教材用群众喜闻乐见的形式编成花儿、快板、顺口溜等，让民工一边生产，一边说唱；然后在工地上一点一滴地以实物、模型、现场观摩等形象的办法进行讲授，并帮助职工实地操作。这样，民工们反映"学科学技术并不难"，"老粗也能学几何"，他们"白天画地皮，晚上画肚皮"地勤学苦练，不断提高了文化水平，很快地掌握了初步的科学技术，解决了技术力量不足的困难，并加速了工程的进度。在学习中，涌现出许多模范人物，如定西工区民工张恩原来没有上过一天学，今年4月脱盲后，现在他已经学会了13种水利初级技术，民工们称他为"土工程师"。目前，全工区有2 187名民工已由外行逐渐变成了内行，成为初极或中级水利技术员了，而且有些人已成了懂得多门技术的"多面劳动手"。劳动生产的过程是引洮职工向科学文化进军的过程。几个月来，民工们不仅学会了许多初步的科学技术知识，而且创造了不少与自然斗争的新理论和新的生产工具，如会宁工区民工创造了松动爆破法，对分割爆破也总结了一整套经验，这就是"斩断石腰，穿破石胆，钻石头的空子，找石头的弱点"；陇西工区民工创造的"运土旱船"，每人每天可运土160—180立方米；通渭工区在实际操作中,打破了轻便铁道上每个小车要保持 5 米距离才能安全运粮的陈规戒律,进而创造了一列式运土法,工效高,又安全。在生产实践中,许多土机械还逐步改为自动化了。民工中出现了许多发明家,也涌现出了像张富彩这样的许多诗人、歌手。民工说得好:

> 工地是讲台,
> 工程是教材,
> 来是文盲汉,
> 去是工程师。

第三,根据引洮职工劳动时间较长,文化程度较低,集中活动时间多,分散活动时间少的特点,红专学校的学习方法,必须因时、因地制宜,灵活多样,既要适应生产特点,也要为民工喜闻乐见,容易接受,使学习和生产两不误。在这方面各工区创造了许多经验,其中最主要的有:

(1)布置学习环境,创造学习条件:许多工区在工地、路旁、饭廊、宿舍周围,用黑板、石块、大字报等写上鲜明的政治鼓动口号,写上和画上技术教材和有关渠道设计规格、计算土石方的各种公式、图表。这样,使民工不论做工、休息、吃饭、走路,随时随地都能学习。

(2)做啥教啥,做啥学啥,一点一滴,边学边用。如有的工区为了解决收方中技术力量不足的困难,在工地上挖了长方形、三角形、梯形、圆形等模型,教各种地形的土石方计算方法,教过后,教员就带着学员实地进行收方计算。这样,使课堂讲授与实地操作结合起来,民工很欢迎,说:"写、看、做三结合,好记又好学,学了就用得着。"

(3)层层传授,教员巡回检查学习效果,发现问题,再进行补课。

(4)把教材编成群众喜闻乐见的花儿、快板、顺口溜、乱弹等文艺形式,让民工说说唱唱,加深记忆。如对水泥编成"石灰黏土加石膏,制成水泥坚又牢",对计算三角形面积编成"三角形乘高,然后拆半就对了",把爆破技术编成"火炮要松药要饱,三角打眼少不了,二百米是禁区,施工安全是第一",等等,民工很欢迎。

为了检查学员学习情况,激发学员学习的积极性,有些工区还采用了设关把口的方法,立"技术关""文化关"等,组织民工攻关破口。并建立了考试制度,表扬先进,教育后进学先进、赶先进。

（5）组织参观、留学。各工区自己有了新的发明创造,就组织干部、技术员、民工,进行现场参观、学习、讨论座谈,及时予以推广。发现别的工区有新的发明创造,立即派代表去留学,学习回来后,因地制宜,研究改进、推广。这种方法,常常起到取长补短的作用,有效地推动了技术和"文化革命运动"。

（6）以强带弱,包教保学。技术文化高的,包技术文化低的;有技术文化的,包没技术文化的;高级班包中级班。包教保学,共同进步。

（7）提出任务,开展竞赛。许多红专学校对学员明确提出学习奋斗目标,除动员学员勤学苦练外,还动员学员开展前后方、队与队、夫妻之间学习竞赛,这对学习也起了相当的推动作用。如临洮工区原来不爱学习的民工朱成发和爱人刘玉琴互相挑战、应战,提出要学好文化,亲自写信,并在报上互相看到模范事迹的条件后,对文化学习抓得很紧,书不离手,并说:"学不好,爱人回去也不答应。"经过一个多月的时间,他摘掉了文盲帽子,并学会写信、写大字报、写花儿。

（8）经常督促检查,进行评比,并建立必要的制度,这是巩固学习的有效措施。有些工区在民工扫盲后,开展了创作运动,提出每人的奋斗目标,教员从旁督促帮助,及时解除思想顾虑,使学员永远保持饱满的情绪,并对考勤、升班、奖励等也定出了切合实际的制度。

第四,大课变小课,长课变短课,化整为零,保证每天上课一小时。引洮工程职工平常每天工作量在 10 小时以上,最近工程局党委提出"苦战一冬,大干一春,为确保 1959 年夏季通水到大营梁而奋斗"的战斗口号后,一个轰轰烈烈的突击运动又开展了,民工们不仅白天劳动紧张,夜晚也是点篝火、挂风灯,进行苦战。在这种情况下,原来就叫嚷没有学习时间的人,嚷得更厉害了,他们说:"现在搞突击,更没有时间闹学习。"

然而不然,临洮工区民工蔡俊帮说:"工地上活整齐,杂碎事少,学习时间还是比社里多。"靖远工区民工王世云说:"只要有决心,想办法挤,就有时间学习。"的确,只要学员有学习恒心,领导善于利用时间,方法又得当,生产和学习就不会发生矛盾。通渭工区初讲课时,一次就讲了渠道施工方法、桩号测定、填方法、排水法等,不仅学习时间拉得长,学员也听不懂,记不下,后来他们改为利用休息和做工时抽出一点时间,一次讲一个问题,讲完后当场操作进行示范,这样学员反映很满意;定西工区提出"做工学、休息学、饭前学、饭后学、起早睡晚加油学、天阴下雨突击学"的办法,效果也良好;有些工区更把职工白天在工地的休息时间,有计划地作了安排,使各队的休息时间互相交错开来,这样便于教师一个队一个队地讲课,而不影响整个工作的进行。这种化整为零的教学方法解决了学习与生产时间的矛盾,使学习有利生产,推动了生产。因此,每天一小时的上课制度,不论生产多忙,都必须坚持下来。这就一方面要端正职工的思想认识,要提高学习的积极性和自觉性;另一方面,学习方法应灵活多样,让书本跟人走,教师跟学员走,课堂跟生产组织走,内容跟生产走。不能讲大课就讲小课,不能上长课就上短课,该一次讲的分多次讲,化整为零、积少成多,使红专教育不断进行。

第五,能者为师。各工区在调集民工时,虽然调配了一些扫盲专职教师,但在基本扫除文盲后,红专学校普遍建立,原有 20 名扫盲教师,就远远不能适应几百所红专学校的需要。因此,采取了"能者为师"的办法,在群众中聘请了 5 074 名兼职教师。其中,除有些专业部门,主动负责解决了一部分教专业的教师外,大量的是聘请政治思想较好的干部和技术员,参加义务劳动和锻炼的干部、教职员及大、中学生,而其中数量最多的还是民工中的先进生产者和英雄模范人物。由于兼职教师绝大部分直接参加引洮工程的生产建设工作,尤其是民工教师,更是和民工生产、生活在一起,他们熟悉民工的思想和要求,因此,讲课都能结合生产实际和思想实际,很受民工欢迎。如通渭工区九大队,原来民工在王家沟清基时,整天在泥浆中工作,有些人不愿做。教师魏希珍对这个问题,讲了如果清不好基,倒溜槽工程不坚固,万一发生事故,就会使引洮上华家岭改变干旱面貌受到影响的道理后,民工们自动地提出,要学好技术,并且自动深挖淤泥一米,彻底清好了基。

引洮工程上的许多民工是学生,也是先生,只要有一点专长,就请他讲课,能教一门课者教一门课,能教一节课者教一节课,以取长补短,共同提高。为了不断地培养提高教师水平,提高教学质量,各工区大致采取了以下六种办法:

(1)由上级红专学校,负责包干培养下一级红专学校的教师,这些教师们学后就去"热蒸现卖",进行传授,传授完回来再学习;

(2)在一个学校里组织教研组,集体备课,分头去讲;

(3)组织教师进行参观、评比,并建立必要的奖励制度,对教学积极热情的教师,给予精神或物质的奖励;

(4)教师讲课后,就地组织学员讨论提意见,把群众的有益经验集中起来,充实教学内容,然后又到群众中去讲;

(5)教师搞"试验田",摸出经验,全面推广;

（6）各红专学校,均设专人管理学校教育和组织教学,并负责教研组和传授站工作。

第六,学习组织与劳动组织相结合。引洮工程红专学校,大致有三种：一种是专门轮训中级水利工程干部、土工程师和医务人员,并吸收工程局机关干部参加学习的红专学院,这种学院设在工程局;一种是轮训初级技术干部和民工中级技术员,并吸收工区各级干部参加学习的中级红专学校,这种学校一般设在大队和工区;另一种是组织民工参加政治、文化和科学技术常识学习的初级红专学校,这种学校均设在大队。多的是采取集中学政治,分科学技术,分班学文化。

为了使学习和生产紧密地结合起来,不少工区采用了学习组织和生产组织统一起来的办法,即生产队长就是学习组长。这样做的好处是：领导统一。便于统一布置、检查、安排和评比生产工作与学习工作;便于使学习内容和生产内容更紧密地结合起来;便于解决学习时间与生产时间的矛盾。

红专学校办起来不久,存在的问题也不少。诸如有些同志对办红专学校的重大意义认识不足,红专学校制度不健全,教学方法不多等等。但从两个多月来的实践中,我们深刻地体会到,千条万条党委书记亲自挂帅头一条,千难万难,走群众路线就不难。只要我们今后坚决遵循党的方针办事,依靠广大群众,及时总结经验,克服缺点,和各种形形色色的资产阶级思想进行不懈的斗争,这样,就一定会胜利实现党的指示,使引洮工程真正成为培养共产主义建设人才的马列主义红专学校。

中共甘肃省引洮上山水利工程局委员会宣传部

（资料来源：《引洮报·第 23 期》第 3、4 版,1958 年 11 月 1 日）

22. 友谊花朵处处开 苏联专家关心甘肃 人民引洮（1958 年 11 月）

引洮工程从开始动工就得到我们伟大的盟邦——苏联派在甘肃帮助我国建设的专家关心。他们常来到引洮工地参观,给我们提了很多宝贵意见,特别是在引洮工程的规划设计方面帮助解决了许多重大问题。专家们的工作方法和认真的工作态度,给引洮职工留下了难忘的印象!

引洮工程还在筹建期间,从今年 4 月,苏联水利专家西北工作组,在组长季达同志的率领下,来到引洮工地的那一天起,先后有土壤专家开思同志、水利专家季达、波斯拉夫斯基同志、地质专家里亚布琴可夫同志以及灌溉专家等,曾五次来引洮工地,到过引洮工程上的龙王台进水口、古城水库、宗丹、九甸峡等地察勘,对引洮工程的设计、规划提了很多宝贵意见。

苏联专家每到工地都是细心听取引洮工程的设计及地质人员的介绍,再到现场仔细的观察后,才提出宝贵的意见。在古城水库土坝坝轴线的选定,水利专家季达同志提出将坝轴稍移一下,就可避开断层。为了土坝确保安全,减少渗漏,季达同志建议在坝的上游做黏壤土铺盖;输水泄洪及电站,由原布置的三级台地移到四级台地,将输水和泄洪合并,电站分开的枢纽布置形式。这一建议不但对古城水库土坝合龙后的导流有很大的方便,并且,节省了混凝土约20 000立方米、钢筋200吨、水泥4 000吨。土壤专家开思、地质专家里亚布琴可夫还肯定了古城的地质条件,对确定古城水坝高度起了很大作用。这些建议,更有力地保证了明年夏季通水大营梁。

专家们对引洮工程总干渠也提了不少的意见。黄土渠道的边坡及防渗、防沉陷措施,专家认为原来的设计是正确的。这使设计员和地质员同志们,更加明确了这一设计的科学性。为了使深挖方的边坡稳定,专家的意见是将每级平台的高度由25米减低为10米,平台的宽度由3米减为2米。这使深挖方的边坡更加稳定了。

专家还对设计和地质工作方法上提了改进的意见,纠正了设计、地质工作与生产联系不太密切的缺点。

苏联专家,不论在现场和室内工作,都非常认真仔细地研究材料,就是建筑物结构中的细小问题也不轻易放过。苏联友人这种深入细致的工作作风和高度的国际主义精神,值得我们很好学习。

王国栋、有流

(资料来源:《引洮报・第25期》第2版,1958年11月8日)

23. 民办公助方针在引洮工程开花结果
卫屏藩同志对省广播电台记者发表
讲话(1958年11月30日)

11月30日,工程局党委副书记卫屏潘同志回答了甘肃省人民广播电台记者

提出的几个问题。谈话全文如下:

记者:卫书记,引洮工程是个很伟大的共产主义工程,甘肃人民对这个工程非常关心。现在,施工已经五个多月了,请你谈谈工程建设的情况好吗?

卫书记:引洮工程自今年6月开工到现在,已完成第一期工程量的30%,枢纽工程的古城水库和近百座建筑物也已陆续动工兴建。

记者:这五个多月来所取得的成绩是很大的,你认为取得这些成绩的主要经验是什么?

卫书记:谈不上什么经验,只能说些体会,这就是我们坚决贯彻了省委规定的"民办公助"的方针:全面开展了技术革命,特别是大闹工具改革;再就是加强了民工的政治思想教育工作。

记者:引洮工程局是怎样执行民办公助这一方针的?

卫书记:我们依靠群众克服了重重困难,兴办了700多所工厂,其中主要是铁木厂、滚珠制造厂、土灰厂、水泥厂和火药厂等,仅工具一项已制出9万多件。民工们在没有技术力量和设备的情况下,能够依靠自己双手和坚强的毅力,出主意,想办法,进行苦战。在水利工程办工厂上我们的体会是:首先,领导思想要通,对"民办公助"的方针要坚定不移地贯彻,要干得坚决,要行动迅速,要具有充分的群众观点,要坚决地相信群众,依靠群众,就能自力更生,从无到有,从小到大,逐渐解决许多工程建设上需要的大量器材。其次,是要小型、多样、分散经营,要因陋就简,便于就地取材,就地加工,就地使用。并要有中心厂进行技术指导,从小土群发展到小洋群。

记者:我在工地上看到,民工们创造发明的各种先进工具,的确很出色。请你谈一下工具改革方面的情况好吗?

卫书记:局党委在开工初期提出7月底消灭肩挑背背的号召后,民工们只苦战了五天五夜,就实现了车子化,改变了施工面貌。接着,提出实现土法机械化和滚珠轴承化,开展了群众性的技术革命运动,现已发明创造了200多种新式的施工工具和先进操作方法,大大提高了工效,也减轻了劳动强度。我们工具改革的特点是:一、以土为主,不要洋机器实现土法机械化,因土机械便于制造,能就地取材,就地加工,大量生产,可以满足工程需要。二、"五快二化",即挖得快,装得快,运得快,卸得快,填得快,和滚珠轴承化、土自动化。三、工具改革要密切结合工程进展,围绕工程需要进行发明创造。四、创造发明要和推广使用相结合,在使用中再提高,再改进。

记者：在加强民工的思想教育这方面,引洮工程局党委是怎样做的?

卫书记：各级党组织在五个多月来,一直抓住了党的总路线的宣传教育,切实地贯彻省二次党代大会决议和引洮方针,结合民工思想情况,有计划、有中心、有目的,实事求是地进行了工地整风大辩论,对于国内外、省内外形势也不断地进行教育,使全体民工的共产主义觉悟不断提高,共产主义风格不断发扬,这就给工程上带来了不断的跃进。我们的体会是：一、在加强党对工程的领导特别是对党的路线、政策、方针的坚决贯彻上,要和违反党的路线、政策、方针的倾向作不调和的斗争。二、要大破大立,要破的坚决才能立的牢固。三、要结合实际,不断对广大职工进行共产主义思想风格和共产主义劳动态度的教育。四、要有高度的政治警觉,要发现对立面,及时展开辩论。每一斗争的过程,都是插红旗,拔白旗,进一步提高群众共产主义觉悟和发扬群众共产主义风格的过程,同时也是以红带专,就实论虚,虚实并举,进行工作检查、思想检查和组织工程"大跃进"的过程。

记者：谢谢你给我们介绍了这些宝贵的经验。我想这对全省其他工作部门来说,也会是很有意义的。

（资料来源：《引洮报·第33期》第1版,1958年12月6日）

24. 陇西工区一批优秀的共青团员被接收入党
(1958 年 12 月)

陇西工区从开工到现在,已经有53名优秀的共青团员被接收加入了中国共产党。

这批新党员,都是中农和贫雇农,最大年龄27岁,最小的20岁。在农村里,有的担任团支书,有的担任生产队长。他们是农业社的好社员,是农业生产战线上的生产能手和骨干;到引洮工地上,有的是团支书,有的是中、小队长和好民工,是引洮工地上的发明创造、挖、填方、突百方、创千方的积极分子。

这53名共产党员,都忠诚老实,魄力大,干劲足,工作积极负责,在劳动中,专找困难多的工作,因而受到群众敬佩。如二大队一连吴守忠入党前,他领导的小组挖五类土,经常保持着比其他队多三四方;入党后,更加积极了,现在洗坡、收方的技术完全掌握了,一中队的边坡是他包干洗的,还帮助技术员放边线,经常坚持召开民工中的生活会,因而,使民工安心劳动。一大队的贾珍在农业战线上担任团支书,曾两次获得物质奖励;到引洮工地担任小队长,工作一贯积极负责,在迎接"红十月运动"中,连续两次突破百方。五大队 20 岁的武杰,一到工地就提出"水不上山,人不回家,水不进地,人不上门"。有一次,他的旧疮复发,脓血并流,本应休息,但他却说,我虽不能劳动,上工地看看,也是我的责任。农业社曾派人换他回家,他说:"不去,我不是已经说过水不上山不回家的话吗?"终于没有换去。

这些新入党的优秀的共产党员,就是这样以冲天的干劲、忘我的劳动,建设着伟大的引洮工程,为共产主义事业献出自己的青春。

有流

（资料来源:《引洮报·第 32 期》第 1 版,1958 年 12 月 3 日）

25. 确保"七一"通水大营梁就是实现更大更好更全面的跃进——省委第一书记张仲良同志在局党委第四次扩大会议上作了重要指示(1959 年 3 月)

在局党委第四次扩大会议上,省委第一书记张仲良同志就引洮工程今年怎样实现更大、更好、更全面跃进问题做了非常重要的指示。这个指示像一盏明灯一样给全体引洮战士照亮了前进道路,为"七一"通水大营梁、向党献礼奠定了坚强的信心。

张书记说,根据各工区的汇报,目前工程上是有困难的,有些的确很大。但是,现在劳动力很紧张,增加人力是不可能的,机器也没有。在这种情况下,要使工程向前飞跃,就必须自己想办法,就必须发扬艰苦奋斗的革命精神,坚持"自力更生,依靠群众,以土为主"的正确方针,大闹技术革命和改进劳动组织。这就是唯一正确的前进方向。

说到这里,张书记回顾了一下引洮工程的伟大。他说,为什么引洮工程能引起人们这么大的注意呢?这是因为引洮工程做出了历史上没有的"三项创造"。头一件就是不光大,而且是在山上。大,古人是有的,比如我国的运河就已有一千多年的历史,有 1 700 多公里长。引水上山古人虽然没有,可是武山前几年就做到了,古人修的河大而没有上山,武山东梁渠上了山却不大,引洮工程则是"大"与"上山"两个方面都做到了。这是第一件。第二件就是每人平均五六十方的劳动定额,这是劳动定额上的一个创举,因此,工程进度快。但是,张书记说,这却不是最主要的。什么是最主要的呢?

最主要的就是甘肃人民这种"自力更生,以土为主"的不怕困难,勇于克服困难的革命精神。引洮工程之所以被朱德副主席誉为"改造自然的伟大创举",所以吸引了全国人民,甚至世界各国的注意,最主要的也就是由于甘肃人民这种"自力更生,以土为主"的革命干劲。引洮工程以土为主的程度达到了99%。只有1%,如广播、水泥,才是洋的。这一条最宝贵,它引起了人们更大的重视。这种做法给国家解决了许多问题,不要国家投资,给国家节省了很多东西,为别的工程树立了很好的榜样。人家参观引洮工程,更重要的就是参观这一条,如果是机械化,人家也许就不来了。可以说,这种土的做法是水利工程上的一个革命。张书记说,回忆过去革命战争中,没有人给发枪发子弹,但最后终于取得胜利,凭的什么?就是凭的这种藐视困难,克服困难的革命精神。今天引洮工程继续和发扬这种革命战争的精神,应当说是很光荣的。

张书记接着说,有困难并不是坏事,困难就是矛盾,有矛盾就有压力,有压力就逼着人正视困难,解决困难。这样,事物才能不断向前发展。事实上,世界上的事情都是"压"出来的。科学和文化就是压出来的。我们穿衣服也是天冷才压出来的,古人冬则兽皮,夏则树叶,以后就逐渐发展为现代的文明世界。我们的国家又穷又白,还要把社会主义建设的快,这就压出一个"总路线"来。引洮工程也是"压"出来的。旱灾的压力很大,有旱灾就要救济,救济了群众感激,但不喜欢。我们就用救济款来修水利。现在一做,不但做出了前所未有的"三个创造",还解决了黄土沉陷、边坡稳定、深劈方等技术难题,这些不是好事?

张书记说,困难和压力是永远存在的。世界充满着矛盾,矛盾是规律,压力就是矛盾,有了矛盾才有发展。关键问题是如何认识它、掌握它和运用它。引洮工程的困难很多,有些是很大的,但解决了它就是伟大的创举。事实上,困难越多,压力越大,反作用力才越大,才越能产生创举和奇迹。若是非常容易,别人早已做到了,你做还算什么"创举"?张书记强调指出,我们的政治工作就是如何认识客观规律,运用客观规律,如何发挥主观能动性的问题。这一点决不能忽视。什么是引洮工程的客观规律?引洮工程的客观规律就是一面勘查、一面设计、一面施工,并且今天决定明天就干,这就叫后浪推前浪,这才能跃进。张书记说,引洮工程是个革命,必须用革命的精神去进行。自力更生,以土为主、大闹技术革命,改进劳动组织,这正是马列主义理论和引洮工程相结合的具体产物,这正是革命的方法。利用这种方法,就能解决问题。去年我们利用这种方法已经解决了不少问题,特别在技术革命方面。今年为啥不行? 有的工区能行,别的工区为啥不行? 去年人是陆续来的,又没有经验,今年经验多了,工效起码应该翻一番半。

根据这些条件,张书记说,引洮工程要确保今年"七一"通水大营梁,向党的生日献礼! 战斗口号应该是"修成千里河,水通大营梁,灌地百万亩,打好第一炮"。这个口号全体与会代表要讨论,民工都要展开广泛深入的讨论,并将这个口号,传达给定西、平凉、天水地委,组织人民公社社员,他们也开展讨论,这样一讨论,就能产生很大的力量。

在讲话临结束时,张书记指出:工程局和各工区工作要愈做愈细致,指标要先进,干劲要更大,措施要具体。领导工作要抓紧,局党委可以月布置,旬检查,一次解决一个重大问题;工区要五天抓一次,要形成制度,上面抓,下面催。最后,张书记鼓励大家:党中央号召今年实现更大、更好、更全面的"大跃进",我们"七一"通水大营梁,向党献礼,就是这个号召在洮河上的具体化。

(资料来源:《引洮报·第54期》第1版,1959年3月3日)

26. 靖远工区开展百方运动的经验
(1959 年 3 月)

靖远工区于3月2日至7日,采取边开会、边传达、边贯彻、边指导施工,以虚带实,虚实并举的方法,传达了局党委第四次扩大会议决议和省委第一书记张仲良同志的指示精神。经过充分讨论,在统一思想、统一认识的基础上,通过了关于开展百方运动,实现百方工区的决议。运动开展的迅速、健康,工效直线上升,百方"卫星"不断上天。在3月份以前,全工区平均工效仅十二方六。运动开展以后,10日上升为六十五方,13日继续上升到九十四方七。到3月16日,胜利地实现了百方工区。目前,百方运动正在继续向前发展。根据前一阶段运动发展情况,工作中主要有以下几项经验。

党的决议深入人心

首先,使局党委四次扩大会的决议深入人心,变成每个职工行动的指南和促进工作不断跃进的动力。在传达贯彻决议方法上,靖远工区采取了大、小会相结合,通过党团员、积极分子、群众等一系列的会议,充分发动群众谈思想、谈认识、谈措施。由于思想发动得彻底,很快形成了人人表决心、个个写保证的热潮。仅仅三天时间,全工区就写了7 748张大字报。大家一致表示:一定要提前完成任务,向党的生日献礼。为了进一步掀起声势浩大的群众运动,工区在3月7日召开了万人誓师大会,动员全体职工,为实现百方工区而奋斗。各大队也相继召开了动员大会,群众情绪激昂,劲头十足。事实证明,只要决议精神深入人心,就会产生无穷无尽的力量和智慧。同时也证明了局党委第四次扩大会议决议,充分反映了广大群众的迫切愿望,转别是干旱地区广大群众对早日通水大营梁的迫切要求。

从具体条件出发

靖远工区90%以上的工程是石方,而且山高石头硬。工区党委根据地形、地质的特点,提出大放爆破"卫星",是实现百方工区的主要方法。因此,从3月10日到17日共放了2 710炮,炸石1 333 383方。为了使爆破发生更大的威力,在爆破上继续贯彻了以爆、撬、楔和松动扬弃爆破为主,大中小炮相结合的方针,不断地改进了操作技术,并且推广了葫芦炮眼(深5至6米)的先进爆破法,又根据不同地形和不同地质,在硬质石上采用了立井炮和洞子炮。在操作技术和劳动组织上,高山作业推广了"上打眼下撬石,陡山单撬,缓坡一撬跟两铣"的操作方法。还创造了流水交叉作业法,改二人打一眼为三人打两眼(二人打眼一人掏渣),不仅节约大批劳动力,还提高工效半倍。在打眼工具上,普遍推广了梅花形和荞麦棱形钢钎,提高工效两倍多。

抓工具改革 抓劳动出勤

狠狠地抓工具改革,紧紧地抓劳动出勤,这是靖远工区保证工效不断提高的重要条件。截至17日,全工区推广了半方以上的大型工具624件,安装绳索牵引车307套,推广天棚漏斗243处。在抓劳动出勤上,三大队首先加强了思想教育,注意环境、灶房卫生和伙食管理工作,使病号由4.9%下降到1.6%。加上控制了事假,出勤率经常在 80% 以上。同时大大减少非生产人员和工厂工,使直接工经常保持在 90% 以上。3 月份全工区总出勤率由 2 月 28 日的 95.7%,上升到 97.6%,直接工由 79% 上升到 88.7%,这就为不断提高工效创造了物质条件。

立标兵 树旗帜

立标兵,树旗帜,以点带面,也是靖远工区开展百方运动的一个特点。运动开始,各大队根据工区党委决议:"突击开头,造成声势,突破难关,打开局面,创造高额,树立旗帜"的精神,组织了 2 049 人的青年突击队 12 个,1 386 人的青年突击小队 55 个。3 月 2 日,共青段李茂生小组每人平均破石三百五十方八,给全工区树立了高工效的标兵。接着火花小队在 5 日放出了平均工效四百三十七方五的爆破"卫星";八大队爆破中队也创造了每人每天平均二百二十二方的新纪录,实现了双百方中队。从此以后,全工区跃进浪潮日日高涨,百方"卫星"不断腾空。在突击队的带动下,全工区形成了群众性的突击运动,使百方运动向纵深发展。

人人夺红旗 个个争先进

在靖远工区百方运动中,还注意了抓计划、抓检查、开展竞赛,及时评比的工作。工区有总计划、月计划、旬计划,大、中队有月、旬计划,小队有旬、日计划,互相配合,做到长计划短安排。层层任务明确,人人心中有数。工区以三个协作区为基础,开展了夺红旗的竞赛运动,定期进行评比。工区一旬一评比,大队三日一评比,中队一日一评比。三大队还推行了一起收方、三检查、公布的工作方法。通过一系列的措施,大大地激发群众的干劲,形成了"人人夺红旗,个个争先进"的局面,有力推动了百方运动的开展。

加强党的领导

从靖远工区的经验来看,加强了党的领导,充分发挥党的基层堡垒作用,是开展百方运动的关键。为了便于领导,工区将九个大队分为三个协作区,由工区党委副书记,工区主任、副主任担任协作区长以深入实际,加强领导,互相支援,密切配合。同时,抽调了大批干部下放到大、中、小队担任领导职务,加强党对基层的领导作用。并要求下放干部做到"两包"(包任务、包时间)、"一交"(交办法),在工作中充分发挥党员的模范作用和支部的核心作用。在大队的领导方法上采用了一竿子插到底的办法,直接抓小队。这样,不但可以及时发现问题,解决问题,总结经验,而且可以直接抓施工活动,帮助小队合理安排劳力和工具,提高领导水平。

从实现百方工区的靖远工区的经验看,只要加强党的领导,加强思想工作,认真深入细致地传达决议和指示精神,不断地进行革命,狠狠地抓工具改革,抓劳动组织,抓操作方法,在目前的情况下,实现百方工区完全有条件、有把握、有可能。事实给了算账派、摇头派和各种形形色色的右倾保守思想以有力的回击和批驳。那种不认事实、怀疑实现百方的人,将在事实面前继续受到深刻教育。当然,靖远工区绝不应因此而骄傲,必须认真总结经验教训,继续扩大战果,巩固已有成绩,争取更大胜利!

局党委第一指挥部、中共靖远工区委员会

(资料来源:《引洮报·第 66 期》第 2 版,1959 年 3 月 31 日)

27. 青战中队的党支部是怎样开展工作的?
(1959 年 4 月)

靖远工区三大队青战中队党支部,贯彻党的领导及时、深入、彻底,因而工作成绩显著。他们的经验是:

一、根据任务适时深入了解思想情况,分类排队,然后根据了解的情况,制订教育计划,支部包中队,小组包小队,党员包个人。曾有一个民工思想不安,党员万兆华与他谈话十一次,终于使他认识了错误,工作也比过去起劲多了。

二、经常利用各种会议和多种多样的宣传形式对群众进行教育。局党委扩大会议决议初发布时,支部分别召开了民工大会、党团员会、干部会、先进工作者会、炊事员会,立时传达。党员、团员人人当宣传员,工地上设有宣传台。由于传达深入,党员带头,马上出了决心书和挑战书 300 多张,合理化建议 350 多件,掀起了工具改革高潮,三天内就实现了工具大型化和自动化。

三、加强对共青团的领导,严格组织生活,发挥团的先锋作用,并经常进行党的知识教育。现在入党、入团已成为全队职工普遍要求。

陈恩泽

(资料来源:《引洮报·第 79 期》第 3 版,1959 年 4 月 29 日)

28. 青年职工是引洮战线的急先锋
(1959 年 5 月)

青年英雄创奇迹

五四前夕,会宁工区全体青年职工开展了猛烈的攻势,在深挖渠道和平台施工上涌现出百方中队 5 个、小队 67 个,二百方中队 2 个、小队 29 个,三百方小队 7 个,四百方小队 8 个,五百方小队 4 个。

东风突击队 20 名勇将个个献计献策,创造了依据石块的结构,进行炸、撬、剿、挖四结合的施工方法。他们在险峻的工地上冲锋陷阵,一天就突破了双百方大关,平均工效达 239 方。现在正向 500 方目标胜利迈进。(会宁工区团委)

插红旗 立标兵

榆中工区在全体青年中搞插红旗、立标兵活动,使工效不断提高,施工卫星不断上天。战斗在拉马崖的突击队,苦干巧干,放出了平均工效 202 方的卫星。集星崖的青年突击队,组织了四人战斗小组,经过 12 小时奋战,创造平均工效 375 方的新纪录。三大队青年开展了"重点放卫星,全面破百方"的活动,也取得了显著的成绩。(李倩春)

大 战 红 胶 土

自从关山工区团委发出关于开展高工效运动等十二项活动的通知后,各大队的青年职工积极响应。4 月 24 日,三大队的七一、八一、东风、卫星、火箭等青年突击队,挖红胶土的平均工效已达 74.1 方,其中八一突击达到 97.4 方。4 月 25 日二大队的青年突击队平均挖红胶土达 108.4 方,创造了最高纪录。(费世昌)

突击队打冲锋

平凉工区的青年突击队日益发展壮大,在施工中发挥了巨大的作用。

据 4 月 18 日计,全工区已有青年突击队 204 个,参加的青年共 6 579 名,占青年总数的 80％以上。这些青年突击队的平均工效经常保持在 100 方以上,都是各大深劈方工程上的重点队。他们在党团支部的领导下,日夜冲锋陷阵,创造

施工奇迹,充分发挥了先锋作用和突击作用。(据平凉工区团委汇报)

(资料来源:《引洮报·第 81 期》第 1 版,1959 年 5 月 4 日)

29. 紧紧依靠党的领导,多快好省地
建设引洮工程(1959 年 6 月)

我们 15 万引洮职工怀着欢欣鼓舞的心情,同全省、全国劳动人民在一起,用 1959 年更大、更好、更全面的跃进的光辉成就,来迎接和庆祝中国共产党成立三十八周年纪念日。

大家知道,中国共产党自从成立以后,就担负起中国人民革命的领导责任,给全国人民指出了一条正确的斗争道路。在党的坚强领导下,我国工人阶级和劳动人民经过二十多年迂回曲折的艰苦斗争,终于推翻了帝国主义、封建主义、官僚资本主义的罪恶统治,取得了人民民主革命的伟大胜利。中华人民共和国成立以来,党领导全国人民进行土地改革运动、镇压反革命运动、抗美援朝运动、"三反五反"运动和思想改造运动,清除了三大敌人的影响和残渣,巩固和加强了人民民主专政。在 1955 年下半年和 1956 年上半年,党又领导人民进行对农业、手工业、资本主义工商业的社会主义改造,在经济战线上取得了决定性的胜利。接着又在 1957 年领导全国人民进行整风和反右派斗争,在政治战线和思想战线上取得社会主义革命的伟大胜利。党领导的这些运动,不仅给我们国家奠定了稳如磐石般的基础,给社会主义建设开辟了一条康庄大道,而且给全国人民带来了思想大解放和冲天的革命干劲。就在这个基础上,出现了 1958 年工农业生产和各项建设事业"大跃进"的胜利,出现了今年更大、更好、更全面跃进的宏伟局面。所有这些,都说明中国共产党一贯是光荣的、伟大的、正确的。

我们引洮上山工程也是在党的亲切关怀和坚强领导下,进行勘测、设计和施工的。一年多来,全体职工紧紧团结在党的周围,坚决贯彻"民办公助"的方针,自力更生,白手起家,实现水利工厂化;大闹技术革新和技术革命,实现大型工具自动化和绳索牵引化;而且开展了高工效运动,完成巨大的土石方工程量,为甘肃兴修水利写下了光辉的一页。现在,全体职工又在局党委第五次扩大会议精神鼓舞下,集中优势兵力,突击重点工程,确保工程质量,为逐步实现通水的任务而积极奋斗。从我们的亲身体会中,党是领导一切社会主义建设事业的核心力量,只要听党的话,坚决执行党的决议和指示,就能够战胜各种困难,从胜利走向胜利。反之,任何工作如果离开党的领导,人们就必然会迷失方向,松懈斗志,给革命事业造成不应有的损失。

在党的生日——"七一"来临的时候,我们应当为革命的胜利欢呼,应当为人民的幸福庆祝。但是更重要的是用积极的实际行动来向党献礼。首先,我们要继续鼓足更大的革命干劲,开展轰轰烈烈、扎扎实实的高工效施工运动,在保证重点兼顾一般的原则下,加紧建设古城水库工程,力争预期完成截流任务,胜利实现通水的光荣愿望。其次,要把增产节约运动搞深搞透,不仅把贪污浪费问题彻底揭发处理,还要提高每个职工的觉悟程度,建立必要的工作制度,开展技术革新运动,推动工程的不断跃进。此外,全体干部还必须认真学习党的方针、政策、决议和指示,掌握辩证唯物主义的工作方法,深入实际、深入群众,密切党群关系,改进领导作风,使全体职工在党的领导下,合成一条心,拧成一股绳,积极努力、心情舒畅,多快好省地建设引洮工程。

全体引洮职工同志们,让我们创造卓越的施工成绩向党献礼吧!让我们紧紧依靠党的领导,向着宏伟的通水目标继续奋勇前进吧!

(资料来源:《引洮报·第 105 期》第 1 版,1959 年 6 月 30 日)

30. 以库带渠方针的重大胜利 古城水库截流工程"七一"完成(1959 年 7 月 1 日)

古城水库截流工程于 6 月 28 日下午 4 时开始,经过 57 个小时的奋战,于党的生日——7 月 1 日清晨 1 时 30 分胜利完成。汹涌澎湃的洮水已驯服地流入导流槽。

截流成功后,1 万余民工聚集在围堰上举行了欢庆。局党委副书记卫屏藩同志在欢庆会上宣布了战果,并代表局党委和截流指挥部向中共甘肃省委常委、副省长李培福同志和亲临现场指挥的省委委员、副省长黄罗斌同志报捷,向全体指战员和前来支援截流工程的兄弟单位祝贺。接着,李培福同志代表省委和省人委向引洮职工祝贺,他号召全体职工再接再厉,为取得更大的成绩而努力。

在截流工程开始时,工程局党委书记、截流指挥部总指挥张建纲同志发布了截流动员令。他说:"截流工程的成败关系着整个水库工程的建设,关系着工程的按期通水,这是全省 1 300 万人民的利益所在。我们必须全力以赴,只许做好,不许做坏。"接着,装满大块石头的翻斗车迅速驶到进占口,敏捷而准确地将石头倒入水中。

这次截流,三十辆翻斗车、吊车和推土机是截流的主力军。这些工程车是由刘家峡水电工程局盐锅峡工程处、省交通厅、白银市有色金属公司、兰州市交管局等单位派来支援的。驾驶员同志在截流前纷纷向党写决心书、保证书,在紧张的截流工程中表现出了高度的组织性和卓越的技术水平。盐锅峡工程处总工程师李颚鼎同志,和曾经参加三门峡、盐锅峡截流工程的丁子等三位工程师也热情地参加了这次截流工程。

截流期间,全体职工全力以赴,分秒必争,夜以继日地战斗着。战斗在进占口上的陇西工区的突击队员们,在工区党委书记张尔康等同志亲自领导下,及时地抢铺路面,移动安全木。担负集料、装料的武山工区的战斗员们,不断缩短装车时间,许多装料台的装车时间由一二分钟缩短到十秒、五秒甚至一秒。岷县工区的职工随时抢修汽车路面,保证了行车的速度和安全。

到 6 月 30 日上午 11 时,截流工程进入了决战阶段。水口到了两三米宽时,流速猛增,河水咆哮,波浪滔天。为了取得最后胜利,工程车运来了大批的石葡萄串、铁丝笼和混凝土四面体,不断地向激流抛投。到 7 月 1 日清晨 1 时 30 分,人们最后斩断洮水,截流工程宣告结束。当指挥部从广播器中宣布胜利消息时,整个工地锣鼓喧天,呼声四起,全体职工都为这个胜利而欢欣鼓舞。从此,汹涌澎湃的洮水按照人们的意志驯服地流入了导流槽。

亚平、有流、严河

(资料来源:《引洮报·第 107 期》第 1 版,1959 年 7 月 4 日)

31. 局党委、工程局关于发放民工工资问题的通知(1959 年 7 月 11 日)

7 月 11 日,局党委和工程局联合发出《关于发放民工工资问题的通知》。

通知说,鉴于引洮工程任务的艰巨性和长期性,根据"从长计议"的精神,为减轻各人民公社的负担,保证引洮民工生活所需,充分发挥民工的劳动积极性,以利工程建设起见,对留在引洮工地民工工资问题,省委决定:从 1959 年 7 月起,每人每月发给工资 22 元。根据这一精神,对发放民工工资的有关问题,通知如下:

一、工资(包括伙食费)：每人每月平均22元，直接发到民工手中，由民工自己掌握，伙食吃多少交多少，但各伙食单位应掌握每人每月一般不能超过10元。

二、工资发放的原则：应根据劳动的强弱，技术的好坏，划分为四级：一级，23元，占30%；二级，22元，占40%；三级，21元，占20%；四级，20元，占10%。全部平均工资不得超过22元，级差的比例应以大队为单位进行掌握。

三、工资是为了激发民工的劳动积极性，采取"死级活评"的办法。在一般情况下，每三个月评定一次，按各月民工的劳动工分、技术等变化情况，并参照日表现，进行适当的升降评定。

四、凡因工负伤，治疗或休养期间的工资，三个月以内按原评定等级照发，从第四个月起，按照70%发给。

五、凡因病经医生诊断，批准治疗或休养者，一月以内按原等级照发，超过一月者，按照原等级70%发给。

六、评定办法及审批权限：工区及大队成立工资评定委员会，中队及小队成立评定小组，评定时应采取领导与群众相合的办法，先由小队提名，群众讨论，中队审核，大队评定委员会核定，报工区备案。

七、工资必须于每月月终由大、中、小队直接发给民工本人，不得借故拖欠或积压。

此外，通知对评定和发放工资中应注意的事项，也作了具体的规定。

(资料来源：《引洮报·第112期》第1版，1959年7月16日)

32. 工程局提出加强副食品生产的安排意见 自力更生争取肉食蔬菜自给自足　要求 两人一分菜，二十人一头猪，十五人一 只羊，百人一头牛(1959年7月)

工程局于7月17日召开各工区负责同志电话会议，由尚友仁副局长作了关于加强副食品生产的安排意见的报告。

尚副局长首先说，为了保证工地民工对副食品的需要，贯彻省委、省人委的指示，工程局党委今春曾提出了"大办牧场，大种蔬菜"的号召，计划自力更生从生产着手，解决副食品供应问题。但是，据最近统计，全工程无论种菜、养猪、牧羊、喂鸡鸭,都与原来的计划要求相差甚远。这除了由于今年牛羊收购困难,有些工区没有及时解决土地、菜籽等原因外,主要是对工程认识不足,缺乏长期打算,对种菜、办牧场不够积极负责,以致今后副食品供应方面造成很大困难。

尚副局长接着指出:中共中央在上海举行的大中城市副食品、手工业生产会议提出,为解决城市副食品供应问题,必须采取自力更生为主、力争外援为辅的方针。这个方针同样适用于我们引洮工程,因此必须大力发展副食品生产,保证今年秋冬和明春的副食品供应。尚副局长根据"从长计议"的精神和全工程实际情况,提出今年肉食和秋菜的生产任务:二人一分菜,二十人一头猪,十五人一只羊,百人一头牛;共计种秋菜5 110亩,养猪5 110头,牧羊6 680只,喂牛1 022头。要求各工区根据这个指标立即作具体安排。

为了确保副食品生产任务的完成,尚副局长还指示了具体做法:一、必须认真大办牧场,继续贯彻集中与分散相结合的办厂方针。各工区应在沿渠道草场好的地方,建立一两个较大的牧场;另外将任务分配到各大队、各民工食堂,发动群众牧养。有的工区在本县建立牧场,这个办法也可以推广。二、根据季节变化,在最近半月内,必须抓紧秋菜播种。为了保证秋菜丰收,必须施足肥料,耕好、种好。还应抽出一定人数,加强管理工作,保证亩产3 000斤。另外,有些工区要搬家,已种的蔬菜,应留人管好,或交当地农业大队管理。

尚副局长最后强调指出:种菜是一项重大的政治任务,今年的秋菜种得好坏,关系到今冬明春民工的副食供应。因此,各工区要把种菜的任务列到议事日程上,视为当前的中心任务之一。

（资料来源:《引洮报·第115期》第1版,1959年7月23日）

33.局党委和工程局发出紧急指示
(1959年9月3日)

局党委和工程局于9月3日出了指示。

指示说,上半年,我们在党的领导下,在总路线的指导下,大搞群众运动,坚持苦干、实干、巧干,使引洮工程建设取得了辉煌的成绩。为了完成和超额完成引洮工程建设任务,立即掀起一个鼓干劲,增产节约,轰轰烈烈的高工效施工群众运动。我们的口号是:鼓足干劲,猛攻9月,掀起高工效运动:向国庆节献礼。

指示接着指出：9 月份的具体任务是，完成土石方 13 107 930 立方米；平均工效黄土为 10 立方米，石方和红胶土为 7 立方米。对于建筑物工程，要求平凉工区新开工两座建筑物，定西、榆中、靖远、通渭等工区，如检查发现建筑工程质量较差的，应做补修工作，对质量很坏，将来会影响通水安全的，要返工另做。指示并要求临洮工区磨沟峡隧洞挖进 50 米，古城水库要按指挥部计划完成；特别是导流槽工程和截流备料工作，必须按时或提前完成。

为了完成和超额完成 9 月份任务，指示要求各工区必须召开职工誓师大会，立即行动，并采取以下措施：一、认真学习相关文件，雷厉风行地宣传和贯彻。……鼓足职工更大干劲，开展提高工效、保质保量的辩论，掀起群众性高工效运动。还要提倡人人献计、个个献策，以便迅速提高工效。二、大抓工具改革，提高劳动出勤率，开展劳动竞赛。各工区必须根据不同的情况，从实际出发，掀起一个群众性的工具改革运动，进行突击制造工具，以适应工地变化的需要。同时还应开展劳动竞赛运动，促进落后赶上先进，使先进者更先进。在大搞工具改革的同时，必须抓出勤率，要求平均出勤率达到 95％以上，直接工达到 80％以上。三、对过冬准备，亦应及早着手进行。对于工程防冻的物资，民工过冬的食宿和劳动保护用品问题，各工区应作出计划设法备置，以保证冬季的正常施工，加速工程建设的速度。

指示最后要求：各工区接此指示后，立即组织讨论，迅速掀起高工效施工运动；三天向工程局汇报一次，十天一小结，月终进行总结。并且强调指出，只要我们坚决克服任何右倾情绪和右倾思想，实事求是，充分发挥群众的干劲，就一定能够做出光辉的成就，超额完成计划任务，来迎接伟大的国庆十周年。

（资料来源：《引洮报·第 135 期》第 1 版，1959 年 9 月 8 日）

34. 古城水库胜利完成第三次截流
(1959 年 10 月 23 日)

全省人民一直关心的引洮工程古城水库第三次截流工程，经过了 69 个日日夜夜的准备工作和 65 小时的截流激战，终于在 10 月 23 日 24 时胜利完成了。

这次截流是从 10 月 21 日上午 7 时 10 分开始的。当局党委副书记卫屏藩同志发布了动员令以后，全体职工情绪高涨，干劲冲天，立即投入了紧张的战斗。

在 65 小时内,共向进占口投入石块 5 930.8 方、石渣 164.8 方、葡萄串 289 个、铅丝笼 4 个。从此,洮河被英雄们拦腰斩断,驯服地流进导流槽内。在整个截流激战中,局党委副书记卫屏藩同志、工程局副局长尚友仁、高步仁等同志都亲临工地,不避风雪,和职工们一起战斗。来自刘家峡、盐锅峡、白银市等兄弟单位的同志,也都发扬了共产主义大协作精神,吃苦耐劳,认真负责,在支援截流工程中起到显著了作用。

截流胜利以后,当场举行了欢庆大会。尚友仁同志代表局党委和工程局,首先向全体职工表示热烈祝贺,并对各兄弟单位的大力支援表示感谢。接着说:"古城水库截流,这已经是第三次了。在短短的一年时间内,我们受到了事实考验,也学到了不少东西:特别比较深刻的是认识到了和大自然作斗争的复杂性、艰巨性。三次胜利、两次失败的事实告诉我们,要在和大自然作斗争中取得胜利,就必须要有顽强的斗志和实事求是的科学态度相结合的马列主义观点。如果把改造自然看得轻而易举,或从侥幸出发,或者在大自然面前软弱无力,畏难退却,就非走上失败的道路不可。8 月 12 日的围堰决口就是在这种严重'右'倾思想的指导下,对洪水采取了错误态度所造成的。但是我们这次截流,却是在横扫右倾、大鼓干劲的基础上开始的,因而全体职工同志干劲冲天,斗志昂扬,以百倍的信心战胜了风雪之苦,终于取得第三次胜利截流。这是我们全体职工的胜利、全省人民的胜利,也是总路线和党的八届八中全会号召全国人民反'右'倾、鼓干劲的伟大胜利。"友仁同志最后号召全体职工继续鼓足干劲,大干实干巧干,为确保水库安全和引洮工程提前通水而奋勇前进。会后,武山县慰问团向全体职工演出了精彩的节目,对截流胜利表示祝贺。

有流

(资料来源:《引洮报·第 155 期》第 1 版,1959 年 10 月 27 日)

35. 中共引洮工程局委员会关于开展"三超四比"竞赛运动的指示(1959 年 11 月)

1959 年 10 月 9 日,省委高书记在省第三次先进生产者代表会上作了"高举总路线的红旗,反'右'倾、鼓干劲,深入开展增产节约运动,为超额完成 1959 年的计划而斗争"的报告。他号召全省工业、农业、商业、交通运输业、科学文教事业战线上的广大职工,迅速掀起"三超四比"的社会主义竞赛高潮,大战四季度,超额完成 1959 年的计划,为在今年内提前完成和超额完成第二个五年计划的工业生产主要指标,争取今年农业大丰收,以及商业、交通运输业、科学文教事业的继续跃进,为明年各个战线上的继续跃进做好准备而斗争。这个号召对完成 1959 年的生产计划,对准备明年各个战线上的继续跃进都具有十分重要的意义。我们必须热烈地响应这个号召,坚决地贯彻执行,迅速掀起"三超四比"的社会主义竞赛热潮。

开展"三超四比"劳动竞赛,对提高劳动工效,推动工程建设具有十分重要的意义。"三超"就是:劳动超定额、实产超计划、后进超先进;"四比"就是:比干劲、比措施、比进度、比实效。这是在增产节约运动中发动群众的最好形式,是建设社会主义的重要方法,也是贯彻执行总路线,鼓足干劲、力争上游的具体表现。开展"三超四比"运动就会使生产后浪推前浪,一浪高一浪,不断发展;就能使少数先进生产者和先进单位的先进生产水平变为全社会的生产水平,普遍提高劳动生产率。为了使这个运动广泛持久地开展下去,各级党的组织必须做好以下几点:

(一)继续深入地开展反"右"倾斗争。反"右"倾是做好一切工作的纲,自然也是开展"三超四比"的纲,引洮工地开展反"右"倾斗争的事实就充分地说明了这一真理。9 月上旬反"右"倾斗争一经开展,工地的面貌就立即发生了变化,广大职工的革命干劲重新高涨,劳动工效不断上升。截至 10 月 20 日,平均工效已经达到 16.8 方;以工区为单位,最高平均工效已经达到 34.3 方,个别队更高。……

(二)必须坚持政治挂帅,大搞群众运动。"三超四比"是群众性的运动,必须大搞群众运动;只有这样,才能调动广大职工的革命积极性,充分发挥群众的创造和智慧,又多、又快、又好、又省地完成工程建设。为了保证运动顺利的发展,必须坚持政治挂帅,加强党的领导。各级党的组织必须定期讨论开展"三超四比"工作,并指定一个委员分工专管"三超四比"竞赛,以便把社会主义劳动竞赛不断推向新的高潮。

(三)必须大搞技术革命和技术革新。技术革命和技术革新是增产节约运动的中心内容,只有大搞技术革命和技术革新,才能不断提高劳动生产力,必须批判"到顶论"的思想,克服自满情绪,继续破除迷信,解放思想,发扬敢想、敢做、敢说的共产主义风格,提倡大胆设想,大胆革新,真正形成一个人人动脑动手、个个献策、献计的群众运动,掀起群众性的技术革命和技术革新热潮。

(四)在"三超四比"竞赛中,必须大力开展学先进、赶先进、超先进的竞赛。为了超先进,必须组织职工认真地学习先进、赶先进,学先进,必须十分虚心地学习,人家有一技之长就要认真学习,学人之长,补己之短,骄傲自满是学不好什么的。

(资料来源:《引洮报·第 158 期》第 1、4 版,1959 年 11 月 3 日)

36. 以更大成绩感谢亲人的支援 局党委发出
关于大力宣传各地人民热情支援的通知
(1960 年 1 月)

局党委最近发出《关于向广大职工进行全国全省人民热情支援引洮工程的宣传教育的通知》。通知说,全国、全省人民,在党中央的号召下,不论从精神上、物质上都给了我们极大的鼓舞和支援。特别是全省人民在省委指示和《甘肃日报》去年 12 月 12 日《誓把洮河早日引上山》社论的鼓舞下,广泛开展学习引洮工程、支援引洮工程的大辩论和声势浩大的群众运动,共产主义大协作的风格席卷全省。通知说,非直接受益区玉门市,最近把自己节约下来的 100 吨汽油、煤油、机油和柴油支援我们;张掖专区 300 万人民又一次派出慰问团,携带大量物资亲自到工地慰问;甘南自治州除过去支援了我们很多物资外,最近全州每人又节约一两油、州级机关每人节约半斤肉,在元旦前支援生猪 100 口、食油 3 000 斤、腌菜 15 万斤等;其他各地的慰问团也一个接着一个,大批支援物资正在源源运往工地。通知说,全国、全省人民这种支援引洮工程的共产主义风格,是我们学习的典范,是确保"五一"通水漫坝河、"八一"水过关山的巨大力量。各级党委应在目前已经开展的宣传运动中,把这些极其丰富、生动、具体的共产主义大协作事例列为宣传教育的重要内容之一,说明引洮工程是全国关心、全省关心的伟大的共产主义工程。我们能参与引洮工程的修建,是非常光荣、非常伟大的,应该更加安下心、扎下根、坚守岗位、热爱工作,把以工具改革和技术革命为主要内容的"一跨、二革、三超、四比、五成"施工大高潮,推向一个更大、更新的跃进阶段,苦干、实干、巧干,为确保"五一"通水漫坝河、"八一"水过关山而奋勇前进。

(资料来源:《引洮报·第 191 期》第 1 版,1960 年 1 月 21 日)

37. 千方百计确保按期把水引到漫坝河　中共甘肃省引洮上山水利工程局第二次代表大会隆重开幕（1960 年 2 月 18 日）

中国共产党甘肃省引洮上山水利工程局第二次代表大会于 2 月 18 日上午 10 时半，在会川剧场隆重开幕。参加这次大会的有各工区和工程局机关的 259 名代表。另外，还吸收工程局党员部处长级干部 10 人列席会议。这次会议，将认真总结第一次代表大会以来，一年零三个月的工作，研究讨论"五一"通水漫坝河的具体措施。

会议开幕时，局党委副书记卫屏藩同志向大会致了开幕词（另发）。接着，局党委书记张建纲同志代表中共引洮上山水利工程局委员会向大会作了第一次代表大会以来的工作报告。建纲同志在报告中首先肯定了第一次代表大会以来一年零三个月的时间里，所取得的巨大成绩。他说，我们在党的建设社会主义总路线的光辉照耀下，在省委的正确领导下，在 1958 年"大跃进"的基础上，又获得了 1959 年的继续"大跃进"，特别是坚决贯彻执行了党的相关会议和省委十一次扩大会议精神，开展了整风运动，因而以增产节约为中心的高工效施工运动，更加广泛深入地开展起来了。截至 2 月 15 日，古城至漫坝河 200 公里渠线上，已完成的土石方，占这一段工程总任务的 81%，开出标准平台 41 公里，基本平台 50 公里，标准渠道 13 公里，正在开挖的渠道 32 公里，完成建筑物 29 座。古城水库拦河大坝的河床清基基本完成，大坝回填各种土料已达 206 000 立方米，联建的基础开挖已完成开挖任务的 60.5%。

建纲同志在说明取得以上成绩的主要原因时说，是由于我们坚持政治挂帅，思想先行，不断地进行思想革命的结果。这是工程建设"大跃进"的根本保证。同时是由于我们大搞以工具改革为中心的技术革新和技术革命运动的结果，也是我们认真贯彻执行了一整套"两条腿走路"的方针的结果。

建纲同志在肯定了成绩以后，还指出了以往工作中存在的缺点。他说，首先就是领导一般化的工作作风比较严重，工作不深入，不具体，对上级党委的指示、决议贯彻执行得不够有力；其次，干部中的"右倾"思想还没有得到彻底解决。建纲同志在谈到今后工作时，特别强调了要坚持政治挂帅，改进领导作风，继续坚持"两条腿走路"的方针，加强施工管理和大搞以工具改革为中心内容的技术革新和技术革命运动。他还反复阐述了如何□□和对待工作中的困难问题。建纲同志最后指出,目前形势无限良好,他号召全体职工,在这春光明媚的大好时光里,立即掀起一个波澜壮阔,一马当先,万马奔腾的更大更全面的高工效施工运动,更高地举起总路线和毛泽东思想的红旗,大战 2 月,决战 3 月,4 月扫尾,为"五一"通水漫坝河,并力争"八一"水过关山而英勇奋斗。(报告另发)

为了祝贺大会胜利的召开,广大职工开展了更为蓬勃的施工高潮。在开幕的第一天,各个工区施工跃进捷报,像雪片似的从四面八方飞向会场。仅仅一个多小时,大会就收到了 80 多份喜报和贺信。平凉工区还张贴了 31 张连环画,告诉人们这个工区从第一次代表大会以来,在施工任务、技术革命、"文化革命"、生活卫生等方面取得的辉煌成就。

大会预计进行 4 天。19 日大会分组讨论。

鼎新、有流

(资料来源:《引洮报·第 203 期》第 1 版,1960 年 2 月 20 日)

38. 中国共产党甘肃省引洮上山水利
工程局第二次代表大会决议
(1960 年 2 月 22 日)

(一) 中国共产党甘肃省引洮上山水利工程局第二次代表大会,热烈地讨论了张建纲同志代表工程局党委所作的《更高地举起总路线和毛泽东思想的红旗,为确保"五一"通水漫坝河而英勇奋斗》的工作报告。大会满意地指出,自从上次党的代表大会以来,工程局党委在省委的正确领导下,高举总路线、"大跃进"、人民公社和毛泽东思想的光辉旗帜,率领十余万水利建设大军,在 1958 年"大跃进"的基础上,又取得了 1959 年继续"大跃进"的巨大成就。因此大会决定,批准这个报告。

会议期间,省委委员、省委农村工作部部长万良才同志,传达了省委第一书记张仲良同志的指示,并对工程建设作了重要指示。全体代表一致表示,在为"五一"通水漫坝河的伟大战斗中,坚决贯彻执行。

(二) 大会认为:确保"五一"通水漫坝河,不仅具有重大的经济意义,而且有着巨大的政治意义。它可以使广大群众,更加相信引洮上山的理想一定能够实现,战胜干旱的信心更加坚定;使那些好心肠的人,由动摇而逐渐坚定起来;同时还可以为更多的引水上山工程积累较为丰富的经验,特别是可以为南水北调积累经验。大会认为,引洮上山的形势无限好,"五一"通水漫坝河,有着许多极为有利的条件,这些条件就是:我们有省委的正确领导和亲切关怀;我们有全省人民在人力、物力和精神上的大力支援;我们有一年多来丰富的施工领导、思想革命、技术革命、"两条腿走路"方面的经验;广大职工能够坚决贯彻执行党的方针、政策、指示,在党的社会主义建设总路线的光辉照耀下,热情高涨,干劲冲天,目前即将春暖花开,正是开展高工效施工的大好时光。大会相信,只要我们充分运用这些有利条件,调动一切积极因素,正确估计时间紧迫、任务艰巨的困难因素,以毛泽东同志经常教导我们的要在战略上藐视敌人,在战术上重视敌人的大无畏精神,排除万难,"五一"通水漫坝河的光荣任务就一定能够实现。

(三)必须做好政治思想工作。一定要把全体职工动员起来,为"五一"通水贡献全部力量,人人献策、献计。为此,必须在广大职工中反复地深入地宣传引洮上山的伟大意义,特别要宣传"五一"通水漫坝河的重大政治意义和经济意义,说明"五一"通水漫坝河的有利条件,从而坚定信心,人人为"五一"通水漫坝河而战。同时,要贯彻劳逸结合的原则,活跃工地文化娱乐生活,保证民工每天睡眠八小时。切实搞好民工伙食,全面深入持久地开展计划节约用粮运动,做到饭菜多样化,干稀混吃,增加副食品,饭菜混吃,作到民工既吃省又吃好、睡好,经常保持旺盛的劳动热情。安全和医疗卫生工作也应予以加强,确保施工安全,减少发病率,以激发广大职工的革命积极性,成倍地提高劳动效率,为确保"五一"把水引到漫坝河而英勇顽强的战斗。

(四)继续深入地开展技术革新和技术革命运动。各级党的组织,必须首先克服保守思想和习惯势力的种种思想障碍,以不断革命的精神,狠狠地抓,切实地抓,限期完成改革工具的任务。大会认为,过去我们在工具改革上虽然取得了巨大成绩,但还赶不上工程建设的需要。单项改革比较好,但没有实现规格化、成套化,挖、装、运、卸、填几个环节上没有形成"一条龙"。为此,必须继续大搞群众运动,把技术革新和技术革命运动迅速向前推进一步。在新的工具改革运动中,必须做到工具革新"一条龙",保证新工具成套。要综合地改,全面地改,一切运转工具必须全面地实现铁串、键条和滚珠轴承化,把半机械化和机械化程度再提高一步,才能够全面地实现"向工具要劳力,向工具要时间,向工具要工效,让工具减轻劳动强度"的号召。技术革新和技术革命运动是无止境的,只有不断批判纠正自满情绪和技术高不可攀的思想,坚持不断地进行革命,运动才能轰轰烈烈地展开,才能取得显著的成效,工效才能成倍地提高。这一点必须紧紧地抓住,一刻也不能放松。

(五)改进干部作风,进一步密切党群关系和干群关系。大会认为,在引洮工地上,我们党和群众的关系、干部和群众的关系,基本上是良好的。一年多来,我们依靠大批党与非党干部,率领广大职工,完成了许多艰巨的任务,取得了巨大成绩。但是少数干部,由于没有得到彻底的思想改造,工作不深入、不踏实,不说老实话;个别干部有强迫命令、违法乱纪等恶劣作风,严重地影响了党和群众、干部和群众的关系。因此,必须坚决迅速地加以纠正。要教育所有干部,克服一般化的工作作风,树立艰苦朴素和踏踏实实的工作作风,经常深入实际,深入群众,参加体力劳动,与群众同甘共苦。同时,要开展三大民主,即政治民主、工程民主、经济民主的思想教育运动。充分发扬民主,虚心地倾听群众意见,有关施工计划、工具改革等重大问题,都应交给群众,进行深入地讨论,然后再由领导上作出决定。伙食是人人关心的大事,必须吸收群众参加管理,实行民主办灶;中队和小队的干部,应当实行民主选举产生。这样,群众的积极性就会得到充分发挥,任何困难就都可以克服,任务就一定能够按时完成。

大会号召全体共产党员,紧急动员起来,深入开展高速度、高工效施工运动,并带动全体共青团员和广大职工,为确保"五一"通水漫坝河而顽强不懈地战斗。大会相信,只要我们全党团结一致,同心同德,共同努力,我们就一定能够克服一切困难,保证"五一"胜利地把水引到漫坝河。

《甘肃日报》引洮工程记者站

(资料来源:《引洮报·第207期》第1版,1960年3月1日)

39. 从古城到漫坝二百公里渠线上引洮 女英雄大显威风(1960年3月)

广大女民工,在引洮工程开工一年多来,由于党的亲切关怀和培养,她们以大无畏的英雄气概,和男民工们一道,在古城到漫坝河长达200公里的施工线上,冒着严寒酷暑,劈高山,凿峻岭,填沟壑,削峭壁,与大自然进行了顽强的搏斗。特别是在许多关键性工程和一些艰险工地上，如宏伟的古城水库、天险九甸峡、拉马崖以及宗丹岭劈方工程中，女民工们都表现了机智勇敢的豪迈精神，她们组成了千百个"妇女突击队"，喝令高山低头。

为了"誓引洮河早上山"，在一年多来的高工效施工运动中，女民工们以敢想、敢干的共产主义风格，革新和创造了 10 万多件先进工具和先进操作方法。全国社会主义建设积极分子、省先进生产者应剑鸣，在海拔 2 000 多米的华家岭测绘渠道中，创造了"纵断面图工做法"和"单枪匹马工做法"，两个人每天测绘输出 20 公里长的渠线图。省群英会先进集体——临洮工区女子飞车队，经过勤学苦练，掌握了一套飞车运土的先进技术，能几步飞跨 70 多米到 100 米，同时由于先后革新了"自动倒土车""胶轮滑箱车"等先进运输工具，每人每天运土由 16 立方米提高到 29 立方米。通渭工区的花木兰突击队，在巧战老虎队的竞赛中，创造了多刃镢头和自动溜土槽，以 152：151 战胜了老虎队。

女民工们经过一年多的艰苦奋战，不仅掌握了引洮上山水利工程的施工技术，而且很快地提高了政治文化水平。在和大自然作斗争中涌现出来的大批先进人物，已经成为光荣的共产党员和共青团员。仅武山工区 781 名女民工中，就有中、小队长级干部 41 人、党员 32 人，工地入党的有 20 人、共青团员 159 人，工地入团的 73 人，有 72 人还被光荣地评为先进生产者。女民工们普遍脱盲，提高了文化以后，创作了成千上万的民歌和花儿，她们干到哪里，唱到哪里，充分表现了革命的乐观主义精神，正如她们唱的："悬崖绝壁咱不怕，学技术来学文化，誓引洮河早上山，人人成为科学家。"

最近几天，引洮战线上的广大女民工，正在以进一步开展高工效运动的实际行动，迎接"三八"国际妇女节五十周年。许多工区的妇女突击队，为了"向工具要劳力，向工具要时间，向工具要工效，让工具减轻劳动强度"，继续深入开展了技术革新和技术革命运动。据通渭、武山、秦安、靖远等七个工区近一月来的不完全统计，女民工和男民工们一道，创造和推广了 40 000 多件先进工具，把机械化和自动化的水平大大提高一步。通渭工区创造推广了 5 000 多件先进工具，迅速实现了挖、装自动化；秦安工区在全面、系统、成套、彻底进行工具改革的总攻势中，出现了自动化中队和自动化工厂 50 多个，大大加快了施工进度。

《甘肃日报》引洮工程记者站

（资料来源：《引洮报·第 210 期》第 3 版，1960 年 3 月 8 日）

40.一个全面关心群众的党支部——介绍 通渭工区五大队六中队党支部的工作 经验(1960年5月)

在引洮工程通渭工区的工地上,有一个全面关心群众生活的红旗支部,这就是五大队六中队党支部。一年多来,这个支部在上级党委的直接领导下,坚持政治挂帅的原则和群众路线的工作作风,对职工的思想、工作、学习各方面进行了全面的关心,充分调动了全队职工的积极性,屡次出色地完成了施工任务,先后荣获省、工程局、工区和大队党委的十三面优胜红旗。

细致的思想教育

关心群众思想觉悟的不断提高的共产主义精神的迅速增长,是党支部的根本任务。六中队党支部从开工到现在,始终抓住了这一根本关键,根据各个时期的中心任务,大张旗鼓地向全体职工宣传党的路线、政策、决议和指示,以不断提高群众的政策思想水平,启发群众的工作自觉性,从而保证了党的政策、决议迅速地完满地实现。开工之始,党支部由于缺乏领导经验,工作方法比较简单,布置任务时,具体交代政策和讲道理少,完不成任务就单纯批评检查,影响了群众斗志,在全大队评比时,被评成了三类支部。以后,党支部认真检查这一缺点,立即改进了工作方法。在开展每项工作和活动之前,不仅交代具体任务,而且又大讲政策,组织讨论会,使职工们明确做什么、如何做和为什么要这样做,从而增强了职工的责任感,职工自觉地、积极地投入了激烈的施工斗争中。于是,支部的面貌迅速改变,由三类支部一跃而为一类支部。在局党委发出早日引洮上山的伟大号召后,支部便立即向民工进行了早日通水漫坝河的政治意义和经济意义的教育,开展了"你为早日通水贡献些什么"的讨论;在工程局第二次党代表大会后,更认真地传达贯彻了大会的决议精神,使党的决议变成每个职工的实际行动,因而提前10天完成了300米渠道的任务,并立即转入漆家沟填方上施工,平均工效经常保持在6方水平,最高达到7方多。

支部思想工作的第二个特点,是善于把解决群众的思想问题和解决具体困难结合起来,并通过群众的力量去教育群众。有个民工原来工作一直很好,后来忽然劳动不积极了,并且打算请假回家,党支部发现后,找出了他的思想波动根子是因为家中生活有些困难，来信向他要钱，自己又没有钱寄回，因此十分苦恼，劳动情绪不高。于是，一方面向他讲清了公社有党的领导，家里的困难一定会得到迅速解决的道理；另一方面，党支书和中队长又借给了 10 元钱，帮助他解决了一些困难。隔了几天，那个民工收到家中来信说："党帮助我们把生活上的困难解决了，希望你在引洮工地上好好地干，争取立功当模范！"在这样生动事实的教育下，他的干劲更大了，一个人干的活还比两人多，光荣榜上又出现了他的名字。党支部又通过这样的亲身体会，向其他职工进行了热爱党、热爱引洮工程的教育，使许多不够积极的人也都积极起来了。

运用先进人物的先进事迹和集体所获得的荣誉，教育大家学先进、比先进，维护集体的光荣，永远高举红旗前进，是这个支部思想工作的第三个特点。截至目前，六中队已有 22 名职工被评成先进生产者和青年突击手，85％的人受过表扬和上过光荣榜。党支部在每次受到上级党委表扬和奖励后，便立即组织大家讨论"光荣从何来""如何维护集体光荣"，使每个职工都提高了集体主义觉悟，决不能让一只泥脚弄脏一盆水。小队长马海江同志的家中有要事要回去一趟，本来已准了假，可是临收拾行李时，望见了局党委奖励的红旗，心里便想到："我走了，全中队就要少一分力量，少做许多活，要影响小队的工作。"于是打消了回家的念头，跑去向党支书说："我决定不走了，家里事小，集体事大，不能因小事而误大事哩！"在这样强烈的集体主义思想鼓舞下，全中队从开工到现在从胜利走向胜利，连续地获得了十三面优胜红旗。

减轻劳动强度

大搞以工具改革为中心的技术革新和技术革命运动，不仅是加快工程进度的根本措施，而且是减轻体力劳动的唯一途径。减轻体力劳动，就是把人从笨重的体力劳动中解放出来，就是对群众的最大关心。六中队党支部在领导施工中，不断地引导群众开展了技术革新与技术革命运动。开工初期，首先实现了车辆化，消灭了肩挑背背。以后，又根据施工的变化情况，逐步实现了装、卸、运一条龙，不但进一步减轻了群众劳动强度，还加快了所担负的渠道任务的完成。今年春天，为了实现上级党委提出的成套改、全面改的要求，党支部又系统地总结出了挖、装、运、卸、填的"五字"成套经验。这些先进经验普遍推广后，便使整个中队出现了巧干成风的新气象，做到了好工具巧使用、多工种巧安排、强弱力巧搭配，因而全队既提前完成了施工任务，又极大地减轻了劳动强度，充分地体现了党对群众在劳动方面的无限关怀。

关心群众生活

办好工地食堂,也是六中队支部经常重视的一件事情。根据民主办灶的原则,六中队树立了以贫农、下中农为优势的伙食管理委员会,炊事员都是党、团员和积极分子。伙管会每三天开会一次,研究和解决群众对伙食的意见,账项做到半月一公布,一月一总结,实现了大家的伙食大家办。首先调动了炊事员的积极性,大搞炊具革新,创造和推广了切馍机、扞面机、切菜机等先进炊具5种、8件,实现了炊具机械化。同时,大大改进了操作技术,推行了食用增量法,使一斤苞谷面蒸馍四斤半,一斤谷面蒸馍三斤半;花样常变,饭热菜香,民工们吃得好、吃得饱。其次人人动手,大搞副食品生产。仅去年便种菜42亩,收获各种蔬菜55 000多斤,还养猪100多头、羊24只、兔4只、鸡12只,实现一人有一只家禽的计划,因而伙食又得到进一步的改善,伙食标准反而下降到7元左右。目前还存有2 000多斤蔬菜、大小猪40多头。因此,民工们赞美伙食说:"民主办灶真正好,食堂工作大提高;饭热菜香花费少,民工吃好工效高。"

支部对民工的居住条件和身体健康也很重视,经常向全体职工进行爱国卫生教育,定期开展突击卫生活动,建立和实行日常清洁制度。大家虽然住的是旧房、旧屋,但很整洁卫生,墙壁都粉刷清洁,壁画连幅,尘土少生,民工们冬天睡热炕,夏天睡凉床,十分舒坦,被褥折叠整齐,经常洗晒;每个人半月洗一次衣,二十天理一次发,养成了良好的卫生习惯。这样,既增进了群众的健康,又大大减少了病号,直接工出勤经常保持在90%以上。

此外,中队还建立了图书室、俱乐部各一个,设置了篮球架、乒乓台,活跃了工地的文化生活,也培育了职工的高尚的共产主义道德思想。

坚强的领导核心

六中队党支部为什么能做到全面地关心群众?为什么能够充分调动职工群众的积极性,推动工程飞速前进呢?关键问题就在于支部有着坚强的领导核心。党的支委会共由五个不脱产干部和民工组成,阶级出身都很好:三个贫农、两个下中农,在旧社会里曾经受过国民党反动派和地主阶级的残酷剥削和压榨,新中国成立后,又都是各项社会改革和生产上的积极分子。他们与广大群众有着极为密切的联系,一贯与民工同吃、同住、同劳动。遇到有利的事情,总是先满足群众的需要;遇见困难的事情,却是带头冲锋陷阵。

去年 10 月,因为工具改革赶不上施工进展的需要,影响了工效的继续提高。党支委、中队长张彦林同志便深入工厂,带头苦战了五昼夜,手痛眼疼也不休息,其他的木工见了,感动地说:"领导都能这样干,难道我们还不能跃进吗?"于是开展了红旗竞赛,原来做一辆盘网车需要 7 个工日,后来只 2 个工日就行了,还保证了质量。木工厂生产跃进后,带动各小组也搞开了工具改革。不多几天,全中队便做出了双输盘网车 109 辆、飞轮 18 个,成了全工区实现车辆盘网化的先进,工效提高了一倍多。

在工区党委提出"保质量,改小夯为六十公斤以上的大夯"的号召时,许多人认为夯太重,不愿改。党支书常永禄同志就立即约上中队长、团支书、青年突击队长,组织了一个打夯小组,带头打了两天半,摸索出了一些打大夯的经验,组织大家观摩后,在一天时间中便掀起了小夯改大夯的热潮,实现了大夯化,工效上升到 6 方多,干容量达到 1.67。

工程局党委组织部

(资料来源:《引洮报·第 243 期》第 3 版,1960 年 5 月 26 日)

41. 党委和工程局发出联合指示 加强女民工 劳动保护工作(1960 年 6 月)

局党委和工程局最近发出了关于加强女民工的劳动保护工作的联合指示。

指示首先说,女民工是建设引洮工程的一支不可缺少的强大力量,她们在党的领导和亲切关怀下,做出了显著的优异成绩,出现了许多英雄、模范人物,给广大妇女树立了很好的榜样。

指示接着说,开工以来女民工的劳动保护在局党委的领导下做了许多工作,派出了妇女保健队,协助有关工区开展了妇女保护工作,建立卫生室等一系列的制度,并在各项劳动中给予各种照顾。特别是通过技术革新和技术革命运动,改善了女民工的劳动条件,减轻了她们的劳动强度。所有这些措施,在保护女民工的健康、安全和鼓舞女民工的生产积极性方面,都起了很大的作用。

指示说,目前引洮工程上有女民工 7 000 余人,毛主席说:"中国的妇女是一种伟大的人力资源。必须发掘这种资源,为了建设一个伟大的社会主义国家而奋斗。"这就是说,妇女参加社会劳动是社会主义建设高速度发展的要求,是我们生产力大发展的客观需要。毛主席又说:"为了建设社会主义社会,发动广大妇女群众参加生产活动具有极大的意义。"毛主席的这些指示,对我们引洮工程更有其特别的体会。因此,如何抓好女民工的劳动保护工作,是当前一项迫切的任务。

为了进一步加强女民工的劳动保护工作,指示要求:一、继续贯彻党和毛主席关于彻底解放妇女的马列主义观点和关心群众生活的思想,大力宣传党的保护女民工的方针政策。二、发动广大女民工和男民工一道大搞以"四化"为中心的技术革新和技术革命运动。三、根据女民工的生理特点,大力开展妇女卫生工作。并建立月经牌制度,在月经期间给予一定的休息时间,休息期间工资照发。四、大插红旗,大树标兵,大搞"三八"队、"三八"灶、"三八"厂,想尽一切办法,采取一切措施提高妇女们的政治地位。今后各种集会,特别是群众性的先进代表会议,都要有一定的妇女参加。同时,要有计划地培养一批妇女积极分子和各种能手,还要大力宣传党和毛主席对妇女的关怀,宣传妇女在建设引洮工程中的作用,宣传卫生科学知识。要教育妇女立大志、树雄心,克服自卑感和封建迷信思想,在各项劳动中作出优异的成绩来报答党和毛主席对自己的关怀。此外,应坚决贯彻男女同工同酬的原则,不得借故降低和克扣女民工的工资。五、加强党对女民工的领导,各工区党委要在一定的时间内讨论女民工的工作,适当地帮助解决一些实际问题。在女民工较多的临洮、秦安、武山、岷县等工区,应在劳动工资科内配备女干部一人,专管民工的劳动保护工作。工区卫生院、大院卫生所都应有专人管妇女卫生工作,中、小队应设立不脱产的妇女卫生员。

(资料来源:《引洮报·第 257 期》第 1 版,1960 年 6 月 28 日)

42. 大力推行"二五制"的领导方法
(1960 年 7 月)

最近以来,各工区都按照党的全省第三次代表大会的要求,积极地学习和推广了河北省吴桥县"二五制"的领导方法。虽然实行的时间还很短,但已经显示出"二五制"的许多好处,有力地促进了施工和各项工作的不断跃进。今天本报发表的平凉工区七大队的消息,就是其中的一个例子。

所谓"二五制"的领导方法,就是在一周以内,干部以两天时间开会,检查工作,进行学习;以五天时间深入基层,去参加生产,领导生产,具体帮助基层干部解决工作中的问题。这是在工农业生产继续全面跃进的形势下的产物,是毛主席"从群众中来到群众中去,集中起来坚持下去"的一整套工作方法的进一步发展和提高,是贯彻执行党的群众路线的新成果。推行"二五制",不仅可以使干部集中主要时间,深入群众,深入实际,走上生产第一线去亲自领导生产,而且可以使干部有时间检查、总结和研究工作,有时间学习党的政策和理论。它对于改进工作作风,提高领导水平,进一步密切党群、干群关系,有力地推动生产的发展,都起着极大的促进作用。因此,这个领导方法一经提倡,就在全国各地普遍推行,深受广大群众的热烈欢迎。

有人说,"二五制"是县和公社干部的领导方法,对于水利基建工地来说,就不一定适用。这种认识是不正确的。因为"二五制"体现了党的领导方法的一些最根本的经验,它是领导与群众相结合、理论与实际相结合的最好的办法,是适应生产力的发展、调整生产关系的一个重大措施。这种方法不仅适用于全国县以下各级党委、各政府部门的干部,而且完全适用于引洮工地的工区、大队和中队干部。当然,在具体实行的时候,应当因时、因地制宜,适应工作和生产的需要。但是,作为改进工作方法、提高领导水平的有效办法,"二五制"的精神和做法是不容怀疑的。还有人说:当前施工这样紧张,政治运动一个接着一个,一天忙到晚都搞不过来,每星期再抽出两天时间开会和学习,难道不会影响工作?这种顾虑也是没有根据的。因为当前的形势不仅要求干部多作工作,而且要求他们更有成效地进行工作,也要求他们更好地提高政治理论水平。因此,在干部深入生产第一线以后,每星期抽出两天时间坐下来开会、学习、研究问题、总结经验,是完全必要的。这种办法可以使干部思想明确,干起活来劲头更足,收到事半功倍的效果,怎么能影响工作呢?

"二五制"是一个领导作风和工作方法上的革命,在推行过程中一定会遇到一些保守思想和习惯势力的阻挡。因此,各级党委必须坚持政治挂帅,切实做好干部的思想发动工作,消除各种不必要的顾虑。同时注意及时总结交流经验,使"二五制"的领导方法迅速在引洮工地开花结果,促进施工和各项工作的继续全面跃进。

(资料来源:《引洮报·第 265 期》第 3 版,1960 年 7 月 16 日)

43.榆中工区三大队拉马崖野战突击中队党支部领导民工开展学习毛泽东思想的经验(1960年8月)

拉马崖野战突击中队是学习毛主席著作的红旗单位。党支部今年积极组织与领导广大职工开展学习毛泽东思想运动后,施工与技术革命运动日新月异,各项工作获得全面持续跃进。表现在思想上,人人安心扎根,树立了水不上山不回家,当不上英雄不回家,光荣到底的思想。继光小队25个队员学习毛主席著作后,需要提前打通拉马崖重点工程,他们写道:"愚公有决心搬走门前的两座大山,我们有党和毛主席的英明领导,为什么不能提前打通拉马崖呢?"因而这个中队人人思想坚定,个个干劲冲天,先后开展了千车跑,万车赶,再超过半个定额活动和五红活动等竞赛热潮,形成竞赛成网,工效不断上升的跃进局面。同时,"四化"运动大大开展,全中队两个月的统计,绘出各种图纸318张,模型13个,制成大小工具78件,基本上解决了工具赶不上施工需要的矛盾。队员李永中就是在学习了《矛盾论》,懂得了自己出了力工效不高是工具落后的矛盾后,刻苦钻研,发明了自动流砂槽,解决了装石问题,工效提高五倍多。木工肖子俊、曾海清懂得了《实践论》中说的"失败者成功之母""吃一堑长一智"的道理后,在改装深挖吊高机中,经过二十多次失败,终于实现了操作台的自动化,工效从2.6方提高到4.6方。通过学习毛主席著作,还大大改变了干部的工作作风,纠正了只注意施工而对生活注意不够的问题。支部书记陆耀华同志从工地回来,不论迟早都要到民工宿舍了解情况,解决具体问题,并经常深入灶房,研究改善职工伙食等,因而民工说:共产党像爹娘,干部是知心人。这个党支部在组织与领导广大职工学习毛主席著作中,有以下几点经验:

破除神秘论 踏踏实实学

学习理论就是思想不断斗争的过程。这个中队学习一开始,就遇到各种思想障碍。有的人说:"毛主席著作是理论,我们文化低,基础差,学不懂。"党支部及时组织民工开展了"学习毛主席著作有什么好处"的大辩论,用工人学习和收获的生动事例与本中队的具体事实,批判了那种不愿下苦功的畏难思想;同时,通过树立标兵、现场参观、典型人物作报告等方法,破除少数民工中存在的神秘论,解放了广大职工的思想,掀起踏踏实实地学习马克思、列宁主义和毛泽东著作的理论学习运动。

看当前想过去 边学边用

根据拉马崖的特点,青年多,绝大多数刚脱盲,学习积极,政治进取心强。在学习中采取以讲为主、自学为辅。讲授时,针对民工中当前发生的问题要一针见血,启发职工看当前想过去,边学边用。如学习《关心群众生活,注意工作方法》一文后,标兵小队队长岳经中检查了以往对民工态度生硬的问题,改进了工作方法,建立了有事和群众商量的民主作风,大大提高了队员的积极性和创造性,全小队提出施工操作方法等方面的合理化建议 38 条,有 21 条被采纳。所以学习必须坚持理论联系实际,边学边用,推动工作。

采取多种多样的学习方法

为了保持学习的质量和巩固群众的学习热情,依据集中施工的有利条件,采取集中讲课、分组讨论、个别辅导。这个中队共组织学习毛主席著作小组 10 个,参加 262 人。具体使用读、想、写、讲、辩、用六字互相结合的学习方法。读,认真地读书,这是理论学习首先要解决的问题,只有认真阅读,刻苦钻研,才能领会其精神实质。组织群众开动脑筋、想问题,这是理论实践的入门,通过想,把书本上的理性知识与实际生活中的感性知识结合起来,把感性知识提高到理性知识,并用理性知识指导实践。辩,读不通,就组织大家辩论,通过辩论,澄清模糊观点,达到统一认识。讲,可以帮助职工把点滴心得系统化。写,是写文章、记笔记,这是巩固学习很重要的办法。用,就是学以致用,是学习的根本目的,用的过程就是实践过程。这样,把改造思想和推动工作相结合,集思广益互相帮助,发扬刻苦钻研、勤学好问的精神和学习方法。

合理安排学习内容和学习时间

为了使理论学习运动不断深入,对学习内容和生产时间做了统一的合理安排,保证了施工、学习有机的配合,共同跃进。学习内容主要按不同思想情况和施工进展,以学习毛主席著作和党的各项政策、指示、决议为内容。支部除妥善安排政治、文化、技术、娱乐的时间外,规定每周有六个小时的理论学习(不包括业余时间的学习),并帮助学习小组安排好业余实践。这样,利用开会前后和休息等时间,每周又可挤出四至五小时,还开展了窑洞读书活动和辅导员的积极帮助,广大职工学习的自觉性,愈来愈高,因而在高工效运动和技术革命高潮中也始终坚持了理论学习。

不断培养扩大理论队伍

由于学习人数愈来愈多,对学习的要求愈来愈高,只靠少数脱产干部是不能适应教学需要的。党支部从学习积极分子中选拔了政治思想觉悟高,具有一定文化程度的理论教员和辅导员八人,并组织他们参加中队教研组的活动,使领导与骨干相结合、骨干与群众相结合、专职教员与兼职教员相结合,从而有力地指导和促进了学习。

现在,他们在工人学习理论大普及的基础上,又进入了一个学习理论的新阶段,促使全体职工的马列主义理论水平和政治思想觉悟进一步提高。

榆中工区党委宣传部

(资料来源:《引洮报·第284期》第3版,1960年8月30日)

44. 加速工程进度 挖掘劳动潜力 大搞废料更新 大种粮食蔬菜 全工程增产节约运动蓬勃发展(1960年9月)

全体引洮职工积极响应党的号召,根据工地特点,采取有效措施,深入广泛地开展以粮、钢为中心的增产节约运动。目前,一个人人闹增产、个个搞节约的群众性高工效竞赛热潮,正在各工区蓬蓬勃勃地展开,并且已经取得了巨大的成绩。

8月下旬,中央和省委关于开展以粮、钢为中心的增产节约运动的指示下达后,工程局党委立即作了专门的讨论和研究,并且具体进行了布置。随后,各工区党委结合组织群众讨论增产节约计划,雷厉风行地向全体职工又一次进行了勤俭建国、勤办一切事业的思想教育,明确了大型水利基本建设工地开展以粮、钢为中心的增产节约运动的主要方面,树立起发展国民经济必须以农业为基础的思想。广大职工认识到:引洮工程具体贯彻以农业为基础的思想,就是在省委的"减人不减产,减人又增产"的指示下,动员一切可以动员的力量,充分利用一切有利条件,踏踏实实地、千方百计地加速工程建设,把洮河早日引上高山。于是迅速地掀起了以高工效、超定额为主要内容的社会主义劳动竞赛热潮,技术革新和技术革命的巨浪,有如洮河怒吼汹涌澎湃。在渠道工程上,各工区大力推广了行之有效的深渠取土工具简易天车和飞轮牵引机。榆中工区推广了 89 部简易天车,比原来节约劳力 267 人,工效由每人每天的 2.4 方提高到 3.4 方;平凉工区推广的飞轮牵引机,由 10 人操作(包括挖、装、运、卸),平均工效也接近了 3 方。在填方工程上,普遍推广了双轮架子车,仅据武山、靖远、陇西、秦安、临洮、岷县等六个工区的统计,9 月上旬就制造了 1 140 余辆。定西、榆中、武山和岷县等工区还分别开展了高工效运动会和超定额活动。定西工区在 9 月份的高工效运动会中,已经树立了一批全勤满员的模范中队和小队。岷县工区在超定额活动中,具体地制定了月、旬、日的施工计划,把任务指标落实到个人,并且积极开展评比竞赛,插红旗,树标兵,促进各大队的工效直线上升;在 9 月中旬的三天里,全工区浆砌石和夯填的平均工效分别超过定额一倍多和 20% 以上。

随着技术革新和技术革命运动逐步深入,各工区都把合理使用每一个劳动力,充分发挥劳动潜力作为增产节约运动的一项重要内容,纷纷采取革命手段,大刀阔斧地精减非生产人员,加强施工第一线。据平凉、定西、陇西、岷县等四个工区的统计,最近已把 1 400 多名非生产人员抽调出来,投入直接工。天水工区书记挂帅,一抓到底,根据“先直接工、后间接工,先生产工、后服务工,先重点、后一般”的原则,统一规划,全面安排,精打细算地制订了一套劳动力管理制度,全工区的直接工比例已较前提高了 33.9%。榆中、会宁、通渭等工区都积极通过改进劳动组织,大抓劳力调配。榆中工区三大队根据劳力强弱和施工特点,确定分别采用五人四车和四人三车的劳动组织形式,每人每天平均拉车次数增加了十多趟。整个工程的劳动出勤率和直接工比例,目前也显著提高。9 月 11 日至 15 日,总出勤率上升到 97.1%,直接工提高到 81.8%。

在加强劳动力管理的同时,各工区还分别开展了废品复活、旧料更新的节约建筑器材的群众性活动。广大职工在“节约成风”的口号下,路不空走,时不空过,积极地向废品旧料索取财富,做到寸木不舍,分铁必争。工程局直属工程大队的 700 多名职工利用废品旧料,为引洮工程正在制造中的两艘汽船加工零件。会宁工区工具制造厂职工通过找、采、搜、改的办法,用废旧木椽和梁柱盖起新厂棚七间。陇西和平凉工区也利用废品旧料,生产了胶轮车 284 辆,镢头 1 800 把。各工区都把拾来的废料充分利用,加工成工地上的各种急需工具。

　　根据毛主席的"自己动手,丰衣足食"的指示精神,工程局党委和各工区党委还动员全体职工在加速工程建设的同时,发扬南泥湾精神,埋头苦干,大种蔬菜和粮食。除了利用渠边路旁,房前屋后的零星土地点种蔬菜之外,工程局党委和各工区党委还分别抽出30％以上的干部走上垦荒前线,民工们也抽出一定的时间从事垦荒活动,积极兴办农牧场。工程局机关决定建立的七处生产基地,已有170余人前往建场和垦荒、整地,留在机关的干部也大力开展了积肥活动。榆中工区职工掀起了突击开荒的竞赛热潮,三大队在两天内开荒37亩,一大队就在三天内开荒75亩半。平凉工区职工精心管理已经种植的1 300多亩糜子和荞麦、2 300多亩白菜和萝卜;一大队的全部菜地都锄了三次草,追了两次肥。

　　与此同时,引洮工程各级组织还抽出人力和物力,支援所在地各人民公社的农业生产。据初步统计,全工程已为临洮的会川、麻家集,岷县的梅川、中寨,临潭的洮阳、新洮等人民公社做了24 200多个劳动日,播种2 430多亩,锄草960多亩,送粪1 600多亩,夏收11 000余亩。工程局机械施工队还在百忙中抽出两台拖拉机帮助岷县梅川人民公社,抢耕了700多亩地,保证了秋播的适时下种。

　　　　　　　　(资料来源:《引洮报·第296期》第1版,1960年9月27日)

45. 像靖远工区那样搞好爱国卫生运动
(1960年10月)

　　今天本报发表了靖远工区大搞卫生运动,促进了工程跃进的事迹。他们的决心和经验是值得各工区各单位很好学习的。

　　靖远工区是新到古城工地的,由于搬家,设备条件较差,一度卫生不好,病号较多,发生了痢疾等传染病,直接影响了出勤,影响工程的进展。该工区党委鉴于以上情况,立即掀起了一个以消灭流感为中心的爱国卫生运动。在短短几天内,扑灭了传染病,降低了发病率,彻底改变卫生工作的面貌。在古城工地七个工区进行的爱国卫生检查评比中,获得了优胜奖。这一事实有力地证明了:条件是可以改变的,疾病是可以除掉的,关键在于是否发挥了人的主观能动性,在于能否坚决、全面地贯彻党委提出的"一手抓生产,一手抓生活"的两条腿走路的方针。

　　靖远工区所以在设备条件较差的情况下,卫生工作作出了优异成绩,首先是工区党委抓住了政治思想这个纲。他们以两天的时间,召开了干部会议,谈思想,找根源,对发病的原因和危害进行了鸣辩。会议中揭露和批判了干部中存在的"条件差、搞不好卫生"的唯条件论和"工程紧张、无时间搞卫生"的冲突论,并指出只管工程不管人,这是一种片面的错误观点,其结果必然是工程也管不好。同时,在医务人员中,着重清除了光做治疗、轻视预防的观点,提高了认识,统一了思想。随后,又召开了小队长干部会议和群众会议,进行了卫生宣传教育,因而给卫生运动的开展奠定了稳固的思想基础。

　　靖远工区卫生工作取得成绩的第二个原因,是认真学习了兄弟工区的先进经验。工区陶主任亲自参加了工程局在平凉工区召开的卫生工作现场会议,会后又率领了大、中队管生活的书记、队长和管理人员、卫生所长等到现场观摩取经。事后又组织了22名管理人员去学习烹调技术和食堂卫生;组织了民工代表队去观摩环境和宿舍卫生,学习整理行装的方法;组织了6个铁木工去学习了炊具改革。他们在三天之内利用工余时间,共派出留学观摩人员110人,回来后还举行座谈讨论会,向群众作了介绍,不但解放了观摩人员的思想,同时也教育鼓舞了广大群众。大家一致表示,向兄弟工区学习,要干干净净,健健康康迎国庆,因而开展了轰轰烈烈的爱国卫生运动。

　　领导干部深入实际,以身作则带头干,是靖远工区卫生工作搞好的另一个原因。事实证明,要发动群众,固然要做一系列的宣传教育工作,但最重要、最有力的宣传鼓动工作,是干部的模范行动。靖远工区这次卫生突击运动中,三个大队书记亲临战场,手持铁锨,挖水池、铲粪便、修厕所。在他们的带动下,群众人人动手,个个干劲十足,推动了运动的深入开展。

　　一方面,当前是秋末冬初季节,气候变化很快,近来又下了场雪,感冒有所增多,其他各种新的疾病也将要侵袭我们,对此要有足够的估计。另一方面,在夏秋季所发生的肠胃道疾病和流行病,尚未完全根绝,有的工区尚有流行。这样我们当前的卫生工作就必须根据局党委的指示,一面抓预防,一面抓治疗;一手抓消灭现有疾病,一手抓预防新的疾病发生。我们只要把这两方面工作做好,就可以大大减少疾病,就能消灭流行病,真正做到工地人强马壮,工程进展迅速。因此,做好当前引洮工地的爱国卫生和防冻准备工作,是一项刻不容缓的重要任务。各工区必须全民动手,把爱国卫生和防冻准备工作抓早、抓紧、一抓到底,为冬季施工创造更有利的条件。

(资料来源:《引洮报·第303期》第1版,1960年10月15日)

46. 陈守忠发愤图强引洮河(1960 年 10 月)

在古城水库工地上,有一个身强力壮、干劲十足的小伙子,这就是人们所熟悉的陇西工区五好标兵陈守忠同志。

贫农出身的陈守忠,从小就跟父亲劳动,养成了热爱劳动、艰苦朴素的优良作风。但在暗无天日的旧社会里,却饱受饥寒交迫。新中国成立后,陈守忠翻了身,1955 年加入了党的组织,真正成了生活的主人。

当党的引洮上山的伟大号召发出后,陈守忠同志首先报名参加,并在内心里立下了"水不上山,人不还乡"的雄心壮志。来到工地后,陈守忠同志担任了黄继光青年突击大队一中队副队长,现任一大队民兵中队队长。

两年多来,他一直勤勤恳恳地和群众同吃、同住、同劳动,遇事同群众商量,对群众无微不至地体贴照顾,因而各方面得到了广大群众的支持,出色地完成了党交给的光荣任务。

在两年零五个月的工地生活中,陈守忠同志从未缺过一次勤,始终和民工一起劳动、一起生活,不管暑热严寒,还是阴雨连绵,都从未动摇过他的引洮意志。开工初期,上级交给他们架设高线运输的任务。开始,有些人想不通,认为小推车就够先进了,还搞啥高线呢;行动迟缓,不愿安装。但陈守忠同志想,党的意见一定没错,便和五个党团员积极分子,带头安装,一次不成安两次,两次不成再继续试验安装,经过六次以上的试验,终于安装成功了;并由一筐改进为四筐运输,使挖运黄土工效大大提高,这个活的事实不但教育了广大群众,给右倾思想也是一个有力的回击。从此,高线运输很快在全大队普遍推广起来。

1959 年 3 月,古城水库还是大雪纷飞,寒风刺骨,陈守忠这个中队担负着大坝清基和截水槽开挖任务。由于抽水机械比较少,所以在施工现场老是聚满了几尺深的水,为了不影响正常施工,同志们只好下水作业。面临着这种情况,大伙不免都有些胆怯,个个面面相觑,谁也不肯先下水,陈守忠同志看到这种情况,心里焦急万分。他想"困难是吓不倒共产党员的",于是他毫不犹豫地挽起裤角,扑通一声跳进了刺骨的水中进行劳动,他越干越起劲。民工们看到这种情况说:"陈队长人家是干部都能下水劳动,咱们还不能吗?"紧跟着便有 20 多人下水劳动。经过一天的紧张战斗,工效只有 0.1 方,比 0.5 方的定额还差得很多。工效提不高怎么办呢? 陈守忠便思考解决这个问题的办法,但也没有想起来。后来,他突然想起党经常教导他的"有事找群众商量"这句话,他便召开了"诸葛亮"会议共同研究。结果创造出了小洼池、排水沟和漏铣铲沙的先进办法和施工经验。工效迅速由 0.1 方上升到 0.5 方。

今年 3 月爆破任务紧张,组织上又调陈守忠同志担任爆破队长。他采取了固定小组、责任到人的方法后,工效迅速由两人每天打炮眼 2 米上升到 4 米。陈守忠同志为什么能够这样埋头苦干、出色地完成了党交给的任务呢?用陈守忠同志的话说:"我爱引洮工程就像爱自己的家乡一样!我的心永远向着引洮。"的确这样,去年春节期间,他的孩子病故,不几个月祖父又去世了,这一系列的不幸对陈守忠同志来说,确实打击不小,可他并没有因此而影响工作,相反地愈加顽强起来。他把家中发生的一切不幸都瞒过了组织,领导知道后劝他回家看望一下,他却坚决拒绝了。两年多来,陈守忠同志就是这样忠心耿耿地为党工作着。

密切联系群众,处处关心群众疾苦,这是陈守忠同志一贯的优良作风。刚到工地时,好多人不服水土,闹了病。陈守忠同志便和民工上山拾柴,烧热炕给病号住,并在生活上无微不至地体贴照顾民工。林杰等人住了院,他又拿自己的钱买糖去看他们,并给他们讲述工地变化,安慰其好好养病。当这些同志的病好后,立即投入了紧张的施工战斗。

由于陈守忠同志经常地关心民工生活,因而民工对他非常信任和爱戴,真是上下一条心,黄土能变金。陈守忠同志无论进行什么工作都是一呼百应,再大的困难也能克服,民工们常说"和咱陈哥一起挺心欢,干啥事都有劲"。陈守忠同志由于紧紧依靠群众,做群众的知心朋友,所以各项工作都跑到其他队前面,经常受到领导上的表扬。

陇西工区党委组织部

（资料来源:《引洮报·第 308 期》第 3 版,1960 年 10 月 27 日）

47. 向荒山进军　与秃岭开战　通渭工区已开垦荒地三千余亩（1960 年 11 月）

在党的以农业为基础的思想指导下,通渭工区全体职工大办农业、大办粮食,积极垦荒开地,已经取得了很大成就。

自今年 8 月党发出"全党动员,全民动员,大办农业,大办粮食"的号召后,通渭工区党委立即发动群众开垦荒地,广大群众热烈响应党的号召,在积极搞好施工的同时,大力投入农业生产活动。截至目前,全工区在麻黄梁、南坪山、四条沟等地开垦了 3 000 多亩生熟荒地。在通渭工区所在地,有大片肥沃的生荒地和停种多年的熟荒地,给大办农业,大办粮食提供了良好的条件。广大职工充分利用工余时间向荒山进军,开荒垦地,为夺取粮食而战。在垦荒过程中,职工们吃苦耐劳,学习南泥湾精神,出现了许多先进集体和个人。如工区机关干部热烈响应党的号召,轮流参加垦荒劳动,二三十个人在较短的时间内就开垦了 150 亩地。一大队党委书记王国璋同志以身作则带领群众开地,手上虎口震裂了都不休息,对群众的启发很大。

现在,大规模的垦荒活动已基本结束,已转入籽种、肥料等准备工作中。目前,已备好洋芋籽种 37 000 多斤、粮食籽种 20 000 多斤。各队均开展了积肥活动,并计划在生荒地上以烧生灰的办法来造肥,为明春播种做好准备工作。

牛玉瑶、秦亚平

(资料来源:《引洮报·第 312 期》第 2 版,1960 年 11 月 8 日)

48. 干部分工包工种 填方工效猛上升
(1960 年 12 月)

平凉工区一大队三中队党支部,最近采取了干部分工包工种的有效措施,使填方工效显著上升,质量大大提高。

入冬以来,这个中队的填方工效只能达到 0.6 至 0.7 方左右,质量忽高忽低,有时达不到要求。为此,大队积极加强了中队领导骨干,配备了在填方工程上有经验的中队级干部 7 人,党支部采取了干部分工包工种的办法,扭转了工效不高和质量达不到要求的情况,11 月 21 日工效提高到 1.08 方,干容量从 1.43 提高到 1.71,超过了工区的要求。

干部分工包工种的具体做法是:一、由党支部书记幕喜德、朱世昌包干填方供土。由于要在半山上取土,他们修平了山上道路,把刮板改为车子,并利用溜土槽提高装土工效一倍多。二、干部朱子生和张世昌两人包干了运土,实行了一人一车组织竞赛,运土次数很快超过了中队计划数。三、中队长周辉文、团委书记王恒锐包干打夯,实行专人专业,由原来六个夯增加到八个夯,从而保证了质量,提高了工效。四、中队副王守金包干了工具修配,坚持每天上下工逐个检查收工具的制度,督促及时修好工具,不使因修理工具耽延施工时间。

通过干部包工种的办法,对劳动力的使用、计划更加紧密了,使直接工由93％提高到97％。干部坚持和民工同上工、同下工,同劳动,更加鼓舞了民工的劳动积极性。目前,这一措施正在全大队普遍推广。

贾建华

（资料来源:《引洮报·第 328 期》第 2 版,1960 年 12 月 10 日）

49. 把职工食堂认真办好（1960 年 12 月）

最近以来,各级党委采取了许多有效措施,认真贯彻执行党的关于办好职工食堂的指示,大力改进食堂工作,很多食堂办得越来越好了。不仅吃得饱、吃得好,而且吃得省,一些食堂(例如本报今天发表的秦安工区二大队第一食堂)每月还节余了面粉,伙食标准逐月降低,职工们很满意,劳动和工作劲头更大了。因此,所有的食堂都必须总结经验,吸取教训,向先进学习,兢兢业业,改进食堂工作,使食堂办得更好。

办好食堂,是党的一项极其重要的政治工作。因此,要办好食堂,就必须加强党的领导,坚持政治挂帅。各工区和大队都要配备一名书记专抓民工生活。各级党组织必须经常检查、研究民工生活问题。每个食堂都必须配备一名相当于工区科长级干部担任食堂主任,配备一名能力强、思想好、有群众观点、大公无私的脱产干部担任会计工作。同时,还必须通过酝酿提名,民工民主选举,把政治可靠、思想进步、工作热情、身体健康具有一定做饭技术的贫农、下中农选拔到食堂担任炊事员。只有这样,办食堂的经验才有人总结,群众对管理食堂才有积极性,才有人组织,大家对食堂的意见也才有人集中反映。没有党的坚强领导和一批能力强、思想好的管家人,食堂是不能办好的。

食堂办得好的一个重要标志,就在于使民工吃饱、吃好、吃省,要做到这一点,首先,必须把食堂口粮管理好,计划好,使用好。必须按照编制人数,核实人口,保证职工吃够每月的口粮标准,防止一切虚报冒领、超吃粮食等现象发生,并要想尽办法堵塞一切可能出现的浪费、丢失等漏洞。对于食堂的财务管理,不论是自己生产的或购置的都必须记账，做到收支有账，出入有据，日清月结，按月公布。其次，还必须认真贯彻以人定量，指标到食堂，分等供应；计划用粮，节约用粮，粗细搭配；粮菜混吃，饭馍调剂，凭票吃饭；伙食节约归己，粮食节约归食堂的各项原则。

要办好食堂，还必须认真依靠群众，发动群众，实行民主管理，经常倾听群众意见并检查和改进食堂工作。人们对伙食总是根据现有条件，而不断要求改善的，要看到人们的要求和意见是想把伙食办得更好。食堂的领导者和管理人员，如果善于组织群众的力量，把大家发动起来，要通过大大小小的事实，让群众感觉到食堂是自己的，从而关心食堂，热爱食堂，自愿地为食堂多做些事，千方百计地把食堂办好。那么，人多力量大，什么困难都会得到解决，什么意见也都能说清楚。这也可以说是能否把群众发动起来的一条标志。

大搞食堂家底生产，是办好食堂的物质基础，必须由少到多，逐步发展，逐步扩大。此外，安排好食堂的劳动力，实行定员、定额和实行包产、包工，超产有奖的方法。大搞炊具改革，讲究卫生，提高饭菜质量等，都是办好食堂必不可少的。但是只要首先有了党的领导，有一批好的管家人，获得了群众的拥护，那么，就一定会制定出好的安排计划、科学的制度和建立起雄厚的家底，也就一定能够把职工食堂办得有声有色、人人称赞。

（资料来源：《引洮报·第330期》第1版，1960年12月14日）

50. 听毛主席的话就会胜利——介绍
周占龙同志学习主席著作的事迹
（1960年12月）

榆中工区著名先进生产者、三登拉马崖的英雄——周占龙同志，开工初期还是一个普通的工人，而现在却是野战突击中队的党支部书记兼团支部书记。为什么他进步这样快？一句话，是毛主席思想武装了他，给了他工作武器。

解开学习上的思想疙瘩

周占龙同志起初学习主席著作，的确遇到了不少困难，也进行了一番曲折的思想斗争。原来他认为文化低，打开主席著作，什么"矛盾""客观""主观"……根本弄不懂,只好搁下。后来党号召开展主席著作学习运动,以毛泽东思想武装工农青年。这时他又想:"我是一个共产党员,必须带头学好。"大队党委李正渭书记也对他进行动员鼓励,还教给了他许多学习方法,帮助他订立了学习计划。这样使他明确了学习主席著作的重要,明确了学习的目的,克服了畏难情绪。

认真地读毛主席的书

学习上的思想疙瘩一解开,占龙同志就积极认真地开始读书,书本、钢笔、笔记本常带身旁,有空就看,不懂就记,见人就问。除了劳动时间外,一切时间都用来读书、写笔记,越读越有劲,越读越爱读。他前前后后买了20多本主席著作书籍,读过300多页主席著作,因而成为全中队的学习模范。

主席著作指导了工作

周占龙同志不但书读得多,读得好,而且能联系实际,用来指导工作。如野战突击中队有一段时间职工干劲不大,出勤、工效不高,他就根据主席在《关心群众生活,注意工作方法》一文中所指示的:"解决群众的穿衣问题,吃饭问题,住房问题,柴、米、油、盐问题,疾病卫生问题,婚姻问题。总之,一切群众的实际生活问题,都是我们应当注意的问题。假如我们对这些问题注意了,解决了,满足了群众的需要,我们就真正成了群众生活的组织者,群众就会真正围绕在我们周围,热烈地拥护我们。"检查了自己的工作方法,并且了解到有些民工没有换上单衣,工地上开水供应不足,对病号生活照顾不够好。他抓住这些群众最贴身的问题,以身作则首先自己拿出布证,带动大家互相调剂解决;在工地上设立了开水站;深入宿舍对民工进行慰问,给病号端饭送水。……由于他这样关心体贴群众,民工们说:"再不好好干,如何对得起党呢?"从此,这个中队在各项工作上赶在了前面。

不断学习 不断前进

周占龙同志他牢牢记着毛主席关于不断革命论的教导,继续采取多看、多想、多用的办法,利用一切时间坚持学习,决心读毛主席的书,听毛主席的话,跟毛主席走,当毛主席的好学生,并以主席著作指导工作,不断地获得跃进。

榆中工区团委

(资料来源:《引洮报·第332期》第2版,1960年12月18日)

51. 家野齐收 数质兼顾：秦安、天水、武山工区 小秋收运动成绩显著(1960 年 12 月)

为了办好职工食堂,改善职工生活,秦安、天水、武山工区领导广大职工,积极开展了一个群众性的家野齐收、数质兼顾的"小秋收"运动。从 12 月 5 日到 11 日已收获干菜 34 700 多斤,制作淀粉的蕨菜、板蕨、蕨根、甘草等野生植物的根茎等 29 800 多斤。

这次"小秋收"运动是节约用粮、计划用粮、细水长流、有备无患的一个极有力的措施。因此,群情高昂,行动迅速,在很短时间内,取得很大成绩。同时,这三个工区在运动中还采取了如下办法：一、深入钻研党的政策,具体细致地贯彻党的政策。各工区党委根据中央指示,在工区党委常委会议上作了具体研究和讨论,统一了思想,一面成立领导"小秋收"运动的组织,一面深入群众做调查研究,掌握家野菜的资源;并通过一系列的党委扩大会,党、团员会,干部会和全体职工参加的广播大会,反复宣传了政策,使群众明确了开展"小秋收"运动的重要意义。民工说："党的指示真英明,跟着党向前进;一片菜叶一粒粮,积少成多有备无荒。"由于党的政策掌握了群众,变成了巨大的物质力量,"小秋收"运动很快地掀起了高潮。二、加强党的领导,抓紧有利时机。当各工区党委的号召发出后,各级党组织都分别成立了"小秋收"领导小组,书记挂帅,以食堂为单位发动群众,自下而上地提出了生产指标,实行了任务到小队,责任到个人,有领导、有计划、有目的进行采集,各工区机关干部采取轮换办法,抽出专人出外远征。因而,一场与时间赛跑的争夺战轰轰烈烈地开展起来了。如秦安工区一大队各中队党支部书记亲自带领,在 6 天内就采集各种干菜 9 290 多斤,其中二中队每人平均超产三斤半完成了任务。三、宣传了以集体采集为主,个人采集为辅,集体采集归集体所有,个人利用工余时间采集的食堂论价收购,兑付现金以及超产得奖的政策。各工区党委还作出了"哪个单位采集归哪个单位使用"的决定,更加鼓舞和激发了广大群众的积极性。四、开展检查评比,及时总结经验,推广经验,以促进"小秋收"运动的深入开展,秦安工区在运动中,及时总结出：大家一同去,回来比成绩;逐人过秤,登记验收;表扬先进,促进落后;和一访(访问当地老乡)、二动(听到就去,看到就拾)、三不采(不采有毒性的野菜,不采发霉腐烂的蔬菜,不采有杂物的家菜、野菜)的工作方法。被天水、武山工区采用后,"小秋收"运动开展得更加深入细致了。五、边采集、边加工、边保管相结合,是巩固成绩的主要一环。运动一开始,各工区就注意了把收获的家菜、野菜拣净、晒干、贮藏好的工作。经过试验,所采集的干菜一斤可以代替六至八斤青菜食用,而且味道很好。制作淀粉的原料加工试制后效果也很好。

目前,三个工区的党委在已经取得显著成绩的基础上,抓紧时机,在家菜、野菜还未被冬雪掩盖前,继续领导广大职工,为取得更大的成绩而奋战。

本报兼职记者张诚、记者有流

(资料来源:《引洮报·第 334 期》第 1 版,1960 年 12 月 22 日)

52. 认真进行思想教育 贯彻三包一奖政策
天水工区三中队元月上半月日日超产
(1961 年 1 月)

从去年 10 月实行三包一奖的天水工区三中队,元月上半月日日超产,夺得开门红。他们在 1 600 米运距上,运砂实际工效 0.328 方,超过了定额。其中一小队达到 0.43 方。全中队每天总方数由 3 日的 31.2 方逐渐上升到 49.98 方。仅据 15 日统计,五天超产 25.55 方。

这个中队在元月上半月能够旗开得胜,首先,是党支部充分依靠了总人数 83.6％的党、团员,以党支部、党小组为核心领导,坚持定期和不定期的党、团组织生活会,研究工作中存在的问题,作出决议,再通过党、团员,坚决贯彻执行;其次,是抓紧了对青年民工的教育,经常采取个别谈话进行说理教育,特别注意了多表扬,少批评。这种方法很受群众欢迎,效果也很好。在今年开工前,党支部就以去年贯彻了"三包一奖"后所取得的巨大成就作了宣传,大大鼓舞了广大职工继续跃进的必胜信心,为大战 1961 年奠定了良好基础。他们一致反映:我们参加引洮,这是党对我们的信任,也是党为满足广大人民改变甘肃干旱面貌愿望的伟大措施,我们一定要在新的一年做出新的成绩,报答党对我们的关怀。接着,又进行了革命传统和新旧社会对比的教育,树立起艰苦奋斗,克服困难,发愤图强,向革命老前辈学习的决心,普遍发出了将引洮工程干到底的豪迈誓言。

通过一系列的教育工作,广大职工的劳动热情更加饱满,劳动自觉性更加强了,他们自动将包趟到人的每班六趟修订了为七趟,并千方百计努力超产。

如运沙原为两条道路,一条是安全而且比较平坦的缓坡,但很少有人走,一条是爬上陡坡紧靠悬崖车□却很拥挤。共产党员魏发祥在两条道上做了试验,都是 1 600 米。他主动向党支部建议适当的控制险道通行,保证了生产的安企,保证了持续跃进。

最近,他们还开展了群众性的既抓先进又抓后进的活动。通过这一活动,达到大家监督、互相鼓励、共同跃进的目的。同时,恢复了以前树标兵、插红旗、上红榜的活动,给"三包一奖"竞赛运动,增添了丰富多彩的内容。

有流

(资料来源:《引洮报·第 351 期》第 1 版,1961 年 1 月 28 日)

五、引大入秦工程

1. 中华人民共和国与国际开发协会开发信贷协定(甘肃省开发项目)(1987年)

一、项目内容

A 部分：农业

1. 完成引大入秦水利灌溉工程规划,灌溉 57 000 公顷土地；

2. 从周围地区(系指永登县秦王川)移入约 15 000 家农户约 80 000 人；

3. 开发靠雨水浇灌的关川河盆地约 76 000 公顷土地,其中包括修造沟田和梯田；

4. 提供施工设备和材料；

5. 提供培训、考察和为帮助实施施工监督的咨询专家服务。

B 部分：教育(略)

C 部分：工业

1. 向轻工和乡镇企业提供信贷资金；

2. 提供下列技术和设备援助：

(1) 国外和国内培训及考察；

(2) 为在选中的地区中进行分行业研究,即进行甘肃农产品加工业的研究,提供咨询专家服务；

(3) 办公设备和车辆。

二、项目贷款额度

甘肃省开发项目的贷款额为 100 001 910 个特别提款权,相当于 15 000 万美元的信用贷款和 2 000 万美元的银行贷款。

所谓信用贷款是指由国际开发协会提供的无息贷款,简称"信贷"(IDA Credit),也称"软贷款"(soft loan)。银行贷款是指由世界银行提供的有息贷款,简称"银行贷款"(IBRD Loan),也称"硬贷款"(hard loan)。

甘肃省开发项目中农业和教育分别为 1 亿 3 000 万美元和 2 000 万美元的信用贷款,工业为 2 000 万美元的银行贷款。

三、贷款项目周期

甘肃省开发项目自 1987 年开始,计划 1993 年 12 月 31 日结束。

四、贷款的偿还

软贷款的偿还期为 50 年,包括 10 年宽限期(即在头 10 年中不还本,只对已支付的部分每年付 0.75％的手续费和对未支付的部分每年付 0.5％的承诺费)。

硬贷款的偿还期为 20 年,包括宽限期 5 年(头 5 年只付息不还本,第 6 年开始还本付息。年利息采用可变利率计息,1986 年下半年的利率为 7.92％,1990 年下半年的利率为 7.75％)。

贷款到期后的还本付息和每年应支付的承诺费及其他费用,由省财政厅、省计委分别列入省财政收支计划和地方自有外汇收支计划,分年度偿还并按规定支付。

(资料来源:《天水师专学报》1991 年第 3 期)

2. 引大入秦工程技术考察团赴瑞典、挪威、西德、 香港地区技术考察报告(1988 年 12 月)

前言

1988 年 12 月 9 日至 12 月 27 日,由中国技术进出口总公司、铁道部工程指挥部、铁道部第十五工程局、铁道部第二十工程局、铁道部工程指挥部研究设计院、甘肃省引大入秦工程管理局等单位组成的引大入秦工程技术考察团,对瑞典、挪威、西德以及香港地区几个使用阿特拉斯·科普柯(ATLAS·COPCO)公司设备的工地和该公司所属的几个地下、露天施工设备制造厂进行了实地考察和各种技术座谈,其中有:公司的地下试验场、辛巴(SIMBA)工厂(主要生产液压凿岩机和整机组装)、阿乌斯(AVSO)工厂(主要生产钻孔台车大臂、底盘、推进器等)、不来梅(BREMEN)工厂(该厂位于西德的不来梅市,为目前世界最大的生产露天钻机的工厂)、香港石岗仓库(设备大修及配件存放)、NACKA工地(斯德哥尔摩市的一个露天深孔爆破开挖工地)SKA NSKA 地下工程(瑞典的一个将地下油库改为热电站地下贮煤库的改建工程)、奥斯陆(OSLO)隧道(瑞典奥斯陆的一个海底公路隧道)、香港大老山隧道、香港嘉华碴场开采工地等。

考察中结合引大入秦工程的实际情况,着重对该公司设备的制造质量,在一些具体工点的配套使用效果以及施工中的有关技术、方法、工艺、管理等方面进行了考察。通过考察和座谈,不仅增进了我们对该公司产品质量及性能的了解,同时在设备配套、生产管理以及施工技术等方面学到了不少可供借鉴的成功经验。现将此次考察情况整理汇总后介绍如下,以供有关单位了解情况和在今后施工中参考。其中一些常见的施工技术问题和有关引大入秦工程的技术咨询讨论,已有详细报告,本文不再赘述。

一、阿特拉斯·科普柯公司近况简介

瑞典阿特拉斯·科普柯公司,自 1873 年创办以来,经过一百多年的发展已成为一个多种经营的集团公司,目前已能生产 300 多种标准产品,1987 年的销售额为 21 亿美元(其中中国占 8％)。公司现有雇员 8 000 人,工作人员约 2 万人。目前,该公司在 54 个国家设有分公司,在另外 70 个国家和地区设有代表办事处,在 16 个国家(包括中国)有制造工厂。他们的口号是:"世界就是我们的车间。"

公司总部下设五个主要产品分部:

1. 采矿与建筑技术部(MCT)——专门制造采矿及建筑施工机械;

2. 空气动力部——制造压缩机和压缩空气的产品系统;

3. 工具技术——制造工业用风动及电动工具及其系统;

4. MONSUN—TISON——制造液压及风动部件；

5. BEREMA——制造柴油机驱动的手扶钻机。

其中,采矿与建筑技术部和空气动力部已同中国签订了许可证协议,同意下列工厂生产该公司的产品：

天津压缩机二厂生产 LE 型小型活塞式压缩机；

无锡压缩机厂生产 XAS120 及 XAS160 型拖曳式压缩机和 GA6、GA7 型固定式压缩机；

天津冷冻机厂生产 GA100 及 XAS85 型固定式和拖曳式压缩机；

沈阳风动工具厂生产 COP1238ME 及 COP1032HD 型液压凿岩机；

南京工程机械厂生产 BOOMERH 174、H175、H178 型和 PROMECTH529、TH530 型液压凿岩台车。

此外,在北京还设有办事处和零件供应中心。

公司的核心产品是凿岩机,除我们所熟知的 COP1038、COP1238 型液压凿岩机外,现又生产出 COP1440 型(功率 75 kW,钻速 3.6 m/min)和 COP1550 型(一种适用于钻阶梯式大直径深孔的重型凿石机)。

隧道钻孔台车以轮胎式居多,也有少量器臂轨轮式；在操作上有用计算机控制的,也有抗震、抗噪声的封闭式操作室。

为了延长钻孔深度,在导轨上可增设接长钻杆机构,有的机构可使孔深达 20 m。(图略)

露天钻机,根据所钻孔的孔径与深度分为轻、中、重型,计有 ROC512HC、612HC、712HC、812HC(812HCS)和 936HC 型等,能在 -30℃ 的气温条件下(有的可达 -40℃)作业。钻机自带压风和照明设备,故可减少很多附属设施。

在公司总部,有一个规模庞大的地下试验基地,各种设备总装后,均要在这里进行考核试验。

目前,阿特拉斯公司又开展了两项对外业务：

一是设备租赁业务。施工单位根据自己的工程需要,可向该公司租赁机械设备。据介绍,基本租金为该机价格的 10%,然后从租出之日起,每月租金为 2%。这些设备也可作为二手产品出售。

二是增设承包施工现场设备维修、保养及配件供应等业务。公司可派人常驻工地,保证设备的正常使用。

二、施工技术及工艺

（一）今后隧道施工技术及设备的发展趋向

阿特拉斯·科普柯公司虽然是一个地下工程机械设备的生产厂家，但该公司却有强大的研究、设计队伍，在软件开发方面有着雄厚的实力。他们广泛收集各种资料和试验数据以及工程实例，建立了一个庞大的数据库，从中分析、研究今后地下工程施工的新技术、新动向，并不断提出自己的设想。他们有一个规模很大的地下试验基地可供试验验证。因此，他们开发研制的产品有较扎实的理论与技术依据。这是他们能不断提高、发展、更新自己的产品，保持强大的生命力与竞争力的重要基础。

他们认为今后地下工程发展的趋向是：

1. 钻爆法仍然是主要的开挖手段。

2. 电是主要动力。

3. 施工机械向自动化发展（特别是一些危险性较大的工序）。目前已研制出带有计算机程序控制的钻孔台车，小巷道施工用的遥控装碴机正在试验当中。

4. 用户对设备的要求，除了质量、效率、精确度、完善率和价格外，还要求设备有多用性能，如液压钻孔台车，除了能钻炮孔和锚杆外，还应能钻探测地质、水文的深孔和注浆钻孔。

5. 进一步研究人体工程学——人体对噪声、振动、温度、湿度等作业环境的要求。目前，该公司正在进行带有密闭操作室和减震装置的钻孔台车的试验，操作人员可以在轻音乐声中进行钻孔作业，操作室内振动小，温度、湿度基本适宜。

6. 在工作面合成炸药。根据工作面的水文、地质情况和不同的炮孔所要求的炸药性能，调整炸药的组成及配比，在工作面合成、装药。

7. 只使用同一段的电雷管，以程序控制起爆间隔和顺序。目前的毫秒雷管每段的间隔是一定的，不利于根据岩层特性来调整起爆时间。

他们根据上述发展趋向，来开发研究其施工技术、方法及工艺以及相应的产品。用他们的话来说，就是要使公司成为"发展生产力的伙伴"。

（二）施工方法

施工一般都采用全断面一次开挖。奥斯陆海底隧道的开挖断面积为 $107\ m^2$，只有一个工作面采用过下导坑引进两步开挖。香港大老山隧道九龙端洞口段，地质为砂黏土，采用了环形开挖、用铲斗挖掘机开挖、装载机装运。

（三）初期支护技术

在我们考察的几个地下工点中,对初期支护是非常重视的,其中以锚——喷支护较为广泛。

……

三、施工设备的使用及配套

这次除了对地下工程设备的使用、配套进行考察之外,也对露天作业设备进行了了解。总的印象是：

1. 地下工程施工向无轨方向发展。在断面为 $5×5$ m 的地下通道施工中也采用无轨设备。

2. 根据工程的具体条件,严格进行设备选型、配套,使各种设备的效率相匹配,消除薄弱环节。

3. 设备配备数适度,在施工地点没有多余设备,有些工序采用社会化生产,如混凝土的制备、出碴、运输等可委托其他部门承担。

4. 非常注重设备的维修、保养。如在香港大老山隧道施工中,将设备的维修、保养及配件供应承包给阿特拉斯公司,该公司的技术人员常驻工地,有效地保证了施工的需要和设备的完好。

……

四、企业管理

这次考察除了对施工现场的组织管理进行了考察外,对阿特拉斯·科普柯公司的几个主要工厂的管理及生产组织也进行了了解。他们在机构设置、人员配备、管理方式等方面有不少地方是值得我们借鉴的。

（一）地下施工

1. 在地下工程施工中,他们采用少工班、长作业时间、集中休息的制度。这与我国的"三八"(三班八小时作业)或"四六"(四班六小时作业)工班制是不同的。他们一般是每天两班制,工作时间为 10—12 小时。奥斯陆海底隧道组织了三个工班,每天两班作业(据介绍瑞典政府不允许三班作业),每班工作 10 小时,一个工班连续工作两星期(每星期工作 5.5 天)后换班休息一星期。大老山隧道采用两班制,每班工作 12 小时。当然,这与体质、工作条件、周围环境有关,像我们多在荒凉之地施工,这种集中休息可能会带来不少问题。

2. 多功能工班。就是一个工班能进行多种工序的作业,能够做到需要干什么就干什么,这样就可实现正常的作息制度。而目前我们是专业化的工班,常常因为某一工序不能按时完成而打乱计划,致使有些工班只得采取包干制,何时干完何时下班。

3. 施工人员少而精。由于其工人素质好且多能,加之一些工序实行了社会化生产,现场实际施工人员比较少。如奥斯陆海底隧道,一个通过斜井进入正洞的施工工地,有两个 107 m² 的工作面进行注浆、开挖,总共只有 30 人。SKA NSKA 地下贮煤库,多个通道的开挖和库顶的锚-喷支护作业,总计 26 人施工;大老山隧道进、出口两个斜井进入正洞施工,施工人员也只有 200 人左右。

(二) 工厂的生产组织及管理

阿特拉斯·科普柯公司有世界著名的液压凿岩机生产工厂,也有世界最大的露天钻机生产工厂,由于采用科学管理和生产过程的自动化,工厂总人数都在 300 人左右(其总公司规定一个工厂不得超过 500 人)。

……

五、几点感受与建议

这次考察,虽然时间较短,但考察的项目很多,内容很丰富:既考察了工地,也考察了工厂;既参观了地下工程,也参观了地面工程;既了解了设备的制造过程,也了解了设备的配套使用;既有施工技术项目,也有组织管理内容。这些内容,有的可供我们借鉴,有的值得我们深思。

(一) 安全、正规、均衡、是我们所考察的地下工程施工的共同特点

在我们所考察的几个地下工程施工中,一个突出的特点,就是概括体现了六个字:安全、正规、均衡。

安全,就是给人一种可靠的安全感。从我们所参观的几个地下工程看,虽然绝大多数未进行衬砌,但开挖成型好,全部进行了合格的初期支护,在洞内未发现有塌方的地段,也听不到有关于处理塌方的"经验"。

正规,就是作业符合规范,质量符合标准。在隧道施工,每道工序都严格按要求进行。我们在参观时看到,光面爆破后留下的半眼痕迹间距均匀、平行,甚至有的三个循环的炮痕都在一条直线上,其初期支护,做得比较标准。瑞典对锚-喷支护是很注重的,在软弱地层中施工,虽有很强的初期支护,但衬砌一直紧跟。为了及早封闭围岩,不惜增加施工的难度,而采取先做仰拱,然后进行

墙、拱衬砌。

均衡,就是均衡生产。由于工期有科学依据,设备及技术措施能适应工期要求。因此,在施工进度上不出现高峰和低谷,也不搞创纪录的高产。一般一个工作面的月进度在200米左右,综合工效是相当高的。

而我们在隧道施工中,一个很突出的问题就是作业不正规。由于不正规作业,导致施工不安全,质量无保证,工效也就很难提高。特别是对初期支护,总有一种侥幸心理,要么就是不做,要做也不认真,以致塌方事故屡见不鲜。此外,不顾客观与可能来抢进度、赶工期,导致难以收拾的后患。当然,这与当前招标工作中脱离实际、盲目追求短工期和低造价有关。但不管怎么说,它终究严重影响着隧道施工的安全、质量和工效,也妨碍着隧道施工水平的提高和施工队伍的建设。

(二)工人技术全面,是隧道施工组织精干、人员少的重要因素

在地质条件、机械配备基本相同的隧道施工中,不同的施工单位则有不同的施工效果,造成这种不同的一个重要因素就是工人的技术素质。从我们所考察的地下工点中都可以看到,他们的工人都可从事多种专业的工作,普遍实行了多专业的工班组织,每个工班都可进行任何一道工序的作业。其工人不仅技术全面,而且熟练,一个工人就可熟练地操纵一台两臂甚至三臂台车。这样就大幅度地减少了洞内的施工人员,目前我们在隧道施工中,采用单专业工班制,每道工序按2—3个工班来组织,则人员就要多出好几倍。以奥斯陆海底隧道为例,完成两个断面积为107 m²的注浆和开挖,单项专业工班组织的施工人数将超过多专业工班组织的4倍。

同时,这种多专业的工班组织能实现按时上下班。这不仅便于管理,也有利于工人的身心健康。

(三)社会化生产,是提高企业总体效应的有效途径

社会化生产,就是把一些生产环节或产品由其他单位来承担。在地下工程施工中,他们把运料、出碴、混凝土生产等承包给其他单位。大老山隧道的承建单位还把设备的维修、保养和配件供应都包给阿特拉斯公司。该公司派4人常驻工地,这些人不仅会修理、使用机械,而且懂施工技术。这就保证了设备的完好和施工的需求。

又如,阿特拉斯公司的几个大型的工厂,其产品供销世界各地,但其零配件的生产,只有35%是自产,其余均外购。所以,每个工厂有300多人就够了(这当

中还包括科研人员）。

社会化生产的结果，不仅减少了企业的固定资产，而且简化了很多管理、维护、使用的机构及人员，对提高企业的综合效益，特别对一些分散的小型建设项目，是一条很有效的途径。

（四）工人积极性的调动，是多种因素共同作用的结果

我们一般都认为，在资本主义国家内，金钱是万能的。阿乌斯工厂厂长就否定了这种观点。他认为，作为一个企业管理人员，不仅要懂经济学，而且要懂心理学，调动工人的积极性，不能单纯靠金钱，应该是多种因素共同起作用。在这方面，他们有不少值得我们考虑的做法。

1. 要不断激发工人的追求心和上进心。他们根据工作的复杂程度等因素，划分了9个台阶（或等级），不同的台阶有不同的标准和待遇。这些不同的台阶就能不断刺激工人的追求心理，激发他们的上进心。

2. 采取经常更换工种，使工人有新鲜感，从而激发他们对工作的兴趣。

3. 鼓励人才流动。对于已达到高等级的工人，鼓励他们走向社会去从事其他的高级工作。这样做的结果，既提高了工厂在社会上的信誉与地位，也吸引了不少年轻有为的人才进入工厂，形成了一种很有生气的人才流动循环。

4. 注意改善工作条件，尽可能使工人有一个舒适的工作环境。我们参观的工厂、车间井井有条、干干净净，工人在轻音乐声中工作，机床都用计算机控制，危险、笨重的工作则由机器人和自动车来完成。

5. 领导与工人互相信任，关系融洽。工人的工作完全受计算机指令的控制，消除了工作分配上的一些消极因素。

厂长的工作也受计算机控制，上班时一按按钮，计算机就显示出厂长一天的工作内容，处理完需要处理的问题后就可自行安排，不存在工人对厂长工作的非议，相互之间比较融洽。工人也很幽默，他们把送料的自动车（按计算机的指令沿着地下预埋的信号电缆路线，奔走于各机床之间）都以公司领导的名字命名。他们说，我们每时每刻都看到领导在为我们服务。

厂长与工人在经济关系上也不存在人为的主观成分。工人在完成指令的工作后，计算机将工人的工作情况（包括质量、工时、各种消耗指标等）输入各自的户头，然后工人到财务或银行取款，既不发生工人之间的横向攀比，也消除了厂长与工人之间的经济纠葛。

目前，我们有些企业和单位，在学习发达国家的先进生产管理方式中，有些

片面地强调了金钱的作用,而忽视了一些重要的人为因素,以致出现了不少不良现象和后果。我们认为,上述工厂的管理思想和一些做法是值得我们思考的。

通过这次考察,我们想提出几点建议供研究和参考:

1. 目前总公司系统的各施工单位,已从单一修路转向社会各个建筑行业,工程类目繁多,工点分散,而对工期要求又较严,要取得好的综合效益,除了加强管理和提高技术素质外,就是开展机械化施工。但是,如果不能合理利用机械设备,仍像过去那样各自为战,势必造成设备的积压和浪费。因此,我们建议总公司系统成立机械设备租赁公司,开办机械设备租赁业务。机械设备所有权,有些是公司的,有些仍为各局所有,公司可协调办理租赁手续。这样,就可有效地发挥设备的使用效率,减少机械设备的重复购置。

2. 对职工的技术培训,应从单项专业转向多面手方向发展,使每个职工能进行多工种作业。技术人员应打破土木与机械专业的界限,施工现场的技术人员,应该是搞机械的要了解施工技术,搞土木的要熟悉机械设备的性能与使用。此外,还应适当增加工程地质人员,在奥斯陆海底隧道的一个工地上,7 名技术人员中就有 3 名地质人员,而在我们的施工单位中,工程地质技术人员实在是太少了。

3. 在购置设备时,可以考虑购置二手设备。我们这次参观香港石岗仓库工程,设备在这里经整修后,性能都不错,但价值便宜不少,根据我们的具体情况可以考虑购置这些设备。

4. 在我们的隧道施工中,塌方事故是屡见不鲜的。究其原因,主要是忽视临时支护,只想省工、省料,结果却适得其反。从安全、质量,也从工效考虑,应该把临时支护(对于新奥法施工的隧道,已不是临时支护,应该是初期或一期支护)列为隧道施工一道重要工序,与开挖、衬砌并列,并有成洞换算指标。因此,我们建议:

(1) 在用料方面不要包干,因为一包,就想节约归己。应该是实耗实算,对于喷射混凝土,可以考虑一个回弹率,要想得"油水",只有从提高技术减少回弹量中去"捞"。

(2) 在工效方面,要修改目前的成洞换算比例,应由主管单位根据各隧道的设计资料,制订临时(初期)支护的成洞比例,并相应降低开挖与衬砌的成洞比例。比如,完成 1 延米临时(初期)支护,可换算成洞 0.1—0.15 m(即 10%—15%),石质极不良地段支护量大的隧道,比例还可提高。只有这样,工程队才不会感到进行临时支护是"白干"了。

5. 尽量开展社会化生产。在有条件的地方施工,应尽量使混凝土生产、运输、运碴甚至修理等业务以及一些附属工程社会化,要充分发挥目前总公司系统的工厂、办事处、基地的服务职能,减少施工单位的后勤保障机构及人员。

（资料来源：《铁道建筑技术》1990年第2、3期,第34—43、38—45页）

3. 引大入秦灌溉工程总干渠招标设计中的几个问题(1989年3月)

引大入秦灌溉工程是一项跨流域引水的大型水利工程,灌区位于兰州市以北约60公里的秦王川地区,是甘肃中部干旱地区之一。总干渠引水枢纽位于大通河上,通过长87公里的总干渠,引水灌溉干旱缺水的秦王川地区,总干渠设计流量32米³/秒,年引水量4.43亿立方米,规划灌溉面积86万亩。其中提水灌溉面积10.1万亩。

全部工程包括引水枢纽、总干渠、干渠3条,支渠45条以及斗渠以下田间工程。干支渠全长848公里,其中隧洞长154公里,渡槽倒虹吸长24公里,其他建筑物4 314座。总干渠全长87公里。其中引水枢纽1座,隧洞33座,长约75公里;单洞长度大于5公里的4座;单洞最长为盘通岭隧洞,长15.72公里;渡槽8座、倒虹管2座,长约2公里;其余明渠等长约9.6公里。此外,尚有分水、泄水及排洪等渠道建筑物64座。

总干渠末尾分设两条干渠,东一干渠全长59.1公里,设计流量14米³/秒,包括新建输水渠长3.8公里,原永登东干渠扩建55.6公里。东二干渠全长54公里,设计流量18米³/秒,在其后段设抽水分干渠,长15.6公里,分设6级提水,设计小提水流量3.73米³/秒,最大提水高度154.9米,平均提水高度约76.8米,装机容量6 755千瓦。

全灌区规划布置支渠45条,全长687公里。此外,还有86万亩灌区田间渠系工程和平田整地工作。

主要工程量土石方开挖1 630万立方米,土石方回填671万立方米,洞挖土石方293万立方米,现浇混凝土及喷混凝土106万立方米,砌石39万立方米。

总干渠于1978年开工,由于资金不足,1981年停工缓建。1985年11月经国家批准将干渠上最长的咽喉盘道岭隧洞发包给日本国熊谷组承建,已于1986年9月开始施工。整个工程计划于1993年基本建成,工期7年。

　　引大入秦工程系利用世界银行贷款项目,全部工程费用 10.45 亿元,贷款总额为 1.3 亿美元,其余部分由省地方财政解决。此项贷款属于国家向世界银行总贷款的一部分,经财政部转贷给省政府,还款期 20 年(包括宽限期 7 年),转贷利率 3%。

　　1987 年底,国家计委批准引大入秦工程使用世界银行货款,同意将总干渠中施工难度大的单项工程和部分施工机械设备进行国际招标,其余总干、干渠工程的施工将在国内或省内进行招标。

　　根据总干渠的具体情况和世界银行贷款数额,总干渠划分为五个营造合同,两个合同按世界银行贷款项目要求进行国际招标,其余三个合同采用国内招标选定承包商施工。

　　总干渠国际招标于 1987 年 3 月,我院会同澳大利亚雪山工程咨询公司专家组正式进行招标准备工作,同年 10 月完成投标商资格预审并出售招标文件,1988 年 2 月 25 日开标并开始评标,同年 10 月将国际招标第一组工程授予铁道部第二十工程局、中国大千技术进出口公司、铁道部第十五工程局组成的联营体。国际招标第二组工程授予意大利 CMC 公司、华水水电工程建设公司组成的联营体,整个招标工作历时 20 个月,目前两组工程的合同正在进入实施阶段。与此同时,总干渠国内招标的第二组工程也于 1988 年 4 月开始招标,1989 年 4 月授予铁道部第二十工程局、中国大千技术进出口公司、铁道部第十五工程局组成的联营体。总干渠国内招标第一组工程、第三组工程目前正在进行施工招标。

　　由世界银行推荐的澳大利亚雪山公司作为国际招标的咨询单位,分别对招标文件的编制、招标、评标、合同谈判提供了咨询服务。雪山工程公司通过国际竞争性招标又承担了总干渠国际招标合同的施工管理咨询服务。

一、招标阶段的设计深度

　　招标设计是编制招标文件和签订承包合同的基础。因此,只有保证招标设计有必要的深度,才能保证工程的总体布置、工程项目、结构型式、工程量在合同实施时没有较大的变化。由于水利水电建设工程规模、开发方式及地质条件的千差万别,目前还很难提出一个统一的招标设计深度标准。我国现行的设计程序根据《水力发电工程初步设计编制规程》规定分为河流(河段)规划、可行性研究、初步设计、技施设计四个阶段。招标设计一般要求在批准的初步设计的基础上进行,但按照《初设规程》的要求编制的招标图纸,施工组织设计在内容和深度

上均不能满足需要,在合同准备和编制招标文件的过程中又要做大量的补充工作,这是因为:

(一)招标图纸是招标文件的一个重要组成部分,用来明确表示发包工程的范围和内容。在编制招标文件过程中,招标图纸作为编制标底的技术依据,投标时,是承包商进行投标和估价的主要依据。之后,招标图纸列入合同文件,成为承包商得标后组织施工的依据。

(二)按照惯例,招标文件所示的图纸,仅供招标和报价用,合同签订后,仍需由设计单位提供设计详图,承包商根据施工需要,可绘制补充的施工详图,但需工程师单位审查同意。引大入秦国际招标文件特殊条款第 6 条规定"招标文件中的图纸仅供招标使用。在编制招标文件时,这种招标图纸表示按照合同要求实施的工程,并尽可能明确和详尽。对于未标示尺寸的永久工程,在机械设备采购之前和最终的总体和细部编出之前,这些图纸尽可能地接近最终尺寸,并按比例绘制。……"总干渠招标合同基本上属于单价合同,因此,招标图纸尽量做到详尽、明确、接近最终尺寸。

(三)合同条款第 51 条规定"工程师认为必要时,对全部或部分工程的形式,质量和数量作出变更"。特殊条款第 52 条规定"指令所做的该项实际工作量超过或少于标定的工作量的 25%以内,报价工程量清单中任何项的费率或价格不得改变"。这就要求设计单位在施工图设计时,工程量的变更和招标图纸相比在 25%以内时,不调整合同单价,否则就会引起变更单价的合同谈判,合同单价应根据承包商和工程师商定,予以调整。这一条款实质是约束设计单位,使之努力提高招标与合同文件中图纸的准确性,提高合同文件工程量清单中所列数字的准确性。

(四)为满足招标合同的需要,施工组织设计除继续执行现行初设规程外,还需编制工程建设的施工规划。施工规划是以招标设计的成果和建设单位对工程建设中的有关问题的意见(主要是分标意见、材料供应原则、付款方式、建设单位提供的条件等)为基础编制的。与我们传统的施工组织设计有相似之处,但它涉及的范围远远超过了一般的施工组织设计。招标文件中的施工组织设计虽然是不对外的,但其主要成果均反映在招标文件中,是编制标书和合同在技术上的主要依据。施工组织设计要提出工程筹建期工程项目的内容和任务;划分根据分标合同确定的由业主和承包商分别完成的工程项目,并提出两者衔接和协调的关系;还为进行工程筹建期项目的进一步设计委托、招标和施工提供基础资料,施工组织设计中所确定的工程、进度计划、施工程序。施工场地规划、当地建材供应条件及技术供应,是合同条款中的主要条件,也是制定技术规范、编制标底、进行评标和监督工程施工的基本依据。所以,招标文件中的施工组织设计应在初步设计的基础上有所提高和补充,才能满足工程招标、投标的要求。

综上所述,在完成了初步设计之后,需要一个招标设计阶段,相当于原来的初设和技施设计阶段增加一个招标设计阶段。设计深度达到技术设计阶段,初设批准后需要留够一定的设计周期。一般情况下,合同文件的编制要在初设批准一段时间后进行,为了缩短施工筹建期的施工准备时间,在对整个项目的建设方式和合同划分及其与工期的关系进行研究之后,就可以将一些准备工程划为单独的合同,早一些开始设计、招标施工。

引大入秦总干渠工程合同文件的编制是在完成技施设计(1978年开工,1981年停工)的情况下进行的,招标文件编得比较严谨、完整,合同条款、技术规范的规定与工程量报价表及招标图纸相一致。但由于工程规模大,建设战线长,所处地区地形、地质条件复杂,施工筹建期的临时工程,如施工供电、供水、施工通讯,施工场内公路,跨大通河公路桥等,都按"一阶段设计"的深度,由业主进行单独施工招标。

二、项目合同划分和合同形式

(一)项目合同划分。引大入秦工程的建设方式采用了竞争性招标和邀请招标的方式。这样就要研究项目合同的划分,由于总干渠线较长,地形、地质条件较为复杂,隧洞数量多,施工难度大,对于这样一个规模较大的招标工程,一般来说,标分得多一些,能够吸引更多的投标商,可以发挥不同专企、不同公司的特点,发挥各承包商的优势,有利于竞争。但同时分标过多将增加招标以及合同实施阶段在各承包商间进行协调和管理的工作量。另一方面,由于总干渠的工期较长、投资分年筹措的情况,工程分标、分期兴建。分期招标,一般地采用一标一招、一标一选。这样分项招标在时间上是先后进行的,可以避免因时间过程所带来的随机因素(如物价上涨、自然灾害等),使招标切合工程实际。这样后一标可在总结前一标的经验基础上加以改进。鉴于这种情况,按照工程总进度要求和施工准备工程及主体工程的不同特点进行分标。由于施工准备工程项目具有独立性强、工程分散、工程量不大、专业各异,以及总体布局上干扰小等特点,将其分成单独项目进行招标。同时,针对总干渠的地理位置、交通条件、施工位置、技术难度、施工进度、风险程度将主体工程分为五组招标。实践证明,这样的做法是合适的。

1. 施工临建工程的分标:为了使中标的施工单位进点后能尽早开展合同工程的施工,不必用较长的时间去从事临建工程和准备工程,这些筹建期的准备工作将由业主通过邀请招标的方式,发包给一些专业工程公司承建。

(1)施工供电:为了向施工作业点供电,业主需要沿总干渠渠线架设长 35 公里的 35 千伏高压输电线路和长 45.7 公里 10 千伏高压输电线路、一座 35 千伏开关站、两座 35 千伏变电所。由主干线向各施工作业点的输电线路和降压变电站由承包商设计、建造。

(2)施工供水:总干渠的上段,渠线沿大通河布置,各施工点的供水,由承包商自己包建。总干渠下段渠线偏离大通河,施工作业点无河道地面水源,需打井提取地下水,业主需发包兴建水磨沟、双牛沟、龙家湾三处供水工程,包括三眼机井和抽水泵站,铺设长 4.28 公里的供水管线和压力水池。

(3)施工通讯:承包商营地与引大入秦工程建设管理局(永登)之间的通讯,采用超短波和电力载波相结合的方案。永登到通远采用超短波通讯,通远到承包商营地和施工现场利用架设的 35 千伏、10 千伏电力线作载波线路,沿渠线设 13 个通讯站,每个通讯站设一台 50 门人工交换机,供承包商营地到施工作业点通讯使用。由于通讯施工专业性强,所以采用议标的承包方式由业主组织建设。

(4)施工桥梁:由于渠线和对外公路分布在大通河的两岸,跨大通河架设五座永久性公路桥,其中四座为单跨 40 米的预应力钢筋混凝土 T 型梁桥,一座跨度为 80 米的钢板组合梁桥。这些桥的施工非建桥专业队伍是难以胜任的,所以业主采用邀请招标的方式承包兴建。

(5)场内施工道路:全线需修建到各施工作业点的施工公路 56.64 公里。各施工作业点到对外交通公路(7202 公路)按沟道分段,属于国际招标工程部分的由业主招标承建,属国内招标工程部分由承包商按给出的设计图纸总价发包,和主体工程的合同同时执行。

2. 主体工程的分标:在总长 87 公里总干渠工程中,有 33 座隧洞。其中,单洞长大于 1.5 公里的有 10 条;有 4 条较长隧洞,分别是:8# 隧洞(长 4.77 公里)、26# 隧洞(长 5.40 公里)、30A 隧洞(长 11.65 公里)、38# 隧洞(长 5.32 公里)。对于长隧洞通过国际招标引进一些先进的施工技术、施工设备、施工组织和施工管理的经验。根据这些长隧洞工程地质条件可以分为两种情况:一组隧洞穿过的地层岩性为板岩、变质砂岩、灰岩、大理岩，一般可划为硬岩隧洞，主要采用钻爆法施工；一组隧洞主要穿过第三纪沉积地层，主要岩层为砂质砾岩、砂岩和白垩纪的砂岩和砾岩，一般可划为软岩隧洞，主要采用全断面掘进机或悬臂式掘进机掘进。根据地质特性将 10 条隧洞分为两组，又把两座大型倒虹吸工程分到两组隧洞工程中去，进行国际招标。国际招标第一组工程包括 6#、7#、8#、22#、23#、24#、26# 七条隧洞，总长 21.95 公里，先明峡桥式倒虹吸管一座，水头 107 米(有四根 550 米长、2 米直径的预应力混凝土管，部分管通由一座 140 米长的管桥所支承，以及渠道及隧洞之间的连接建筑物)。第二组工程包括 30A、38#、39# 三座隧洞，洞长 18.47 公里，水磨沟埋式倒虹吸管一座，水头 76 米(有四根长 640米、直径 2 米预应力混凝土管，埋入两洞间的沟道)，以及渠道和连接建筑物。总干渠剩余的短隧洞、渡槽、明渠、引水枢纽，分为三组进行国内竞争招标。第一标渠线长 10.51 公里，包括大通河上引水枢纽一座，隧洞 1#、2#、3#、4#、5# 五座，长 4.64 公里，泄水闸一座和 5.9 公里的明渠以及渠道建筑物。第二标渠线长13.54 公里，包括 10#、11#、12#、13#、14#、15#、16#、17#、18#、20#、21# 共 11 座隧洞，长 12.16 公里，渡槽一座长 105 米，泄水闸一座以及明渠和渠道建筑物。第三标渠线长 4.12 公里，包括 27#、29# 两座隧洞，长 1.36 公里，渡槽五座长 717米，泄水闸二座，总分水闸一座，以及明渠和渠道连接建筑物。

(二)合同形式。国际承包合同，通常有三种类型，即总价合同、单价合同及成本加费用合同。

1. 总价合同：要求承包商对承包工程项目报其总价，中标者按签订合同确认的总价包干，负责建成合同规定的全部工程项目，业主不管项目实际工程量的增减及各种变化，均不以调整价格费用，而按合同规定拨款。显然，这种合同类型主要的风险由承包商承担，承包商也有可能获得较多的利润。这种方式对发包单位来说，投项容易控制，手续较为简单，适用于施工工期较短，较为简单的单项工程承包。在总干渠工程合同中有 8 项属于总价合同，例如：施工供电、通讯、供水、桥梁、道路、引水枢纽的施工导流工程；承包商在工地的临时工程等。对于总价合同的报价，承包商需要充分估算气候的影响、地质条件的变化以及物价上涨等不可预见的因素。然而，尽管如此，在实际执行合同中，仍然会出现超越承包商预料的风险，造成其费用的亏损，从而承包商会千方百计地把风险转移一部分给业主承担，要求设计单位出变更设计通知，因此往往会造成争端。所以，在总干渠以隧洞为主的主体工程，由于地质条件复杂，施工周期较长，不宜采用总价合同形式。

2. 单价合同：是以承包商中标时所报的各项工程单价为基础，而工程量是经工程师批准并实际完成的数量结算工程款，作为业主向承包商进行月支付的依据。所以，单价合同是双方承担风险的。

总干渠主体工程的五组国际、国内招标工程都是采用单价合同形式发包的。

由于采用单价合同，招标文件所列工程量和报价表所列的"计算工程量"仅供投标单位编制标书和确定报价之用，并不能作为实际支付的依据。而施工图纸和招标图纸相比的任何变更往往涉及工程量的变化，并且相应地造成支付款的变化，即导致业主和承包商分担风险。为此，施工设计图纸的重大变更切不可单纯从技术或结构的角度决定，尽可能从合同的角度分析和论证其经济的合理性，以免造成设计和支付的脱节。根据国际合同的一般条款，单价合同的变更是有限度的。若由业主或工程师方面引起变更的原因，使承包商在合同终止时，得到的实际费用比投标总价增加或减少 15％时，承包商则有权要求调正或修改原单价。由此可见，单价合同条款不仅约束承包商，也同时约束业主和工程师。

3. 成本加费用合同：要求承包商对承包工程项目报其人工费、施工设备费、材料费、管理费的基本价格以及利润比例，业主按上述实际发生的各种费用，并外加规定的利润向承包商支付，利润的数量可视工程难易程度或按工程的实际成本提取。这种类型合同中的主要风险由业主承担，无论工程量增减或出现任何工程变化，承包商都依然获得利润。所以，业主对招标合同规定项目一般不采用这种合同形式。但是，在合同执行中，如果业主或工程师追加合同之外的工作，则只能按这种形式向承包商支付附加工程的费用，即称为计工日支付。计日工费用中包括人工费、施工设备费、材料费的基本价格，每项价格又由直接费用、管理费用和利润组成，各项价格均按小时单价计算，其价格列入合同文件中。当设计变更、自然条件变化，工程量清单造价表中未列的项目等导致追加工程项目时，则工程师可以指示承包商来完成这些合同外项目。该项目的费用按计日工方式给予支付，即按人工、设备的实际工作小时，材料实耗数量按合同中各项基本价格计算。在总干渠合同中凡对合同外附加的工作均采用计日工的支付方式。从而，这种合同形式可成为合同应变能力的一个补充措施。

三、施工招标中的标底的编制

编制标底是招标的一项重要准备工作。标底是招标工程的预期价格，标底的作用是为评标、定标服务的,是衡量投标单位的准绳。它是评标的主要依据之一。

标底一般在初步设计批准的总概标基础上编制的。设计概标是建设项目全部投资的控制数额,除工程的施工费用外,还包括生产准备费、建设场地征用费、勘测设计、职工培训以及建设单位管理费等多项费用。而工程施工往往采取分阶段或按单项工程招标,某些大型临时工程需要在招标准备阶段由建设单位兴建,因而上述某些费用就不一定包括在标底之内。还有当前存在的市场采购的材料差价在概标中以价差预备费列出,但在制定标底则必须对这些影响造价的因素予以适当的估计。此外,施工管理费也要施工管理单位和承包商之间的合理分摊,都需要在标底中予以考虑。

由于工程招标一般都在分阶段、分标进行的,因此在批准的设计概标的基础上,按照管理单位和分标项目的划分,进行分标概算的编制,分标概算的总投资额应与设计概算的总投资额一致。分标概算是编制标底的基础。为了做好分标概算,就要认真编制好分标的施工组织设计,施工组织设计中所确定的工期、进度计划、施工程序、施工方法、施工场地规划、当地建材供应条件及技术供应在编制确定分标概算中占有相当重要的地位,同时也是编制标书、制定技术规划、进行评标的基本依据。所以,分标概算是设计概算的深化和补充。在此基础上,再进行分标标底的编制。

本工程是按两种招标形式进行招标施工的,所以工程标底的编制办法也是按两种不同的要求进行的。利用世行贷款进行国际招标的项目,是按世行要求编制工程师概算(标底,本文从略)。国内招标先编制分标概算再编制标底。

目前,水利水电工程的标底编制没有统一的编制办法。根据水电部颁发《水利电力招标投标工作条例》中的规定,标底编制的原则:① 项目划分应与招标项目一致;② 一般应把各种费用捆在一起,编成综合性单价或总价,即把直接费、间接费和其他应计的费用都包括在内;③ 标底编制,以有关的定额、价格或工程概标为基础,参照类似工程的预算、决算或其他有关材料,针对工程所在地现行的价格水平、客观条件、施工力量等情况,经分析研究适当调整后确定……引大总干渠工程国内招标标底编制就是参照上述规定进行的。把临时工程和其他费用分摊到各个工程项目的单价中,另一部分没有包括在承包合同中,由业主另行安排。这里重点介绍由分标概算到标底编制的有关问题。

(一)材料单价:编制概算全部采用国拨价格计算,材料的涨价因素从价差预备费支出。近年来的资料表明,物价呈跳跃式上涨,承包商已无力承担材料差距,主要材料的涨价因素宜由招标单位承担。为此,在招标文件中对水泥、木材、钢材、石油产品、炸药等主要材料规定市场价格并在施工期固定不变。业主承诺支付实际发生的价差。对于次要材料的价差风险,可由承包商承担。

(二)当地材料:主要是混凝土粗细骨料、块石料、料石,考虑在开采过程中要征用当地的河滩地、林地、耕地,宜由当时乡镇施工企业组织沙石料供应公司,对承包商按固定不变价格供应和概标计算价的差额由招标单位支付。

(三)临时工程费的分摊:

1. 由建设单位承建发包的有施工供电、通讯、供水、道路、桥梁、沙石料供应、临建房屋等;

2. 由承包商修建的有场内道路到施工作业点的供电系统、通信线路和通信设施、施工供水、生活设施、工地办公室、仓库及车间、医疗卫生设施、消防设施等,在工程量清单中列为一个项目单项叫筹建费,其数额在不得超过合同价的5%中支付;

3. 其他临时工程费用:应摊入工程单价的其他直接费内。

(四)间接费用的分摊计算:按以下两类分摊:1. 进入工程单价的间接费用;2. 进入建设单位管理项目的间接费。以上两部分投资之和,应与设计概算间接费总额相等。但二者如何分摊,目前还没有具体的规定,考虑到在招标合同准备阶段,业主为主体工程的施工作了一定的服务工作;同时,考虑到承包商为了增强报价的竞争力,管理费都作了适当降低。为此,建设单位管理费部分可以暂定为:对建筑工程采用3%—5%,对安装工程采用30%。

(五)其他工程费用的分摊

1. 生产准备费:建设单位管理费、生产职工培训费、办公和生活用具购置费、工器具及生产家具购置费、备品备件购置费及联合试运转费不列入承包合同,由业主另行安排。

2. 技术装备费:承包合同中不列项,全部摊入各项工程单价中。

3. 施工辅助费:包括施工单位转移费、冬雨季施工增加费、施工津贴及副食补贴、煤粮菜运输差价补贴、工地交通补贴费均分摊到所承包的各项工程项目的单价中去。

4. 其他费用:建设及施工土地征用费、勘测设计费、科学研究试验费、建设场地完工清理费、环境绿化费均不列入承包合同,由业主另行安排。

(六)基本预备费:在承包合同中列项,定名"暂定金额"总额系按各项目费用预估,约为报价的7.5%。用于追加采购的支付、设计变更的支付、追加工程项目的支付及不可预见费用的支付,该金额可以全部和部分使用,由工程师决定。

根据上述各方面费用的分摊,按照招标文件工程量清单列出的报价项目编制工程综合单价,工程综合单价由人工费、材料费、施工机械使用费、其他直接费、临时设施摊销费、间接费、计划利润、税金组成。同时,标底在分项分部项目划分上和招标文件相一致,以便和投标商的报价相对照。

总干渠国内第二组工程参加投标的有水电施工企业两家、铁道部施工企业两家、冶金部施工企业一家、煤炭施工企业两家共七家投标商,其开标结果和按上述方法编制的标底相比较,中标价比标底低23%,最高报价比标底高35%,报价低于标底的三家,高于标底的四家。最低报价和最高报价相差2.09倍。由此可见,标底的编制是比较合理的。

标底的编制工作,在我国尚在摸索之中,需要通过今后的工作实践,及时总结经验,寻求科学合理的编制方法。

贾忠全,甘肃省水利水电勘测设计院

(资料来源:《甘肃水利水电技术》1989年第3期,第24—31页)

4. 甘肃省引大入秦灌溉工程(1989年3月)

引大入秦灌溉工程是将秦王川西部水量丰富的大通河水东调,用以灌溉干旱缺水的秦王川地区。它是一项跨流域引水的大型工程。

工程规划灌溉面积86万亩,灌溉水利用系数0.58,设计净灌水率0.219每万亩,总干渠设计引水流量32 m³/s,加大流量36 m³/s,河源供水保证率采用75%,年引用水量4.43亿m³。

工程系统包括总干渠及其引水枢纽、干渠、支渠以及斗渠以下的田间配套工程。总干渠长86.94 km,3条干渠总长约120 km,45条支渠总长687 km。斗渠以下田间渠道总长14 604 km。支渠以上(含支渠)有各类建筑物4 598座;工程总量2 739万立方米,其中洞挖土石方293万立方米,明挖土石方1 630万立方米,夯填土石方671万立方米,混凝土及钢筋混凝土工程106万立方米,砌石工程39.1万立方米,耗用水泥43.38万吨,钢材5.39万吨,木材10.1万立方米,劳动力4 693万工日,总投资10.65亿元。(1987年4月《甘肃省引大入秦灌溉工程可行性研究报告》)资金来源中有国际开发协会(IDA)和国际复兴开发银行(IBRD)的信贷和贷款 1.23 亿美元。全部工程均准备采用招标承建,计划施工期为 1987 年至 1993 年。

一、自然条件

秦王川地区位于兰州市以北、景泰以南、皋兰以西,面积约 2 800 km²,是甘肃省中部干旱地区之一。主要辖属兰州市永登县,部分辖属皋兰县。

秦王川盆地在兰州市区以北约 60 km,盆地南北长约 42 km,东西宽约12 km,地势由北向南倾斜,海拔高程自 2 300 m 降至 1 850 m 左右,地面坡度为1/80—1/100,地形平坦,土地集中连片。有耕地 57.2 万亩,占秦王川地区的54%左右。

处于秦王川盆地以西,与庄浪河谷之间的永登东山、北山丘陵区及哈家咀川,为低丘与川谷相间的地形,山脊高度一般为数十米到上百米,发育有较大的沟谷川地,均系由北向南倾斜,海拔高程自 2 300 m 降至 1 740 m,地面坡度为1/50—1/120。有耕地 26.8 万亩,占秦王川地区的 26%。

在东山、北山丘陵区以西的庄浪河沿岸川台地属河谷冲积平原,自北向南倾斜,海拔高程自 2 250 m 降至 1 750 m。有耕地面积 11.30 万亩,占秦王川地区的11%,是庄浪河的老灌区。

在庄浪河和大通河分水岭地带,是引大入秦灌溉工程总干渠通过的民乐、通远、七山等干旱山区,受大有牌楼构造隆起带的影响,形成了分别属于大通河、湟水及庄浪河三个流域的沟系,地势总的趋势仍为自北向南倾斜,有若干沟谷川地,坡度稍陡,土壤分散,大多数是山坡地。在海拔 2 500 m 以下有耕地 9.64 万亩,占秦王川地区的 9%。

秦王川地区属干旱草原地带,成土母质多为第四系黄土和第三系红土,此外尚有坡积、洪积及冲积物等。灌区土壤属灰钙土类。团粒结构具有黄土母质的基本性状,土壤耕性好。一般而言,有机质含量低,缺氮少磷,钾素较多,PH 值略大于 8,宜于种植粮食和经济作物,发展林牧业等。秦王川盆地内的土层较薄,多在 1.0—2.5 m,局部地区厚度小于 1.0 m,其他地区特别是丘陵区沟谷川地的土层较厚,可达数米到数十米。

秦王川地区地处西北内陆,属大陆性气候,干旱少雨、蒸发量大,降雨多集中在 7、8、9 月。地区多年年平均降水量 284.8 mm,年蒸发量 1 888 mm,年平均气温 5.9℃,年蒸发量约为年降水量的 6.6 倍,干旱是本地区最大的自然灾害。遇大旱年景,颗粒不收。要彻底改变秦王川地区的干旱面貌,改善农业生产条件,逐步提高当地人民的生活水平,只有从外流域调水入秦王川。

黄河二级支流大通河,发源于青海省木里山,流经刚察、祁连、门源、互助县及甘肃省的天祝、永登县,于甘、青两省交界的享堂峡汇入湟水,然后汇入黄河。河流长约 520 km,流域面积 15 130 km²。连城以上属流域上、中游,地形为峡谷与盆地相间,地势高,雨量充沛,植被完好,风景优美,著名的吐鲁沟风景区就在连城上游约 20 km 的大通河右岸。

大通河河水在平水及枯水期主要由泉水和融冰雪水补给,水量稳定。汛期在 6—9 月,河水主要是暴雨径流补给,水量变化较大。引大入秦工程渠首处大通河多年平均流量 81.7 m³/s,平水及枯水期月平均流量为 20—37 m³/s,汛期月平均流量为 116—185 m³/s。大通河水较清,实测站年平均含砂量为 0.587 kg/m³。大通河水质好,水量充沛,渠首处河源来水保证率为 $P=75\%$ 时的年径流量为 21.7 亿 m³,能够满足引大入秦灌溉工程年引用水量 4.43 亿 m³ 的需求。

二、工程规划设计及前期建设情况

为了解决秦王川地区干旱缺水的问题,甘肃省有关部门从 1956 年就开始踏勘研究调水工程方案。

总干渠工程于 1976 年 11 月开始施工准备工作,1980 年进入主体工程施工。1981 年停工缓建,历时四年多。完成的主要工程项目:隧洞掘进累计长约 11 km(大部分未衬砌),施工辅助斜开 1.4 km,5 座渡槽基础及部分槽墩、几处暗渠及渠道排洪建筑物,以及主要的施工大型临时工程。1982 年以后,37# 盘道岭隧洞进出口工作面采用常规的钻爆法开挖,喷锚及现浇混凝土组合式衬砌继续施工,38# 毛家沙沟隧洞出口工作面采用 TBM(全断面隧道掘进机)开挖,喷锚衬砌。1985 年 11 月,国家批准将 37# 盘道岭隧洞的剩余工程发包给日本国(株)熊谷组承建,已于 1986 年 9 月正式开工。

1987 年 4 月完成《甘肃省引大入秦灌溉工程可行性研究报告》,已于 1987 年 6 月经国家计委批复,确认引大入秦灌溉工程总投资 106 530 万元,工期 7 年。扣除已由日本国(株)熊谷组承包的总干渠 37# 盘道岭隧洞和 1986 年以前已完成的工程之外,剩余 89 530 万元投资的工程将申请世界银行贷款及甘肃省统筹安排资金兴建。拟根据工程规模、施工条件及技术难易分为国际招标部分、国内招标部分以及由建设单位组织当地民工建设的部分。

三、工程简况及目前进展情况

1. 总干渠工程

总干渠渠首引水枢纽位于大通河甘肃省天祝县天堂乡科拉沟口下游 400 m 处,进水闸布置于左岸,底槛高程 2 255.5 m。水磨沟以上称总干渠上段,线路沿大通河左岸南东走向,渠首闸后长约 4 km 的明渠在河谷阶地沙砾石层中通过,之后渠线主要通过白垩系角砾岩、砂砾岩及泥质砂岩,岩性较软弱,易风化,遇水易崩解。水磨沟以下称总干渠下段,渠线向东经大沙沟穿越大通河和庄浪河的分水岭至毛家沙沟,再逆庄浪河右岸向北至香炉山沙沟渠尾总分水闸止,底槛高程 2 18□.22 m。这段渠线主要经过黄土覆盖的中低山区。渠线主要穿过第三系和白垩系砂岩、砂砾岩、泥质砂岩、砂质泥岩及疏松砂岩等软弱岩石。第三系地层地质构造不发育,但结构疏松、强度低、易风化、遇水易崩解。

从总体上看,引水枢纽及总干渠沿线的工程地质条件是较好的,水文地质条件比较简单,不存在影响工程建设的重大地质问题。需要注意的是穿过第三系软弱地层的 37# 盘道岭隧洞埋深较大地段,开挖后洞身围岩稳定问题。

总干渠全长 86.95 km。包括引水枢纽 1 座、隧洞 33 座,长 75.14 km;暗渠 22 座,长 1.5 km,渡槽 9 座,长 977 m;倒虹管 2 座,长 1 060 m;明渠长 8 km,其他分水、泄水、排洪、桥梁等建筑物 52 座。

长 15 723 m 的 37# 盘道岭隧洞及长 11 649 m 的 30A 水磨沟隧洞,都是目前国内较长的隧洞。26# 土路坪隧洞和 38# 毛家沙沟隧洞的长度也都超过了 5 km。高差达 107 m 的先明峡桥式倒虹管和高差为 76 m 的水磨沟埋式倒虹管也都是大型单项工程。

37# 盘道岭隧洞通过邀请三家国际投标商投标,由日本国(株)熊谷组中标承建,于 1986 年 9 月正式开工,目前隧洞掘进累计已超过 5 km,约占总长度的 1/3。

总干渠的国际招标工作,从 1986 年就开始编制招标文件。1987 年 4 月,在联合国的《国际发展论坛》杂志上刊登了引大总干渠将进行招标工作的消息。1987 年 6 月 4 日,在《人民日报》及《中国日报》上刊登了资格预审通告。1987 年 9 月完成了对中外 33 家投标商的资格预审报告,有中外 22 家投标商通过了资格预审。1987 年 10 月初出售招标文件,1987 年 11 月初有中外 14 家投标商参加了现场考察和标前会。1988 年 2 月 25 日在北京开标,有中外 12 家投标商对引大总干渠两组国际招标工程投了标。5月份完成了评标报告,随后与中标的投标商举行了合同谈判。

铁道部第二十工程局、十五工程局及中国大千技术出口公司组成的联营体中标承建总干渠国际招标第一组工程,包括 6#—8#、22#—34# 及 26# 七座隧洞和先明峡桥式倒虹管,承包段总长度 22.86 km。1988 年 7 月 11 日发出授标函,1988 年 9 月 5 日签订合同,于 1988 年 10 月中旬正式开工。

意大利 CMC 公司与中国华水水电工程公司组成的联营体中标承建总干渠国际招标第二组工程,包括 30A、38#、39# 三座隧洞和水磨沟埋式倒虹管,承包段总长度为 19.38 km。1988 年 8 月 31 日发出授标函,1988 年 10 月 13 日签订合同,于 1988 年 12 月正式开工。

1988 年还开始进行了国内招标工作,由铁道部第二十工程局、十五工程局和中国大千技术出口公司组成的联营体中标承建总干渠国内招标第二组工程,包括 10#—21#(10# 隧洞已建成)十一座隧洞,承包段总长度 11.56 km。1988 年底签订合同,于 1989 年 4 月 1 日正式开工。

总干渠国内招标第一组工程包括引水枢纽,1#—5# 五座隧洞及渠道工程,全长 10.52 km,现在正在进行招标工作,预计可在年内开工。

总干渠国内招标第三组工程包括天王沟、水磨沟、大沙沟、毛家沙沟和龙家湾沙沟五段渠道工程,水磨沟段有 27#、29# 两座隧洞,其余地段主要为明渠、渡槽等工程。全长仅 4.24 km,准备在今后几年里逐步开工兴建。

总干渠的 9#、19# 和 25# 隧洞已全部建成。为施工做准备的跨越大通河的桥梁、道路、输电线路、变电站等大型临时工程,也都已基本建成。总干渠渠尾的总分水闸拟与东一干渠输水渠同时招标兴建。

总干渠计划在 1993 年全部建成。

2. 东一干渠工程

东一干渠工程由新建输水渠及原永登东干渠改扩建两部分组成。渠线总长 49.56 km,其中,新建输水渠 3.66 km,改扩建部分 45.9 km。东一干渠自总分水闸分水流量 14 m³/s,改扩建部分的设计流量 13 m³/s。远景规划灌溉面积 39.32 万亩,近期灌溉面积 31.06 万亩。

东一干渠新修输水渠自香炉山沙沟总干渠总分水闸起,沿香炉山沙沟右岸东行穿过庄浪河后接原永登东干渠。渠线主要穿过奥陶系变质砂岩夹千枚岩、第四系黄土状土及砂砾石层。主要工程地质问题是黄土状土的湿陷和冻胀问题。主要建筑物有隧洞、渡槽和穿越庄浪河的倒虹管。

原永登东干渠虽然已运行二十几年,且许多旁山渠段已改建为短隧洞,但仍有许多不稳定渠段需加固或改建。主要工程地质问题仍然是黄土湿陷及控制渠道稳定问题。

为了尽量减少改扩建工程对原永登东干渠灌溉效益的影响,东一干渠新建及改扩建工程采用在甘肃省内招标兴建。

甘沙沟至拱子沟段新 1# 和新 2# 两座隧洞工程已于 1988 年进行招标,由甘肃省水利厅工程地质队中标承建,承包段长度约 7 km。现正进行施工准备工作,将于近期正式开工。

1989 年计划对满城渠首到甘沙沟段约 10 km 改扩建工程进行招标。新建输水渠工程(含总干渠总分水闸),拱子沟至杨家岘段改扩建工程和杨家岘至下华家井段改扩建工程计划从 1990 年起陆续招标兴建。

3. 东二干渠工程

东二干渠近景规划灌溉面积 37.045 万亩,远期灌溉面积 50.645 万亩(含抽水干渠的 13.6 万亩)。设计流量 18 m³/s,加大流量 21.5 m³/s。全长约 5□ km。其中,隧洞 29 座,长约 28.5 km;渡槽 15 座,长约 4 km;跨越庄浪河的倒虹管 1 座,长 2.07 km;渠道长约 19 km(含涵洞及其他各类建筑物在内)。

东二干渠自香炉山沙沟总干渠总分水闸分水,闸底板高程 2 189.97 m(高出总分水闸底板 0.75 m)。逆庄浪河右岸北上至石咀子,该段线路主要穿过白垩系砾岩尖砂岩、砂砾岩夹砂岩、第三系泥质砂岩夹砂砾岩,地质构造不发育,奥陶系地层较硬但较破碎,而白垩系、第三系地层岩性较软、易风化、遇水易崩解。该段渠线穿行于红层低山区,以隧洞和渡槽为主。

东二干渠在石咀子处拟以长达 2 km 的倒虹管跨越庄浪河,河床砂砾石层厚达 40 m。随后东二干渠东南向进入北山丘陵区,渠线穿过第三系砂质泥岩夹沙砾岩、第四系黄土状土及砂砾碎石层,土质构造简单,无滑坡、坍塌等不良地质现象。隧洞穿过的第三系岩层岩性软弱、强度低、易风化、遇水崩解,第四系黄土状土,除埋深较浅的进、出口局部外,隧洞洞身一般都属密实度高的无湿陷性黄土。

东二干渠自长细沟进入秦王川盆地北部,东行至甘露池止,渠尾设计高程在 2 165 m 左右。渠线主要通过第四系冲洪积黄土质砂壤土。

东二干渠在设计基底以上均无地下水出露,就总体而论,工程地质条件是较好的。丘陵区的黄土状土明渠段应注意解决湿陷及冻胀破坏问题。

东二干渠工程浩大,拟分成四组在国内招标兴建:

第一组工程为从香炉山沙沟至石咀子庄浪河右岸渠段,全长约 8.5 km,主要是隧洞和渡槽工程,5 座隧洞长约 7.12 km;

第二组为跨越庄浪河的倒虹管工程,长约 2.1 km,进出口高出河床约 40 m;

第三组工程从庄浪河左岸至邓家咀,渠线长约 17.5 km,主要是隧洞和渡槽工程,其中隧洞 13 座,长约 13.52 km;

第四组工程从邓家咀至渠尾甘露池渠线长约 25.8 km,前半段主要是隧洞和渡槽工程,后半段是渠道工程,其中隧洞 11 座,长约 7.88 km,明渠约 16 km。

计划从 1989 年到 1990 年陆续招标兴建,第一组工程力争在 1989 年内开工。

4. 东二干渠抽水分干渠工程

依据秦王川地区总体用水规划,在庄浪河上的调蓄工程和调庄入秦工程实施之前,引大入秦的部分水量可以在秦王川盆地北部东二干渠以北发展抽水灌溉。可灌溉面积约 10 万亩,设计抽水流量 4 m³/s。抽水分干渠在长细沟自东二干渠分水,渠线长约 16.3 km,经 6 级提水后至高程 2 300 m 左右,最大提水高度约 140 m,装机容量约 7 000 千瓦。

渠线经过第四系冲洪积黄土质砂壤土,层厚 1.0—2.5 m,其下为砂砾碎石土或第三系砂质黏土岩,泵站均可坐落于砂砾碎石土或第三系砂质黏土岩上,无地下水,工程地质条件良好。

抽水分干渠拟在 1990 年以后经国内招标后兴建。

5. 支渠工程

引大入秦灌溉工程共规划支渠 45 条,全长约 700 km,流量为 0.1—3 m³/s。约有 200 km 支渠是利用原永登东干渠支渠进行改造的,新修支渠约 500 km。所有支渠将根据渠系和地形特点分组在甘肃省内招标兴建。

原东一干渠的支渠(原永登东干渠支渠)计划从 1989 年开始修建或改建。

6. 斗渠以下的田间配套工程

引大入秦灌溉工程灌溉面积 86 万亩。其中只有十几万亩是老水地,但田间配套设施不全,灌溉效益不好,仍需补充田间配套工程。

全灌区 86 万亩耕地,需兴修斗渠约 1 700 km,农渠 2 050 km,毛渠 11 000 km,各类建筑物约 146 000 座,道路约 6 400 km,林带 9 200 km。动用土石方达 3 亿立方米。全部田间配套工程将由兰州市组织当地农民分期分批实施。

引大入秦灌溉工程是甘肃省的重点建设项目。除了上述工程内容外,还有向灌区移民、施工期的咨询服务以及运行管理的培训工作等。省内外、国内外投入了大量人力物力正在进行引大入秦灌溉工程的建设工作。

引大入秦灌溉工程建成后,将极大地改变秦王川地区的干旱面貌,使昔日荒漠秃景变为万顷良田,郁郁葱葱,林、路成网,村落棋布的新农村。秦王川地区将成为为兰州市提供瓜果、蔬菜、肉禽蛋和畜产品的副食品基地。

马啸非,甘肃省水利水电勘测设计院

(资料来源:《甘肃水利水电技术》1989 年第 3 期,第 31—36 页)

5. 黄罗斌：书赠引大入秦工程
(1989 年 8 月 28 日)

山势巍巍壮志酬,车轮滚滚战未休。

移师东向寒风凛,为国献身无所求。

掘进艰辛动天地,断层深处步紧行。

钻吼连营数百里,人民丰衣暖心头。

(资料来源:韩正卿著:《韩正卿日记·引大卷·一》,兰州:
甘肃人民出版社,2013 年,第 258—259 页)

6. 引大入秦部分工程进行国际招标的体会
(1990 年 9 月)

引大入秦工程是从青海大通河引水至甘肃秦王川的一项跨流域引水的大型水利灌溉工程,该工程主要负责位于兰州市以北 60 多千米秦王川地区的灌溉。它对于改变兰州市干旱多灾的落后面貌具有重要的意义。同时,也是强化甘肃省农业基础,改变中部地区农业生产条件,增强抗御自然灾害能力的一条长治久安的根本性措施。

引大入秦工程是利用世界银行贷款的项目全部工程系统包括引水枢纽及总干渠、干渠、支渠及斗渠以下的田间配套工程。其中,总干渠长 86.94 km(包括隧洞 33 座,长 75.14 km),设计引水流量 32 m³/s;3 条干渠总长约 120 km;45 条支渠总长约 687 km;斗渠以下田间配套渠道总长约 14 604 km。该工程总投资为10.65 亿元,其中利用世界银行贷款 1.23 亿美元,计划施工期为 7 年(自 1987 年至 1993 年)。由于总干渠工程隧洞长占渠线长度的 86.4%,地质条件较复杂,施工难度较大,故选择总干渠及两座水头较大的倒虹管工程作为国际招标采购工程,并根据地质地貌的自然情况,分为两个国际标:第一标为硬岩段,渠段总长度为 22.86 km;第二标为软岩段,渠段总长度 19.38 km。

1987 年 4 月 4 日至 1988 年 5 月 9 日,共经历了一年时间,按原计划完成了国际招标采购的任务。第一标由铁道部二十局、十五局和中国大千技术出口公司三家联合体中标,合同价 5 851 万元人民币,其中外汇比例占 27.5%;第二标由意大利 CMC 公司和中国华水公司两家联合体中标,合同价 10 258 万元人民币,其中外汇比例占 49.39%。现就引大入秦总干渠部分工程进行国际招标中的几点体会简述如下。

(一) 编标、评标委员会应具有权威性

引大入秦工程国际招标工作始终得到了省政府的支持。由于编制标书牵涉面广,涉及的单位很多,只有具有权威性的编标委员会才能随时召集有关单位协调解决所能遇到的问题,并按计划完成编制标书的工作。同样,在评标阶段,有省领导参加组成的评标委员会不仅能够将各方面的意见带上来,且能够顶住各方面的干扰,使定标具有权威性,所以引大入秦工程的评标工作未出现大的反复,按原定的计划顺利完成了全部工作。在评标委员会的领导下,由专家、技术人员组成的招标、评标工作组具体负责招标、评标工作,保证了招标、评标工作的顺利完成。

(二) 充分发挥咨询公司的作用

引大入秦国际招标工程依照世界银行的建议,经省政府批准,聘请澳大利亚雪山工程咨询公司作为编写标书阶段的咨询。该公司派来的几位专家参加过鲁布格水电站工程的国际招标工作,对中国的国情比较了解,因此,编写标书阶段的工作进行得比较顺利。选择咨询公司应根据工程的内容、技术条件及组成人员的经验等全面衡量。在施工阶段,根据世界银行招聘咨询公司的规定,进行了国际有限招标,最后仍是雪山工程公司中标,作为施工监理咨询。在评标阶段,聘请参加过水口水电站国际招标的华东勘测设计院的几位专家帮助工作,使评标工作少走了很多弯路。

（三）重视招标文件的编制

编好招标文件是招标工作的关键。引大入秦工程国际招标文件是由省水利厅抽调部分技术人员和省水电设计院、引大入秦建设管理局、澳大利亚雪山工程公司咨询组、中国国际招标公司共同编制的,并且通过了世界银行工作检查团的逐条审查。

招标文件是合同文件的基础,故在编写招标文件时,应避免含糊不清的词句和自相矛盾的条款,数字要反复核对,防止差错,特别是涉及报价的一切规定不应出现漏洞。在编制招标文件过程中,还应聘请法律顾问及各专业的专家从各个角度提出意见,使其经得起实践和时间的检验。招标文件必须明确承包工程的范围和具体的施工项目,工程数量力求测算准确,防止责任不清引起合同费用的纠纷。合同文件中的图纸,一般不可能达到施工详图的设计深度,但应尽量明确和详尽,提高图纸的准确性,提高工程量清单中所列数字的准确性。

（四）明确税、费标准

国际招标工作中,在税、费方面牵扯的问题比较复杂,如对于进口设备、材料的关税问题,国外承包商和国内承包商的对待不尽相同,那么中外联营体又怎样处理? 类似这样的问题,国家没有明文规定,招标阶段无法写进招标文件,只是在招标文件中规定将关税单列,而实际关税多少只有业主全部承担,实际是包税合同。另外,各种税、费名目繁多,中央、省、地方都有各自的税、费,初步统计竟达十多种,且税、费率上下幅度又很大,所以编制招标文件时很难写准确,投标商也很难弄清楚。如果今后国家在这方面能有一个比较明确的规定,会给国际招标文件的编写带来很大的方便。

（五）重视对材料差价问题的研究

在招标文件中提供的材料和油料单价是固定的,其材料差价由业主承担,次要材料的涨价差价由承包商承担。近几年来的资料表明,物价呈跳跃式上涨,这就加重了承包商的压力,致使承包商不得不从其他方面寻找索赔的理由而进行补偿。另外,供应部门给承包商造成的那部分差价由业主结算后如何向世界银行结算,又怎样合理分摊到单项工程上去,这些问题都需要在今后加以研究。

（六）条件变化带来的风险问题

在工程实施过程中经常遇到的风险是水文地质条件复杂、气候条件恶劣等。这些问题是客观存在的,尽管业主和设计单位在招标文件中提供了相应的地质、水文和其他资料,但投标商不可能在投标之前的短时间内将这些条件搞清楚,故在今后执行合同中容易引起争议。在国际承包合同中,由于条件变化产生的风险一般应当主要由业主承担。另外,在国际承包合同中,可以说索赔是不可避免的,但与管理的好坏有直接关系。所以在加强管理的过程中,公正地、实事求是地接受承包商合理的索赔,这也是合同管理的一部分。

(七)对投标方式需进一步研究

世界银行规定,国际招标的土建工程,对那些人均国民生产总值只有或不足400美元的借款国,允许主要由本国人所经营的土建工程公司享受7.5%的优惠。根据这个规定,国外的承包商投标时为了增加中标的机会,一般都要找一家中国的土建公司共同投标。这在国外可能是不成问题的,但在我国由于制度不同,国情不同,政策法律不配套,订联合体协议又无成熟的经验可循,等等,一些争执很难协调,存在很多具体问题,需要有关单位经过调查研究后,拿出一个中外承包商联合投标的、比较具体的协议范本。

(八)加强国际合同的管理

加强国际合同的管理是保质、保量完成任务的关键。国际招标的发布开工令只是执行国际招标合同的开始,而更主要的是国际合同的管理。国际合同的管理也可以说是业主、工程师、承包商三者关系的管理。合同是一种经济关系,而不是行政关系,任何一方无权强迫或干预对方的内部事务,不能凌驾于对方之上,或把单方面的上级指示凌驾于双方签字的合同之上,更不应把行政管理与经济合同管理混为一谈,造成执行合同的混乱。多年来在工程管理中形成的行政管理和长官意志,在执行国际合同中是行不通的,必须加以克服。在合同执行过程中,合同双方自始至终要维护合同的严肃性,以合同文件双方关系的准则,必须明确工程师单位的职责与权力。工程师机构要具有相对的独立性,能够公平合理地处理施工期间的各种问题与争议,起到平衡与桥梁的作用。

合同管理的业务范围包括:进度控制、图纸和资料的审查供给、工程材料的验收和施工方法的审批、施工质量控制、施工地质的监测和描述、安全检查、现场会议、合同变更及索赔、工程风险的合理分担、向承包商付款、工程验收、进口物资报关及申请减免税、向世界银行提供报告及资料和档案管理,等等。为了完成上述任务,就要使全体管理人员明确认识"管理也是服务"这一概念,上下一条心,想工程之所想,急工程之所急,帮助承包商解决问题。总之,合同管理的过程就是全面执行合同文件的过程,要求缔约双方自始至终地坚持"信守合同、平等互利、公平合理、友好合作"的原则,使各种问题得以妥善解决,使合同顺利实施,合理地、节省地、有效地使用资金,保质保量地按期完成工程任务。

戴一诚,甘肃省水利厅

(资料来源:《水利水电技术》1990 年第 9 期,第 35—37 页)

7. 关于引大入秦工程六个重大问题的请示报告
(1991 年 1 月 31 日)

顾书记、贾省长,吾乐、路明、李萍副省长:

各位好!

引大入秦工程,自省委、省政府 1989 年 7 月永登专题会议以来,在原有基础上,有了明显的进展。1991 年 1 月底,总干渠隧洞掘进了 22.59 公里,加以前完成的 10.35 公里,总进尺达到 32.94 公里,占隧洞全长 75 公里的 43.9%。其他工程项目也有了相应的变化。但是任务仍然很艰巨,时间极为紧迫。因为世行(世界银行)贷款 1994 年 6 月份到期。按合同规定,1993 年底总干主体工程和东一渠、二干渠必须完成,并要灌溉 20 万亩耕地。否则,每拖延一月都要付出很大的代价。从我们省实施"二二二七四"的农业基础建设考虑,引大入秦工程干到这一步也应当真正作为重点来保。现在,这项工程的确是"骑虎难下",只有背水一战才能如期建成。整个工程点多、线长,情况比较复杂,问题确实不少。有六个方面指挥部不能解决的重大问题,恳请省政府帮助解决。

一、修改设计问题。工程建设越向纵深发展,问题暴露得也越来越清楚。现在看,总干渠 1 号到 29 号隧洞(全长 40.3 公里),是按工程总投资 1.5 亿元时的标准设计的。由于这些地段都在高山深沟之中,勘测时无法钻深,只凭航测图和地面踏勘取得的资料设计的。当时,从山体表面看,岩石较完整,原设计大部分隧洞是名义上不衬砌,即有些段落喷锚支护,有的只搞光面爆破。"不唯书,只唯实。"经我们组织技术力量对已开挖的 11.6 公里隧洞一米一米地进行现场分析研究,隧洞围岩软硬夹杂,硬中夹软,软中夹硬,有的甚至支离破碎,不可能达到光面爆破要求,施工人员不安全,有的洞段还有岩爆的危险。尤其是千枚岩地段,一遇水皆成软泥,即便是喷锚地段,尚未通水,砼已与围岩分离。少数坚硬地段开挖后围岩犬牙交错,坑坑洼洼,阻水系数很大,不能通过每秒 36 立方米的水流量。如果不改变设计,即便完工,将来也后患无穷。据几位经验丰富的专家观察分析,如不进行全断面砼衬砌,水渠运行将会发生塌方,到那时损失就很大了。仅就通水不畅而言,每减少 1‰ 的引水量,每年就少引水 4 400 万立方米,少灌地 10 万亩,亩产千斤粮就少收 1 亿斤。按每斤 3 角钱算价,光粮食损失每年便是 3 000 万元。据初步匡算,修改设计部分,将多花 4 000 万元,把原来的"名义上不衬砌"改为全部现场砼衬砌是科学合理的,也是百年大计,所以要变更。

二、盘道岭隧洞的资金支付问题。盘道岭隧洞(总干 37 号洞)全长 15.73 公里,是控制工期的关键工程。截至今年 1 月底累计完成 13.7 公里,尚余 2.03 公里,如无问题,今年 10 月间可望贯通。中日双方于 1985 年 8 月 7 日签订的《中华人民共和国甘肃省引大入秦盘道岭隧洞合同议定书》规定,盘道岭隧洞以 6 202 万元人民币由日本熊谷组总价承包。熊谷组从 1989 年 5 月到 1990 年 6 月,先后三次给我们送来约 122.4 万字的请求书申述:由于地质条件很差、工程量增加、材料涨价、汇率变化等原因,增加成本投入折合人民币 4.1 亿元之巨,其中日元升值、人民币贬值、汇率变化部分 1.96 亿元,增加工程量、材料涨价等增部分 2.15 亿元,要求我方予以公平、合理的解决。现在,这个问题已到非解决不可的时刻了。我们的具体意见是:其一,由于汇率变化而增加的 1.96 亿元,除我中央政府明令调整汇率的因素外,概不予考虑;其二,工程量增加部分,如原设计支护钢拱架 100 榀,实际支护 8 000 榀,我们应当据实承担;其三,材料涨价和劳务工资增加方面,双方对半分担。这样,我方在原承包价 6 202 万元的基础上还将分担人民币 8 778.2 万元,不包括海关税、保险费等。日方亏损赔偿人民币 26 169.9 万元。如日方不接受这个方案,还可进一步协商,万一不行,只好诉诸仲裁。

三、总体工程超概算和今年的资金安排问题。1986 年确定:引大入秦工程总投资为 10.65 亿元。截至 1990 年底,连同前两次上马时花掉的 1.2 亿元,累计拨款 4.36 亿元,占总投资的 40%。从施工的实际情况看,尽管工程技术人员千方百计优化设计,减少了一些项目投入,但由于物价大幅度上涨、原定额偏低、地质变化、增加工程量等原因,工程总投资需要增加 2.838 6 亿元。一是 1976 年把每个工日核定为 1.75 元,共用 4 693 万个工日,为 8 012.75 万元;现在每个工日 5 元钱也没人干,就是每个工日增加 2 元,现在需增加 9 386 万元。二是总干渠 1 至 29 号隧洞由名义不衬砌和喷锚支护改为砼衬砌,需要增加 4 000 万元。三是日本熊谷组承包的盘道岭隧洞资金 8 000 万元。四是水泥、钢材、木材三大材料涨价 7 000 万元。

今年,引大入秦工程进入投资高峰期,急需 2.09 亿元的资金。实安排了 1.4

亿元,比去年还少了 500 万元。深知省上财政困难,因此省委、省政府审定全省今年计划盘子时我说了"缺口很大,服从大局,把话说清"的话,想在会后再和有关方面协调,看能否在机动资金中下半年考虑。现在最突出的矛盾是内配资金和世行贷款比例失调,省计划会上安排内配资金 3 500 万元,是去年的一半。而盘道岭今年全部贯通就要支付 3 600 万元。世行贷款项目中,内配资金与外资贷款的比例大体上是 52:84,而且要同步列支,如内配资金不能匹配,要拿回外资贷款 1.05 亿元是十分困难的。这样,1993 年总干通水不但难以实现,各承包商还要索赔。

四、几个承包商不能履行合同的问题。中铁建筑公司十五、二十局及我省水电工程局一直不能按合同规定施工,引起世行检查团高度关注,并提出了严肃的批评。从去年 2 月到年底,我们采取了一系列措施,没有多大成效。最近,我们将再次协商,如仍不奏效,将按合同规定,把不履行合同的承包商干脆驱逐出施工现场,另找承包商接替。

五、渠田路林村配套和移民安置问题。设计 86 万亩面积的平田整地、支斗农渠、道路林带、村庄设置、移民搬迁任务十分庞大。建议由兰州市完全负责,切实加强兰州指挥分部力量,在已经迈开步子的基础上有更大的行动,早作全面安排,做到水到渠成地平,精耕细作,早日获益。

六、向青海征地问题。去年以来,通过许多方法,做通了青海互助土族自治县和乡村干部及当地群众的工作。他们通情达理,用租用的形式,将渠首工程急需的土地让工程使用,实现了去年底截流。青海省政府的领导同志和主管部门已经提出要早日解决有争议的问题。希望两省政府之间及早直接沟通,求得根本解决为好。

上述问题如蒙得到解决,引大入秦工程的经济效益、生态效益和社会效益将会在"八五"期间得到发挥。我们全体党员和职工要以干好工程的实际行动,贯彻党的十三届七中全会和省委七届五次全会精神。

最后,大家恳请省委、省政府领导在今年一季度再到引大入秦工程上开一次专题会,对促进工程建设将会有更大的推动作用。

以上报告如有不妥之处,请批评指正。指挥部向省政府的正式报告一并呈上。

此致敬礼!

韩正卿(1 月 31 日)

(资料来源:韩正卿著:《韩正卿日记·引大卷·二》,
兰州:甘肃人民出版社,2013 年,第 407—410 页)

此报告于 1 月 25 日写好,印发各指挥部征求意见,于 1 月 31 日脱稿,2 月 1 日晚印好,今晨再抄录于此。我写的原稿由引大指挥部办公室存档。

8. 甘肃省引大入秦工程盘道岭隧洞简介
(1991 年 3 月)

一、工程概况

甘肃省引大入秦工程是一项跨流域的大型引水灌溉工程。该工程在甘肃省天祝县天堂寺的大通河上游建坝,引水至兰州市以北的秦王川地区,总干渠全长 86.94 km,其中有隧洞 33 座,总长 75.14 km。设计引水流量 36 m³/s,灌溉面积约 6.7 万 ha,可安置甘肃省中部干旱贫困地区移民 8 万余人,同时可解决 5 万余人、7 万余头牲畜的饮水困难问题。

在 33 座引水隧洞中,以最长的盘道岭隧洞工程最为艰巨,其长度为 15.72 km,由日本国的熊谷组承包施工;其次为 30 号 A 隧洞,长度为 11.65 km,由意大利的 CMC 公司承建。其余各条引水隧洞分别由国内的水电部第十工程局、甘肃省水电工程局和铁道部第十五工程局、第二十工程局等施工单位承包施工。各隧洞的概况见附表。

引大入秦工程各隧洞工程指标情况表

隧洞名称	长度 (m)	断面尺寸 B×H(m)	衬 砌 型 式	地 质 条 件
挪　威	2 053.98	4.80×4.80		
上大湾	475.17	5.00×5.00	墙:混凝土	
下大湾	421.88	5.00×5.00	拱:喷混凝土	红色砂砾岩、角砾岩及泥质砂岩
簸箕湾	1 232.65	5.00×5.00		
朱岔沟	559.86	6.50×5.35		
拉子台	1 817.20	6.50×5.35	不衬砌	
上窑子	2 390.52	6.50×5.35		震旦系变质岩、花岗片麻岩及千枚状板岩等
菜子湾	4 774.14	6.00×5.24		
岗　台	347.40	5.00×4.80	墙:混凝土	
射　阳	331.50	5.00×4.80	拱:喷混凝土	

续　表

隧洞名称	长度 (m)	断面尺寸 B×H(m)	衬砌型式	地质条件
北岔沟 卡拉果 大水池 小水池	1 879.59 626.60 1 163.50 1 991.46	6.50×5.35 6.50×5.35 6.50×5.35 6.50×5.35	不衬砌或喷混凝土	震旦系变质岩、花岗片麻岩及千枚状板岩等
先明峡	405.80	5.00×4.80	墙：混凝土 拱：喷混凝土	奥陶系花岗闪长岩、石英闪长岩、闪长岩、安山岩、玄武岩
米拉台 拦盆沟 卡拉寺	1 610.74 607.94 1 932.00	6.50×5.35 6.50×5.35 6.50×5.35	不衬砌或喷混凝土	
铁城沟Ⅰ	177.38	5.00×4.80	已建成	千枚岩等
铁城沟Ⅱ	1 440.50	6.50×5.35	不衬砌或喷混凝土	震旦系变质岩,以千枚岩为主,无重大构造
窑洞沟	234.13	5.00×4.80	墙：混凝土 拱：喷混凝土	
窑洞岔沟	2 891.65	6.50×5.35 6.00×5.24	不衬砌或喷混凝土	
小杏儿沟	2 116.50	6.50×5.35 6.00×5.24		
细　沟 天王沟 土路坪 长　沟 短沟Ⅰ	2 563.24 186.73 5 405.17 619.50 35.80	6.00×5.24 5.00×4.80 5.30×5.10 5.85×5.10 5.85×5.10	喷混凝土已建成 不衬砌 喷混凝土已建成	
短沟Ⅱ	745.57	6.50×5.35	不衬砌或喷混凝土	
水磨沟	11 649.00	5.70×5.30 4.80×4.47	组合式衬砌	第三系和白垩系砂岩及砂质黏土岩等
盘道岭 毛家沙沟 龙家湾	15 723.15 5 288.18 1 509.29	4.20×4.40 5.50×5.12 5.50×5.12	混凝土 喷混凝土	
总　计	75 208.43			

二、工程地质条件

隧洞主要通过地段的岩性有石英片岩、云母石英片岩、眼球状花岗片麻岩、大理岩、灰黑色板岩、千枚状板岩、变质砂岩、石英岩、结晶灰岩、滑石叶腊石片岩夹石膏片岩、岩质板岩、凝灰质砂岩、石英云母片岩及加里东期侵入岩等。主要地质构造为祁连山多字型构造系中的单斜构造部位和松多山东西向褶皱带中的单斜构造。由于历次构造运动的作用,以及构造的复合干扰,小的褶曲发育得很好。通过已开挖的各隧洞地质编录可以看出,各系地层均呈不整合接触,断裂发育,且多与洞线近直交并呈北西西向、北东向展布,断裂破碎带一般多为钙质胶结,胶结不好,宽度在 0.5—3 m 之间。地震基本烈度Ⅶ度。

地下水为孔隙性潜水和裂隙水。孔隙性潜水多分布在第四系冲积层中,由地表水补给;而裂隙水多分布于基岩中,其埋深和规律受构造控制,一般水量不大,水质为淡水,无侵蚀性。

三、盘道岭隧洞工程简介

盘道岭隧洞是附表中的 37 号隧洞,它是引大入秦工程总干渠的控制性工程,也是总干渠上隧洞工程地质条件最差、施工难度最大和长度最长(15.723 km)的隧洞工程。该隧洞于 1985 年 8 月由日本国(株)熊谷组承包施工,1986 年 9 月正式开工,预计 1991 年全线贯通。这也是目前国内最长的一条水工隧洞。其特点如下。

1. 地质情况

该隧洞穿过的地层为白垩系和第三系地层,其长度分别为 2.69 km 和 12.84 km。白垩系地层为砂岩、砂砾岩夹砂质黏土岩和粉砂岩组成,岩性软硬不均,天然容重 2.12—2.42 g/cm³,单轴抗压强度 3—45 MPa;第三系地层由砂岩、含砾砂岩、砂质泥岩及泥质砂岩组成,岩性极为软弱,胶结很差,遇水软化、崩解,成岩性极差,抗压强度低,岩体饱和软化后具有塑性流变特征,天然容重 1.95—2.35 g/cm³,单轴抗压强度 0.2—3.6 MPa,弹性模量 165—1 227 MPa。隧洞穿过的多数地段基本无地下水,仅在岩体上沿裂隙或断层带及砂岩含砾岩层有少量地下水渗漏,而且地下水对普通水泥有结晶性硫酸盐侵蚀。为此,喷混凝土和二次衬砌需用抗硫酸水泥。地下水的渗漏给施工和洞身结构带来很大不利。白垩系地层中断裂不发育,压扭性断层多为走向性断层,层间错动现象普遍,裂隙发育;第三系地层中断裂亦不发育,局部有褶皱。隧洞穿过地区的区域地震烈度为Ⅶ度。

该隧洞的岩石强度指标、岩体完整性系数、水文地质条件和岩体纵波速度等,按国标 GBJ86‐85 围岩分类划分,大多数洞段属于不稳定的Ⅳ、Ⅴ类围岩。

2. 隧洞设计

(1) 断面形状。隧洞为无压引水隧洞,采用圆拱直墙和反拱底板式断面,净宽 4.2 m,净高 4.4 m。顶拱为半圆,半径为 2.1 m。底板反拱半径为 9.75 m。两侧直墙与反拱交接处加设混凝土贴角,贴角高 0.404 m,水平宽 0.337 m。

隧洞设计流量 34 m³/s,纵坡 1‰,内衬混凝土糙率系数 0.015。

(2) 断面衬砌结构形式。由于地层岩性软弱、围岩的自稳能力极差、自稳时间很短,且部分地段洞身出露地下水,围岩遇水软化、坍塌、强度迅速降低,加剧破坏围岩的稳定性。为使施工和运行安全可靠,隧洞采用新奥法施工、喷混凝土或锚喷支护与浇注混凝土组合式衬砌。

喷混凝土或锚喷混凝土作为第一次衬砌(支护),紧跟开挖后主动加固和封闭围岩,及时提供围岩稳定所需的抗力,以抑制围岩变形,使锚喷混凝土衬砌与围岩结为整体,共同承载。据施工监测,待围岩和锚喷混凝土衬砌变形稳定后,再浇筑内层混凝土衬砌,即完成第二次衬砌。

组合式衬砌分 A、B、C 三种类型。拟定的设计(开挖)断面预留围岩变形量如下:

Ⅲ类围岩(采用 A 型衬砌断面)每侧 30—50 mm;

Ⅳ类围岩(采用 B 型村砌断面)每侧 50 mm;

Ⅴ类围岩(采用 C 型衬砌断面)每侧 100 mm。

3. 施工方法

盘道岭隧洞以岩性软弱的砂岩、砂砾岩夹砂质黏土岩和砂质泥岩或泥质砂岩为主,由于具有胶结很差、遇水软化和成岩极差的特点,日本(株)熊谷组在开挖面采用一台小型钻机且不需爆破即可完成开挖工作。在每掘进 0.5—1.0 m后,跟着安放钢拱架支撑,并在钢拱架之间安放 20 cm×20 cm 的钢筋网进行喷锚支护。在距开挖面约 10 m 处设二次衬砌钢模台车,进行边墙和顶拱的现浇混凝土衬砌,经养护后拉出台车,再进行反拱底板的混凝土浇筑工作。

4. 施工中遇到的问题和处理措施

(1) 塌方、冒顶。大的塌方冒顶共发生两次。第一次于 1987 年 9 月 28 日在进口处二次衬砌工作面 CH77＋648—CH77＋663 区间发生塌方。该区间处

于 F_{102} 断层带,岩性主要为泥质细砂岩,软弱破碎,有地下水,开挖和一次支护完成后围岩变形很大,长时间不收敛。二次混凝土衬砌时,钢模台车不能通过,为此进行扩挖,扩挖中顶部塌方通天,高 60 m,造成全断面堵塞,新架设的钢拱架全部变形,钢模台车也遭破坏。处理措施采用固结灌浆和小导洞法开挖。

第二次塌方发生在 1990 年 9 月 18 日,进口工作面开挖至 CH79+797.9 处,从开挖面顶部涌出大量泥流。泥流量约有 220 m³,把掘进机全部埋没。处理办法是:及时用沙袋和喷混凝土封闭塌方体,随后钻孔排水,探明塌方范围,进行灌浆,边灌浆边开挖。

(2)围岩软化。盘道岭隧洞内有地下水的地段约 3 km,无地下水的洞段因衬砌混凝土施工缝无止水措施,故有内水外渗现象产生,因此肯定会有围岩软化问题。但因受试验条件限制,资料不全,对软化范围的大小、软化程度、软化过程,以及渗透系数和其他参数的变化等,均需在隧洞贯通之后,选择适当的洞段立即进行现场输水浸泡试验。另外,还需进一步进行围岩软化后的分析计算工作,弄清围岩软化以后对隧洞稳定的影响,以确保隧洞运行安全。

(3)地下水侵蚀。盘道岭隧洞出露的地下水,硫酸根离子含量高达 6 000 mg/L,对普通硅酸盐水泥有侵蚀作用。现在施工中使用的 425 号抗酸水泥,抗硫指标仅 2 500 mg/L,不能满足运行安全的要求。为此,正与有关厂家联系,生产一种早强、高抗硫的水泥,用于盘道岭隧洞的施工。

(4)裂缝。盘道岭隧洞进口段和出口段都产生纵向和环向裂缝,且开展宽度较大,并有发展的趋势。为进一步分析研究,已对一些重点纵、斜裂缝及相应的地质情况、开挖方法、围岩变形、一次支护、二次混凝土衬砌以及衬砌厚度等项目进行观测。

(5)不良地质地段的排水和灌浆。盘道岭隧洞有地下水的洞段总长约 3 km,围岩遇水液化严重,破坏了结构受力状态。现在进口段地下水经二次混凝土衬砌裂缝渗出范围较大。为此,拟在拱顶打排水孔排除渗水。为改善施工期间支护及二次衬砌的受力条件,目前在两侧墙体下部打设了间距为 3 m 的排水孔,施工期间先排泄,通水前再封堵。

对于用钢板棚法施工的洞段,因钢板和围岩之间有空隙,拟在隧洞贯通之后进行灌浆处理。对有地下水的洞段为加固围岩亦需进行灌浆工作。

李其桐,科技处

(资料来源:《水电站设计》1991 年第 3 期,第 59—62 页)

9. 陇中六年——记坚韧不拔的隧道专家
前田恭利（1991 年 12 月）

前田恭利是日本株式会社熊谷组的高级工程师。六年前,熊谷组承包了甘肃盘道岭隧道工程,前田被派到中国担任盘道岭作业所所长。他住在荒凉的西北高原上,与中国施工人员友好合作,以坚韧不拔的精神克服了种种困难,显著地提高了工程效益,受到甘肃省农委和引大入秦工程指挥部的赞扬。今年 9 月底,前田作为贵宾应邀到北京参加了中国的国庆庆典活动。

老朋友是一生的

我对前田先生的访问,是从说汉语开始的。十分抱歉,我不懂日语。在一个偶然的机会,发现前田在友谊宾馆与接待人员打交道时,会说几句汉语。我喜出望外,立即要求采访他。前田笑着说:"不行,不行,我用汉语说不了工作。"我说:"日文中有汉字,说不了的地方用笔帮助。"他一听有理,笑着点了点头,于是我们约定了访问时间。

前田今年 50 岁。他身材敦实、健壮,黝红的脸色是他从事野外工作的印证。1986 年初他来中国前,按公司的规定,凡来华工作的职员需要进修六个月中文,可是对他来说,工作不允许。他只学了两个星期中文便出发了。到甘肃后,他决定自学汉语。开始时要求不高,他希望能在宴会上应酬几句便可以了。可是到了后来,他觉得那样不够,因为在工地上,天天都要和中方人员接触,直接交谈很有必要。于是,他每天收听日本电台的汉语讲座和中国电台的日语讲座,每天还要坚持自学 15—30 分钟。在和中国人接触时,他也随时注意学汉语。六年来,他学汉语坚持至今。他说:"我听对方说话差不多了,只是自己说还不行。"我插话:"你这样坚持学汉语,以后离开中国就用不上了。"他略微思索了一下,认真地说:"我在中国有许多老朋友,与老朋友说话,用汉语方便。我的工程虽然有期限,可是与老朋友交往是一生的。"

由于前田逐渐懂了汉语,在工地上指导工作也方便起来。即使翻译不在场,他也能把自己的想法随时告诉中方人员。前田说:"六年来,我和中方人员合作很好,他们尊重我的意见,我也尊重他们的意见。我把想法告诉中方技术人员,他们马上就到现场去做。"

隧 道 专 家

前田恭利毕业于日本国立岩手大学土木工科,毕业后进入熊谷组。从 1964 年起,他专门从事隧道工程,他参加过日本新干线隧道工程、中国台湾省一处水力发电大坝的隧道工程、香港地下铁道工程、伊朗的输水隧洞工程,以后他来到甘肃盘道岭。前田从事隧道工程已有 28 年,挖过的隧道加起来有 30 多公里,盘道岭隧道全长 15.7 公里,是他挖过的隧道中最长的一条,也是工期最长的一处。

盘道岭隧道在甘肃省永登县附近的天堂寺。它是将甘青边境大通河水源引入兰州西北秦王川(台地)的引大入秦工程的组成部分。把大通河水引入陇中,可使秦王川 86 万亩干旱农田受到自流灌溉,变成甘肃的产粮基地。这是一个艰巨的水利工程,全长 90 公里的引水干渠,要穿过 39 座隧道,隧道总长 75 公里。熊谷组承包的盘道岭隧道,是工程最大的一处。据前田介绍,施工中碰到的主要问题是,那里的地质情况复杂,砂岩不固结,经常出水,出流沙,容易塌方,再加上劳务人员不习惯施工条件,以及偏远山区交通不便,建筑材料供应不及时等因素,开始时工程进度慢,两年挖了 4 公里。提到这两年,前田感到很可惜,他说否则工程早完成了。

面对当时的困难,前田说:"我凭自己多年的经验,又翻看外国书籍资料,修改了原设计方案,采用钢拱架支撑隧洞,掺入水泥和玻璃碴顶结实了,然后再往里掘进,防止塌方。"

工人不习惯那里的施工条件,他与中方铁道部隧道工程局的技术人员一起培训工人,后来材料供应也改进了,这样工程越来越顺利。从开头两年挖 4 公里,进到后来一年挖 4 公里,1990 年完成了 4.5 公里(按前后进度均高于当地其他隧道施工速度)。全长 15.7 公里的盘道岭隧道,现在只剩下 700 米,前田预计 1992 年三四月间便可修通。

绝对保证安全

由于盘道岭地质情况复杂,容易塌方,安全施工是个大问题。作为熊谷组作业所所长的前田恭利,除了采用钢架支撑,还采取了其他一些防范措施。例如,在工地上设安全委员,发现问题及时通报熊谷组的人。前田本人,经常出没于各工地之间,特别是在下雨、下雪天,他总要亲临现场指导。他经常要求他的助手,要绝对保证中方劳务人员的安全。

1987年9月28日,隧道口工作面发生大塌方,进口通道被堵死。前田接到电话后,立即赶到现场,首先询问工人的安全情况。在处理塌方过程中,他多次到洞口与中方人员一起工作。同时,他要求日方技术人员,越是危险的地方越要自己先上去,让中方人员在后面作辅助工作。他的这种利他精神,深深感动了中方劳务人员。

前田对记者说:"施工不安全,是因为工人不知道他的工作是什么。如果采用新方法,我叫熊谷组的职员先做出样子,让他们看,看会了再去做,就安全了。"

前田很重视平时的安全教育,他说:"我们每月召开一次安全大会,从高级技术人员到工人都要参加。在会上反复讲解安全施工方法,进行安全纪律教育。"

为了防范事故发生,前田还随时留意工人中是否有不安全行为。例如有一个工人,就是因为擅自爬到电气火车上,车开起来被摔死了。前田只要发现工人有不安全行为,他会马上找人来谈话,进行安全行为教育。总之,从防范事故发生到事故处理,都在前田视线之内。

"重要的是互相理解"

前田在大西北高原上生活了六年,我很关心他是否习惯,因为他从小生活在日本海边。前田说:"各个国家都有自己的文化和生活习惯,应该理解对方的文化,尊重对方的生活习惯,重要的是互相理解。至于我,我知道那里的文化和风俗习惯。对在甘肃生活我都习惯了,没问题了。"谈到这儿,他还用了一个"同化"的词儿。

前田的家在东京,有妻子,有两个儿子,大儿子读大学,小儿子念中学。他每年除了因公回日本出差几次,顺便回家看一看,差不多有十一个月时间在盘道岭工作。1989年五六月间,中国发生了一场政治风波,承包商别人都回国了,只有他一个人坚守在岗位上,履行合同。

前田常年在国外,也有自己的苦衷,比如家里有事怎么办? 他无可奈何地说:"尽量请妻子解决,有时她一个人不能决定,便和我通过书信商量。"平时对儿子的教育,更是靠妻子了。他说:"我和孩子不在一起生活,不了解孩子的心理,对他们的性格、能力不甚了了,有时写信想帮助,也不一定能帮到点子上。"

前田在中国工作,他的薪金由熊谷组支付。这几年,由于物价上涨,外币兑换率变动大,使他的收入也受到了影响。对此,前田不无怨言。从工作到生活,他意味深长地说了一句:"辛苦!"

　　日本的公司职员,一向以辛苦工作著称于世。也许正是这种吃苦精神,促使日本经济出现奇迹。如果说前田与其他众多日本职员有所不同的话,那就是他的吃苦精神和工作业绩,在国与国之间获得了荣誉。这次,前田应邀到北京参加中国国庆,不但获得了国家外国专家局颁发的"友谊奖章";而且李鹏总理在接见来华工作的外国专家时,还向他询问了盘道岭工程进展情况。前田先生很激动。他对记者说:"我太高兴了。"

王永耀

(资料来源:《国际人才交流》1991年第12期,第9—11页)

10. 关于盘道岭隧洞费用问题与日本熊谷组谈判情况向甘肃省政府的报告
(1992年1月4日)

省政府:

　　应日本(株)熊谷组总社长熊谷太一郎先生邀请,经1991年10月22日省长办公会议决定,由韩正卿同志率省建委、省建行、省财政厅、省水利厅、引大指挥部等有关单位的7名同志,于1991年12月9日至23日去日本就盘道岭隧洞工程费用问题与熊谷组进行谈判。由于熊谷组在中国所有工程交由香港熊谷组分公司统管,谈判团到日后,熊谷组总部安排,前一段在熊谷组本部谈判,后一段在香港分公司谈判。盘道岭隧洞工程费用的最终解决,将由香港分公司全权负责。鉴于此,经电话请示省外办同意,1991年12月14日韩正卿同志因身体与工作原因提前从日本返回,由张宗祥同志代理团长率领其他同志在日本考察了熊谷组五处隧洞工程后,于12月19日至22日去香港熊谷组分公司进行了谈判,12月23日全体团员顺利返回。谈判的内容体现了省政府的意图,总的看是比较顺利的。

(一)

　　1991年12月9日到达东京,第二天,熊谷组总部社长熊谷太一郎、专务取缔役小池孝之与大家见了面。随即,开始正式谈判。我方代表6人,日方参加正式谈判的也是6人,他们是:熊谷组海外本部部长、常务取缔役石川洪、副部长山本纯敬、海外本部工事部副部长矶野贵雄、海外工事部担当副部长陈成华、盘道岭作业所所长前田恭利、北京事务所首席代表多见泰彦。山本为日方首席谈判代表。谈判地点在熊谷组总部十一楼会议室。正式谈判三次,分三阶段进行。

　　第一阶段:双方表明诚意,本着促进工程建设、维护中日友谊的原则,在坦诚友好的气氛中进行谈判。首先,由日方就盘道岭隧洞工程的全部费用作了详细的说明,再由我方阐明我方的立场、观点和原则。我们首先郑重说明双方谈判应本着"合同无情,友谊长存"的精神进行。其次,阐明这次谈判必须以合同为准绳,要坚持"四不变"的原则,即总价承包不变,原定汇率不变,原合同单价不变,支付方式不变。再次,说明了考虑到日方对工程能够克服困难、坚持干完的良好态度和其他因素,故而在坚持合同的前提下,将考虑适当补偿的意向。至于补多少、如何补,都应由业主来决定。我方阐述这些原则之后,日方认为完全符合合同内容,就坚持合同而言,他们提不出异议。山本说:"听了对方谈的意见,有魂飞魄散的感觉。"他还说:"按合同,我们没有什么可说的。现在看,当时我们怎么会签订了这样一个傻瓜合同呢?"前田恭利说:"甘肃那么大……,要关照我们这个民间小企业。甘肃是我们的父母,不能看着自己的儿子饿死,希望多多关照。"总之,在第一次谈判中,我们咬定合同原则,又表示了解决问题的诚意,掌握了谈判的主动权。

　　第二阶段:针对熊谷组从1988年以来陆续提出200多万字的四份《请求书》,补偿34 798万元(减去原合同承包价6 202万元)的请求,经过我们多次研究,觉着一笔一笔地和日方算细账既无必要又不符合总价承包的合同原则。也就是说,对日方的适当补偿只能在不违背合同的前提下求得解决。因此,集中谈判了双方都能接受的解决问题的途径。结果,达成了抛开日方《请求书》中算细账的要求,采用了一揽子解决问题的方案。

　　第三阶段:双方交底,解决实质性的问题。在双方达成一揽子解决问题的协议的基础上,我方表明将拿出具体方案,也开诚布公地请日方拿出承受金额的具体意见。起初,我们想把省政府确定的6 000万元人民币补偿数额分三次或两次出台。后来,根据谈判进展情况,经全团同志多次研究,一致认为如果多次出台,会形成没完没了的讨价还价,形成挤牙膏的状态反则显得被动。因此,一次出台为妥。与此同时,日方代表立即开会商定,拿出了他们承受因日元升值造成汇率差额的1亿元人民币的损失金额。双方交底后,日方首席谈判代表一再表示：一定要把盘道岭隧洞工程善始善终地搞好，也希望把这次谈判作为良好开端，还要搞进一步的谈判。

至于东京熊谷组总部安排谈判团去香港的主要意图，是将今后最终解决问题的权利交给香港熊谷组分公司董事长于元平先生（我国东北人，在港 40 多年，曾为熊谷组立过汗马功劳）。代表团在香港与于元平先生三次谈判，我方的口径和东京熊谷组总部所谈内容完全一致。最后，于元平先生提出，他将在今年元月份要到北京和兰州来，找有关领导和部门继续进行交谈。

（二）

通过这次谈判，中日双方还价要价仅仅缩短了差距，即我方补偿 6 000 万元，加上原承包合同价 6 202 万元，是 12 202 万元；日方承受日元升值汇率差损 1 亿元人民币，共消化了 22 202 万元。按照日方索赔《请求书》提出的金额，尚有差距。当然，我们绝对不会满足日方的这些要求。但是要使这一问题最终得到解决，下一步的谈判仍然相当艰巨。从这次谈判过程中，我们也基本摸到了日方的动向、双方分歧的焦点以及他们的策略和下一步谈判的重点。

其一，熊谷组采取的策略是：对合同原则完全承认，具体问题上则想一一突破。日后直接主管谈判事宜的香港熊谷组代理人于元平先生很坦率地公开宣称："我就不管合同不合同，先干，干完了中国不会让我们赔钱。"我们也了解到，原来直接主管盘道岭隧洞工程的大冢（已去世）和青山先生的被免职，与工程要赔钱确实有一定关系。迹象表明，日方既有承担风险、承受损失的准备，也有千方百计争取我方多补偿一些的愿望和要求。

其二，日方想突破的重点在四个方面：一是汇率问题。合同规定，任何时候，汇率不能变更。日方对日元对人民币升值部分产生的汇率差损 1 亿元由他们负担，而美元对人民币的升值部分产生的汇率差损人民币，日方再三提出应由我方负担。理由是：人民币对美元的贬值，完全是由于我国政府为保护出口，限制进口所采取的一项行政性的政策措施，且人民币也没有进入国际货币交流，按照国际惯例，应有我方承担差损。我们虽然硬性回绝了日方的这一请求，但在日后谈判时，这仍是个最棘手的问题。最终如何解决，请省政府作出决策。二是他们在改变单价方面仍然要作文章。根据合同规定，14 种单价是绝对不变的，我们也阐明了"四不变"的充分理由。日方对我们出台补偿的意见虽然表示了满意，但还是一再强调了隧洞地下工程的性质、地质变化的难度在施工过程中是很难预料的,要求我方再予考虑。三是日元支付问题。四是在施工过程中由于当地一些群众的偷盗、临时性停电、某些物资供应不及时以及给我方交接时设备与某些物资的区分等,都会提到谈判桌上来。

(三)

四点建议:

一、这次谈判只是双方正式接触的一个良好开端,预计还要进行多次谈判。鉴于盘道岭隧洞将在元月中旬全部贯通,届时熊谷组主要负责人将来现场庆贺。礼尚往来,在日本首次谈判结束前,我们已邀请熊谷太一郎、石川洪、山本纯敬和于元平先生在庆祝全洞贯通的同时再行谈判。他们到来之后,希望省政府领导能予接见。

二、人民币对美元的汇率差损问题,请能以省政府名义向国务院有关制定政策的部门写个报告,最好派人去汇报,使这一问题的处理得到明确的答复,已达合理解决。

三、最近,由引大入秦指挥部组织人力对熊谷组提出的《请求书》再次进行了认真复核。从复核情况看,除去日元汇率差损,他们在盘道岭隧洞实实在在花了×××元人民币,比他们在《请求书》中提出的金额要少,再加上美元对人民币的差损额,总计数额×××。这些数据提请领导决策时参考。

四、现在看,除与日本熊谷组在工程费用上要进行谈判,意大利CMC公司也提出了他们由于物价上涨等因素比合同规定要多花钱请求解决的意见。可以预料,今后的谈判任务是长期的,也是艰巨的。如果只由引大入秦指挥部承担这个任务,势必分散精力,影响工程进展。因此,请省政府能有一位副省长牵头,有关部门、专业人员和法律咨询人员参加的谈判团组,担当起谈判任务。

以上报告妥否,请指示。

省政府赴日谈判团

1992 年 1 月 4 日

(资料来源:韩正卿著:《韩正卿日记·引大卷·三》,

兰州:甘肃人民出版社,2013 年,第 295—299 页)

11. 甘肃省委、省政府关于盘道岭隧洞、30A 隧洞贯通的贺信(1992 年 1 月)

甘肃省引大入秦工程建设指挥部:

　　欣悉引大入秦工程盘道岭隧洞顺利贯通,省委、省政府谨向你们表示热烈的祝贺和亲切的慰问!并通过你们向日本国(株)熊谷组的朋友和参加施工单位的同志们,表示衷心的感谢!

　　盘道岭隧洞是引大入秦工程最长的一条隧洞,也是关键性和控制性的工程。它的开通,对于保证引大入秦总干渠按期通水,尽快发挥效益,有着重要作用。这是你部全体职工、工程技术人员和国际友人夜以继日、团结奋战的结果,也体现了中日两国人民友好合作的精神。希望你们再接再厉,乘胜前进,争取又快、又好、又省地早日建成引大入秦工程,为打好我省农业翻身仗做出贡献。

中共甘肃省委、甘肃省人民政府

1992 年 1 月 18 日

甘肃省引大入秦工程建设指挥部:

　　欣悉引大入秦工程总干渠 30A 隧洞顺利贯通,省委、省政府谨向你们表示热烈的祝贺和亲切的慰问!并通过你们向意大利 CMC 公司的朋友和参加施工单位的同志们表示衷心的感谢!

　　30A 隧洞是引大入秦工程总干渠的第二条长隧洞,是控制工期的关键工程。它的顺利建成,对于保证引大总干渠按期通水,尽快发挥效益,有着重要作用。这是你部全体职工、工程技术人员和国际友人紧密配合、顽强奋战的结果,也是中、意两国人民友好合作的象征。希望你们发扬连续作战的作风,百尺高竿,更进一步,继续加强对工程建设的管理,集思广益,群策群力,为早日建成引大入秦工程努力奋斗!

中共甘肃省委、甘肃省人民政府

1992 年 1 月 20 日

　　(资料来源:韩正卿著:《韩正卿日记·引大卷·三》,

兰州:甘肃人民出版社,2013 年,第 327 页)

12. 中华人民共和国水利部关于盘道岭隧洞、30A 隧洞贯通的贺信(1992 年 1 月 13 日)

甘肃省引大入秦工程建设指挥部:

在党中央、国务院的亲切关怀和正确领导下,在甘肃省人民政府、各有关单位和沿线广大干部群众的积极支持下,经过中日双方 5 年多的密切合作,夜以继日、艰苦奋战、顽强拼搏,盘道岭隧洞于 1992 年 1 月 18 日全线胜利贯通。这是中日友好的象征,是甘肃人民的一件大喜事,也是我国水利建设事业中的一件大喜事。值此欢庆之际,特向参加工程建设的广大干部、工程技术人员、工人以及参加工程建设的日本朋友,表示热烈的祝贺和亲切的慰问,并向甘肃省各级政府的领导和同志们,为工程建设无私奉献的沿线广大干部群众表示衷心的感谢。

甘肃省引大入秦工程,是我国跨流域调水的一项宏伟工程,它将对改善甘肃农业基本条件,保证农业增产有着重大的意义。

由日本(株)熊谷组承建的盘道岭隧洞,是引大入秦工程总干渠上最长的一条隧洞,也是我国目前最长的一条无压输水隧洞。该工程自 1986 年 9 月开工建设以来,克服地质条件复杂、埋深大、隧洞进口塌方等多种困难,完成了引大入秦工程的关键性、控制性工程,并为我国水利建设中的长隧洞施工,积累了丰富的施工经验和管理经验,为引大入秦工程建设奠定了一个良好的开端,它将推动引大入秦工程建设的步伐。希望建设指挥部,认真总结经验,再接再厉,继续发扬艰苦奋斗、勇于拼搏、连续作战的精神,以科学的态度、先进的技术,高速、优质、安全地全面完成引大入秦工程建设,为甘肃人民造福,做出新的更大的贡献!

此致

敬礼!

水利部
1992 年 1 月 13 日

甘肃省引大入秦工程建设指挥部:

在党中央、国务院的亲切关怀和正确领导下,在甘肃省人民政府,各有关单位和沿线广大干部、群众的积极支持下,经过中、意双方三年多的密切合作,艰苦奋战,引大入秦工程 30A 号隧洞于 1992 年 1 月 20 日全线胜利贯通。它的胜利建成,将标志着中、意人民的友谊结出的又一硕果,是甘肃人民的一件大喜事,也是我国水利建设事业中的一件大喜事。值此欢庆之际,特向参加工程建设的广大干部、工程技术人员、施工人员以及参加工程建设的意大利朋友表示热烈的祝贺和亲切的慰问,并向甘肃省各级政府的领导和同志们以及为工程建设无私奉献的沿线广大干部、群众表示衷心的感谢。祝愿中、意人民的友谊之树常青。

甘肃省引大入秦工程,是一项跨流域引水的宏伟工程,也是水利部、甘肃省的重点工程,它将对改善甘肃省的农业基本条件,保证农业增产有着重大的意义。

由意大利 CMC 公司承建的 30A 隧洞,是引大入秦工程最长的两条隧洞之一。该工程自 1990 年 12 月正式开机掘进,工程进展比较顺利。从去年 3 月份,连续七个月月进尺突破 1 000 米,最高日进尺达 65.6 米,创造了全断面掘进日进尺的世界先进水平,并为我国水利建设中的长隧洞施工,积累了丰富的施工经验和管理经验。盘道岭、30A 这两条隧洞的全线贯通,为引大入秦工程建设奠定了一个良好的开端,它将推动引大入秦工程建设的步伐。与此同时,希望建设指挥部认真总结经验,再接再厉,继续发扬艰苦奋斗、连续作战的精神,加强工程建设,注重工程质量,保证安全,以科学的态度,利用先进的科学技术,高速优质安全地全面完成引大入秦工程建设,为甘肃人民造福,作出新的更大的贡献。

此致

敬礼!

水利部

1992 年 1 月 13 日(两封贺信 1 月 13 日发水利部,于 1 月 20 日发布)

(资料来源:韩正卿著:《韩正卿日记·引大卷·三》,

兰州:甘肃人民出版社,2013 年,第 340—342 页)

13. 招标投标和建设监理在引大入秦 工程中的实践(1994 年 2 月)

正在兴建的甘肃省引大入秦工程,是将发源于青海省的大通河水跨庄浪河流域东调至兰州市以北 60 公里处的秦王川地区的大型自流灌溉工程。工程总干渠全长 86.94 公里,其中隧洞 33 座,总长 75.14 公里,设计引水流量 32 立方米每秒,加大引水流量 36 立方米每秒。该项目是我国西北地区在建的难度最大、规模居首的水利工程。全部工程将于 1997 年建成。

　　引大入秦工程从 1976 年开工建设，由于资金困难等原因，几经上下。1987 年与世界银行贷款协议签字生效以来，工程得以全面复工，并按照世界银行的要求，采取国际、国内公开竞争性招标承建，运用菲迪克条款，实行合同管理。同时，在建设管理体制方面进行了配套的改革，推行了项目业主责任制和工程建设监理制。

　　引大入秦工程利用世界银行贷款，要求工程建设：一要实行国际、国内公开竞争性招标承建；二要在建设过程中必须遵守国际土木工程建设条款，即以菲迪克合同条款为基本或一般条款，严密监控工程的进度和质量。这样就彻底打破了垄断，开展竞争，加快了工程建设的步伐。

　　根据世界银行贷款协议要求，本工程除施工供电、供水、通讯、道路、桥梁、沙石料供应等临时设施由业主提前安排施工外，主体工程全部实行国际、国内竞争性招标，总干渠及东一干、东二干渠总共分 17 个标组进行招标。在招标工作中，我们主要的做法，一是成立了评标委员会和评标工作组。评标委员会主要负责确定评标工作原则和对评标结果作出决策；评标工作组主要负责从商务、报价、工程技术等方面对各投标商的投标文件进行检查、分析、比较、澄清、评审、计算评标价、编制评标工作报告和推荐授标对象等。二是本工程全部招标工作均按以下程序进行：编制招标文件、刊登广告、资格预审、发售招标文件、投标准备和投标、开标、评标、签订合同。招标、投标工作从 1987 年 6 月开始至 1991 年基本完成，确定承建引大入秦工程的承包商有意大利 CMC 公司，我国铁道部、能源部所属 7 个工程局以及甘肃省水利水电工程局(公司)等 21 家。在此之前，对盘道岭隧洞于 1985 年 5 月至 8 月提前进行了国际招标，最终由日本(株)熊谷组承建。

　　根据招标投标的实践，我们有以下几个体会：

　　(1) 通过公开招标投标，择优确定承包商，引进更加先进的技术和设备，承包商发挥各自的优势，各显其能，加快了工程的进度，保证了工程质量，同时提高工程建设和管理水平。

　　(2) 引进先进的技术、设备，提高了生产力。

　　承建引大入秦总干渠国际二标的两座长隧洞(合计 16.85 公里)的意大利 CMC 公司，采用美国罗宾斯公司制造的 TBM 双护盾全断面掘进机掘进、钢筋混凝土预制管片衬砌的一次性成洞施工方法，18 个月即完成了 16.85 公里隧洞的掘进、衬砌任务，并创造了 75.2 米的日进尺和 1 400 米的月进尺记录。由日本熊谷组承建的盘道岭隧洞,全长15.723公里,地质条件极其复杂,围岩软弱,岩性多变,地下涌水量大,他们采用悬臂式掘进机掘进、钢模台车浇筑混凝土以及各种先进施工技术措施,仅用5年多时间就建成了我国目前最长的隧洞。

(3) 招标、投标要从实际出发,考虑多种因素,择优选择承包商。在我国目前建设资金比较短缺的情况下,低报价的投标者对业主有很大的吸引力,对此我们深有体会。如引大入秦总干渠国际一标、国内二标合同就告诫我们,低报价既亏了承包商,又害了业主。上述合同因低价中标,在执行中承包商一直被资金困境所困扰,使工程建设进度慢、质量差、安全无保障。对此,工程师曾下达停工指令,要求承包商限期处理、返工。这一举动无疑使承包商的财务状况更加困难,后经业主与承包商的上级单位共同协商,采取了一系列的促帮措施,才使其走出困境,改善了财务状况,保证了工程建设。

同时,在招标过程中,对施工企业联营体要慎重考虑。引大入秦工程总干渠国际一标和国际二标分别由铁道部第二十、十五工程局与中国大千技术出口公司联营体和意大利CMC公司与中国华水公司合作企业中标承建。虽然合同中对联营体各方的责、权、利作了明确规定,但在合同执行中,各方因利益分配而闹独立,严重影响了工程建设的进度和质量。如国际二标合同自1988年12月24日发布开工令后,联营体内部矛盾不断激化,耽误近一年工期。后在我们的敦促下,承包商召开了董事会,产生了保持联营体不变、合同不变、支付方式不变,按该标工程部位分开履约的《永登协议》,调动了联营体内部中意双方公司的积极性,加快了施工进程,增强了合同意识,促进了互相理解和合作,既坚持了合同原则,又维护了国家利益。

(4) 利用世界银行贷款项目必须按国际惯例进行项目管理。比如国际上采用土木工程通用的菲迪克合同条款。该条款是世界银行向世界各国规定必须要采用的,内容严谨,层次清晰,比较科学。在招标、评标过程中,就要严格依据这一条款。

在工程建设监理中,我们参照国际上通用的业主、工程师、承包商三位一体的模式,改变了过去那种建设单位与设计、施工单位不分家,建设管理主要靠行政手段一把抓的旧格局。指挥部一身二任,既管理工程建设又进行工程监理,指挥部代表业主,总工程师牵头组成工程师单位。指挥部下属的合同、技术、质检、外事等职能处室亦为工程师单位的职能办事机构;指挥部下属的四个工区和兰州分部,也是工程师单位现场工程师和现场监理员的常设驻工地机构。

业主是项目的拥有者、投资者、使用者和最高决策者。主要负责项目目标的制定、权责的划分、合同的签订和执行、项目必要条件的提供等决定项目成败的关键因素。

工程师的职责是严格履行合同,他的权力是业主授予的。其主要职责是:

(1)在工程合同实施过程中,按照合同要求,全面负责对工程的监督、管理和检查。协调现场各家承包商的关系,负责对合同文件作出解释和说明,处理矛盾,以确保合同的圆满执行,但无权改变合同条款。

(2)帮助承包商正确理解设计意图,负责工程图纸变更的解释和说明,并发出图纸变更令,提供新的补充图纸,在现场解决施工期间出现的设计问题。

(3)监督检查承包商的施工进度,审批承包商入场后的施工总体进度实施计划以及工程各阶段或各分部工程的进度实施计划,并监督实施;监督承包商按期或提前完成工程。审批承包商报送的各分部工程的施工方案、技术措施和安全措施,必要时发出暂停施工命令和复工命令并处理由此而引起的问题。

(4)监督承包商认真贯彻和执行合同中的技术规范、施工要求和图纸上的规定,以确保工程质量能达到合同要求。制定各类对承包商进行施工质量检查的补充规定或审查、修改、批准由承包商提交的质量检查要求和规定,及时检查或抽查工程质量,特别是覆盖前的基础工程和隐蔽工程。检查批准承包商的各项实验室及现场试验结果,及时签发有关试验的验收合格证书。

(5)负责审核承包商提交的月资源报告及相应的月结算报表,并签署当月支付款数额,及时报业主审核支付。

(6)严格检查材料、设备质量,检查、批准承包商的定货(包括厂家、样品、规格等),抽查或检查进场材料和设备。

(7)考察承包商进场人员的素质,包括技术水平、工作能力、工作态度等,可随时撤换不称职的项目经理和不服管理的工人。

(8)审批承包商要求有关设备、材料等物品进出海关的报告,并及时向业主提出要求由业主办理海关手续。

(9)检查违约事件,代表业主向承包商索赔,同时处理承包商提出的各种索赔。

(10)监督检查施工工艺流程,检查和记录作业人员、设备和材料,记录完成的工程数量和质量,填写施工日记并保存质量检查记录,以作为每月结算及日后查核时用。而且,要根据积累的工程资料整理工程档案。

(11)核实最终工程量,以便进行工程的最终支付。组织并参加竣工验收。

(12)定期向业主提供工程情况报告,并根据工地发生的实际情况,及时向业主呈报工程变更报告,以便业主签发变更命令。

(13)处理并函复国际国内承包商在工程施工中的来往函件;按季向世界银行编报包括工程形象进度、工程质量、费用支付及存在问题的报告。

(14)根据围岩变形观测资料,按新奥法施工原理,确定隧洞的支护措施。

(15)处理施工中的各种意外事件(如不可预见的自然灾害)等引起的问题。

引大入秦工程在实行招标、投标制和建设监理制的过程中,虽然指挥部与工程师是两块牌子一套人马,但工程招标与监理等职责、任务、机构都基本符合菲迪克条款的要求。在监理工作中,始终以合同文件一般条款、特殊条款和合同技术规范为依据,经过7年多的实践和应用,体会不少,受益匪浅。主要体会有:

(1)工程建设监理必须以合同为依据,业主、承包商、工程师必须理解、熟悉、掌握合同。

(2)工程质量的控制,严格按合同技术规范分工序逐一进行,隐蔽工程验收丝毫不能放松,不合格的工程不予认可,轻者坚持让承包商自费补救,重者推倒重来。

(3)监理工程师不论职位高低,责任大小,都应在监理工作中自始至终遵循三控制(控制进度、控制质量、控制费用)、两管理(合同管理、信息管理)、一协调(组织协调)的监理核心任务。

(4)工程建设监理,我国才逐步实施,工程招标承包商低价抢标、高价索赔的事时有发生,这会给监理工作造成很大困难。最好在招标时就引导国内承包商熟悉和正确理解合同。这点至关重要。

同时,从我们这几年建设监理的实践和体会中,认为工程师单位和业主还是分开为好,这样更有利于工程建设的进展和质量控制。

总之,根据引大入秦工程的实践,在工程建设中实行招标、投标和建设监理是十分必要的,也是我国水利建设事业的一项重大改革,有利于引进先进的技术、设备和管理,促使工程项目的总目标得以最优地实现。同时,还可以提高我们的管理水平,有助于培养建设人才。

编后语:引大入秦工程规模宏大,是目前我国西北地区在建的最大引水工程。该工程利用世界银行贷款,在建设过程中,参照国际惯例,积极推行招标、投标和建设监理等项改革制度,提高了建设管理水平和施工技术水平,创造了洞挖日进尺1 400米的高速度,取得了显著的工程效益,并探索和积累了不少经验。本文通过引大入秦工程招标、投标和建设监理的实践,在管理模式、职责、工作内容和操作方法等方面进行了总结,同时也提出了需要在今后深化改革中进一步探讨和逐步解决的问题。值得一读,且有借鉴意义。

华镇、张高平、张兆胜

（资料来源:《中国水利》1994 年第 2 期,第 28—31 页）

14. 引大入秦 26 号隧洞施工组织管理
（1994 年 1 月）

1. 工程概况

引大入秦 26 号隧洞,位于甘肃省永登县境内,地处西北高原寒冷地区,最低气温低于零下 30℃,春季多雨。隧洞全长 5 405.8 m,断面为 5.30 m×5.35 m,最大埋深 600 m,地质较为复杂,围岩主要为薄层板岩、千枚岩、变质砂岩等,且有十余条断层,地下水较多,围岩稳定性差,局部地段围岩最大变形量达 57 mm,极易坍塌,给施工带来较大困难。

26 号隧洞是引大入秦工程的第三座长大隧洞,也是国际一标工程中的重点、难点工程之一。由于工期紧,业主将其从一标中分割出来,作为国际三标单独承建,工程量包括已开挖段 1 691.7 m 的衬砌和未开挖段 3 714.1 m 的开挖和衬砌,合同工期为 30 个月。因此,只有平均单口月掘进达到 75 m 以上、月衬砌达到 120 m 以上,才能保证如期完成任务。

该工程属于世界银行贷款项目,一切需按 FIDIC(菲迪克)条款和合同文件技术标准实施。在施工期间,业主和世界银行监理对承包商的施工方案、进度、质量、安全、物资设备、劳力、结算均按合同文件进行严格监督检查。我们自 1992 年 4 月 28 日签订合同,组织施工队伍进场,7 月 1 日业主授予开工令正式施工。我们采用风枪凿眼、非电爆破、有轨运输按新奥法原理施工,施工高峰的劳力达 522 人。到 1993 年 11 月 20 日,共掘进 3 190.1 m,衬砌 3 644 m,平均单口月掘进 95.6 m,衬砌 124 m,单口最高月掘进 147 m,最高月衬砌 205 m。该工程的进度、安全、质量、文明施工和合同管理,均得到业主和世界银行监理的认可和好评。

2. 施工组织管理

2.1　严密施工组织

为了安全、优质、如期完成 26 号隧洞修建任务,我们对施工组织管理尽可能

搞得严密,并采取了以下措施:

选派精兵强将上一线。两个洞口均设项目经理部,下设掘进、衬砌和特业队,实行垂直领导、分级负责。按项目法施工,实行层层承包,做到技术、物资、设备、安全质量管理人员靠前指挥、责任分明、形成精干高效的生产指挥保障系统。

将标准化施工融于施工组织的运筹。按标准化作业要求建立健全各种组织,严格进行建章建制,先后制定了《隧洞施工作业标准》《全面质量管理办法》《物资管理标准》《安全手册》等,与 FIDIC 条款和国际工程管理接轨,积极推行施工标准化。

组织有关施工人员认真学习合同文件和国际合同知识,熟悉合同文件中的技术规范和标准,以及制定的操作标准和制度。同时,组织去日本、意大利承建的工程进行考察学习,取其之长,克己之短。教育施工人员尊重科学,自觉适应国际监理机制,认真执行 FIDIC 条款,事事处处遵守合同,符合标准,从思想上为干好本工程打下良好基础。

2.2 优化施工方案

我们经过经济和技术比较,确定了既科学、经济,又符合现场实际情况的施工方案,具体内容是:

(1)正洞施工采用风枪钻眼、非电爆破、电瓶车牵引梭式矿车运输,爆破后及时锚喷支护,组成掘进作业线,保证每个工作面具有月掘进 75 m 以上的施工能力。采用洞外设置混凝土拌和站,轨道式混凝土输送泵泵送入模,保证具有完成 120 m 以上衬砌的施工生产能力。

(2)掘进中尽可能组织平行作业和立体作业。我们将掘进施工分成测量布眼、钻眼、装药放炮、通风排烟、清理危石、锚喷和出碴七道工序。若顺序作业,则循环时间长达 18 h。为了减少循环时间,我们采用了吊梁排架,排架上钻眼,排架下出碴,使钻眼和出碴平行作业,又将原来装碴的 Z-30 型电动装岩机更换成 LZ-1200 型立爪装载机,使装满 1 梭式矿车石碴的时间由 15 min 减少到 3—5 min。采取这两项措施后,每个作业循环的时间由 18 h 降到 10h,大大加快了施工进度。

(3)洞内临时设施力求布置有序和整齐划一。如:轨道用 22 kg/m 轻轨,每千米铺 1 440 根轨枕,洞内铺双线,一条用于掘进,一条用于衬砌,以便使掘进和衬砌互不干扰,实现平行作业;通风采用以抽出为主的混合方式,主扇用天津产的 90-1 型风机,接 ∅1000 软质风管,风管悬挂于拱顶,用来抽出洞内的废气,局扇用 TF525－1 型风机,接 $\varnothing 600$ 风管,风管挂在边墙上,并随掘进延伸而延长,以保证将掌子面的废气吸至主扇风管口附近;照明用的 150 W 节能型高压钠灯按 40 m—50 m 一盏布置,距地面的高度为 2.8 m,以保证达到合同中规定的光照度(50Lux);其他管线和设施的布置,应根据对其生产能力的要求,按因地制宜、使用方便的原则,作出合理的设计方案,切忌盲目布置。

2.3　狠抓施工的关键环节

隧洞采用新奥法施工,我们狠抓了以下工作:

(1)光面爆破

隧洞光面爆破效果的好坏,不仅直接造成超、欠挖,而且对减小围岩所受的扰动、提高锚喷支护能力起着重要作用,对经济效益影响很大。为了增强光面爆破效果,我们除根据围岩情况作出相应的光面爆破设计、对钻眼、装药、起爆等的技术标准作了严格规定外,在行政上还对爆破施工情况和效果规定了奖罚措施,每茬炮后都要测量开挖断面并做详细记录,月底据之计价,奖罚到工班,落实到个人。

(2)锚喷支护

我们按照局发的《喷射混凝土施工细则》控制喷射混凝土施工,重点放在把好三"关":一是把好用料关。对业主送至工地的水泥、沙和石子,以及我们选购的速凝剂、黏稠剂等,均按合同文件中《技术规范》的标准检验,合格后才能使用。第二关是配合比。项目中心试验室按选定的材料确定混凝土的配合比,拌和时严格按照已定配合比配料。三是操作关。喷射手必须按开机、送风、送水、送料的顺序使用喷射机(关机时与开机顺序相反),并严格把握风压和水压的关系(水压高出风压 100—150 kPa)。喷射时,喷射手按 1.0—1.5 m 为一段自下而上呈螺旋状施喷,喷层厚度必须达到要求。锚杆按合同文件要求选用水泥锚固剂锚杆加垫板螺帽,掘进中一炮一锚喷,最多两炮一锚喷,两次喷层厚度不得小于 10 cm。

(3)围岩量测

为了搞好量测工作,项目部下发了《关于认真作好隧道围岩量测的通知》,制定了《隧道围岩量测方法及要求》,成立了由 1 名技术人员和 3 名测工组成的量测小组。测点布置严格按合同文件中的要求和现场工程师的指示实施。量测频率为:第一周每天 3 次,第二周及以后每周 2 次。每次量测后,要立即整理量测数据并对之进行分析,及时将围岩动态信息反馈,以便采取相应措施,保证施工安全。

2.4　运用约束机制和激励机制促进隧洞施工标准化作业

为了搞好隧洞施工标准化作业,我们采取思想、行政、经济手段相结合,同时并举。具体措施:一是运用约束机制,即根据合同文件中的各种标准,制定了相应的实施办法,对各工序和各项工作做出详细规定,使每位同志在工作之前便掌握了标准、操作方法、操作程序和有关规定,明确达不到标准的惩罚制度。如规定喷混凝土的回弹量不得超过 15%(边墙)和 25%(拱部),两次施喷喷层厚度必须达到 10 cm,否则不予验工计价。二是运用激励机制,各级努力创造条件,为搞好标准化作业开绿灯。如:在机具配套上择优选型,全面配足;在分配制度上,对脏、累、险的风枪手、喷射手予以倾斜,使其工资待遇高于其他工种,从而激发了广大施工人员的斗志,充分调动了积极性,为搞好标准化施工创造了良好的环境,提供了可靠的物质保证和思想保证。

2.5 坚持文明施工

文明施工是施工企业素质高低的重要标志。我们以狠抓工程管理为突破口,严格劳动纪律,搞好标准化和条理化作业。我们要求洞内设施布置成五条线:高压风、水管一条线,无漏风漏水现象;电力、通讯线一条线,无漏电和下垂现象;风管一条线,无漏风和蛇行现象;轨道一条线,无不稳定现象;照明灯一条线,无照明不足现象。创造管线顺直有序、空气清新、照明良好的洞内施工环境。洞外要达到水流归槽、场地平整、物料堆码整齐、标志明显、库房内通风良好、建筑垃圾随时清理、安全防护设施齐全、场容整洁,保证各工序作业有条不紊。

2.6 加强设备的维修保养,提高设备效率

加强机械设备管理,充分发挥群机效能,对加快施工速度、提高经济效益起着举足轻重的作用。我们在机械设备的选用上,本着"合理配置、按章操作、养修并举"的原则,不贪大,不求洋,讲求适用。对于掘进机械、衬砌机械和辅助机械进行了认真的选择和优化组合。在设备使用上,首先通过培训来充实司机、维修人员和管理人员的专业理论知识,使他们较为系统地掌握设备性能、使用方法,技术素质得以提高;其次是坚持"两定三包"制和维修保养制度,禁止死打硬拼,让设备超负荷运转;三是早计划,早安排,备足机械设备的易损零部件,努力提高设备的完好率和利用率。由于我们坚持了以上做法,自开工以来,主要机械设备的完好率保持在 90%以上,利用率保持在 75%以上。

2.7 搞好合同管理

国际招标工程的特点,是依据合同文件,按 FIDIC 条款进行工程管理。FIDIC 条款的内涵是技术和管理的标准化、国际化。它规定了业主、承包商、(监理)工程师三方面的关系以及三者的责任、权利、义务、工作程序和工作范围。三

方都必须履行合同、必须按 FIDIC 条款办事,这是国际工程施工的准则。因此,我们刚一上场,便认真研读了合同文件,熟悉合同内容。在此基础上,我们编制了一些诸如《安全手册》和施工操作细则等上报工程师单位,还报送了实施性施工组织设计,并与业主签订各项协议,按合同要求办理了保险事宜,商定了临时工程有关事宜。同时,我们组织人力、物力做好施工准备工作,确保按照合同规定的开工时间准时开工。开工后,我们严格按合同规范作业,对工程进度、质量标准、安全措施、洞内外各种标志、围岩量测资料、地质描述图、质量检查评定表、施工记录、试验资料等均按合同要求施作。凡业主、现场监理的指令和要求,均认真执行落实。另外,我们对合同中一些与现场实际情况不符的内容,经发现后立即与业主会晤,协商解决。例如,我们在上场后,经调查核实,发现业主在招标文件中所提供的临时设施、沙石料场地、原开挖段的工程数量与现场实际情况不符,我们按合同条款据理力争,得到了增补和改移;对业主负责的道路、物资材料的供应、防洪工程等及时提出索赔和增设报告;对洞内部分断面、不良地质地段的特殊处理措施等,积极向监理工程师和业主提出变更设计的建议,避免了经济损失。世界银行的咨询监理帕尔莫先生在向世界银行的报告中曾指出:"在所有的合同管理中,铁道部第十八工程局这个承包商的成绩是最令人满意的。"

3. 体会和想法

3.1　标准化施工是搞好工程组织管理的重要因素

标准化施工是施工企业工程管理意识与管理行为的一次变革。它改变了过去行政命令式和经验主义的管理方式,使全体施工人员在工作中有标准可依,从而克服了工作中的随意性。要想搞好标准化施工:第一,各级领导决心要大,自己工作标准化的起步点要高。第二,要制定一套严密、科学的各类施工管理规定、操作细则、工作标准,规范全体人员的行为。第三,抓落实绝不手软。各类制度、规定、标准只有靠铁的纪律、严格的奖惩制度才能落到实处,才能培养职工具有良好的职业道德和风范。如果我们在 26 号隧洞施工中,不强化劳动纪律,不严格按新奥法施工,在那样的条件下,要达到工程质量高、生产安全良好、施工进度快,则是很难实现的。

3.2　适应国际工程管理,一切须按合同办事

FIDIC 条款是由国际咨询工程师联合会制定的,国际招标工程都用它。它的科学性和先进性在于将业主、监理和承包商三方的责任、权利、义务及工作标准、办事程序等作了严格规定。我们参加引大入秦工程一年来,深深体会到要想

干好国际工程,熟悉合同、遵守合同、按合同办事最为关键,承包商只有熟悉和真正掌握了合同条款,工作才有发言权和主动权;只有遵守合同条款,工程监理才会签字认可,业主才能满意;只有运用合同,按合同办事,才能更好地维护企业的整体利益,施工队伍的工程管理水平和素质才能进一步提高,从而增强施工企业的竞争能力。

3.3 搞好施工组织的关键在于遵循客观规律

客观规律是不以人的主观意志为转移的,违背客观规律必将受到"惩罚"。施工组织必须符合客观规律,否则便会失败,施工不以科学态度办事,要想圆满完成任务只是空想。我们在 26 号隧洞施工中,认真研究了兄弟单位的经验和教训,针对该洞施工的具体问题,确定使用近些年不常用的有轨运输方案,实践证明此决定是正确的,较好地解决了长隧洞施工的通风排烟问题,避免了洞底翻浆冒泥,实现了小断面隧洞掘进和衬砌平行作业。到 1993 年 11 月 20 日,已掘进 3 190.1 m,衬砌 3 644 m,比施工组织设计的进度提前了 4 个月。只要不出意外,按业主要求提前 3 个月完成 26 号洞是能够实现的。

收稿日期:1994 年 1 月

彭道富,铁道部第十八工程局

(资料来源:《铁道建筑技术》1994 年第 2 期,第 21—25 页)

15. 掌握菲迪克条款同国际建筑市场接轨
(1994 年 2 月)

甘肃省引大入秦水利工程是利用世界银行(以下简称世行)贷款,采用"菲迪克条款"按照国际工程惯例进行合同管理,全面实行严格监督制度的跨流域引水重点工程。工程监理分为四个层次:最高层是世行选聘的澳大利亚雪山公司专家为总监理,第二层是甘肃省水利厅组建的业主代表引大入秦工程指挥部,第三层是分标段组建的工区监理处,第四层是现场工程师和工地监理员。他们对每一工序和操作过程进行监督检查认证。

引大入秦东二干渠分为五个标段,全长 54 km。我部担任东二干渠第三组 B 标段工程,全长 14.172 km,其中有隧洞 13 座,8 671 m;渡槽 6 座,1 875 m;明渠共 3 507.12 m;总中标价为 6 577 万元。1992 年 12 月 28 日颁发开工令。这是我处 40 年来承担的第一项利用外资,按照国际上通用的菲迪克条款,实行全面合同管理的工程。一年来,在一系列的摩擦、磕碰中,渐渐品出了合同管理的苦辣酸甜,合同意识和合同管理水平在不断加强和提高。由不理解到理解,由不熟悉到熟悉。"引大"引来的不仅是水,也把国外的一些先进管理方法"引"入自己的脑子。实践中有了比较深刻的认识。

一是执行菲迪克条款是同国际建筑市场接轨的必经之路。菲迪克(FIDIC)条款是国际咨询工程师联合会编制的《土木工程施工合同条件》的简称。菲迪克条款是被世行采纳的国际通用施工合同。它具有严密的逻辑性,严格的计划性和严肃的公正性。执行菲迪克条款对提高工程质量,提高企业素质很有好处。随着改革开放,把企业推向市场,按照国际惯例组织施工,管理工程,必然成为我国工程建设的大趋势,势在必行。因此,对菲迪克条款,早认识比晚认识好,早掌握比晚掌握好。对我们国内铁路施工企业来说,是一次学习、锻炼的极好机会,应及早造就一支懂合同、会管理的管理队伍。

二是菲迪克条款的核心是工程质量。业主、工程师代表、现场工程师、工地监理员,对质量非常重视,实行全天候质量监督。突出特点是:对承包商每道工序都进行质量检查,上道工序合格后才能进入下道工序施工。承包商如果不能用工作质量来保证工序质量,就会被迫停工或推倒重来。监理失误不减轻承包商的责任。承包商失去了自我管理的"自由度",制约了施工的随意性。

三是菲迪克条款有严格的计划性和程序性。承包商不仅要制订总体施工组织计划、年度施工组织计划、物资供应计划报业主和建行,同时还要严格执行计划。经过监理部门批准的计划是检查、验收的依据,不得随意更改。在严格的计划性中还有严格的程序性,承包商在工程上的一切活动都要通过监理批准,不得擅自行动。每项单位工程(隧洞、渡槽等)开工,都必须打开工报告。指导工地钢筋混凝土施工的配合比都必须事先在试验室里试验分析,拿出数据,正式文件报监理单位批准,才能发工地施工。未经批准的提前施工都被视为违约,轻者批评教育,重者不仅不予计价,还要拆除。在实践中体会到,要和监理人员搞好关系必须首先严格执行监理程序,因为这是尊重监理人员的重要表现。只要按合同执行就能加快进度,只要高度重视质量,就越有进度和效益。

四是菲迪克条款对总工期控制很严。东二干三 B 标段总工期 48 个月,从业主颁发开工令之日起计算,必须保证 1996 年底通水。拖延一天罚款 5 万元,一直罚到工程总报价的 10%,即 657 万元为止。当然人力不可抗拒的自然灾害除外。

五是菲迪克条款一次定死工程项目实物单价，不可更改。施工中和竣工后无调价一说。工程项目实物数量根据现场施工实际发生的数量计算，由工地监理员，现场工程师签认计价。我们把它叫作"死单价、活数量"。

六是菲迪克条款规定业主必须为承包商提供施工的保障条件。引大入秦东二干渠工程业主提供了水、电、路、施工用地征用和主要材料（钢材、木材、水泥、油料、火工品、沙石料）的供应。价格在合同中一次定死。减少了承包商与当地村民的许多扯皮事，便于集中精力搞好施工。

七是菲迪克条款规定工程项目、机械设备、人身都必须在保险公司投保。发生损失、损坏等，可向保险公司申请赔偿，而业主不负责赔偿。我部向甘肃省保险公司涉外业务部投保34.314万元。其中，建筑工程投保30.52万元，免赔额为单项工程造价1‰，超过1‰以上就可向保险公司索赔；工程机械投保3.79万元，免赔额为事故损失的5%不予赔偿，可索赔95%的损失，赔偿无起点限额。1993年因设备损失和工程因洪水造成损害，我们已向保险公司索赔回3.3万元。

八是菲迪克条款明确规定施工企业完全实施承包商机制。在这里建筑产品完全变成了市场上的商品。每月完成的工程项目，必须是符合质量标准的合格品，业主才签认计价，业主买了我们的产品，才给我们付款，用这笔钱来进行再生产，再销售。否则工程项目是半成品或不合格品，业主均不买你的，半成品要成为合格的成品。不合格必须推倒重来成为合格品。推倒重来的产品费用由承包商自负。

九是菲迪克条款强调三方的独立性。业主为发包方，监理为第三方监理，施工企业为承包方。他们是独立的三家。各有各的权力，各有各的义务，既没有行政上的领导关系，也没有经济上的联营关系，而是互相联系、互相制约的三角关系，相互之间是完全的经济合同关系。监理要站在公正的立场上监督承发包双方执行合同情况。为确保监理的公正性，国际工程都是聘请第三国的咨询工程师担任监理，因此，承发包双方的利益都能得到保证。

但是，再先进的管理方式也是要人去执行的。在中国本土上，"引大入秦"水利工程引进了国际通用施工合同——菲迪克条款。由于改革开放是新课题，政策不配套，存在：一是资金不能保证供应问题。本工程世行贷款占59%，甘肃省自筹占41%。特别是自筹资金不到位，经常拖欠承包商的工程计价款。施工生产和职工生活都受到资金不足的困扰。1992年下半年，我局还向引大贷款450万元，启动我局在引大施工的一处、三处、桥梁处，使我部走出了困境。二是工程监理方不是聘请的第三方监理,而是受业主任命和领导的监理单位——工区,往往影响监理的公正性。我们把它叫作具有中国特色的菲迪克条款。

一年多的实践,我深刻体会到:要执行好菲迪克条款,首先,要从观念上对菲迪克条款有一个正确的认识,菲迪克条款是市场经济的产物,它具有科学性和社会性。业主拿钱要购买的是合格的建筑产品,为保证产品质量,业主和监理人员对建筑过程的每一道工序进行控制,承包商也只有建造合格的产品才能从"销售"中获取效益。所以,质量不仅是发包方和监理方的需要,也是承包商的需要。因此,可以说三方的目标一致,是"一荣俱荣,一损俱损"的利益共同体。从这个认识出发,就可以正确理解业主和监理的严格要求。其次,要正确理解施工企业在建筑市场的地位和作用,国家把企业推向市场后,从政府的附属物变成承包商。市场经济的特点,就是竞争、优胜劣汰。施工企业通过合同,通过质量竞争,工期竞争获取社会信誉,获取经济效益。因此,我们施工企业必须改变过去"铁老大"的旧观念,树立新观念,要强化市场经济观念,强化竞争观念,强化全员质量意识,强化全员效益观念,使工程队和经理部成为"能揽、能干、能管、能算,自我发展、自我约束的微型企业"。

在实践中,我们认识到:推行菲迪克条款对提高质量很有好处,对培养管理干部很有好处,对锻炼职工队伍很有好处,对学习世界先进管理方式、同国际建筑市场接轨很有好处。在引大水利工程中,我们的奋斗目标是:"干好一条引水工程,培养一批管理干部,锻炼一支过硬施工队伍,写一本隧洞新奥法施工经验,争创最佳质量、最佳效益。"

岳德田,铁一局一处引大项目经理部

(资料来源:《铁道工程学报》1994 年第 2 期,第 85—87 页)

16. 对承保隧洞工程保险的探索
(1994 年 4 月)

工程保险是各类保险业务中涉及面广、技术性复杂的一项险种,隧洞工程的保险又是各种建筑工程保险中难度较大的一类。我国保险业务恢复 15 年来,在隧洞工程保险方面的实践寥寥无几。中国人民保险公司甘肃省分公司(以下简称甘肃省分公司)从 1986 年起开始承保以隧洞施工为主的"引大入秦"水利工程保险,现将其历时近 10 年的实践探索,总结出的从展业承保到理赔、防灾防损等各环节的经验提供给保险界的同仁们作参考。

一、工程基本情况

引大入秦工程是我国西北地区规模最大的跨流域调水自流灌溉工程。该工程位于甘肃省中部,是将源于青海省木里山的大通河引到兰州西北约 60 公里的秦王川灌区。引大入秦工程是一个利用外资改变自然环境的水利工程,整个工程取得世界银行贷款 1.23 亿美元,配套人民币资金 6.093 亿元,外资(汇率:1 美元=5.22 人民币)与国内资金之比例为 52:48,按 1985 年物价水平,总投资概算已达 10.653 亿元,若按目前实际投资估算已超过 15 亿元人民币。

引大入秦工程实行国际、国内招标,全部工程由日本国(株)熊谷组、意大利 CMC 公司和我国内八家承包商中标承建。

二、工程的保险情况及实践过程

从引大入秦工程开工以来,甘肃省分公司先后与省引大指挥部(业主)及承包商日本(株)熊谷组、意大利 CMC 公司、中国华水公司、水电部四局、铁道部第十八工程局和铁道部第一工程局一处、三处、桥梁处以及省水电工程局等 10 家施工单位签订了保险协议,先后承保了 10 个标组项下的 37 座隧洞、2 座渡槽、1 条倒虹吸的建筑工程保险、施工设备的财产保险和施工人员的人身意外伤害保险,承担风险总额达 6.7 亿元人民币,承保期限前后长达 10 年,保险费收入 639 万元人民币(含美元折合部分)。截至 1994 年 3 月,共处理各类赔案 352 笔,支付各项损失赔款达 347 万元。

在保险实践过程中,甘肃省分公司注意做好以下几方面的工作:

(一)科学制定承保方案

1. 实地考察,增加对工程的感性认识。引大入秦水利工程不仅距离长,而且经过的地貌也相当复杂。从总干渠来看,尽管直线距离为 87 公里,但在地貌上却经历了从雪山到植被茂盛的崇山峻岭,一直过渡到沟壑纵横没有任何植被的黄土高原上的中山、低山丘陵区。由于引大入秦工程是采用分段招标的方式,因此每一标所处地貌的不同直接影响到承保方案的确定,因为在不同的地貌区有不同的风险存在。如:没有植被的黄土丘陵区发生洪水的可能性远大于植被茂盛的崇山峻岭区。为了更好地掌握第一手资料,为科学地制定保险方案提供依据,在引大入秦总干渠国际招标前,甘肃省分公司的业务人员随工程有关人员历时八天,行程近千公里,对整个干渠的隧洞、倒虹吸、渡槽、明渠等工程施工现场进行了考察,增加了对引大入秦工程的感性认识,不仅为科学厘定费率,而且为准确处理承保后的索赔等事项都奠定了基础。

2. 翻阅资料,掌握项目具体情况。对工程保险的前期调查仅限于自然地貌观察是不够的,特别是对引大入秦这一以地下隧洞为主的水利工程来说,更是差之甚远。为此,又对照国际、国内的招标文件,对每条隧洞和各个单项工程的地质资料、水文气象资料、标书中所要求的施工方法、施工的质量标准等都进行了认真研究。因为岩层的软硬、断层的多少、地下水情况以及隧洞的埋深对工程稳定性是至关重要的,它直接关系到隧洞施工中的塌方系数。因此,地质情况的好坏正是地下隧洞工程的风险所在,也是制定保险方案的首要因素。

3. 虚心求教,学习实务,借鉴经验。对大型水利工程进行保险,这不仅在甘肃省是第一次,当时在全国也算得上是凤毛麟角。虽然掌握了大量的一手资料,但毕竟隔行如隔山,对地质资料的深入研究,找出隧洞、倒虹吸、渡槽等项目施工中的主要风险所在,仅靠当时所具备的知识是远远不够的。为此,甘肃省分公司带着一个个问题多次求教于业主方的工程师,以及工程勘测、设计单位的专家,力争把各个项目在施工过程中的预计风险掌握准确一点,以利于承保方案的确定。

在研究工程资料的同时,还认真学习、研究了人保总公司制定的涉外工程保险实务手续,认识到现有的实务是多年来国内外经验的积累,虽然每个保险项目都有差异,但每一个险种的基础都是一致的,经过有针对性地反复学习实务,加深了对建筑工程一切险及其相关险种的理解,为这些险种更好地应用于引大入秦这一特殊项目,奠定了业务基础。同时,甘肃省分公司又派专人到云南,学习借鉴了鲁布阁工程的承保经验。

在以上认真细致的准备工作的基础上,根据各标段项目的具体情况,即自然条件(地貌、水文、地质、气象等),隧洞、渡槽、明渠施工的不同特点及各自占项目标价的比例,施工期限的长短,施工方式、施工队伍的优劣等,分别制定了承保方案。实践证明,当时确定的方案基本是成功的。

(二)积极争取承保主动

1. 根据资金特性,坚持项目保险的必然性。引大入秦工程是世界银行贷款项目,按照世界银行的有关规定,其贷款项目应该办理保险。由于引大入秦工程的总干渠实行的是国际招标,按照国际标书统一条款,保险的险别已经列入招标文件中,所以只是把这些险别具体化为人保公司(中国人民保险公司)的现有险种。经过努力,这种做法得到了业主和工程承包商的认同。但是,引大入秦工程的东二干渠实行的是工程国内招标的做法,而且是人民币投资,因而是否把保险列入招标文件,就决定着工程能否投保。为此,通过认真与业主磋商:一方面,强调整个项目主要由世界银行贷款的特点,坚持项目办理保险的必然性;另一方面,指明办理保险不仅转嫁了风险,而且可以减少在不可抗力造成损失时业主与承包商之间的扯皮,有利于业主管理的系统化,以及与国际标的一致性。通过反复努力和认真细致的工作,业主采纳了建议,在东二干渠国内招标文件中,明确要求承包商必定对项目进行保险,并具体列明了险别,即建筑工程一切险及第三者责任险、汽车险、人身意外险和施工设备财产险。

2. 做好业主工作,掌握项目保险的主动性。对于大项目的保险,能否得到业主的支持是很重要的。特别是引大入秦工程由于使用世界银行贷款,某标书中明确规定任何有资格的保险公司均可以对工程项目提供保险,也就是说工程承包商有权选择任意一家业主认可的保险公司来办理保险。针对这一情况,就要力争掌握工作主动权:首先,利用地缘的优势,使之认识到人保公司的实力和服务水平,理解在项目所在地办理保险,不仅甘肃省分公司能满足各国承包商的要求,而且能及时赶赴现场处理发生的索赔事故,不致延误工程进度。其次,在业主的妥善安排下,在招标前考察工地时就以人保公司的身份出现在各投标商面前;在招标会上又广泛散发保险资料,并专门安排时间答复各国投标商的保险咨询。第三,由于在总干渠施工中的优质服务,得到了业主和承包商的充分认可,所以在东二干国内招标时,业主明确要求投标商中标后要在甘肃省分公司办理有关保险,并介绍一些承包商共同商议如何在投标书中设计保险方案、计算保险费用。在业主的支持下,人保公司在众多的投标商的心目中树立了较好的形象,为项目中标后选择人保公司办理保险业务打下了坚实的基础。

3. 注意谈判技巧,获得项目保险的承保权。投标商中标后,甘肃省分公司不失时机地与其接触,注意针对不同的承包商确定不同的谈判方法。同时,根据不同承包商的施工经验、方法以及设备的先进程度等,适时修订保险方案。两家外商企业——日本(株)熊谷组和意大利 CMC 公司中标后,都有外国保险公司或外国保险经纪人介入。甘肃省分公司及时与总公司协商,共同与外商谈判,并取得了业主的支持。经过艰苦细致的工作,外商不仅认可了人保的实力和服务水平,而且对甘肃省分公司提供的方案也很满意。日本(株)熊谷组终于向我投保了工程、设备、运输、汽车、人员的所有相关保险,意大利 CMC 公司向我投保了建工、国内设备、中国雇员的人身、医药、汽车等保险。对于国内的承包商,甘肃省分公司则主动去营地与其加深了解,及时解答他们首次参加工程保险的诸多疑问,在不违背保险原则的基础上为其提供支持,并灵活承保条件。同时,也更加注意密切与业主和合同监督单位的合作,让其督促国内承包商办理标书中规定的所有保险。在具体的承保过程中,始终贯彻一个"勤"字,即勤跑、勤说。经过不懈的努力,引大入秦工程所有 10 组招标项目,除有一家承包商在其注册地的人保公司办理了保险外,其余全部向甘肃省分公司办理了承建项目的相关保险。

(三)热情做好保后服务

1. 督促保户建章守纪,加强防灾、防损工作。对于任何一项建筑工程,没有严格的规章制度和操作规程,事故的频繁发生将是不可避免的。参加引大入秦工程的承包商绝大部分经验丰富,有些甚至在国际上享有盛名,他们各自都有一套相对行之有效的管理制度。但是,甘肃省分公司在承保后,从降低风险的角度出发,经常深入工地,发现问题及时指出:督促有章可循的承包商加强对其雇员的安全守章教育,尽可能减少损失的发生和人员的伤亡。对规章制度不甚完善的承包商,尽量督促其向管理严密的承包商学习,早日建章建制,加强风险防范。在洪水期到来前及时提醒承包商,注意渡槽部分的施工进度,注意材料的堆放位置等。在隧洞施工进展到埋深较浅的地段时,就以书面形式提醒承包商注意防止塌陷,有时甚至与承包商一同为防止塌方的发生,联合行文请求业主改变工程施工方案。通过扎实细致的工作,提高了承包商的防灾、防损意识,在一定程度上降低了事故发生率。

2. 认真做好理赔工作。理赔工作的好坏是保后服务的关键,它不仅体现着人保公司的服务能力和水平,也关系到人保公司的形象和效益。为此,在每次较大事故发生后都能坚持及时赶赴现场,认真查勘定损。及时的现场查勘不仅能准确定损,积累第一手资料,同时也能杜绝由于我们的原因造成工程的延误,从而树立良好的公司形象。

引大入秦工程的赔案,无论从损失金额,还是复杂程度上,对我们来说都是从未遇到的,迅速、主动、准确、合理的赔付的确有一定难度,但又必须做到。因此在收到索赔报告后,首先,认真地依照工程合同严格审核索赔清单,力求做到各种单价均有出处,且与合同一致;其次,将各种恢复工程的人工、材料费与监理工程师认可的《施工日报》认真核对;再次,对较大事故按照索赔报告深入现场仔细清点查验损失,并逐项与监理工程师反复核算,清除水分,剔除残值;最后,尽量加快审案速度,并对有争议的部分与承包商进行反复磋商,最终对索赔处理达成一致。

3. 注意相互感情交流,加强理解,促进合作。在整个引大入秦工程的保险过程中,我们始终如一地坚持忠诚服务、笃守信誉的宗旨,注意与客户以诚相待,感情沟通,对不论来自西欧的意大利客商,还是来自东瀛的日本熊谷组,乃至国内各地的承包商,都一视同仁。而且特别留意他们各自的习惯和风俗,对圣诞节、元旦、春节等重要节日,开工典礼、隧洞贯通、工程结束等重大活动,都以各种形式,不同规格,予以慰问和祝贺,同时不放过任何机会加强与业主和承包商的联络沟通,对于在业务处理上存在的分歧,总是做认真的说明解释工作,以消除分歧,加强相互之间的理解与合作。正是由于多年来的不懈努力,并与所有承包商及业主都建立了良好的业务关系和私人感情,许多完成了引大入秦工程的承包商,在进行新项目时,都表达了愿意与我们继续合作的希望。这正是忠诚服务的结果。

三、取得的成果

至今历时已近 10 年的引大入秦工程的保险工作:一方面,锻炼了职工队伍,积累了工作经验;另一方面,通过这一工程的保险实践,使人保公司在工程保险甚或较大项目的保险方面有了一个较大的突破。

PICC 甘肃省分公司:谭启俭、高兴华、王育玲

(资料来源:《保险研究》1994 年第 4 期,第 46—49 页)

17. 力挽波涛渡秦川——写在全国最大的自流灌溉引大入秦工程通水前
(1994 年 5 月)

阳春三月,地处甘肃中部干旱地区的秦王川,春光明媚,大地复苏。眺目远望,平整的土地被宽窄不等的干渠、支渠、分渠分割得井然有序,似一个个列队方阵,排列在总干渠的周围;眼前,杨、柳吐出了嫩芽,稀稀落落的灌木披上了绿色新装,房前屋后的杏树、桃树含苞欲放。冬之沉寂已让位于复苏了生命的伟大的春之喧嚣。这喧嚣声发自大地各处,洋溢着生之喜悦;这喧嚣声更来自即将到来

的大通河之水……

　　大通河,发源于白雪皑皑的祁连山,水位高、流量丰沛,如天上之水,奔流于甘肃青海交界的深山峡谷之中。千百年来,这条每秒流量 934 立方米、水质优良的河经湟水汇入黄河。

　　一个黄土盆地,漫漫 1 000 平方公里,28 万多人祖祖辈辈生活在这片 86 万多亩耕地上。多少年来,因干旱少雨,每亩地的产量仅 60 公斤左右,人们过着"衣不遮体,食不温饱"的贫苦生活,成为"陇中苦瘠甲于天下"的甘肃中部干旱典型区——这就是秦王川。大通河仅距秦王川 180 余公里,却白白流入黄河,东流大海。

　　一个梦,一个漫长了 85 年的梦:引大通河之水灌秦王川之地。从光绪三十四年(1908)陕甘总督升允组织人马查勘算起至今,陇上父老乡亲日思夜盼着这一天的到来。在改革开放的今天,终于使这个美梦变为现实:由 33 座隧洞、8 座渡槽、2 座倒虹吸管组成的 86.7 公里长的总干渠,全面竣工,可望在近期通水。

国际凿洞大决战

　　1987 年 9 月,甘肃省为引大入秦工程申请世界银行贷款成功。这个总概算为 10.65 亿元人民币的我国最大的自流灌溉工程,实行自主管理,面向国际公开招标。经过十多家国内外水利建筑商的激烈角逐,日本株式会社熊谷组、意大利CMC 公司、中国华水公司,铁道部第十五工程局、十六工程局、十八工程局、二十工程局,水电部第四工程局及甘肃省水电工程局等相继中标。这里有举世公认的、曾在日本津清海峡海底隧道工程中屡立战功的日本株式会社熊谷组;有曾在英吉利海峡工程中大显神威的意大利 CMC 公司;也有中国曾在引滦入津工程中赢得"穿山劲旅"称号的铁道部十八工程局……一时,这些国内外一流好手,相互摆战在蜿蜒起伏的群山峻岭,展开了一场国际凿洞大决战。

　　同时,依据国际通用的菲迪克条款和世界银行要求,引大入秦工程必须实行全面保险。日本保险商、意大利保险经纪人和中国人民保险公司甘肃省分公司(以下简称人保甘肃分公司)形成"三国鼎立"的竞争角逐。人保甘肃省分公司凭着天时地利的优越条件和强烈的责任感、事业感,由公司领导牵头,率领国外业务部的业务骨干,随同业主方的技术人员,一道从源头开始,跋山涉水实地勘查,并翻阅研究大量的工程设计和地质资料,走访水利专家、学者,参照国际保险惯例,以人保公司(中国人民保险公司)的建筑工程一切险附加第三者责任保险及保证期保险为基础,设计了一套比较科学、完整的承保方案。经与业主和承包商几轮谈判,该方案以费率合理、责任面广、服务周到等优势,击败了国外保险商。一位所谓富有保险经验的外国保险专家,丢下一句:"中国人,有多大胆,保多大险。走着俏(瞧)!"愤然离去。一项保险期限为 10 年,总计保障金额达 10 亿元的"引大入秦"工程,从此与人民保险公司结下了不解之缘。

群英荟萃同系中国情

人们常用古人"胜者为王,败者为寇"来形容竞争,其实不然。当人们学会利用保险来充分保障自己的利益之后,"胜者"更为奋发上进,"败者"并非气馁。

在"引大入秦"这个"国际凿洞大赛"中,承包盘道岭隧洞的日本熊谷组遇到了前所未有的困难,整个工程亏损 1 亿多元,似乎成为承包商中的"败者"。盘道岭隧洞长 15.73 公里,是我国目前最长的水工隧洞,也是整个工程的关键性工程。它要穿过大通河和庄浪河流域的分水岭盘道岭,工程地质复杂,不仅岩压性大,地下水位高,遇水软化性强,还要通过 10 多条断层,开挖支护相当困难。对此,被专家们称为"地质博物馆"。

当盘道岭工程施工进行到 K77+648 处,因渗水造成流沙发生大面积严重塌方,机器设备被埋没,施工面上的 6 名日方工程技术人员被堵困到里面,造成整个工程停电停工。全体职工紧急出动,仅用 6 个小时打通斜井,救出被困的员工,花费 3 天使工程重新开工。从此以后,日本熊谷组盘道岭作业所,先后遭遇了 30 余次大小塌方、涌水及流沙。更为困难的是,施工难度加大了施工成本,工程费用远远超出了原工程标价,造成资金非常紧张。具有高度敬业精神的日本人,自己垫支工程费用,坚持着工程的开挖。随着意外损失的增加,保险发挥出了充分的补偿作用。每次事故发生后,人保公司都及时赶赴现场,查勘定损,迅速理赔。5 年来共为熊谷组中国盘道岭作业所的 210 余次意外事故以及受伤的 180 多人次,补偿保险金 200 多万元。所长前田恭利先生深有感触地说:"盘道岭工程地质结构复杂,工程十分艰难,保险公司给予了我们很大的支持。"1991 年 9 月 1 日,当人保甘肃省公司总经理王致祥在参加"日本东京甘肃经贸洽谈会"期间,会见日本株式会社熊谷组海外本部部长石川浩时,石川浩先生说:盘道岭工程是我们所有的工程中困难最多的一个,投入了很大的人力、物力和财力。施工中,中国人民保险公司对我们给予了很好的合作。1992 年 1 月 19 日 11 时 35 分,艰苦奋战了 5 年零 4 个月的盘道岭隧洞全面贯通时,全场一片欢腾。熊谷组副会长于元平先生激动万分高举双拳高呼:"万岁!万岁!万岁!"前田恭利先生情不自禁泪如涌泉。这位日本刚强的汉子在中国流出的第一次泪水，不仅包含着在艰难的施工中，创造出良好成绩的来之不易，更主要的是盘道岭整个工程不但得到甘肃人民和政府的充分肯定及表彰，而且被评为中国优秀外国专家。在1991年国庆前夕受到李鹏总理的接见，是中国这块热土给予他无穷的力量，在甘肃铸就了中日友好"里程碑"。

与熊谷组相比，意大利CMC公司作为"胜者"也有苦衷。总长为11.65公里的20A隧洞是引大入秦的第二长隧洞。他们运用美国生产的双护盾全断面激光导向掘进机（T.P.M），连续6个月每月掘进超过1公里，并创造了最高月进尺1.3公里、最高日进尺65.6米的世界纪录，全线贯通仅用了13个月。然而，在他们前方屡获战绩时，后方却连连失利。两辆高级小轿车报废，大吊车倾覆，施工车辆多次肇事，工伤不断出现。这使该公司引大入秦工程经理部经理法布里乔先生大为恼火，而且由于对保险索赔程序的不熟悉，缺乏第一手资料，没能及时得到赔款，使得这位脾气急躁的意大利人曾拍案而起，指责人保公司不履行合同。为此，人保公司通过一次次有理有节的谈判，一次次对保险条款地宣传、解释，一次次耐心细致地相互沟通，使这位性情耿直的西方大汉终于理解了人保公司的理赔程序，积极配合事故的处理。当60多人次的人身给付案和70多次的意外事故案、总计70万元的赔款逐一迅速到位后，法布里乔先生很诚恳地说："我在中国打过交道的各部门中，人保公司服务最好，中国保险OK！"

与外国承包商相比，长此以往在计划经济体制下进行"大兵团作战"，用传统管理方法施工的"中国队"有的则出师不利。铁道部十五工程局、二十工程局承包的两座隧洞，在施工时间已过三分之二时，工程进度却不到三分之一，并且每开挖一立方米，就要亏损40万元。被世界银行监理勒令这支"铁军"停工整顿。其他一些承包单位也由于技术、设备、资金等方面的困难，举步维艰。1993年7月19日，在"中国队"承包的四个标组的十余处工地上，遭受到近百年罕见的大暴雨，一时山洪暴发，冲毁了建筑工地、设施以及料场，部分隧洞被泥沙倒灌，经济损失估算200多万元。当人保公司的干部连夜赶赴现场查勘定损时，有的施工单位领导不知道保险范围，不知道可以索赔，更不知道怎样索赔；有的单位四处活动搞假证明、假发票加大索赔数；还有的找关系，托人说情，要求多赔。面对这种情况，人保公司的同志没有因为保户不会索赔而少赔、惜赔，也没有因为保户的作假和求情而多赔、滥赔，始终坚持"忠诚服务、笃守信誉"的原则，认真核定损失，最后按实际损失和承保金额比例赔付54.2万元，维护了人保公司信誉。

痛定思痛,"中国队"开始部署了一系列新的措施。曾在引滦入津工程中赢得"穿山劲旅"称号的铁道部十八工程局,接替引大入秦工程的 16 号隧洞。由于加强施工管理,改进施工技术,经过艰苦努力预计提前半年完成任务。同时,由于他们重视与人保甘肃分公司的配合,在遭遇 4 次塌方事故后,及时从人保公司得到赔款近 30 万元,补偿了经济损失。世界银行监理帕尔默先生在向世行的报告中称:"在所有的合同管理中,铁道部第十八工程局的成绩令人满意。"其他施工队伍赶学国内外先进经验,重振雄风,都不同程度提前完成了任务。

在引大入秦工程的建设中,造就了一批国内施工队伍。不论是从思想上、意识上,还是技术上、管理上,锻炼了自己,提高了自己。某工程局一次意外事故经济损失 30 多万元,但由于保额不足仅得到保险赔款 3 万元。实践使他们认识到,保险是工程施工中一项必不可少的项目,特别是主动足额保险。就连自称过去没有保险,照样打出了成昆、青藏、大秦铁路的一些单位也都体会到了参加保险的益处,一致认为保险是建筑工程中的"保护神"。保险补偿作用的有效发挥,也引起了作为业主单位的甘肃引大入秦工程指挥部的高度重视。副总指挥严世俊同志亲自审查合同标书中保险条款,亲自督促承包单位办理保险,用他的话说:"现代施工管理,必须学会通过保险来转嫁风险,保护自己。"

美 梦 成 真

"牡丹越开越艳了,富民政策实现了,好像金鸡下开金蛋了,时来了,运转了,过去愁肠舒展了……"

当地农民以那朴实、独特的一首首民歌,唱出了他们对引大入秦工程的心声。是的,永登早在东晋十六国前凉时,正式设立为县,并且沿用至今。顾名思义就是在干旱多灾的情况下,祝愿五谷永远丰登之意。然而,千百年来的沧桑,并未使永登县五谷丰登。

如今,引大入秦工程指日可待。引大入秦工程全面建成后,每年可从大通河引水 4.43 亿立方米,可灌溉近百万亩农田和林草地,农、林、牧业净收益每年可达 3 亿元;同时,将在兰州以北形成一条绿色屏障,和其他水利工程连片,不仅能在黄河上游建成一个稳产、高产的粮食基地,而且对改变兰州市的小气候、生态平衡,对兰州及黄河上游多民族经济开发具有不可估量的作用;到那时,秦王川以兰州中川机场为轴心,将会开发建设成一座以农促工、以工导农,形成工农互补的兰州新型的卫星城市,秦王川将会成为欧亚大陆桥的一个桥头堡。秦王川,一个真正现代化兰州的希冀，就会出现在明天。

引大入秦工程，是一项造福于甘肃人民的大型水利工程，也是甘肃省农田水利建设史上的一座丰碑。这丰碑上，铭刻着党和国家为甘肃人民谋福利、造福子孙的关怀和深情，铭刻着上万名中外建设者克服重重困难、合作拼搏的动人事迹，铭刻着那些为工程献出生命的勇士的赤子之心，同时也铭刻着人民保险为工程而发挥的重要作用，铭刻着……这是一座改革开放大潮涌起的丰碑，是千千万万个建设者们用心血和汗水铸就的丰碑，是团结友谊之花装点的丰碑，是永久耸立在大通河畔、秦王川上万古长存的丰碑！

徐骞、谭启俭、方齐家

（资料来源：《中国保险》1994 年第 5 期，第 3—5 页）

18. 隧洞工程保险的实践探索——甘肃引大入秦水利工程保险纪实
（1994 年 7 月）

工程保险是各类保险业务中涉及面广、技术性复杂的一项险种，隧洞工程的保险又是各种建筑工程保险中难度较大的一类。我国保险业务恢复 15 年来，在隧洞工程保险方面的实践寥寥无几，即便是发达国家的保险业，也对涉及隧洞施工的工程保险持谨慎态度。人保甘肃分公司（中国人民保险公司甘肃省分公司）敢为国内天下先，大胆承保以隧洞施工为主的"引大入秦"水利工程保险，至今历时近 10 年的实践探索，积累了一些可贵的经验。本文意即真实记载这一宏大工程的保险实践，供同仁们参考。

工 程 概 况

引大入秦工程是我国西北地区规模最大的跨流域调水自流灌溉工程。该工程由总干渠、东一、东二、干渠、45 条支渠组成。总干渠全长 86.94 公里，其中隧洞 33 座，总长 75.14 公里；有渡槽 13 座，倒虹管 2 座，长 1.1 公里；东一干渠全长 57 公里，东二干渠全长 53.62 公里，含隧洞 29 座，渡槽 18 座。共中施工难度最大的为总干渠关键工程——盘道岭隧洞，全长 15.7 公里，是目前列亚洲第二、国内水工单洞最长的隧洞。

引大入秦是一个利用外资改变自然环境的水利工程,整个工程获得世界银行贷款1.23亿美元,配套人民币资金6.093亿元。总投资概算已达10.653亿元,若按目前实际投资估算已超过15亿元人民币。这一工程建成后,每年可从大通河引水4.43亿立方米,运用节水措施,可灌溉100多万亩耕地,年农业总产值可达3亿元,并可安置移民8万人,加上原灌区群众,可稳定解决30万农民的温饱问题,对兰州及黄河上游多民族经济开发,都具有不可估量的作用。

引大入秦全部工程实行国际、国内招标,保险项目也一样采取招标形式。为了承保这一工程,人保甘肃分公司先后与省引大入秦指挥部(业主)及承包商日本(株)熊谷组、意大利CMC公司、中国华水公司、水电部四局、铁道部第十八工程局和铁道部第一工程局一处、三处、桥梁处以及省水电工程局等10家施工单位协商,签订了保险协议,先后承保了10个标组项下的37座隧洞、2座渡槽、1条倒虹吸管的建筑工程保险、施工设备的财产保险和施工人员的人身意外伤害保险,承担风险总额达6.7亿元人民币,承保期限前后长达10年。

保险实践过程

(一) 科学制定承保方案

保险方案的设计在整个保险业务中至关重要。它不仅关系能否被客户所先期接收,直至正式投保,还关系保险公司的经济利益,也体现了保险公司的业务能力和服务水平。因此,科学拟定承保方案尤为重要。

1. 实地考察,增加对工程的感性认识

引大入秦水利工程宏大,地貌相当复杂,从总干渠来看,尽管直线距离为87公里,但在地貌上却经历了从雪山到植被茂盛的崇山峻岭,一直过渡到沟壑纵横、没有任何植被的黄土高原上的中山、低山丘陵区。由于引大入秦工程是采用分段招标的方式,因此每一标所处的地貌的不同,便直接影响到承保方案的确定,因为在不同的地貌区有不同的风险存在。如:没有植被的黄土丘陵区发生洪水的可能性远大于植被茂盛的山岭区。为科学地制定保险方案,在引大入秦总干渠国际招标前,我们随工程有关人员历时8天,行程近千公里,对整个干渠的隧洞、倒虹吸、渡槽、明渠等工程施工现场进行了考察,增加了感性认识,为科学厘定费率、准确处理承保后的索赔等事项奠定了一些基础。

2. 翻阅资料,掌握项目具体情况

对工程保险的前期调查仅限于自然地貌观察是不够的,特别是对引大入秦这一以地下隧洞为主的水利工程，更是差之甚远。为此，我们千方百计地搞到国际、国内招标文件，对每条隧洞和各个单位工程的地质资料、水文气象资料、标中要求的施工方法、施工的质量标准等都进行了认真研究。弄清工程大体分为两个地质区：一是由前寒武系到奥陶系褶皱强烈的岩层构成的硬岩区；一是由侏罗系、白垩系、第三系轻度褶皱的沉积岩构成的软岩黄土区。岩层的软硬、断层的多少、地下水情况以及隧洞的埋深直接关系到隧洞施工中的塌方系数，也是地下隧洞工程的风险所在和制定保险方案的首要因素。

3. 虚心求教，借鉴经验

承保大型水利工程保险，这不仅在甘肃省是第一次，而且当时在全国也是独一无二。虽然我们掌握了大量的一手资料，找出隧洞、倒虹吸管、渡槽等项目施工中的主要风险所在，但毕竟隔行如隔山。我们带着一个个问题多次求教于业主方的工程师，以及工程勘测、设计单位的专家，力争把各个项目在施工过程中的预计风险掌握得更准。同时，我们还认真学习、研究了人保总公司制定的涉外工程保险实务手续，认识到现有的实务是多年来国内外经验的积累，虽然引大入秦工程中每个保险项目都有差异，但基础都是一致的。此外，我们还派员到云南，学习借鉴了鲁布革工程的承保经验，根据各标段项目的具体情况，即：自然条件（地貌、水文、地质、气象等），隧洞、渡槽、明渠施工的不同特点及各自占项目标价的比例，施工期限的长短，施工方式、施工队伍的优劣等，分别制定了承保方案。

（二）积极争取承保主动

1. 根据资金特性，坚持项目保险

引大入秦工程是世界银行贷款项目，按照世界银行的有关规定，其贷款项目应该办理保险。由于引大入秦工程的总干渠，实行的是国际招标，按照国际标书统一条款，保险的险别已经列入招标文件中，我们只是把这些险别具体化为人保公司的现有险种，得到业主和工程承包商认同即可。但是，引大入秦工程的东二干渠采取的是工程国内招标做法，而且是人民币投资，因而是否把保险列入招标文件，就决定着工程能否投保。对此，我们认真与业主磋商：一方面强调整个项目主要有世界银行贷款的特点，坚持项目办理保险的必然性；另一方面指明办理保险不仅转嫁了风险，而且可以减少在不可抗力造成损失时业主与承包商之间的扯皮，有利于业主管理的系统化，以及与国际标的一致性。通过反复努力，业主采纳了我们的意见，明确要求承包商必须对项目进行建筑工程一切险及第三者责任险、汽车险、人身意外险、施工设备财产保险。

2. 做好业主工作,掌握项目保险的主动性

对于大项目的保险,能否得到业主的支持是很重要的,特别是引大入秦工程由于使用世界银行贷款,其标书中明确规定任何有资格的保险公司均可以对工程项目提供保险,这就是说工程承包商有权选择任意一家业主认可的保险公司来办理保险。针对这一情况,我们力争掌握工作主动权,首先,利用地缘的优势,使之认识到人保公司(中国人民保险公司)的实力和服务水平,理解在项目所在地办理保险,不仅人保甘肃分公司能满足各国承包商的要求,而且能及时赶赴现场处理发生的索赔事故,不致延误工程进度;其次,在招标前以人保公司的身份出现在各投标商面前,招标会上又广泛散发保险资料,并专门安排时间答复各国投标商的保险咨询,在众多投标商的心目中树立了人保较好的形象,为项目中标后选择人保办理保险打下了坚实的基础。

3. 注意谈判技巧,获得项目保险的承保权

投标商中标后,我们不失时机地与其接触,注意针对不同的承包商确定不同的谈判方法。同时,根据不同承包商的施工经验、方法以及设备的先进程度等,适时修订保险方案。两家外商企业——日本(株)熊谷组和意大利 CMC 公司中标后,都有外国保险公司或外国保险经纪人介入。我们及时与总公司协商,统一口径,共同与外商谈判,取得了业主的支持,外商对我们提供的方案也很满意。日本(株)熊谷组向我们投保了工程、设备、运输、汽车、人员等保险;意大利 CMC 公司投保了建工、国内设备、中国雇员的人身、医药、汽车等保险。对于国内的承包商,我们主动去营地与其加深了解,及时解答他们的诸多疑问,在不违背保险原则的基础上为其提供支持,并灵活承保条件。另外,还注意密切与业主和合同监督单位的合作,让其督促国内承包商办理标书中规定的所有保险。在具体的承保过程中,始终贯彻一个"勤"字,即勤跑勤说。几乎每个项目的保险,我们都是数次交涉,每次都奔波数百里地以上。由于我们不懈的努力,引大入秦工程所有 10 组招标项目,除有一家承包商在其注册地的人保公司办理了保险外,其余全部向人保甘肃公司办理了项目的相关保险。

(三)热情做好保后服务

1. 督促保户建章守纪,加强防灾防损工作

对于任何一项建筑工程,没有严格的规章制度和操作规程,事故的频繁发生则是不可避免的。参加引大入秦工程的承包商绝大部分经验丰富,有些甚

至在国际上享有盛名,他们各自都有一套相对行之有效的管理制度。但是,我们从降低风险的角度出发,仍注意经常深入工地,发现问题及时指出,督促有章可循的承包商加强对其雇员的安全守章教育,尽可能减少损失的发生和人员的伤亡。对规章制度不甚完善的承包商,尽量督促其向管理严密的承包商学习,早日建章建制,加强风险防范。在洪水期到来前及时提醒承包商,注意渡槽部分的施工进度、材料的堆放位置等。在隧洞施工进展到埋深较浅的地段时,我们以书面形式提醒承包商注意防止塌陷,有时甚至与承包商一同为防止塌方发生,联合行文请求业主改变工程施工方案,一定程度上降低了事故发生的频率。

2. 认真做好理赔工作

我们在每次较大事故发生后都能坚持及时赶赴现场,认真查勘定损。如:1988 年 10 月,熊谷组承包项目发生隧洞塌方时,我们不顾国庆节休假,连夜赶赴现场,工作至凌晨 2 点,令日方深为感动,曾以书面形式表示谢意。对一些小事故,我们采取以电话委托当地县人保公司代为勘验,及时作出处理,杜绝了由于我们的原因造成工程的延误,树立了良好的人保形象。

3. 注意相互感情交流,加强理解促进合作

在整个引大入秦工程的保险过程中,我们始终如一地坚持忠诚服务、笃守信誉的宗旨,注意与客户的感情沟通,特别留意他们各自的习惯和风俗,对圣诞节、元旦、春节等重要节日,开工典礼、隧洞贯通、工程结束等重大活动,都采取各种形式予以慰问和祝贺,同时不放过任何机会加强与业主和承包商的联络沟通。许多完成了引大入秦工程的承包商,在进行新项目时,都表达了愿意与我们继续合作的希望。

取 得 成 效

引大入秦工程的保险工作,至今历时已近 10 年。近 10 年来,我们不仅在社会效益和自身的效益上取得一定成果,而且也积累了工作经验,扩大了人保的影响。

保险发挥了补偿的职能,支持了引大入秦这一重点工作。近 10 年来,引大入秦工程在工程险、财产险、汽车险、人身险上累计处理赔案 352 笔,赔款累计总额为 347 万元,对承包商尽早恢复生产起到了积极作用。特别在引大入秦工程资金短缺阶段,保险的及时补偿对工程的顺利进行起到了重要作用。

注重社会效益的同时,也注重自身效益。在引大入秦工程的保险上,我们

首先注重让所有承包商参加保险,即从广度上拓宽险源。其次,扩展承保险种,即由单一的工程险,扩展到财产一切险、运输险、汽车险、人身意外险,从深度上挖潜险源。最后,在理赔上严把质量关。在笃守信誉的基础上尽量剔除水分,经过努力,引大入秦工程各险种累计保费收入 638 万元,赔款 347 万元,赔付率为 54.39%。截至目前,引大入秦工程保险的自身效益,相对于同类保险效益可以说是较好的。

谭启俭、高兴华、王育玲

(资料来源:《中国保险》1994 年第 7 期,第 16—18 页)

19. 情系水利 造福陇原——访省政协 副主席、引大入秦工程总指挥 韩正卿(1994 年 12 月)

今年 10 月 10 日,中国大西北的"都江堰"——甘肃引大入秦工程总干渠竣工通水了。此时此刻,担任工程总指挥的省政协副主席韩正卿,心如潮涌,感慨万端:"这是我们共产党为人民群众办的又一件实事、一件功德千秋的大事!"

十几年的辛劳,十几年的心血,就这样与党融在了一起。望着这位年已六旬却依然精神矍铄的总指挥,听着他如数家珍般地对引大入秦工程十八年来的情况介绍,一股敬意油然升起在我的心中。

我只是起了一颗小小螺帽的作用

韩正卿是一位农民的儿子,干旱缺水的家乡给他留下的印象刻骨铭心。因此,兴修水利,改变甘肃的干旱面貌也就成了他一辈子的心愿和奋斗目标。因此,无论走到哪里,他都十分重视水利建设。

早在 1965 年他担任武都县东江公社书记时,就带领群众修起了白龙江河堤,与河争地 1 200 亩,平田整地 2 000 多亩,使当地农民人均有 3.4 分水浇地,吃饱了肚子。

1972 年到 1980 年,他在担任中共民乐县委书记期间,带领群众修建起 2 个中型水库、3 个小型水库,人均达到了 2 亩水浇地。

1980 年任定西地委书记后,他又把心血倾注到官川河流域治理与兴堡子川灌溉等工程上,并兼任兴堡子川灌溉工程的指挥。工程建成后,17万亩旱地变成了水地,为彻底改变定西地区的干旱面貌打下了基础。

1989年7月,已是省委常委的韩正卿又担起了引大入秦工程的总指挥的重担,并当场立下了军令状:"骑虎不下,背水一战;完不成任务,解甲归田!"十几年过去了,这个有着我国最长的引水隧洞、最长的引水渡槽、亚洲最大落差的倒虹吸的跨流域调水工程终于通水了。韩正卿和他领导的建设大军们又为甘肃的水利建设浓浓地添了一笔重彩。

当我以敬仰的口气说到他是有功之臣时,他认真地说:"我不是什么功臣。新中国成立以来,甘肃水利建设方面取得的成就,应当首先感谢党中央、国务院给予的极大关怀与支持,感谢省委、省政府对水利建设的重视和坚定的决心,也是改革开放、引进国外先进科学技术、发挥群众智慧,调动社会各方面力量,艰苦奋斗的成果。我在其中,只是起了一颗小小螺帽的作用。"

"大家拾柴火焰高,'三动一献'见真情"

当谈到引大入秦工程的组织、领导施工等情况时,韩正卿用两句顺口溜"大家拾柴火焰高,'三动一献'见真情"进行了总结,并说,要告诉大家,甘肃为了改变农业落后的面貌,历届领导都很重视水利建设。特别是1989年,在工程进展最困难的时刻,省委书记李子奇和贾志杰省长在永登主持召开了有五大班子参加的专题会议,对引大入秦工程的组织领导、管理方法、工程经费、物资保障等重大问题作出了决定,成立了引大入秦工程协调领导小组和工程建设指挥部,确定了引大入秦工程实行计划单列、资金直拨、物资直供、人员自管的新体制,提出了"背水一战"的响亮口号。

"一方有事,八方支援"的互助协作精神以及国际的友好合作,使大家对西部的老百姓,对养育中华儿女的这片黄土地"动了感情,动起脑筋,动了真的,并做出了奉献"。韩指挥深情地说,引大工程是甘肃的"温饱"工程、翻身工程,是真正为甘肃人民办实事、为甘肃人民脱贫致富服务的工程,也是国家花了大本钱、甘肃人民寄予厚望的工程,是伟大光荣又困难艰巨的工程。我们认识到了这些,强烈的自豪感、使命感、责任感,使每个建设者全身心地进入各自的角色,自觉为工程添砖加瓦。在建设中,我们打破陈规,及时总结经验教训,不断摸索新的施工方法和管理方式,使工程进度出现了前所未有的好成绩。工程各级领导、技术人员和工人一起,真抓实干讲实效,不计较待遇微薄,不计较生活清苦,不计较名利地位,把自己的聪明才智、青春乃至生命奉献给引大入秦工程,使中国最穷的省自力更生、艰苦奋斗,办了一件大事,为人类的生存与发展作出了奉献,利在当今,功在千秋。加上改革开放的好政策,能够引进资金设备和管理经验,由此,也体现了科学是第一生产力论断的正确性。

韩指挥还说,由于中外建设者的共同努力,创造了优异成绩。全长15.7公里的盘道岭隧洞为世界第七、亚洲第一输水隧洞,比此前国内最长的大瑶山隧洞长1.4公里;30A隧洞掘进中,双护盾全断面掘进机(简称TBM)创造了日进尺65.5米和月进尺1 300米的世界最高纪录,并创造了一年掘进10公里的优异成绩,38#隧洞掘进中又以75.2米和1 400米的成绩刷新了TBM日进尺和月进尺的世界最高纪录;先明峡倒虹吸最大设计水头107米,属亚洲之最;水磨沟倒虹吸工程,全长565米,直径2.65米,是国内最大的钢制倒虹吸管。当问到:"韩指挥,有人说你本事大,一年干了13年的活,是吗?"他谦和地笑着说:"不是谁的本事大,是引大的一班人团结的力量大,是省委、省政府决心大,是改革开放政策的威力大。"

"刀斧不入,软硬不吃"

引大入秦工程是运用国际通用的菲迪克条款进行管理的。那么,工程资金使用上发生过什么问题吗?韩指挥坚定地说,工程指挥部1990年1月制定了一项管理大纲,共10章70条。第36条就提出反对腐败,提倡廉洁,口号是:"刀斧不入,软硬不吃。"工程建设以来,领导干部以身作则,廉洁自律,资金运筹中没有出现任何差错,各个部门及党员干部中也未发生腐败现象。领导与工程技术人员、普通民工们一起吃住在施工现场,尽心尽力埋头苦干,保质保量完成各项任务,调动了大家的积极性和创造力。韩指挥还自豪地说:"我们认真学习借鉴国外有用的东西。在美国,训练2个月才能学会的操作技术,咱们的工人只需1个月的培训就能熟练掌握,连美国技术人员也伸着大拇指夸'OK'。"

当谈到引大入秦工程的发展前景时,韩指挥更是来了精神:"引大是强化我省农业基础,改变基本生产条件,解决全省粮食自给,保证我省国民经济稳步发展的翻身工程。今年总干渠通水,1996年东二干渠全线贯通。到那时,秦王川的86万亩荒原全部都要变成水浇地,每年可生产粮食1.44亿公斤,实现农林牧产值3.84亿元,还可安置8万贫困地区的移民。更重要的是,秦王川灌区和景电灌区连成一片后,就会成为仅次于河西的全省第二大粮仓,同时还可以改善兰州市的小气候和生态环境,使兰州成为一座更加美丽的城市。"

离开韩正卿家时,已是万家灯火。我回头望望那扇亮着灯光的窗户,不由地想起了他为引大入秦工程写的两句诗:"千年岁月如梦诉,秋实春华伟业真。"这"秋实春华伟业真",不正是这位工程总指挥人生的写照吗?

袁熙萍

(资料来源:《党的建设》1994 年第 12 期,第 28—29 页)

20. 一部改革开放的"无字天书"—— 甘肃引大入秦工程"三国演艺" 引出的话题(1994 年 12 月)

我国西部地区最大的水利工程——引大(大通河)入秦(秦王川)主干渠,经过八年奋战,于不久前贯通。工程主要在祁连山东段凿山开洞,87 公里主干渠,隧洞就占 75 公里。工程由中、日、意三方的工程公司承包修建。三国工程队伍在一个工地上凿洞,各显其能,人称"三国演艺"。八年演艺过程所表现出来的许多问题发人深思,正如工程总指挥韩正卿对记者说的,引大入秦工程是一部改革开放的"无字天书",从中可以读出许多开阔眼界、发人深思的精彩文章来。

惊人的"隐形差距"

参加引大入秦工程的中方科技人员说,"三国演艺"最突出的是显示了科技威力,暴露出我国科技的"隐形差距"。世界公认看一个国家的国力强弱,一看财力,二看科技:财力叫"硬性差距",科技叫"隐形差距"。过去不比不知道,这次"演艺"结果吓一跳。

引大入秦工程 1976 年我国自行动工修建,到 1986 年,每年近万名劳力,共耗资 0.6 亿元,10 年只打通了近 10 公里的洞。如按此速度打通主渠道得 70 多年。1986 年起公开向国内外招标,日本和意大利的工程公司中标,从此在祁连山麓展开了这场"三国演艺"。

日本熊谷组承建我国最长隧洞——15.7 公里长的盘道岭隧道,用 54 个刀头的悬臂掘进机开挖,平均日进尺 6 米左右,用新奥法施工(此法国外已实行十多年),不搞常规支护,直接喷涂混凝土。24 个日本人加上 480 个中国工人,5 年打通了过去几十年才能打通的这座洞。

意大利 CMC 公司承建 30 号 A 隧洞,技术更加先进,采用美国大动力双护盾全断面掘进机(TBM),开挖、衬砌、灌浆一条龙,日进尺 50 米以上,300 多人、18 个月建成了两条总长 27.3 公里的洞子,创造了日成洞进尺 75.2 米和月成洞进尺 1400 米两项世界纪录。至 1992 年初,日、意两国的公司已顺利完成主干渠一半的工程量。我国有关方面 1986 年也调来了名牌凿洞队伍,施工队伍吃苦耐劳,能打硬仗,但技术装备落后,用传统的"钻爆法"开洞,日进尺只有 2 米左右,六七千人干了 8 年,才完成了主干渠的另一半工程。

"三国演艺",演出发人深思的两组数字:1.日进尺:意大利 50 米,日本 6 米,中国 2 米;2.打通一米洞子的费用(人民币):意大利 0.7 万元,日本 1 万元,中国 1.5 万元。事实再一次证明,科技是第一生产力。

可怕的"穷大方"

参加"三国演艺"的外国工程人员常对中国人说:"你们不穷呐,对宝贵的人力、时间用起来比谁都大方。"韩正卿说,这是可怕的"穷大方",是我国搞工程的通病。

科技人员细算了人力、时间账,更说明了问题的严重性。

一、科技水平不同,"人力账"含金量不同。国内搞工程大多是"人海战术",设计不省人力,施工不计人力,返工不惜人力,结果是人力耗了财力;国外凭借先进科技,对人力抠得很紧,把人力变成了财力。CMC 承建的 30 号 A 隧洞,原来国内设计为 7 个弯洞,CMC 把它们变成了一条直洞,从原来 15 公里,缩短到 11.6 公里,节省的劳力和资金高达 1 亿多元。CMC 还将原设计的 14 个工作面和料场改为一个,节省的劳力直接将工期缩短了一年。

熊谷组开挖盘道岭隧洞,遇到地质复杂、工程量增大的困难,尽管很多低价中国劳力找上门,但他们坚决不搞"人海战术",而将新奥法三种基本方法扩展为 14 种技术,用科技力量节省人力。日、意开挖的洞子全是优质工程,可抗 8 级地震,没有任何人员伤亡,取得了极佳的综合效益。中国公司科技水平低,效益难保,返工洞子 2 个、桥涵 3 处、伤亡事故数例。

二、科技能把时间变成财富。外国工程队在引大入秦工程中不管用什么技术,目标只有一个:把时间变成金钱。熊谷组以分钟为单位安排工序,管理到人;CMC 用电脑衔接 20 个工种、14 个工序,每日进尺 50 米,24 个小时 31 个循环,进出洞子62列小火车,分秒不差。中国队施工以小时为单位组合工序,对个人无时间要求,节省或浪费几十分钟,都无所谓,结果造成大量"时间财富"的白白流失。

"三国演艺",演出了另一组数字——不同国家工程队8小时工作班有效利用表:日本7.5小时,意大利7.1小时,中国6.5小时。因而中国人每挖1米洞子的费用是日本人的1.5倍,是意大利的2.1倍。中方科技人员说,有了先进技术和管理,人是财富,时间等于金钱;没有先进技术和管理,人可能会浪费财富,时间可能会亏蚀成本。我国"穷大方"由来已久,要搞现代化建设,一定要靠先进的科技和管理来堵住这个暗洞。

引人深思的中外官司

在引大入秦"三国演艺"中,曾发生了一场轰动一时的中外官司。事虽过数载,但教训难忘。

1987年意大利CMC公司和我国一家单位联合中标,CMC出施工设备——先进的双护盾掘进机,我国联合单位出劳务。CMC对劳务管理很严,而我国联合单位一些人纪律松弛。CMC负责人说"这样的劳务,再现代化的设备也出不了现代效率",于是解雇了30多名工人。这一下引发了矛盾,国内联合单位向有关部门状告CMC实行资本主义管理。CMC急了,说:"管理是行为科学,是现代技术,与政治无关。"向有关部门申述,并向中国贸易促进会提出诉讼,要求仲裁。这场官司打了一年多,后来北京有关部门派人下来与引大入秦指挥部协商,让两家分开,和平竞争,才平息了纠纷。CMC另用劳工,并招了一批农村知青,培训上岗,严格要求,三个月后便出现了高效有序的工作局面,连续6个月每月进尺千米以上,创造了日进尺和月进尺两项世界纪录。我国联合施工单位也悄悄采用CMC的管理办法,革除积弊,面貌一新。

事过数年,但人们念念不忘。大家认为此事可举一反三,对改革开放有几点现实的借鉴意义。

一、引进现代管理必须破除"忌资症"。引大入秦工程的干部和科技人员说,改革开放需要引进国外科技和管理,对引进科技争议不大,但对引进国外管理则禁忌颇多。尽管小平同志说过"管理也是一种技术",但不少人总爱把它与社会制度联系起来,要问个姓"社"姓"资"。必须破除"忌资症",改革开放才能排除阻力。

二、深化改革必须搞现代管理。在引大入秦 CMC 工地上有句话："中国人加现代管理,就能创造奇迹。"CMC 分析他们创造两项世界纪录有三个因素:一靠"能干绝活"的中国工人,二靠"能出点子"的中国科技人员,三靠意大利公司的先进管理。给 CMC 干"绝活"的,都是普通的中国工人,加上 CMC 的管理,他们都成了"金凤凰",30 多人成了优秀操作工,6 人成了比意大利人还高明的"意大利西餐厨师"。CMC 对科技人员更加尊重,引大入秦工程总工程师张豫生 1991 年对双护盾掘进机提出两条改进意见,第三天 CMC 就电告美国的制造公司,不到半个月美国公司派人赶到引大入秦工地,当场按张的意见改进,结果创造出两项世界纪录,外国人直夸"中国人了不起"。

引大入秦工程管理部门的人员说,许多事情不是中国人不行,而是管理制度有弊病。

严重的"素质挑战"

在引大入秦"三国演艺"中,中国职工聪明勤奋,个人素质无逊于人,而作为群体素质的企业精神则明显弱于外国职工。引大总指挥部负责人说,这是中国人当前面临的"素质挑战"。有几件事给人留下深刻印象:

引大入秦工程一工区主任莫耀升主管外国工程队,他说从日本熊谷组海外工事部长大冢本夫为企业饮恨身亡一事,最能看出中外职工的素质差距。熊谷组 1986 年没有活干,大冢本夫辛苦奔走,在引大入秦工程中标承包 0.6 亿元的工程,功劳不小。但到了 1989 年,由于日元升值,盘道岭工程量增大,造成公司承包亏损。按常理讲大冢本夫没多少个人责任,但他惴惴不安,引咎自辞,不久含恨身亡。熊谷组在大冢本夫身亡之后成了"哀兵",面对重重困难,提出"决不放弃,一干到底"的口号,精打细算,每班记录 50 多种数据,班后分析改进,越干越精。尽管已经亏损,但对工程质量一丝不苟,最后给中国交出了"放心洞"。而在"演艺"之初,我国的一些工程队,上班纪律松散,遇上质量返工,说"有问题,大家抬"。弄到后来急得总指挥部下令"停工整顿"。参加引大入秦工程"三国演艺"的外国人不足百人,却出了两个"洋劳模":一个是盘道岭作业所所长前田恭利。他主持打通了世界上最长的水工隧道,被我国评为国家级劳模。一个是 CMC 总经理法布瑞丘。他主持创造了两项世界纪录,受到甘肃政府的表彰奖励。

这两个人的共同特点是,敬业精神极强。前田恭利自称"第一责任者",对自己的要求是"凡出现施工事故、工程塌方、突发困难这三种情况,必须亲临现场处理"。盘道岭施工五年,五个元旦他全在工地上。每年下头场大雪后,他都要徒步把整个工地走遍,全局在胸,一旦出事他即可迅速决策处理。1991年井下发生重大泥石流塌方,他第一个赶到现场,在稀泥中连干了三天三夜。处理完事故,手肿得脱不下手套,脚肿得脱不下袜子。CMC的法布瑞丘发誓在中国要为CMC争气。他们提出的口号是"一切为了在中国市场立足"。开始掘进效率上不去,他日夜泡在工地上,发现衬管质量差影响进度,便对7个环节制定严格操作程序,废管率控制在5‰以内,超过世界同行业要求。

与之相比,我国的工程队相形见绌。有家单位因事故将一台几十万元设备埋在地下,无人过问;有些领导不负责任推诿扯皮,造成工程损失,不了了之;有些人官架子十足,井下出了问题不"请"不到。……

CMC在完成30号A洞计算工程量时,科技人员坚持取小数点后3位(按常规算到小数点后2位即可)。中方职工笑他们"太精",他们说:"我们干的是'牌子工程',能精尽量精。你们难道就不管精不精?"盘道岭施工中,中日一次对400多名中国劳务总工资算法不一,相差0.5元。中方四舍五入,分厘累进,多出5角钱。日方用电子计算机算账,没有这5角钱。中方认为"5角钱不值得计较",日方科技人员说:"一丝不差就是企业精神,不然有损熊谷组名声!"

"三国演艺",使中方从这些细微小事上深刻认识到"群体素质"对现代企业的重要。他们说,中国人个体素质并不逊色,但我们的"群体素质"的确"演"不过这些外国人,其关键在管理。只有加强管理训练,提高中国职工的群体素质,方可在国际竞争中大显身手。

引大入秦工程的这段"三国演艺",发人深思。慧眼独具的内行人,称这项工程为"双喜工程":一喜大功告成,兰州北部80万亩荒地将变成绿洲,灌区内40万人可得温饱,还可安置8万多移民,可称"德政工程";二喜从这部"无字天书"中,读出了我们的差距,催人奋进,为搞好改革开放又添一笔无价的精神财富。

郁永年

(资料来源:《瞭望》1994年第52期,第6—9页)